办公空间设计

SPACE PLANNING FOR COMMERCIAL OFFICE INTERIORS

[美] 玛丽露·巴克 / 编著
董治年　姬琳　华亦雄　严康 / 译

图书在版编目（CIP）数据

办公空间设计 /（美）巴克编著；董治年等译．一北京：中国青年出版社，2014.12
书名原文：Space planning for commercial office interiors
美国设计大师经典教程
ISBN 978-7-5153-3058-7
Ⅰ.①办… Ⅱ.①巴… ②董… Ⅲ.①办公室－室内装饰设计－教材 Ⅳ.① TU243
中国版本图书馆 CIP 数据核字（2014）第 305766 号
版权登记号：01-2014-2199

美国设计大师经典教程：办公空间设计

[美] 玛丽露 · 巴克 / 编著　董治年　姬琳　华亦雄　严康 / 译

出版发行：中国青年出版社
地　　址：北京市东四十二条 21 号
邮政编码：100708
电　　话：（010）59521188 / 59521189
传　　真：（010）59521111
企　　划：北京中青雄狮数码传媒科技有限公司

策划编辑：张　军　马珊珊
责任编辑：张　军
助理编辑：马珊珊
封面设计：DIT_design
封面制作：邱　宏

印　　刷：三河市文通印刷包装有限公司
开　　本：889 × 1194　1/16
印　　张：14.5
版　　次：2015 年 3 月北京第 1 版
印　　次：2019 年 8 月第 3 次印刷
书　　号：ISBN 978-7-5153-3058-7
定　　价：69.80 元

本书如有印装质量等问题，请与本社联系　电话：（010）59521188 / 59521189
读者来信：reader@cypmedia.com　投稿邮箱：author@cypmedia.com
如有其他问题请访问我们的网站：http://www.cypmedia.com

目录
CONTENTS

扩展目录
EXTENDED CONTENTS

前言
PREFACE

我热爱室内设计专业。它包括了整个生活的维度。除了色彩和创造力的整合，室内设计可以被看作一个设计学科。它既是一个需要技术和逻辑的职业，也是一个需要数字化展现和数学计算的专业；它是一种需要制定原则、组织团队和注重沟通的职业。同时，它还是一个有益的职业，因为室内设计提供了大量的创作空间，允许设计师来发展他们自己的个人风格。

当我在爱荷华州立大学学习的时候，室内设计还是一个新兴的专业。多年来，室内设计行业随着高等教育和继续教育的发展，已逐渐从一个很少有人知晓的职业变成一个在大多数州都需要认证或许可的职业。这本书中涉及的大部分内容是我长期教学与实践所获得的知识的积累。这些积累，是通过我在一些优秀的室内设计公司的工作经历，以及通过我与同事、其他设计师的合作项目中获得的。通过这本书，今天的学生在他们职业生涯的开始时，将可以从这些在设计行业已经获得认可的方法和见解中受益。

所有的设计任务——当然这是以我的经验而言——设计师会发现空间规划设计是所有工作中最令人兴奋的、具有挑战性的、有趣的和令人沮丧的工作之一。良好的空间规划是伟大设计的基础，但通常又很难定义空间规划设计的好与坏。

成功的空间规划和空间设计方案是通过理解空间规划的过程而获得的；是通过询问、真正倾听；通过反复试验和失败；通过团队合作和同行批评；通过多年的实践经验并获得行业知识和对建筑和其他影响设计领域的各个方面的理解才达到的。尽管不同的项目中特定类型的室内空间和客户要求会有所不同，但通常的设计程序、任务、指导方针和组织空间规划和室内空间的布置仍然是一致的，在这本书中为设计师列出了所有类型室内空间设计的应用程序和步骤。一旦理解了这些概念，设计师就可以在设计过程中有所变化，通过技术的差异，创造出奇妙的空间规划和设计。但最基本的是，首先要理解设计原则和过程。

许多室内楼层平面布局和空间规划设计是绕着建筑物轮廓以45° 角旋转展开的，和普通的平面布局相比让人感到其中传递的激情。以其他角度，如20° 、70° 或30° 、60° 展开的平面布局，通常能在空间中表现出美妙的动态张力。弯曲的走廊或突起可以柔化一个由众多办公室和其他房间组成的刚性轴线网格布局。一些布局能够通过对建筑外形进行限定来非常好地表达出线性平面、线条和形状，让人在室内空间中产生一种无尽的感觉。还有其他的许多平面布局，则仅仅使用直线线条和形式就提供了一个有秩序感的空间。

这些众多的设计方案都是由空间设计者将无数的设计元素和组件组合在一起最终构思和发展而来的，其中涵盖了创意和功能两个方面，同时也很大程度地满足了客户的需求和期望。根据每个客户的需求列表或要求大纲融合、布局或规划，用浅显易懂的二维建筑平面图来表达其创造性的设计是整个设计过程中的第一个沟通机会。当把这有效地应用在空间规划设计中时，创意可以帮助生成许多上面所描述的伟大的和令人兴奋的设计计划。不过如果仅仅只有创造力，还是远远不够的。根据NCIDQ（美国国家室内设计资格认定委员会）术语表中对室内设计的定义，“空间规划设计意味着对空间及居住需求进行分析和设计，包括但不限于空间布局和最终的设计规划”。

商业办公室内空间规划设计是为商业办公室室内空间所用的，可以看作是一种合约设计，因此主要集中在为空间规划的教授方法上。对于设计过程，以及由此产生的空间规划，只有当收到有需要改造或重新安置现有空间需求的客户所签署的合同时，才能算作开始。一旦开始一个项目，要在空间规划开始之前，建立预算和时间表等参数；确定房间数量和环境氛围的需求；并对建筑法规和将要在空间中使用的新产品进行调研。所有信息将被传达给客户以批准并作为书面形式归档。

作为一本学院或大学教材，这本书的目标群体主要是二年级或已经有设计原理、制图和CAD绘图等必备课程基础的二年级以上的学生。这本书可以继续作为一个好的参考资料以帮助学生完成他们的室内设计学位和在专业领域开始工作。设施经理和管理者也可以在他们着手改建或搬迁项目时使用本书作为指导。另外，这本书可以为那些愿意更好地理解室内设计专业、思考我们居住的空间是如何形成以及它们如何能被改变、重组或被世界上多种元素融合所影响的大众提供帮助。

虽然这本书没有特意分解成几个部分，但基本上有作为空间规划设计过程各部分的五个领域。

- 客户组成和信息收集，第2、3和12章
- 法规评审和流通要求，第5和13章
- 示例图，第4章部分，第6、7和8章
- 建筑平面图及空间中房间和区域的查询，第4章部分，第9、10和11章
- 将空间设计中所有内容一并提交给客户，第14和15章

为了便于读者能够更好地掌握空间规划设计的工作，第1章概述了空间规划设计的概念，空间规划设计的组成和空间规划设计师等相关内容。

第2章讨论了有关所有客户的常用背景信息，包括项目涉及的法律条例、建筑法规分类、工作区域和工作中职位的重要性，以及客户对新设计的空间的期望值。

第3章主要涉及为特定的空间需求和有独特需求的客户所做的计划或调研，同时还包括一些基本的项目参数如会议程序、建立日常联系和定义典型的布局。

第4章主要描述了已知的办公家具或定制家具。这一章既可以完整阅读也可以分开阅读。例如，在阅读储物家具部分章节时可以结合第6章“典型的办公室”，而桌子部分则可以结合第8章“会议室”一起阅读。第5章“交通流线”是作为第4章的辅助阅读，以说明家具前面及周围所需要的适当数量的交通流线空间。

第6、7、8章说明了典型的平面布局、房间或客户所需的多个同样的空间，例如私人办公室、工作工位区域和会议室等。在每一个项目开始时，利用被描述和分配的典型平面布局帮助初期的设计讨论并以此作为基础展开设计任务分配和空间规划。第6章也解释了房间外围界面的各个组成部分。

第9、10、11章分别论述了普遍存在于大多数空间规划设计中的房间和区域，包括接待区、餐室或咖啡室，以及其他辅助性功能房间。这些空间平面中的大部分房间或区域是单人间，通常作为公共区域中引人注目空间的同时还具有辅助空间的功能。

运用前面章节所提供的规划设计内容，第12章展示了第3章客户所需要的程序审核报告，才能成功地一步步生成所需要的计划信息。

第13章涵盖了建筑范围、位置和行政区域、房屋承租人和相关的法规信息，如公共走廊和疏散设施。本章还讨论了如何测试符合的初步空间设计方案，通常我们会为客户提供几种不同的选择方案。

在第14章中，通过手绘制图或计算机平面图和相应的文字说明了如何规划空间，或从各个房间和办公室或工作区域开始；或从外窗墙体向内移动或从室内空间向外拓展；或使用直线墙壁或弯曲的、有角度的和其他造型的墙壁。一旦最初的平面图被确定，通过分析和调整，它将更具合理性。第15章讨论了提交设计方案供客户审阅的各种方法。全书每一章都为下一章做了铺垫并且构建在前一章基础之上，当然每一章也都可以单独阅读和研究。

大多数人都熟悉前台接待区域或各个办公室房间，因此理解为什么如果设计师不能确切地知道家具式样和特定尺寸的话，接待室最终将不能演变成最后的设计形态这样的问题将会是非常吸引人的。最后，虽然调研和规划这一章位于本书的开始位置，但它可能有助于在阅读规划设计报告之前重读这一章，因为随后一章所计算的结果是基于前面章节的信息收集而来的。

室内设计是一个非常图形化的专业，各种插图、图表和平面图散布在本书中。尽管计算机已经广泛地应用于绘制建筑平面图，但对于设计师而言徒手绘制一些办公室的小草图、工作区域布局图和立面示意图和轴测图仍然是非常重要的。手绘与僵硬线条的CAD图纸相比，更适合快速、流畅地体现概念方案。手绘可以令人印象深刻，尤其是在客户面前用于现场沟通的时候。因此除了在最后几章的平面规划方案中需要CAD制作建筑平面图以外，前面所有的图都是手绘的，不过因为考虑页面布局不得不按照比例进行了缩放。

虽然按照客户设计要求划分空间，但这种布局是否合理仍然会影响最终的设计结果，影响人的互动能力和与周围空间的交互，以及人们情感上的感受体验。私密空间由于不同文化背景而因人而异。私密空间也会因为我们在工作中是朋友还是陌生人而不同。除了项目需求以外，空间规划设计师必须考虑到文化因素——这同时体现在空间的使用者和所设计空间的业务性质两方面。每个空间都必须根据其使用者和他们的独特需求进行分析和设计。

为了实现成功的空间布局，并且完成最终的环境设计，首先最重要的是要倾听客户，了解他们的需求，然后基于设计师的知识、能力和创造力协助他们并将他们的想法变成一个完美的空间规划设计。

——玛丽露·巴克

致谢
ACKNOWLEDGEMENTS

我非常感谢那些与我合作的设计师以及从他们那里获得各种技术信息、草稿、草图和通过这种方式获得的字体技巧。我的一些最为宝贵的空间体验都是在为家具经销商CI工作时获得的，因为他的客户常常拥有大量的工作站。此后，当我在设计公司GHK和RGA工作时，我能够将先前所获得的的规划技巧成功地应用于全面的设计项目。

我在伊利诺伊绍德堡艺术学院（前雷设计大学）教空间规划时遇到了很棒的挑战。每一年，我要寻找一关于办公室室内的二维平面进行虚拟设计。所以，每一年我分配很多讲义给学生并且在白板上画上相同的图。我很感激苏珊·克莱尔，当时她是图书管理员，现在已经是一个学术顾问，是她鼓励我写自己的空间规划专著。

我也要感恩和感谢汤姆·德加斯比，一个我与之共事的家具检测员，他通过自己在一所本地大学授课的案例在我的头脑中种下了关于教学的第一印象。这是多么神奇的一件事：教学——一个向我专业献礼的最好方式！我开始收集论文和其他与室内设计相关的资料，这些最终都变成了我分发的课程讲义和这本书中的插图。

另外两位推动我教学成功的人士，学校的主席卡洛琳·布恰奇和我在学校的第一位点对点联系人艾米隆·威尔森。我非常感谢他们为我的教师职位的担保。

所有的销售员都会被推荐因为他们在教育设计师们方面的不懈努力，特别是当产品有了变化或者在生产细节或者细微之处有了新的引进。他们的信息财富随着设计的逐步展开对设计师来说是一笔巨大的资产。在这里我要特别感谢销售员埃尔斯特尔、哈维斯、赫曼、宏、金博尔、克诺尔、斯特尔克斯和特科诺，当我在研究工作领域系统的最新版本资料时，他们都让我参观了他们各自的展示馆。

当我写到电视会议这个章节时，我有机会来拜访两个国际设计公司并有机会看到和体验到他们两个公司非比寻常的电视会议系统。我非常感激能有这样的机会。

我要特别感谢多姆·若格尼及其合作伙伴们和詹姆士·兰达，后者曾担任国际设计和设计技术学会（芝加哥分会）的主席，他们提前阅读了我的专著。他们的建议和审阅对我非常有帮助。

有几个案例和可行性研究涉及我早期的职业生涯中的一些客户，并且作为结果的文字报告对于本书中关于如何准备清楚的语言表达和交流的部分有帮助。特别是那些我们一起完成的小册子，我要感谢斯图尔特·斯库尔波、何瑞·英特耐幸而和他列出的副词——一般地、通常地、代表性地、按说、习惯上——名单上顺序排列的。他是对的：在设计业几乎不存在任何绝对情况。因为每一个条件、每一种情况或者提供的设计选择，另一个设计者可能都会提出另一个同样而且不可抗拒的选择。

大卫·凯科，以前是我的客户现在是朋友，他在这些年一直给了我非常棒的鼓励。除了帮我审阅这本书，他还推动我去获得了建筑师执照和LEED认证。对他真的是非常的感谢。

另一个过去的客户和现在的朋友，艾·凯勒给了我一个特别的项目，通过这个项目我获得了关于相关工作方式的顿悟：每个员工的设备耗费以及建筑米制的重要性。感谢您！

对书中涉及数据的论点进行论证是需要非常谨慎的。我非常感谢那些通过电话以及电子邮件回应我的各种关于数据方面问题的各行各业的人和设计师们。

我感到非常愉快能够有机会与奇丽尔·罗曼一起共事这么多年。她是一个了不起的设计师和艺术家，这一点在她在书中所绘的插图中都能体现出来。其他为书中章节提供他们作品照片的设计师和以前的共事者有杰弗里·科恩、托德·埃兹、厄恩斯特·皮埃尔-图森特、麦克·戈文、奇丽尔·罗曼、杰夫·沃特和凯文·怀利。我赞美他们对我的友谊和引导。

我非常感谢来自项目审核者的审阅及有建设性的批评意见，他们是俄克拉荷马大学的汉斯-彼得·沃切尔、辛辛那提大学的詹姆斯·博斯特尔、弗吉尼亚州立大学的克里斯蒂娜. 拉夫兹纳、亚岗昆学院塔玛拉·菲利普斯和专业评审们：室内设计学院的唐纳德·加德纳和萨凡纳艺术与设计学院的海伦娜·茅斯塔器。

最后，我要感谢菲尔柴尔德图书和他们参与出版图书的所有员工。我要特别感谢朱迪·科尔，前卫信息的代表，对她和她团队所做的所有努力和关注表示感谢。他们完成了非常棒的书籍排版、校对和其他生产细节，我也要谢谢我所有的朋友和我的家庭，他们听我讨论这本书这么多年，特别是对于它是否会成为现实感到疑惑时。

写这本书真的是一件乐事。它花费了我很多年：我从一个城市搬到另一个城市，换工作并且看着这个行业从绘图板转换成计算机。然而空间规划的程序是一样的。当写这本书时我非常高兴地坐在外面，写着书中的章节和草拟内容；在咖啡店小口品尝着卡布奇诺或者坐在电脑前；所有的时间都用来沉思如何用最好的方法来介绍空间规划原则和程序。我相信这本书对每个设计师来说将会是一个有用的工具，不管他是空间规划的投资者还是设计师，其他设计师的顾问或者是和客户一起完成这个极好的室内设计。

玛丽露·巴克

缩略语
ABBREVIATIONS

CODES

ADA	Americans with Disability Act
BOCA	Building Officials and Code Administrators
IBC	International Building Code
IRC	International Residential Code
NBC	National Building Code of Canada
SBC	Standard Building Code
UBC	Uniform Building Code

CONSTRUCTION DOCUMENTS

A/C	Air Conditioning
AFF	Above Finished Floor
@	At
CAD	Computer-Aided Design
CADD	Computer-Aided Design and Drafting
CF	Cubic Feet
CH	Ceiling Height
CL	Center Line
CDs	Construction Documents [unofficially, CDs will occasionally also mean construction drawings]
CMU	Concrete Masonry Unit
D or d	Deep or Depth
EXTG	Existing
EQ	Equal
FLR HGT	Floor Height
GFCI	Ground-Fault Circuit-Interrupter
GFI	Ground-Fault Interrupter
GSF	Gross Square Feet
GYP BD	Gypsum Board [Sheetrock]
H or h	Height
HVAC	Heating, Ventilation and Air Conditioning
L or l	Length
MAX	Maximum
MEP	Mechanical, Electrical and Plumbing Engineers
MIN	Minimum

CONSTRUCTION DOCUMENTS

NSF	Net Square Feet
OA	Over All
OC	On Center
OPP	Opposite
PL or PLAM	Plastic Laminate
psf	Pounds Per Square Foot
QTY	Quantity
RFI	Request for Information
RSF	Rentable Square Feet
SF	Square Feet, Square Foot
SIM	Similar
TYP	Typical
UNO	Unless Noted Otherwise
UON	Unless Otherwise Noted
USF	Usable Square Feet
VAV	Variable Air Volume
VCT	Vinyl Composite Tile
VOCs	Volatile Organic Compounds
W or w	Wide or Width

INTERIOR DESIGN PROFESSION

A&D Architects and Designers
CD Chair Depth
COL Customer' s Own Leather
COM Customer' s Own Material
CW Chair Width
Dr or dr Drawer [for file cabinets]
KD Knocked Down
PED or Pedestal
peds
RFP Request for Proposal
R/U Efficiency Ratio—RSF/USF
TL Table Length
TW Table Width
3-D 3-Dimensional
WS Workstation [occasionally
worksurface]

ORGANIZATIONS

AIA American Institute of Architects
ASID American Society of Interior
Designers
BOMA Building Owners and Managers
Association
CREW Commercial Real Estate Women,
Inc.
IDEC Interior Design Educators Council,
Inc.
IFMA International Facilities Management
Association
IIDA International Interior Design
Association
LEED Leadership in Energy and
Environmental Design
LEED CI Leadership in Energy and
Environmental Design Commercial Interiors
LEED AP Leadership in Energy and
Environmental Design Accredited Professional
NCIDQ National Council for Interior Design
Qualification
UL Underwriters Laboratory

OTHER

EX Example
JIT Just-in-Time
PR Public Relations

TECHNOLOGY

ATM Automated Teller Machine
A/V Audio/Visual
CRT Cathode Ray Tube [computer
terminal]
EDP Electronic Data Processing
IT Information Technology
LAN Local Area Network
PC Personal Computer
VDT Video Display Terminal [computer
terminal]
WAN Wide Area Network

TITLES

CEO Chief Executive Officer
CFO Chief Financial Officer
HR Human Resources
VP Vice President

EXIT
Foundation

1

空间规划概论

空间规划这个词的意义到底是什么呢?

如果我们在互联网上搜索“空间规划”的定义，我们会发现在各个不同的领域有许多有趣的概念，例如：房地产居住规划、私有和公共土地规划、人类在外太空站的使用规划以及提供有创意的室内设计解决方案。虽然每个领域例如营销、法律、科学或有创意的裁缝都会定义“空间规划”以适应其独特的视角，然而总体而言，所有的“空间规划”定义都会有这样的作用：一个给定的空间（无论空间将会是什么），它将以人们的空间使用需求和支持这个需求作为支撑，并且在这个空间中体现。

由此看来，室内设计师确实为众多空间做出了有创意性的解决方案。

在室内设计的专业术语中“空间规划”是指：空间规划设计师凭借系统地、有创造性地根据客户的项目要求和其他计划编制元素，来展示和规划最初的二维平面布置图。“空间规划”属于概念设计阶段中五个基础设计阶段之一。

空间规划的任务

然而，空间规划并不仅仅是在建筑物的地面上安排一些房间，空间规划更是一个多方面的工作，不仅包含客户的程序要求（需求、愿望和意愿），而且包含其当前和未来的状况、工作流程、文化和愿景，以及使用前沿的和经过实践检验的各种技术，倾听和解释，以及其他看似相对的方法。

空间规划需要考虑其他方面的设计以及外界的影响，例如：预算和进度，构建和ADA（美国残疾人法案）适用标准，采用新的或重组现有的家具，“绿色”产品和概念，并在项目设计程序过程中确定其他相关组件。空间规划需要设计者了解客户对围护结构、空间规划的场地位置的要求；具有工艺常识以及设计知识、逻辑、经验和历史的感觉，愿意倾听，保持开放的心态，并具有表达设计概念的能力将人们如何使用和交互在最终的建设完成的空间中呈现，而这一切都反映在一个二维的平面中。

就我们所知，在这一阶段事实上并没有一个单一的标准方法来开始进行空间规划。设计师，或空间规划者们都有属于自己的独特的能力以实现令人兴奋的、创新的和有效空间规划设计。经验丰富的空间规划设计师能够把所有概念，不论是有形还是无形的，在条件约束范围内融入功能和创造性的优化布局空间和平面布置方案内。

空间分析

在开始一个新的项目或空间规划之前，对一个设计师而言理解被规划的场所和了解所服务客户的习惯是同样重要的。

空间是三维的，然而规划设计工作却是基于二维平面的，通常是从顶部观察按照缩小的尺寸或比例来作为设计前期研究的方法。大多数的平面都被打印成为1/8英尺或1/4英尺，有时甚至是1/16英尺（1英尺=25.4毫米）。

17世纪的雕刻师提出的一个问题一直延续到今天：设计师在想象他的作品时到底是从鸟瞰角度做一个没有实体的分析，还是能够将自己变成空间里的具体参与者，从而通过使用这个建筑的人的感受来构思他的设计？

大多数办公空间的设计原则是同样的场所可在不同时期承载不同的人使用，也可承载不同的商务模式。也有一些建筑的设计和建造是为满足一个特定客户的自我需要。其他的建筑物都被设计成符合预先设定的各种客户和业务所需要的空间。一些老的建筑也经常翻新和改造以符合与之前完全不同类型的使用者要求和用途。

设计师不仅要理解所要设计空间的分配比例，他们还必须能够基于客户的建筑、位置、商业、哲学、需求和心愿来对空间进行设计。约翰·伍德，英格兰的一位年轻设计师，提供了他的方法来设计在巴斯的一个村舍："为了让我自己掌握设计主题，对于我来说去感受村民的体验感是非常必要的……没有一个建筑师能凭白无故地形成一个方便完美的设计规划。除非他完美地将自己放置于他的设计对象的状态中。"

BOX 1.1 室内设计的服务阶段

五个基础标准阶段

Ⅰ. 设计前期和规划阶段
- 项目策划和规划报告
- 典型布局
- 邻接边界
- 预算和预算讨论
- 日程：家具和构筑物
- 现有家具的清单
- 其他：租赁审查、法规研究等
- 交流方案

Ⅱ. 概念和方案设计阶段
- 节点设计和关系图解
- 空间规划
- 初步设计和客户反馈
- 修改空间规划
- 设计和配色方案
- 家具分析
- 最终家具平面图
- 交流方案

Ⅲ. 技术设计阶段
- 家具布局
- 设计发展
- 成品和家具
- 立面和木制品
- 修改和更新初步预算
- 设计演示
- 交流方案

Ⅳ. 构造与家具施工图阶段
- 施工图
- 家具规格
- 咨询协调
- 提交文件
- 交流方案

Ⅴ. 合同管理阶段
- 合同管理
- 检查施工图并提交
- 竣工查核事项表
- 交流方案

三个可选阶段

Ⅵ. 投标谈判阶段

Ⅶ. 协商阶段

Ⅷ. 后续阶段
- 六个月
- 一年

图1.1 空间平面图

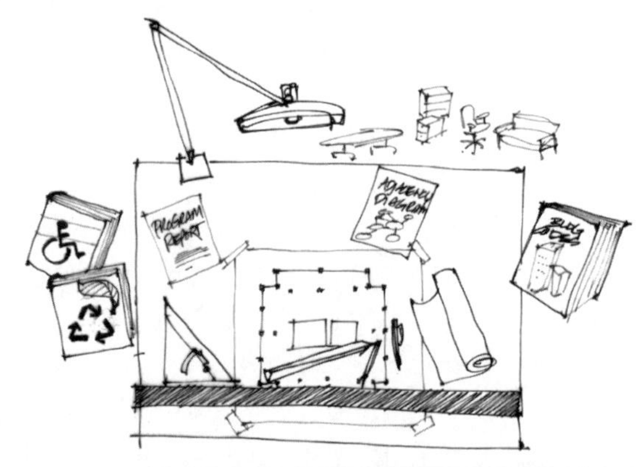

图1.2 鸟瞰视图

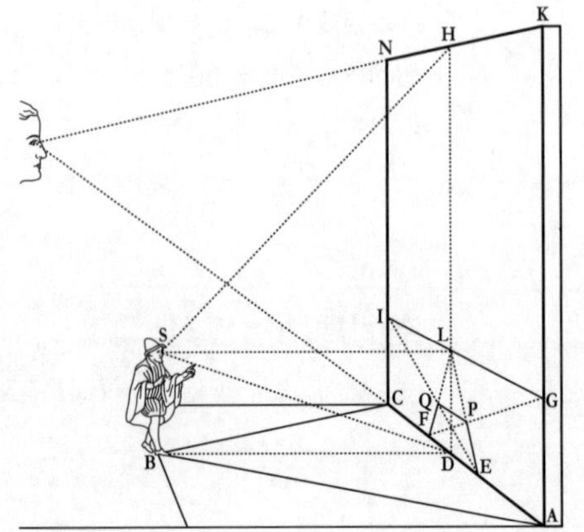

空间布局的魅力

许多人喜欢室内设计，因为空间规划设计是有趣味、创造力、富于想象、艺术化和有些浪漫的。

普通人认为他们不具备艺术的能力，因此他们希望设计师来为他们提供令人兴奋的设计和空间。

设计师偶尔也会设计他们自己的空间，但是大多时候设计师都在规划别人的空间：人们工作、生活、度假、购物和礼拜的空间。在这些空间里，人们有时间停下来尽可能分析他们想要的细节；空间几乎被视为人们匆忙地从一个地方到下一个地方的场所；空间在公共或私人、官方用途之间转变角色，身处过一次或每天所在的空间；持续永存的空间；或是临时建起有专门用途的空间。

最终，设计师根本没有能力来控制他们所设计的空间如何被使用或这些空间将保持原状多久不变。然而，设计师可以并且应该采取负责任的措施来逐渐实现客户提供的设计方向而形成自己的设计思路。在这个过程中，他们应该是带着创造力并愉悦地记录和拍摄最终的空间成品，设计师需要知道万事万物都不可能永远延续——无论它是美的或是不美的。

空间规划程序

有时候，空间规划设计师需要用宏观方法来掌握客户的整体设计需求。另外，设计师们有时候也要集中关注设计规划中一些特殊需求，比如将文件柜放置在精确的位置。空间规划需要设计师将放大一个设计规划中的微小部分并将其视为关注焦点，然后试图去掌握各个方面的需要并将其还原放入整体规划，实现良好的设计规划并得到充满活力的空间设计。

在空间规划开始之前，其他一些设计服务与任务通常会作为前期设计阶段的一部分。

一些设计任务在设计师的公司将提前完成：如起草典型的平面布局，研究相关法规问题，审核客户的租赁或建筑标准。其他的任务可以在客户在场的时候一起协同完成：如规划客户的当前和未来的需求，现有的家具的可持续利用，讨论预算和工程进度时间表，最后，确定新空间所需的环境氛围。依据实际情况某些任务可以同时进行，而其他任务按顺序进行。

空间设计师有的时候会独自一人工作，有的时候则是作为一个团队的成员，有时也会作为一个设计团队的领导者。空间规划师可能会收集和编译客户的项目需求，或干脆收到一个客户或另一个设计成员所提供的需求列表。这些因素中的很大一部分取决于项目的规模和范围、项目的地点、客户的性质或客户的业务，或设计公司的组成和结构。

空间规划与设计扩初

在进行空间的规划设计过程中，设计师应当先初步了解和预期设计扩充的程序——在哪里吊顶、在哪里砌墙、地板材料的变更等。

然而，最好是先呈现空间设计计划给客户，并与其讨论技术方面的想法，从客户那里获得批准，然后在未来的客户会谈中进一步发展被认可设计概念并展示给客户。

在早期的规划阶段，客户都习惯性地更专注于确保他们的程序需求是否得到了满足，而不是想象完成的设计。换言之，例如把所有的房间都放置在一层平面上了么？房间是合适的尺寸么？房间都需要实际相邻还是足够接近彼此？

在第一次修改初步平面方案的基础上，客户往往倾向于亲自在平面图上圈点计算出他们所需办公室、工作站、会议室等房间数量。客户需要确定有足够数量的工作空间供他们员工使用。在此时，这是远远比考虑曲线的走廊，有角度的家具或是有想象力的吊顶重要得多的。

这也是在恰当的时间去讨论建筑规范或由规范要求的特殊形式是如何影响平面布局或最终形成的空间，并用最新的技术成果有计划地提升最终完成的空间这些都不是在事后。在产生一个看上去或听上去都非常令人兴奋的但并不满足功能要求的设计方案之前，最好商议并讨论所有具体的适用性方面。一旦这些技术和其他技术方面得到满足，那么设计师可以自由转移到创意设计的方面发展设计方案。

空间规划

对于一个给定的空间、建筑或客户而言，没有一个完全正确或者完美的空间设计规划。但是会有一些好的并令人兴奋的设计规划，有些设计方案无论是在方案阶段还是在客户迁入的时候仍然保持一致的有效。也有些设计在方案阶段有效但当客户迁入的时候则需要做一些修改与调整。

两到三个或五个设计师可以基于同样的项目要求和相同的建筑场地面积来开展设计工作，但他们将创造出不同的空间，设计方案可能会相似也可能会完全不同。最有可能达成一致的是，任意设计方案都以充分满足客户的需求为最终目的。并没有什么精密的科学去创造一个好的空间规划方案，对于每一个设计师而言，探知每一个新的设计项目中客户的需求，然后结合汇总所有空间规划设计中的各个方面并将其整合到最终令人愉快与合意的设计方案规划中去是最才重要的。

空间规划设计的组成要素

所有室内空间和空间规划设计，除去业务的性质与规模大小因素，都由同样的几个基本内容组成，包括：入口或接待空间、独立的房间、半独立的房间、食物间、附属房间、员工或职员工作区域、家具和设备、通道或走廊、建筑中庭、公共可访问房间或区域、建筑物和按照《美国残疾人法案》（ADA）规范要求设置的建筑结构和基础设施等。

独特的房间名称或称谓可能对于从一个客户到下一个客户或从一个类型的业务到另一个类型的业务而言，都应是一致的。或者说不同的名称也可以用于同一类型的房间。卫生间和洗手间等术语通常指作为盥洗室等同样的东西，但也不总是。制造工厂中的公司办公室可能在它的公共洗手间里需要一个休息空间，和运动室关联的可能会是包含更衣室和浴室中的淋浴间。一个室内设计公司的图书室将意味着和一个律师事务所所要求的空间迥然不同。

设计师应当在设计规划设计平面图上各部分内容前，时常查实与理解组建表、术语和每一个新项目的组成内容。虽然是非正式地规定，但通常来说较为受用，内容可以分为五类。

1. **空间：** 建筑、位置、历史。
2. **客户：** 业务类型、计划要求、期望的环境和形象，预算和时间表，“客户的行李”一节。
3. **空间元素：** 家具、房间尺寸、通道、施工。
4. **技术要求：** 建筑规范以及ADA（《美国残疾人法案》）规范、基础的设施。
5. **居住者和环境：** 健康、安全、福利、通用性设计、环保。

空间

我们对空间的认识是什么呢？是有很多窗户还是仅仅只有几面墙？是被认为是别致的还是毫不吸引人的视图？如果空间的内部是能够从建筑外部的人在远处就能看见，那么这将如何从空间设计入手呢？它是指那些能吸引人和使人第一印象就易识别的、却并不有益于功能空间的飘窗或露台么？

设计师需理解为什么客户选择特定的建筑或空间进行规划与设计并居住使用。这是仅有的可用空间么？这个建筑是提供了最佳的租约么？还是这些空间和建筑对客户有吸引力呢？这种吸引力的缺乏与否是会影响整个规划设计过程？

建筑物

建筑可以是任何类型的：历史、当代、现代、新古典主义或无法归类的。它们可能是低层、高层或是单层。它们可以是木结构的、实心材料的，例如砖结构或混凝土砌块单元结构、砖饰面，钢和玻璃、钢铁和单元面板组件，绿色环保或其他材料。建筑类型可能会或不会影响室内房间和开放区域的大小或外形。一个楼面标高可能会或不会影响门的位置。然而，建筑结构类型则肯定会在选择外部建筑材料或提高天花板方面发挥不同的设计选择参考。(参见第13章)

当规划设计空间的时候，到底是不是应当考虑房东设定的一些规章和标准？如果是这样，这些规定又是如何影响空间规划设计的呢？

建筑物的位置

建筑物的位置是影响空间规划和设计最终形成重要因素之一。在一个坐落在阿拉斯加普拉德霍湾的石油和天然气管道项目中，此地全年充斥着寒冷的温度、雪和北美驯鹿，由此家具的布局需要反映柔软的边界和曲线形式。设计师被要求不能使用任何不锈钢材料或其他“冷”材料。完成的空间设计成品应有“温暖”甚至“带有绒毛”的感觉。

许多心理方面的因素被认为是可以在这样特殊的条件下有所运用，从而能够帮助缓解抑郁和孤独的感觉。

下面的例子是对于更局部的尺度而言的，选定的建筑是位于在芝加哥市中心为数不多的几个露天广场对面的街上。通过沿着窗户的侧面放置办公空间，而不是将窗户放置在办公室的前端，这个设计规划不仅为更多的人在室内空间中提供天然的日光，并且还延长了建筑所局限空间的边界。用这种设计方式，使得每个人都欣喜地感觉到自己是外面的世界的一部分。

历史性建筑

有些建筑物和空间比其他的要更具历史性。有时是有可能保留这些历史痕迹的，而有时则是没有必要去保留。

建筑物由当地和国家历史保护委员会来指定历史性的保护批准，如果需要对空间进行更改的话，特别是在建筑物的外部表面。设计者应该意识到任何建筑物所拥有的历史地位，从而按照规定的指导方针来进行控制或影响空间设计规划中的这些部分。

对于那些没有在历史保护范围内的建筑，设计者在设计内部新空间的时候也应该考虑它的历史价值。

设计师可能希望该建筑物的设计规划以反映对称、角度或现代主义风格。许多古老的城市，例如，有角度的街道，反过来常常限定了有角度的建筑物。在意这些反映空间设计中的角度是可以为整体空间提供附加价值和和谐性的。

此外，它通常是有利于设计师详尽地检查周围的建筑工地和社区的。这种整体分析和研究的方法通常可以生成一些概括的想法

图1.3　最初空间平面：建筑前窗一侧的办公空间

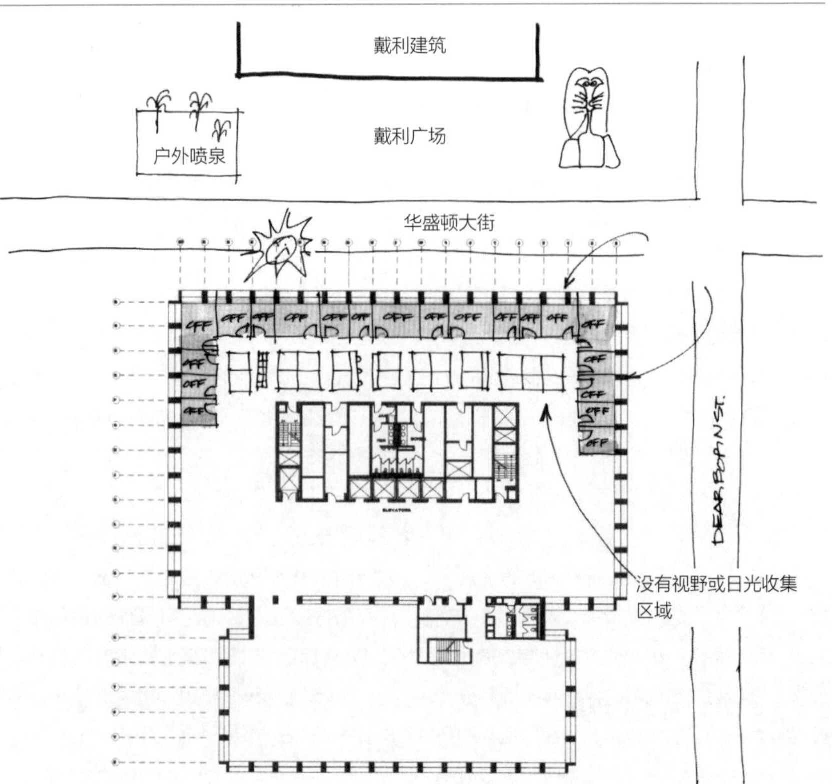

或有助于达到公共交通的LEED认证（美国民间绿色建筑认证）。

客户

没有标准模式的客户，他们伴随着许多不同的背景和各自的观点，客户可能会重建或重新安置了十次或仅仅还是第一次。这可能是他们惟一的办公空间，也或者可能是一个新分公司的位置。空间可能需要通过扩张让房子以满足越来越多员工的数量增长，或者客户也可能会由于出售了公司的部分业务而减少空间。

客户也可能是个老牌古板的公司，也可能是一个处于上升阶段、积极进取的公司。

客户的业务

作为设计师不仅需要明白每个客户公司的组成，而且还需要理解客户的业务类别。有些设计解决方案能为许多的客户工作，甚至是各种不同业务类型的客户。有些设计方案则只能为一个客户或一种业务类型服务。即使当同样功能的设计在多个空间计划中实现时，对于设计师而言，也应该针对每个客户都有独特的特色。没有哪个公司想要被看起来像另一个公司，除非他们在自己的区域位置上进行品牌化连锁。

设计编制要求

许多人会认为设计编制要求仅仅是一个员工和房间或其他区域在设计空间中对数目要求的清单。设计编制的确是提供房间和面积的数目，但它们同样还需要提供更多的内容。他们提供了一个理想模型，客户的需求、心愿、期望等组成的文字及图像。通过编制工作，客户可以清楚公司的管理类型和组织结构——先进的、专制的、懒散的、传统的、客户至上的、员工自治的等等。

这些形容词会告诉我们什么呢？如果公司是员工自治的，它应该想要漂亮的空间，但需要有一个保守的预算，以把钱用于其他投资上；或者也可能意味着是一个昂贵的空间，用来展示公司的商业上的成功。一个专制的公司组织结构可能预示：最大的办公区域应该是一个位于角落的办公室，有不止一个窗户， 在保证其空间足够以后再安排其他办公室的放置。一个懒散的公司组织结构可能表明：大多数的雇员和工位都沿着窗墙边放置以占据着办公室的内部空间。

图1.4 最初室空间平面图：建筑周边

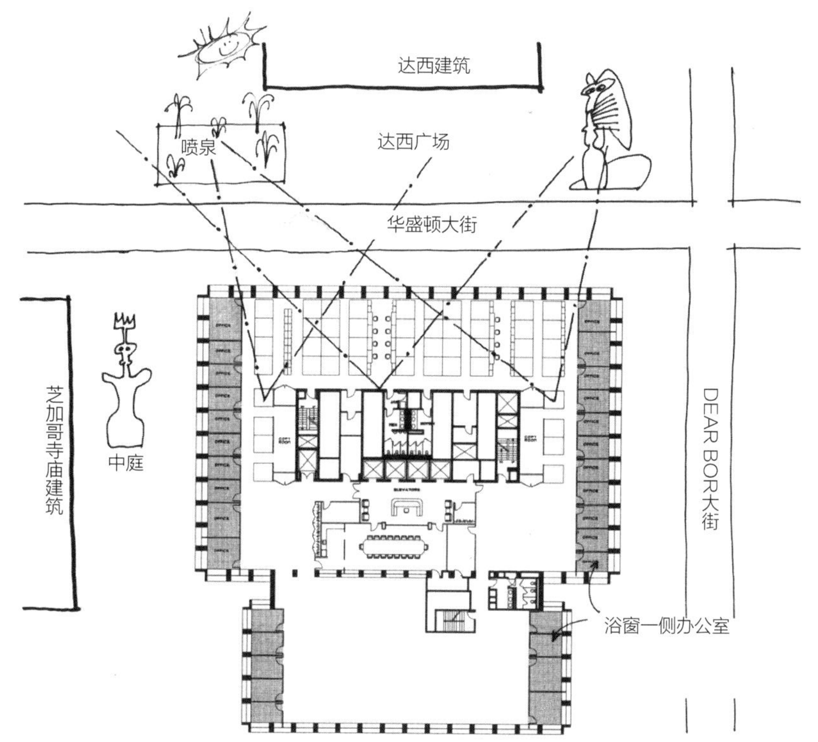

期望的环境

许多客户并不能直接想象出最后设计所呈现的面貌。他们通常并不能明确表达出他们自己对新空间所期望的环境效果。

为了辅助客户，设计师们常常运用象征的方式去展开空间设计概念阶段，甚至贯穿整个设计阶段的始终。

对于一个主流杂志出版商的新办公室而言，项目经理解释道：“首层被视为一个开放的大空间打破了原有城市规划的流行元素……交通线路的组织连接则在室内表现为一个宏大的长廊。”

其衍生设计扩展到其他通道（林荫大道、街道）、非正式会议的场所（公园），私人办公室高消费区，角边工作区（工人的住房），等等。

在另一个办公室空间俯瞰时代广场通常被称为“世界的十字路口”。设计师表示“他将林荫大道的设计理念贯穿在每个楼层，这显示通过空间扩展获得的通达性”。

通过使用隐喻的设计方法，设计师能够运用类比来帮助客户对其各种各样的设计方案有一个国家的认识。

预算和日程安排

每个客户有自己的预算，甚至那些想花很多钱的客户是因为他们的设计期望是和装饰效果或空间匹配的。虽然有些客户可能不愿意透露他们的预期预算投入，但对设计师而言必须了解客户想要投入的费用数量。有了这些知识，设计师往往能够提出一些较好的设计解决方案，通过控制一个区域的支出以平衡另一个更急需的区域。

同样，我们来说说日程表吧。究竟有多少时间允许设计师既要来处理设计扩充与文件，同时还要进行空间的建造呢？由于物品通常有很长的投产准备阶段，所以是否有足够的时间来设计一个定制的接待桌或是一个玻璃入口门呢？或设计师是否应该建议做成标准产品，储存在本地仓库以便于立即交付呢？这一般来说和精心设计的定制件一样但通常价格更便宜。

通过和客户在每一个新的项目之前来讨论预算和日程安排，设计师除了将能够展示出他们创新能力以外，在其他领域的商业和社会能力。

客户的“行李”

所有的客户都有各种各样的“行李”，往往以：家具可持续利用；一个大容量、气味难闻的复印室;无论钱多少，他们更愿意将预算花在食品室;或坚定地认为在入口门使用他们希望的那种风格诸如此类的形式出现。大部分的“行李”是由已知的设计师在开始这个项目时就形成的。

和客户的“行李”战斗是毫无意义的。其实对于设计师而言最好是在空间规划的开始时就提出问题并了解所有的情况。然后，每个问题都可以得到处理，从而以减少其对总体设计的影响。它可能会重新绘制现有的文件柜或为一个被再次利用的沙发重新装上椅面。也许复印室可以被放置在库房的另一边，虽然人们可能需要走更远一点得到复印件，但氨气的臭味就会离开工作区域足够远以证明走这一段是值得的。

空间组成的元素

就像整个空间设计是基于房间的数量和大小以及人流走道，单个房间则是基于家具或其他物品的数量和尺寸，根据所需要确定数量的流通空间去驾驭这些物品。但是这些元素究竟是如何影响和相互影响的呢？

家具、设备和其他元素

特定的家具、设备和其他元素的选择会影响最后设计出来的房间大小和形状。例如，许多培训室的大小是以容纳大约20个参与者的座位为参照的。

当使用者坐在一排排的固定的、带着手臂搁板的礼堂椅这样的座位时，每个座位的建筑规范，允许是：每7平方英尺每人，也就是20个使用者的话就是总共的座位区域占据140平方英尺。过道和讲台区域则是不包含在140平方英尺以内的（1平方英尺=0.09平方米）。

当使用者坐在带有可移动书写椅和单独或成组桌子一体的座椅时，建筑规范要求每人区域为15平方英尺，这些座位面积加上通道和演讲区域建筑面积总共则要达到300平方英尺。显然，家具和陈设能极大地影响房间的大小。

房间大小和周围环境

习惯上，房间的大小不会比在房子中家具放置连同适量的流通空间所充分需要的面积更大。当然，有的时候如果是选择一个重点满足使用者需要的房间，比如接待区，则可能在空间面积上会超过所需家具占据空间的规定要求。(参阅图 9.7b)

从纯粹的空间规划和空间需求角度而言，家具在这接待区可以适应更小的空间或者说可以放置更多的家具在空间中。然而，空间规划设计不仅仅是在一个空间中提供适当的或最低数量的单个元素总和的建筑面积。房间大小和布局也可以被认为是根据所需的相关性条件或营造空间氛围而调整的。

流通空间

顺理成章地，一定数量的空间，我们将其称为流通空间，是为了接近这些物品例如每件家具和设备所需要而存在的。房间中的流通空间及独立的家具或设备周围的空间通常是基于常识、逻辑关系和需要使用物品的最小间隙而确定预留的。

当流通空间连接房间时，它通常被称为大厅、通道或走廊。具体的建筑规范要求这个流通空间是取决于公司业务的分类的和所服务的人数，以及建筑物是否有自动喷淋灭火系统。(见第五章)

施工建造

通常人们会认为室内墙体是是由清水干砌墙建造的。我们习惯于看到的房间是以这样的方式分开的：一堵墙，一个房间，一堵墙，一个房间，一堵墙。这些房间可通过一扇扇门或门洞开口来间接互相进入。

实际上，许多替代材料可以用于“建造”墙壁或隔断，可以从空间设计的一开始就被放入空间中。玻璃隔墙，有框或无框的、半透明的、透明的、层压的，或丙烯塑料面板的都可以为空间隐私划分空间并允许房间之间互相透光。波纹金属可以在会议中心或办公组合区域使用。背光灯具玻璃可以作为企业形象台或游戏区的造型材料。在标准化产品流水线生产出的家具中，许多制造商提供了可以安装到天花板中作为一个固定性墙面的整体面板，并且它也可以根据客户需求来进行拆卸和重新组装，甚至还可以悬挂固体或多孔织物和纺织品作为隔断和墙体的立面装饰。

技术要求

技术要求是多种多样的：它们可能是官方的要求或舒适性的要求。它们也可能会根据设备在空间间隙数量或电力及温度控制的需要来作为要求，或者是他们可能要求的整体空间。通常情况下，一个工程师将计算许多的技术要求，但空间设计师将通过提供房间和布局设计来整合这些需求。

建筑物和ADA（美国残疾人法案）规范

建筑法规涵盖了室内和室外建筑结构、健康、安全和建筑物的使用者的各类权利。ADA（美国残疾人法案）不仅禁止歧视残疾人而且公共区域对于任何人而言都必须是无障碍使用的。为了获得建造许可，法规要求这些都必须遵守符合并在空间设计和附属建造文件中都有清晰的体现。

基础设施

加热、通风和冷却(暖通空调系统)，并不是严格意义上设计师的责任的一部分，必须作为总体设计中的一个集成部分以适应空间设计规划。管道系统需要经过或穿插在天花板或地板、墙壁上下，又或穿过整个房屋空间。

有时管道系统可以通过在周围构建一个槽底以隐藏起来。它同样也可以暴露在外;它可以贴近天花板或下降一英尺或更多。然而它无论如何处理，都会是个管道系统。它可以被计划放入一个设计好的空间中，也可以成为一个让人讨厌的东西。

交易大厅和计算机密集型企业有大量的电脑和电气设备的使用，需要大量的电线和数据电缆。和管道系统一样，这些电线和电缆可以隐藏在墙壁、抬高的地板下面和吊顶上面，或者他们在为高科技设计的室内空间中可以暴露在外和通过地平线加高托盘来解决。

经验能变成知识。设计师可以改变壁橱大小或策略性地搭建房屋扩充部分来垂直竖管或布线。有角的或弯曲的空隙都可以在设计中用于立管、布线和放置其他电线。通过预先分析这些空间元素，空间设计师可以在设计的开始阶段就能充分吸收这些变化多端的需求。

居住者与环境

设计师，是作为为所有人服务的可达性与可用性空间的倡导者。设计师应当带头遏制全球变暖，因而应当选择更高效的照明器具和灯光。设计师还应当为各类设计空间详细指定可回收和可再生的产品。在如此多的建筑规范背后，许多设计师正在前瞻性地关注并主动采取国会所要求执行的室内设计标准（NCIDQ）中规定的最新可持续和保护生态环境建筑的相关条例，从而确保使用者的健康和幸福。

健康、安全和幸福

随着人口老龄化和肥胖问题越来越普遍，每个人，包括设计师，都需要学习如何最好地解决这些问题。设计师可以在空间设计方案规划构建的一开始就关注如何创建健康及其相关方面的问题。例如，当设计师有意识地在人流活动区中心放置一个楼梯的时候，员工可能会使用楼梯而不是走更远的距离去使用电梯。显然，散步是很好的锻炼，但爬楼梯却更有助于身体健康。

心理健康可以在我们的日常活动中扮演非常重要的角色。通过对员工工作空间的舒适度的考虑，可以提高其工作效率并使其易于和同事们沟通。设计师的努力也被认为可以有效减少旷工。根据一篇文章所提到的："研究显示，人们往往对感冒和身体疼痛有更大的心理压力。"文章继续说，"环境因素和房间作用其实一样重要，考虑到错综复杂的看不见的元素，如管道、空调、照明，如果温度刚刚好，冷气让每个人都感觉舒适，灯光不让任何使用者眩目……"根据这篇文章的意思我们能知道："这些都能让每个人在不经意间获得难以置信的影响。"

通用设计

设计和空间规划应考虑所有可能使用它的人；它应该具有包容性。作为设计师，我们应该为每个普通使用者设计和计划。当我们考虑残疾人时，我们习惯根据残障来将人群进行分类，如视觉或听觉受损，使用轮椅和拐杖而行动不便的人，或因为药物或遗传原因导致身材短小的人。然而，一个残疾人可能是任何人，比如有些临时使用拐杖的人，或者一个人双手携带负载的箱子，还有刚结束眼科手术正在恢复的人。因此，通过ADA（美国残疾人法案），我们有许多规范对于触觉表面、音频、视觉危险的警告、最小和最大安装高度，五金栏杆或其他硬件进行规定说明。

在过去，没有法规的明确规定时，家具和其他制造商都有一些惯例性的设计，比如一般都将其产品的尺度设计为适合85%的"平均"人口的舒适性。但那些没有身体残疾，但并不在我们所认为的85%平均身材以外的人怎么办呢？

其中最著名的事件发生在英国女王伊丽莎白二世在1991年访问美国时期。当她在美国国会演讲时，她成了"说话的帽子"——她消失在了按照布什总统尺度准备的讲台之后。这件事成为一个既搞笑又极能说明"需要通用设计"问题的绝佳例子。

这是多么令人震惊的一幕，这让人回想起16年后当她再次来到美国进行的访问。当女王在1991年做演讲的时候，讲台后面被放置了一个小盒子，她可以站上去。当她2007年故地重游时，讲台已经替换为一个新的设计用来升降以符合每一个演讲者的需求。

走向绿色

可回收、可再生、可重用的、高效的、可持续的、后消费产品和减少废物都是用来描述绿色概念的术语。根据互联网上搜索绿色建筑的相关信息，包括以下几种定义：

"绿色建筑是促进家庭、社区、环境的经济、健康和幸福的一种设计和施工实践"。

"绿色建筑是促进建筑使用资源——能源、水和材料有效使用，从而减少建筑对人类健康和环境影响，并通过更好的选址、设计、施工、运行、维护和拆除来形成完整的建筑生命周期的实践活动"。

室内设计师同样也可以与建筑师一起参加到创造更多绿色空间的设计中去。当近期一个新项目要开始腾空空间的时候，设计师可以尽可能地保存现有的许多内墙，帮助不堪重负的老建筑，减少垃圾填埋。尽可能地通过重新使用现有可利用的家具，这样运输新家具卡车的尾气也会减少排放。

通过为所有建筑物内的居民提供日光照明，减少电气使用同时也有助于降低员工的心理压力，进而可以减少员工移动频率和医疗费用。计划回收包装盒和设计一个接待区是一样重要的。室内设计师应当有很多方法，为保护我们的地球而为人类创造更好的健康、幸福和安全的设计。

空间规划师

室内设计师和空间规划师会表达许多个人观点、风格和个性。为了说明这种情况，一个公司的设计总监往往会画圆圈和箭头来指导三个设计师在公司如何去开展一个空间设计计划（参见图1.5）。

设计师A指定了一个需求列表，将每一个设计要求都用一种有序、精确的方式在平面图上记下来，而很少花时间在其他的选择上。毕竟，一切都和这个计划联系的天衣无缝，所以它一定是好的。

设计师B设想着这些需求。如果他认为是有道理的，他就能快速地增加到设计中去。如果要求是不合理的，则他并不会将其包括在最初设计方案中。此外，一些需求会被润色、改变或调整以帮助整个计划看起来更加赏心悦目。在最终设计方案形成之前，物品将被整理、重新排列并搬动十几次。

图1.5　最初空间平面：沿建筑前面一侧的办公室

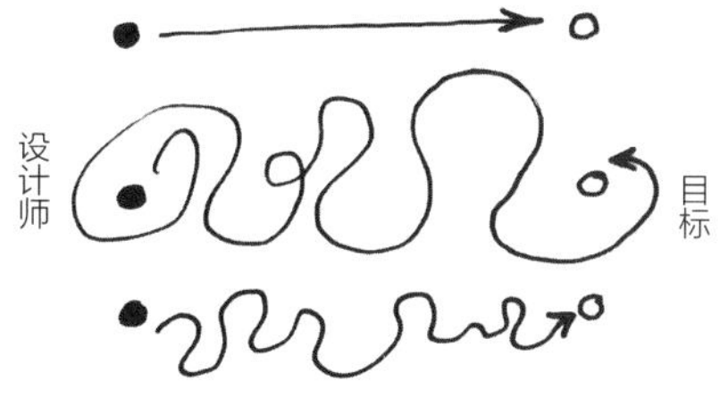

设计师C则在以上两种极端之间选择了自己的方法。所有必需的项目都包括在其最终的设计方案中。大量的时间和精力都被设计师放入到各种各样的平面布局中，但在最终方案出来之前，每一个能想到的想法都不尽善尽美。

以上三类设计师都是成功的。他们每个人各自的客户都非常喜欢他们的设计，并继续不断地让这些设计师设计一个又一个的项目。尽管他们的设计方法多种多样，但其实每个设计师都有一些相同的特征，对于所有设计师和空间规划师而言，这些特征都是必不可少的。

当他们在为客户的各种需求做设计规划的时候，所有设计师都应该有良好的随访和跟进能力。他们需要关注细节，他们需要不断地与客户沟通，但最重要的是他们需要去倾听那些客户们非要表达不可的想法。这是形成最终设计方案的源泉，而不是结果本身。

设计策略

不同的设计方法或设计策略最有可能从大脑左右半球的不同优势显现出来，“左半边的大脑处理逻辑和顺序，而右半边的大脑则更多地处理视觉和直觉、整体随机性的问题”。

无论是左半边大脑还是右半边大脑，都不能说是思考出完全正确或完全错误的结论。两边的大脑只是以不同的方式来处理信息。如果以全局的方法，设计师可以从整体建筑本身开始设计，从大空间设计一直考虑到最小的物品，如放置文件和外衣橱。而如果以有序展开的方法，设计师则可以从家具的个别物品入手来营造一个典型的房间，然后根据需要添加走廊，并调整进入大楼内部的所有组件。这个项目可能需要的是一种方法，接下来的项目则可能需要另一种完全相反的方法。有时，一个组合的设计策略或许是最好的方法。作为设计师，我们可以用我们的风格来营造舒适性，可能它是线性思维的、整体性思维的或是介于两者之间的设计方法。另外，通过努力发展我们两边的大脑， 当我们用所有的感官来生成一个最终设计方案时，我们的设计效果可以大大地改善。

实现空间设计的组成部分

定量的组成部分如家具尺寸、房间功能、交通因素和程序列表等可以被记录、计算、记忆、查找或调查。它们可以在平面图上被计算和验证。

而定性概念则涉及环境、哲学和视觉这一类很难被捕获的东西；这些概念不能简单地学会或记忆、计算或明确地教授。本节中的案例演示会为一些弧形的会议室或有尖角的工作组位的良好使用提供了一些特定的解决方案参考。这些案例中的每一个，无论如何，都是给一个特定客户、商业类型或建筑物提供的独一无二的解决方案。会议室虽然有可能早就只是被简单地认为是矩形或六边形，而工作组位可能是和建筑物的边缘呈90° 或70° 、20° 夹角的布局方式。定性的设计解决方案将通过包含获得经验、不断尝试、直觉、研究和观察等一系列的过程来形成。

制图与方案

当一个空间设计师要开始做方案时，就要把所有的东西准备到一起：

- 程序要求
- 建筑信息
- 客户意愿
- 客户观点
- 规范
- 咖啡
- 汽水
- 草图纸
- 钢笔
- 马克笔
- 计算机

接下来空间设计师需要做到如下方面：

- 理清大脑
- 开始进行
- 勾画点东西（任何东西都可以）
- 随身携带
- 随时操作
- 离开
- 扔掉
- 重新开始
- 休息片刻
- 再次审视
- 放松放松，再来点咖啡、汽水，一些零食或水果。
- 给项目负责人看方案
- 写下想法
- 深入思考方案
- 再换一种思路
- 再看一遍要求
- 推进方案
- 阅览其他的设计方案
- 深入思考第一个方案
- 改良想法和方案
- 决定了吗？
- 嗯，这是一个不错的方案
- 退后一步，最后再思考一遍
- 敲定方案并提交给客户

期望以客户的反馈为基础做一些改动，就大功告成了。但第一次的改动和尝试不可能是最终的方案。

手绘草图

一些设计师以随意的概念手绘草图开始，在拷贝纸上做方案布局。有些时候会着重拷贝出建筑的基础平面。平时，只是简单将规划方案表现在基础平面上。设计师起初只是简单地勾画，或用单线勾画出基本室内空间的使用功能，用气泡图进行图解，或者在拷贝纸上表示出关于家具的不同位置的建议：任何能够实现方案表达的方法都是可以的。

每当设计师对平面图效果感到比较满意时，可以在基础平面上再覆一张新纸，形成的空间设计则将被绘制为最初的“最终”平面设计图。

计算机辅助设计和草图（CAD）

其他设计师则直接使用电脑来设计布局每个空间的室内平面。想法或层次可以很容易被反复复制并添加新的构思或布局；可以修改线条、廊道，或者室内空间；舍掉不合理的区域；根据需要重新调整不同程序中的要求，以达到让人满意的效果。同时可以关掉图层并保存所需要的平面图纸，当每一部分和平面布局都准备完整时再打开所有图层打印最终图纸。

当然设计师为了完成一个好的空间设计方案可以形成属于自己的方法。

设计师可以先在拷贝纸上绘制一些灵感

来源的草图，然后再用计算机继续设计。也可以由计算机开始，然后在电脑制图完成之前，在拷贝纸上勾画一些过程中的想法。有些设计师能够通过仅仅使用计算机就生成最终的完整方案。每个设计师最终都将形成自己独特的工作、规划和最终完成设计方案的方式。

同行评审

选择用拷贝纸还是用计算机来画草图，将极大影响一个空间设计师如何与甲方和同行来交流设计项目，像是空间设计的工作。

通常最好的设计不是凭空出现的。合作人（甲方）的一些建议和想法是设计师完成最终设计需要攻克的一个点。即使当设计师展现了“完美的”方案，对提交给客户之前某些人的验证也不起什么决定作用。

空间设计是要凭直觉的；空间设计是要有逻辑的；空间设计是要有创新的；空间设计是要有趣味性的；空间设计是需要有方法的。

空间设计是要有责任感的。

总之，作为对空间设计的介绍，以下是三个作者的令人兴奋的语录。这三个作者是网站设计师，关乎自然的设计师和活动于城市内部的设计师，但他们的语言都印证了室内空间设计的精髓。

来自网站设计师凯文 · 林奇：

设计是体现构想和权衡能力的一种过程，并时刻谨记过去的经验，每种初始解决方式都不能直接寻求到结果，而借此将引向另一种思考问题的方式。

一些设计师更倾向于谨慎前行来做一些决定，而另一些设计师则致力于形式自由的探究，这种探究不会停止直到各个方面都几近完善。

设计师们选择开始他们设计的模式，这是一个让人精神分裂的工作。有的时候设计师是放松的，不加批判的以便于让他的潜意识来暗示不同的形式和相互之间的联系，大多数这样的意识和灵感是奇妙的，但也是很难实现的。

平时，他敏锐地捕捉一些建议，并在其之上进行探索和实验。所以他会在随手勾画和批判性的评论之间波动，而他的技巧也就在于去经营和权衡大脑中的两种意识状态。

生态学家伊恩 · 麦克哈格认为：

最理想的状态不是从二者中选其一，而在于两者或多者之间的联系。

一种理想状态是博物馆、酒店、音乐厅和棒球场合理方便地融合在一起。但如果山川、海洋和原始森林就在你的门口，那就太棒了！

埃德蒙 · 培根在他的书中《城市设计》说道：

想法、构思本身必须要能够系统地延续下去。它不能也不应该都产生于某一时刻的直接显性结果。

一经我们同时考虑到一系列系统和相互联系的思路，我们就能够在建筑设计中融入连续性和协调感。

空间设计就像是一种精神状态！

项目

《设计产业研究》杂志将文章定位于两个有趣的商业办公项目上，并写了两到三页的报道，其中涵盖了如下话题。

1. 这两个项目有什么相似性，又有怎样的差异?
2. 设计师在阐述基本原理时是否用了什么隐喻?
3. 空间设计和建筑设计是如何联系的?
4. 设计师是如何将绿色设计或规范要求结合在最终设计中的?
5. 这是否是一个好的设计方法，如果不是，我们是不是应该采取另一种不同的方式?

你将如何将这些经验和所得用于未来空间设计?

2

客户和他们的组织

"客户永远是对的!"
"即使错了——他们也仍然是对的!"

大学毕业之后我第一个工作的地方是一个住宅家具店，老板常常在高层员工会议上强调客户理念，他说没有客户就没有销售和业绩，更没有设计的机会，客户利益是第一位的。

对于设计师和他们那些需要设计或者需求改造设计的客户来说同样是切实的。对于一个设计师来说，聆听并理解他们的客户，尽可能多地了解客户的需求和愿望，为客户提供最好的设计，帮助客户做出最有效的决定是非常重要的。设计师必须了解：客户和他们各自的业务设置有何相似？有何不同？每一个客户或商业特征是怎样的？

一旦项目完成后，设计师可能永远不会重新拜访这个场地，最终甚至不喜欢这个项目的结果。诚然，让设计师很高兴的设计经历是值得表彰的，但客户的高兴和满意才是最重要的，因为当设计师完成之后客户要长期与设计的最终结果生活。此外，客户满意了，他才会更有可能在未来的项目中使用同样的设计师或设计公司，并将其推荐给其他的潜在客户源。因此，做设计是在设计师的最佳兴趣范围内尽可能地结合客户的需求和愿望，设计出客户期待的并让设计师自己认可的作品。

当一个新项目启动时，设计师应该首先在宏观上把握客户端的整体构架。一旦意识到这个广泛的含义，设计师就开始关注设计中空间规划的每个方面的细微差别。针对客户要考虑的宏观构架有：

- 需求、意愿、期待
- 法律分类
- 使用群体分类
- 工作范围配制
- 设计主题说明

客户的需求、愿望、期待值

设计项目最开始基于客户的需求或意愿去革新和调整现有的办公空间。无论什么情况，客户都应该知道在设计过程中的所有阶段和搬到新空间之后所期待的是什么，他们是否能负担得起这个项目。

他们有足够的时间去对空间进行充分的设计和建造吗？他们对于这个空间未来完成的样子有一个现实的想法吗？

很多时候，设计师理应扮演一个说服客户的角色，他们要向客户说明设计过程中将要发生的步骤和阶段。根据华盛顿特区美国建筑师学会（AIA）分会的规定，“在今天的经济环境下，建筑师（设计师）的眼界和技术都需要超越会议室的绘图板”。

单一地点的客户

单一地点的客户倾向于每5到20年的时间进行一或两次的搬迁、改造或是翻新，他们一般不知道期望什么或是在设计过程中做什么，他们可能不知道花销多少或多久才能完成这个项目。一些客户可能会进行调查或提出很多问题，但很多客户可能觉得提问太尴尬或不敢提问，这些客户可能需要设计师的指导。

多个地点的客户

具有多个分支机构的客户通常比较熟悉设计过程，他们习惯有一个设备或是房地产集团，当新的项目在各个分支机构进行时他们专门负责协调、看管设计过程。虽然该客户端可能对设计过程习以为常，但他仍然明智地对设计师进行审查，讨论项目的基本设计阶段。

建筑与场地分析

有时客户说：“这是建筑，这是空间，现在设计这个项目，帮助我们做好预算。”也有时候客户不妨考虑几个地点，他们也许指望设计师或是其他顾问的建议及理由去帮助他们选择一栋建筑。（见第13章）

重审合约

在一般情况下，设计师明智的做法是在开始空间规划之前要重审合约或具体的建设要求。在一个项目中，客户的合约明确表明：在客户空间内没有自动售货机就像每周售货卡车交付时没有充足的停靠空间一样。虽然这仅仅是一个小的问题，但通过审查合约，我就能够告知客户不要在他们的空间规划中期待任何自动售货机，这一步将防止客户在搬迁日当天进入场地时，感到与预期不符的惊讶。

初步预算

虽然很多项目开始时没有讨论预算，但在进行过程中尽早地将这个话题讨论是很重要的，没有业主的预算计划，几乎不可能确定拟建项目的可行性和完成一个适当的费用安排，最重要的是无法确定业主的设计期望值是否可以通过业主准备提交的财务资源来实现。高端的预算往往允许更宽敞的走廊、更开放的空间、更大的会议室、曲线的房间、特殊屋顶的处理和其他设施，这些都可以在空间规划中提出。中低端的预算可能不允许同样宏大的想法，但通过在整个空间规划中融入丰富的采光或是外部的风景，这些计划一样可以令人兴奋。如果设计师不知道讨论预算，他可能会错过从一开始提供给业主最佳空间规划的机会。

聆听客户

虽然设计中重要的是要尊重客户，并结合他们的需求和愿望，但这并不意味着设计师应该把所有事情都要向客户请求。毕竟，如果客户知道一切，就没有理由保留设计师了。有时候提供几种解决方案是必需的，其中一个解决方案会满足客户的最小要求，一个好的扩展的解决方案可能会增加客户的满意度，最终可能要比他们已经知道的要好。

在其他的时候，客户的理想或是要求可能会超出他们的预算或时间表，这种情况下，设计师应该提出代替的解决方案，同样能够满足要求，而且还能在预算和时间进度内完成。

在所有情况下，这种众里选一为客户决定他们是会选择第一个解决方案还是一个升级解决方案，一个实施项目的解决方案超出本身的预算，或者一个备用解决方案能够保证项目的如期进行。是等待还是进行要看客户的决定，坚持他们的要求或是尝试一个新的选项，设计师只能建议解决方案，客户才是对于这些方案做出最后决定的人。

了解客户

有时，客户并不总是明确提出他们想要的，有时设计师要从字里行间了解客户真正想要说的。

随着时间的推移和各方面的经验，设计师普遍理解客户的需求和愿望，并且将设计用在成功的项目中。通过调研可以获得更多的认识，尤其是在设计师遇到新的或不熟悉的业务实体时。一些认识来自天生的创意能力和直觉。当设计师直接看到客户如何开展每一天的工作，则会在每个规划阶段和随后的设计阶段获得更深层次的认识。当与同事和同行设计师共同合作时，也会获得这种认识。

基本客户组成

无论何种业务类型，大多数公司都有类似的计划和空间规划内容（见第1章）。

客户与空间规划之间的差异由业务的特殊类型、业务类别的需求或每个代码占用组的需求、建筑群结构、每个企业的细微差别和经营理念而定。办事处和工作站的数量变化会根据业务类型而定，建筑规范的变化根据房屋占用类型而定。从一个业务到另一个业务的职务名称可以相差很大，日常的差异可能包括工作时间休息或午餐休息对餐厅的使用。着装差异的范围从被许多公司接受的商务休闲着装，到服务人员需要穿的制服，或是常规公司企业首选的西装革履都有。这些态度和做法往往会转化成伴随的设计理念，这种理念可以纳入到新的空间规划，并最后建设出来。

认识到客户间的许多相似之处和不同之处，设计师往往能够给出在其他情况下起作用的建议或解决方案。然而，设计师不应该将客户归类成能接受相同设计方案的同一类型。尽管他们之间会有相似之处，但每个客户仍然是独一无二的。例如，许多律师事务所普遍喜欢更传统的空间外观，而在洛杉矶的一些律师事务所为迎合好莱坞客户，要求现代风格甚至爵士风格的办公空间。

法律分类

当申请一个业务许可证时，企业可以根据一些法律条文注册。根据法律要求分类建立公司名称、列出该公司的主要业务活动并作为税收目的的基础。各种分类包括：

- 政府部门
- 公共或私有部门
- 法人企业、合伙企业或独资企业
- 总部或分公司
- 主要办公地址或外埠办公地址
- 国企或外企

一个公司可能有一个以上的分类，但不能被归入所有分类。在加拿大有两种独特的律师事务所，一种是为利益提供法律服务的律师合伙关系， 一种是政府机构内的律师团队不以盈利为目的提供服务的公设辩护律师。一个公众持有的制造业的公司可能同时拥有企业总部和分支机构，然而一个非盈利性的妇女庇护所可能只有一个主要机构。

与此同时，所有的类型可以包含多个不同的业务。会计事务所、律师事务所、经纪人、心理学家、医生、餐馆老板、建设类公司或网络公司都能形成以盈利或非盈利为目的的合伙关系，它们的一个或多个机构设在美国或美国以外的国家。每个公司都可以选择如何依法设立自己的组织和业务机能。

除了少数例外，例如美国证券交易委员会（SEC）针对一些在金融机构内的团体，要求他们物理上达到位置分离，业务的法律分类与空间规划或设计扩初也有少量的关系。虽然法律分类可以在工作区域混合的任务、总量、层级中扮演一定的角色。

设计要求

在一般情况下，如果不顾法律分类，设计要求和空间类型，与工作描述一起，是一致的相似类型的业务。如前面提及的法律组织，这两种类型的公司通常要求为高级律师提供较大的办公空间，为分支机构的律师和律师助理提供较小的办公空间，为行政助理提供相应的办公空间、图书馆和附属的研究室，以及公司希望传达“交流”氛围的接待区域。室内设计公司和设计师要求要有样本库、平面文件和较大的工作面积以及输出平台，无论设计师是一个独立从业者还是在大公司工作的从业者。

相似类型的业务之间在需求和设计氛围的差异通常是关于公司哲学、服务客户类型、公司组织大小的结果。

组织规模

显然，一个公司的大小决定房间的数量，虽然很多房间都是一样的，但较大规模的公司能够负担得起具有特殊功能的独立空间，这正是小公司所不具备的。例如，一个地区性的平面设计公司可以利用自己的会议室来培训员工新的计算机程序能力，然而一个大型的广告公司则可能会有两个独立的空间，一个用于开会一个用于培训。

客户服务

客户会极大地影响空间规划和设计。对于律师事务所的办公空间或是公设辩护人的办公空间，倘若都是为普通市民提供法律服务的，那么设计理念和室内装修可能相似，主要的差异可能是接待室的大小和配置。律师事务所通常提供六到八人的座位数，而公辩律师的办公室空间通常需要一个更大的可容纳多达20到30人的空间。公辩律师的办公空间在接待区和办公区之间或许需要一个带有蜂鸣器的安全门。

另一方面，如果律师事务所很大或要接待特别的客户，通常室内装修的质量要很高端。接待区可能会非常大，虽然座位只有6个左右。这种浩荡的氛围许多即使没有特别说明其实早已转化为高昂的律师费。即便如此，这家公司仍然有许多的高级律师及合作伙伴，初级律师、律师助理及文员，以上这些都需要一个图书馆和附属的研究室。

理念

在过去，许多公司，不管大的小的，都倾向于在室内空间沿着周边窗墙和工作区设置他们的办公室。随着绿色和可持续发展的出现，一些公司正在扭转这些布局，玻璃幕墙办公空间占据了室内的位置，而沿着窗墙的工作区能够获得较好的采光。一些工作室还要求用开放的工作区域取代封闭的工作区域以促进交流合作，达到门户开放的效果。

公司之间的细微差别及异同比比皆是，设计师可以并且应该利用客户所有方面的背景、研究、经验来安排和计划每一个新的项目。

使用和占用分类

为了建设并获得建筑许可，所有建筑、结构和室内空间针对用途或使用范围在一个或多个组中进行分类，并由当地司法管辖权和管理建筑规范决定（Box 2.1）。虽然规范的术语可能略有不同，但一般来说大多数规范列表使用和占用分类与国际建筑规范的定义类似（IBC）。

用途或使用范围和法律分类彼此之间并不相关，商业类组B的使用范围包括对于办公室和专业服务（建筑师、律师、工程师、牙医、医生等）的建筑或结构，它一切都伴随着其他服务类型的交易，如银行、理发店和美容店、干洗店和洗衣店、实验室、邮局、无线电台和电视台（仅举几例）。无论这些企业是以盈利为目的或是不以盈利为目的，私人部门或是政府部门，但它们都有相同的规范要求。

当为一个许可证书提交文件时，设计师必须在每个施工文件的封面上注明使用企业（参见第13章）。在此基础上，为了更好地为每个空间内使用者服务，规范要求提供相应类型的示意图，意味着出口、消防系统和其他建筑设备。说一个极端的例子，按理说当撤离着火的房子时，比起一百来人的上班族，一家四口将最有可能采取更协调一致的行动撤离正在燃烧的高层建筑。

单个或多个分类

通常情况下，根据最适合使用群体或最适合居住群体，建筑空间或是业务单位会被分类为一个个单元。但是，偶尔一个空间内的特定房间也可能属于不同的用途，例如一个办公空间中的大型的会议室也是培训室。当这些房间达到或超过50人（750平方英尺，SF），就会从组B中重新分出办公空间到组A中，重新聚集人数。所有适合使用的规范必须符合它们各自的领域。

规范差异

有时，由于建筑构造、建筑的内部空间

或是客户的需求愿望等诸多因素可能很难满足特定规范的要求。根据每个规范明确的应用范围，评审时可以允许一定的差异，因为它是已知的。根据特定规范的要求，设计师可以证明遵从特定的规范是很困难的，并且这种差异不会危及整体中使用者的健康、安全和福利。例如，如果美国残疾人法案（ADA）规定一个办公室门（见专栏6.1a）的中划线拉到侧上要有18英寸的空闲距离。由于建筑中的阵列模式让这个门不能符合标准，审核中可能会允许不确定空间的差异，对此这个门只要满足18英寸的要求就可以了。

有时，为了满足规范的需求，调整空间设计是有必要的，即使这个新的设计不能满足客户计划的需求。当一家电影院总部将办公室搬迁到芝加哥，那么这家公司就会希望成立一个50人的视觉工作室与新的办公室合并在同一层来作为新的办公空间。适用于居住类组A的规范集中需要出口空间为50人或更多人服务的两种手段。

由于建筑楼层的配置，从工作区提供第二个出口是不可能的。根据审查拟议的布局和城市许可办公的要求，设计师和客户会达成一致意见。每个规范只提供一个出口方案，这个方案要求空间容量少于50人。通过消除一个座位和所有座位固定或永久附着在地板上的记录，从而确保了额外的椅子不会被带入工作室空间，许可证办事处允许工作室重新归类作为组B（商业空间）的一部分，而不是将它用作一个集中区域（组A）。

对设计师而言重要的是审核规范要求如何影响整体设计，然后设计师才可以与客户讨论各种需求，必要时，会达成一个可接受的解决方案。

Box 2.1　使用和占用分类3

302节的分类

1. 集会类：组A-1、A-2、A-3、A-4、A-5
2. 商业类：组B
3. 教育类：组E
4. 工厂和工业类：组F-1、F-2
5. 危害类：组H-1、H-2、H-3、H-3、H-4和H-5
6. 国际类：组I-1、I-2、I-3和I-4(医院和监狱)*
7. 贸易类：组M
8. 住宅类：组R-1、R-2、R-3和R-4(宾馆和宿舍)*
9. 仓库类：组S-1和S-2
10. 其他类：组U

*笔者会进一步澄清描述性的错误

工作区域混合

在公司设置上，办公室和工作站的搭配使用已经从几间办公室和一些开放区书桌兜了一圈，现在又回到较少的办公室和多个工作站。拥有一个私人办公室一直比使用一般的办公区显示着更高的职位。在过去，企业提供办公室奖励给有价值的员工。然而，由于房地产成本和租赁利率随着时间不断上升，许多公司开始重新评估实际的办公室数量与需求的办公室数量。

每个办公室都需求两到三倍的空间来建立一个工作区，可以想象的是把在同一区域的两个建筑面积为100平方英尺的工作区作为一个建筑面积为225平方英尺的办公区，或者把在同一区域的两个建筑面积为64平方英尺的工作区作为一个建筑面积为150平方英尺的办公区。从而减少了办公空间所需要的建筑面积总量，或者增加了现存建筑面积内可安置的人员数量。

办公室与工作站的区别

用工作站代替办公室除了减少特定数量员工需要的所有建筑面积以外，还能够降低租金，减少建造和运营成本，并且能够降低税收核销和建筑的使用周期成本。而设计师应该将这些优势呈现给客户，他们应该鼓励企业花时间向员工说明这种潜在的变化。

流动的人员

很少有人愿意做出从封闭的办公空间搬到开放的工作环境这样的改变，毕竟有一个私人的办公空间是令人渴望的特殊待遇。为了消除这种重新分配的工作区域类型，设计师可以建议客户考虑为那些流动的员工升级那些工作站。一个升级的工作站可能意味着对更高水平的工作人员的特殊关照，因此他们会继续感觉自己好似公司一项重要的资产（见第7章）。

每年的出租或租用的成本

工作站类型比办公室类型要求的建筑面积要小，如果客户决定使用工作站的员工比使用办公室的员工多，那么需要的办公室空间面积就要缩减。从而，客户租赁空间减小，租金也就少了。

建造成本

典型的配置是：每个办公室至少一个门、一个照明开关、一个喷淋头、一个空调设备、两到四个灯具以及三到四面的石膏板隔墙。的确，石膏板隔墙可以被办公室的任何一侧共享，但它仍然是必需的。

工作站类型共享大部分的设备，可能每10到50个工作位置一个照明开关，每4到6个工作位置有一个喷淋头，每4个工作位置有一个灯具，并且没有门和石膏板隔墙。节约成本是很重要的。

运营成本

直觉告诉我们使用较少的灯具和空调设备是很有必要的，这样才能减少电费。较少的灯具意味着要替换的灯具也会减少，因此换灯具的费用和劳动力也就减少了。

使用周期成本

所有的这些权衡并不是为了降低前期的建造成本。事实上，材料的选择和安装都会增加建造成本。工作站形式代替办公室形式，由于电源插座通常来自地板而不是墙面，所以数据和电源插座的安装就比较昂贵。然而，考虑到该项目的总成本——包括超过他们存在期限（即生命周期成本）的初始采购成本和运营成本——客户通常从长远上考虑节约成本。

税收冲销

无论客户选择办公室类型还是工作站类型，或是两者的结合，设计师可以在他们的收入报表上写下若干项目，以帮助减少每年总收入缴纳的税款金额。像办公用品这样的开支通常每年结算注销一次。家具设备和项目活动需要分期偿还并在7年后结算注销一次。而注销固定物品常常需要15到20年，如石膏板和其他超过租赁周期的建造工程。普遍来说，企业喜欢较早地结算注销，尤其是在随后的几年里他们预期一个更大收益总额的时候。

简言之，如果工作站类型和办公室类型花销同样的成本$100 000，那么家具设备7年注销平均每年$14 286，而建造成本注销每年仅用$6 670到$5 000。

比较有代表地，设计师不需要解释详细的账目注销或他们是如何操作的，只要在较短的时间周期内完成家具设备注销。客户方作为一项原则，要足够精明地去把握这样选择的含义，那就是在这之后他可以和他的会计师更详细地讨论。

通过给每个客户所关心的问题予以建议和帮助，设计师正展示着一种超越严谨创造的维度。这表示设计师真正关心的是客户，而不只是将这项目视为一个伟大设计的机会。

理念

办公室和工作站混合的最终工作区域常常以正在规划的空间的类型、大小和每个公司的相似性为前提。例如，各种规模的设计企业往往针对负责人和管理者设置2到6个办公室，针对其他员工（设计师、CAD操作员等）设置开放的办公区。一些公司可能会围绕单人工作区设置高隔板，但是许多公司通常设置低隔板或是没有隔板，以便比较轻松的合作团队项目。

许多保险公司、企业总部和其他的大公司通常设置自己的工作区，上下移动的混合隔板往往随着正在执行工作类型的变化而变化。需要集中工作的保险商或经常电话交谈的理算员可能由于一些私事而需要高的工作区隔板。而经历少量琐碎事情的数据录入员则需要低的工作区隔板。

另一方面，有很多合作伙伴的公司，例如法律和会计公司，很大程度上除了行政助理之外，所有员工都需要封闭独立空间。这种类型的工作不仅遇到老客户时要经常调用私权享用私人空间，而且所有合作人都有同等的地位：如果一个人有办公室，那么所有人都要拥有办公室。

然而合伙公司大都有大小相等的办公室，个人独资企业和大型企业集团可能有比例较大的办公室，或选择一些中型的办公室和一些较小的办公室外加工作区，这些趋势虽然不是绝对的，但似乎根据业务分类自然而然就产生了。

私人空间：封闭空间和开放空间的区别

当使用者进行私密会议时或者不想被打扰时，办公室的门可以关上。工作区的升级与否不会与私人空间的数量相一致。

先不提节约成本，在将办公室替换为工作站之前，许多公司仍然会考虑其他因素，例如对私人空间的需求。

首先，多少隐私需要电话交谈。当人们通过电话讨论敏感话题时，同事只听到交谈一方的话，这和听到双方的交谈是不一样的。对于交谈的话题涉及项目或是产品，而不是人，通常会觉得大体的私密空间是略微需要的，所以工作站能够充分容纳大多数的员工。

其次，不管是电话交谈还是亲自参加会议，意识到需要隐私空间的存在，许多公司将电话台和一些小型会议室合并到空间规划中来处理这些情况（见第11章）。

人事经理或产品（项目）的经理

当需要用工作站类型代替办公室类型时，公司必须在组织内选择哪些员工的水平和级别能够留在办公室里，哪些员工使用工作区。工作站水平的标尺往往是员工都低于董事或高级主管的水平。不过这种选择可能会形成一个窘境，所有的管理者都应该平等对待吗？当级别和工资标准都一样时，那么所有管理者都应该平等对待。如果一个管理者使用办公室，那么所有管理者都应该使用办公室。然而，当企业有很多管理者时，如果所有管理者都有办公室，那么让更多的人使用工作区的概念就会被击败。

管理者头衔往往必须加以区分，管理者常常看到员工由于纪律因素讨论个人事务，或是在信任方面引起的其他敏感问题。

产品或项目的经理负责监督一个概念，因此作为管理者一般不会有相同的保密要求。诚然，这些管理者有工作在产品和项目上的员工，但类似的敏感问题不涉及管理者。因此，尽管管理者要求有一个办公室，但当企业决定在一个新位置上减少办公室的数量时，通常会觉得产品和项目经理在一个更加开放的工作环境也能发挥作用。

平均每个人的空间量

企业利用平均每人的平方尺（SF）数作为基准，来对比公司真实的地产需求，这和员工股票期权条款以及其他个人所得条例有些类似，但也不尽不同。每人平均的平方尺数不仅包括每个员工实际的工作区域，而且还包括办公空间内的所有其他房间和环节。通过人数乘以工作区平均面积来分配办公区所有员工每个人的工作空间，通过管理能够计算出新办公空间大概需要的可用面积、建造和家具成本以及设计费用。用于确定平均每人平方尺数的三种基本方法有：现有的建筑面积、行业认可的标准以及在规划阶段计算出的建筑面积。

平均每人现存的平方尺数

根据租赁合同，客户了解目前占有的总建筑面积。他们也知道占有现有空间的人员数量。用建筑总面积除以员工总数，就能够计算出平均每人使用的平方尺数。如果客户对现有空间环境的格局感受满意的话，他们就可以利用这些现存的平均建筑面积开始一个新的设计项目。当现存的空间格局感觉狭窄或是过于宽敞，客户可以根据直觉、行业公认标准或规划工作来调整平均每人的平方尺数。

基于行业公认标准的人均平方尺数

相似的企业类型倾向于提供相似的人均平方尺数，但是没有一个标准能适合所有公司。律师事务所——通常会专门设计私人办公室——往往提供最高的建筑面积数值，时常会达到人均300到325平方尺，在业务范畴另一端的呼叫中心可能人均只有50平方尺。会计事务所经常使用着陆站和旅馆式办公（见第7章），可能人均占地围绕在135平方尺左右，而其他事务所需要的可能是更为传统的办公室和工作站环境，可能人均占地围绕在185平方尺左右。现在，许多公司正在寻找一个人均占地在190到225平方尺之间的标准办公空间。

基于规划工作的人均平方尺数

在规划（见第12章）过程中，设计师与客户一起列出在新办公空间中他想要的所有空间规划要素。所有房间和区域的面积要列表计算总数，然后除以客户的员工总数，以算出实际的人均平方尺数。

一旦计算出人均平方尺数，设计师基于客户的方向可以增加、减少或在一定程度上巧妙的处理建筑面积，选项包括：

- 消除或添加支撑区域
- 消除或添加专用区域
- 减少或增加办公室尺度
- 减少或增加工作站尺度
- 用工作站代替办公室
- 用办公室代替工作站

显然，添加或增加区域或尺度会扩大整体的建筑面积，因此人均面积就会增加。相反的，消除或减少区域或尺度则会减少整体的建筑面积，人均占地面积减少，与此同时租金也会减少。

职位描述

人们将自身三分之一的生命花费在工作上，这么多的时间已经远远超过生命中其他的任何事情所花费的时间。所以一个职称就是在描述一个人，它定义了我们是谁，我们在做什么，我们所积累的大量经验，以及我们在单位所处的地位。

一些职位能显示出其他更多的意义，并且有时同一职位意味着截然不同的东西。例如室内设计师和室内建筑师基本上是相同的职称和工作岗位，可是公众通常会将室内设计师与住宅装饰联系在一起，将室内建筑师与房屋建筑学联系在一起。当我说我自己是一个空间规划师并且住在加利福尼亚州的长滩时，很多人自然而然的就想到是在附近的飞机车间设计和建造航天飞机，而不是室内设计。

具体职位

为了避免混淆的可能，明智的做法是从每个客户那里获得精确的职称，并且将这些职称用在各自的项目上。由于有一百多个工作职称，所以在这儿不可能把所有的职称都列出来，为了说明各种职称的作用，从一组选定的企业实体中提供一个职称的小的截面。

职位可以如此不同，而且意味着不同的东西。合伙人或是资深合伙人是一个律师事务所中律师的最高头衔。但是在一个会计公司，委托人是最高头衔，而不是合伙人。

正如职位的变化是从一种类型公司到另一种类型公司的相似岗位的变化。也有可能是相同岗位对应不同的工作，这要依据公司是位于美国还是位于其他国家。在英国，长期的女服务员有可能代替酒店的客房部经理，出庭律师有可能代替法律职业的辩护律师。这将成为一个失礼的反面行为或是在客户的空间规划中滥用职称的行为。

经理的含义

所有的工作职称，经理可能是最主观的，它承载着几种含义和地位水平：

- 分支机构的经理
- 总经理
- 办公室经理
- 人事经理
- 产品或项目经理
- 后勤经理

一个分支机构经理或是总经理负责一个特定的办公地点，这个经理要向副总裁（VP）、主任或是其他在公司总部工作的行政级别的人汇报。因为通常只有一个分公司经理，这个位置上人很有可能占据最大的私人办公空间。

一个办公室经理（也是一个唯一的岗位）负责每天所必需的职责以保证办公室的顺利运行。这个经理人通常占据一个较小的办公室，并且直接向分公司经理或是其他直属办公室的高层汇报。

人事经理、产品经理和项目经理一般都

Box 2.2　工作职称的描述

法院	法律公司	会计公司
代理院长	合伙人	委托人
法律总顾问	合伙公司	合伙人
研究律师	律师助理	经理
高级律师	办事员	审计员
图书馆长	行政员	监察员
制造业	**银行**	**证券公司**
总裁	行长	总裁
副总裁	副行长	副总裁
主管	信贷官员	分公司经理
经理	新账务员	账目经理
监察员	银行出纳员	后勤经理
酒店	**医院**	**门诊部**
总经理	院长	医疗顾问
房务主管	行政员	行政主管
接待员	协调员	临床病例管理员
财务主管	医生	审判专家
客房部经理	护士长	参事顾问
厨师长	主任	营养师护士

是大型企业的中层职位。正如前面所述，这些管理人员承载着不同的职责，并占据着办公室或是工作站。

后勤经理负责商业建筑和机构建筑的维护和保养。这个职位可能指的是部门主管或是部门内的一个岗位。

联系客户

根据每个项目，设计师要与诸多层次的人沟通，从最高的职位到最低的首席执行官、首席财务官、管理人员、合作伙伴、设备主管、高校图书馆馆长、工厂主管、政府官员、医生、企业家、收发室办事员。设计师要制定一个全面的教育和沟通技巧去和每一个客户成员有效的沟通是必不可少的。

对于一个成功的项目，重要的是大家对客户的期望有一个清楚的理解。客户或许是对的，但是客户并不总能给出所有的答案。这就是为什么客户要保留专业设计人员，以协助尽可能在预算和时间内提供最佳的设计方案。当然各方面人员参与公开有效的沟通也是必不可少的。

项目

为一个最终项目建立一个投资组合，从展示在书里附录A的文件中选择一个客户用作所有练习和课业。这里有三个客户文件代表典型的客户需求的不同场景：

- 大部分为办公室和小部分为工作站
- 大部分为工作站和小部分为办公室
- 办公室和工作站大约各占50%

通过选择客户，你可以：

1. 研究相似类型的公司，它们会出现在贸易杂志上、当地社区企业的目录上或是图书馆中。
2. 面试时雇佣相似类型公司的人。
3. 写一份三到四段的简短文件，说明你为什么选择特定的客户作为你的项目基础。

CableRep

3

发现过程

当一个设计公司被委托予一个新设计项目的时候的确是有理由庆祝的一件事。事实上，当获得一个梦寐以求的项目时一些公司甚至急迫地要打开一瓶香槟来庆祝。

然而，对于所有这些美妙的感觉而言，对于所有设计一种美妙的空间的创造力和能力而言，对于所有在项目合作上有才能的团队而言，有些方面每个项目获得成功的结果上是很重要的。最首要的事情是，一个良好的设计师必须要问自己："谁是客户？究竟什么是客户最需要的呢？"

发现过程

当你问自己"谁是客户"时，你的第一反应可能是简单地闪过客户的名字。然而，究竟哪一个有关他公司自身的名字是客户告诉设计师的呢？往往很多时候客户并没有留给你那么多。

经过这一发现过程，设计师逐渐地了解了客户以至达到最充分程度。设计师学会了理解客户现有和未来的需求——他们的要求、目标、愿景、渴望的变化，以及意愿——在其各自项目起初的时候。

设计师运用这些信息去组织和管理项目、空间规划和进行随后的设计扩初阶段。事实上，我们常常说，到了项目完成的时候，设计师就比客户了解他们自己的公司更了解客户的需求。在某种程度上，这是对的。设计师既需要宏观又需要微观的信息。他们既从高级管理层中选取设计方向也为普通的雇员群体设计。设计师必须满足人体工学和《美国残疾人法案》（ADA）在工作空间中的要求，并且满足预算。为了创造出一个成功的设计，设计师还必须满足和符合个体需求和客户的远景规划。

启动会议

大多数项目的开始都是以被称为首次会议的启动会议为标志的。参加者通常包括所有已知的参与者和在项目过程中有可能参与一些项目节点的学科部门，即便他们的参与程度仅仅是微小的或者在好几个月内都不会被需要参与的。

每个人会被要求从一开始就参与进来，这个会议就会为以后成功的与合作顺畅的项目从一开始就定下基调。未来的会议通常只有参加合适的主题会议时要求参与者参加，但启动会议则是有利于满足所有团队成员面对面交流的一次机会。

是时候开展项目目录了：为以后的会议及会议纪要建立一个规程；确定基本的和客户、设计公司、其他所涉及的咨询顾问的日常沟通联系；确认行政管理系统；确立一些其他所必需的规则条例。现在也是时候去回顾典型的平面设计布局（参看图6.5、图7.2和图8.8）并且安排编制调查问卷（参看附录C），讨论它们的关联性、做一些必须的调整，并且为分配发布和收集问卷列出大纲和程序。

会议纪要

贯穿整个项目，将会有非常多的会议，有些是自发的，有些则是提前安排计划好的。其中一些会议有可能有一些特殊的议程；而有些会议则可能是常规的或者是那种“我们还没在一起一会”类型的会议。这些会议有可能仅仅有两到三个人参加也可能会是包括所有咨询顾问的整个设计团队参加。会议是哪种类型将对每个会议选用最佳的会议记录方式起到极其重要的作用。

在一个项目的自始至终， 很多决定要被制定、撤销、重做、修订、更改、添加、删除、忘记或者记得不太清晰。一般来说，如果你试图想准确地记住所有讨论和商定的事情的话，这有足够多的决定会让任何人的大脑都变得如荷重负。

会议记录总是包括当前的各种决策、未解决的问题、行动项目和负责人员以及完成确认各项任务。

一份会议记录的复印件从最后一次会议结束后或之前以及后续的会议中，都应当被分发给项目记录名单中的每一个成员。当会议信息和决策在每个人的脑子里还是相对比较新鲜的时候，回顾一下最近每个会议的会议记录是非常明智的。因为在未来，可能会根据会议记录的记载情况做出一系列的调整修订并得以通过。

项目记录

大多数人在会议开始的时候交换名片。然而，对于一个设计师而言，最佳手段则是通过跟踪参与设计过程所有人员的电子项目目录。这个记录可以方便地梳理和更新，哪怕当一个新成员加入设计团队或离开的时候，也会奏效。

日常联系

虽然电子邮件和互联网已经使得大多数的交流都变得非常方便，当如此多的人从各个领域加入到每个设计项目时，我们仍然会耗费很多时间去联系每个人比如询问信息、申请或回答问题。因此，对每个团队原则上来说，识别基本日常接触的客户、设计公司、工程师、顾问等是非常重要的。

主要联系人可以互相交谈相关问题然后在各自的学科领域传播信息。对于设计公司而言，联系人通常是首席设计师或项目经理；作为客户方，则他可能是一个工厂经理、高级合伙人、管理层或公司股东。

其他方面选择日常联系人也依此类推。通过这种方式，一个明确的联系人管理系统建立起来了。

行政管理系统

一个清晰的行政管理系统很大程度上保证了整个决策程序更好的调控性。即便如此，用了这种方法，主要联系人仍然可能是非常耗时的。

一个更好的程序应该是建立主要和次要的等级控制，指定哪一位团队成员负责哪一种类型的信息。例如，一个初级设计师可以直接联系邮件收发室职员，安排一个时间来测量邮件收发室中，即将被重新使用的在新的室内空间规划设计中的现有设备。主要的联系人将会得到通知，这样的会议已经预定好，然后收到书面报告或记录会议的公报和信息要览。这种方法可以节省时间，还能确保每个人都保持并行和决策互不越界。

不仅是对于联系其他团队成员来说，制定这些基本准则是重要的，同样对于需要了解或确定谁有能力对项目做决定以及在什么层次上哪个人可以做出怎样的决定，这些也都是必需的。例如，客户日常联系可以是根据某一时间延迟或货币总量变化而进行计划改变或财政决策变更的。除了以上几点，公司总裁或首席财务官也可能需要涉及这些计划变更。建立了这样的行政管理系统则有助于在项目的初始阶段就确保一个有组织的过程能贯穿整个项目。

设计程序

设计程序由两部分组成。首先，设计师从客户调查问卷中收集和识别信息，典型工作是一个布局、访谈和一个现有的空间的初步排列。然后，使用书面总结、电子表格、数据列表和图表，信息将被编译并制成一个项目报告，以为客户的新空间设计规划提出了一个理想的设计概念 (见第12章)。

谁是客户?

这个问题的答案其实是非常复杂的。客户们使用现有的空间并希望住进新的空间，其中有一些客户可以清晰地分辨出两类空间的差别，而其他客户则很难理解变化甚至更难以表达自己的意愿。仅有少数的客户满意他们现有的空间并想要重复他们所现有的空间设计，而更多的客户想要的东西则和以前的空间完全不同。

虽然每个客户和项目都是独一无二的，然而从一个项目到另一个项目，每一个项目其信息收集和验证的过程和类型则是有典型性的。从运用宏观的方法开始，设计者提出了广泛的问题以使客户管理对他们的整体定量、定性和哲学展望贯彻于其新的或改造的设计空间中。

- 公司有多少员工?
- 工作区域多少百分比将是办公室?
- 工作区域中有多少个百分比将会是工作组?
- 办公室将被工作组所取代吗?
- 家具会被更新还是沿用旧的?
- 做客户端想要商标吗?
- 客户想要一个独特的空间吗?

- 客户是否对新的空间已经有一个应该看上去是什么样子的主意了呢?
- 在新建成的空间中应当达到什么样的目标呢?
- 什么是他们对待客户的哲学?
- 什么是他们对待员工的哲学?
- 客户的宗旨是什么?
- 客户的未来的展望是什么?
- 客户为什么非得要搬走呢?

问卷调查表

每组通常被要求询问的经典问题包括:

- 部门功能
- 部门组织机构图
- 现有和预计的人员
- 典型工作区域的布置
- 特殊要求
- 邻接需求
- 支持区需求
- 安全需求
- 杂项需求

尽管问卷本质上是标准的，然而标准问卷也可以被编辑成以针对每个客户的不同情况。关键词中例如科室、部门、小组和分部应该可以改变以和客户公司的组织术语相匹配。额外的问题例如解决律师事务所的文档库、一个经纪公司的交易大厅、扩大政府项目的安全性，或任何其他特殊的业务需求。

问卷应该做到用户友好性。普通人并不十分熟悉整个设计的过程，因此通常一般不能像设计师那样处理出具有舒适性的尺寸和建筑面积。提出问题时应该使用询问客户需求这一类的措辞，而不是询问具体的房间大小、布局和如何配置。例如，客户或许并不知道多大的会议室或档案室应该多大才合适，但他们会知道他们想让多少人坐在会议桌边，或需要安置多少数量的文件在一个档案室内。因此，问题应该用能从客户那儿比较容易获取信息的措辞方式来提问，比如：“一个典型的会议大概会有多少人来参加?”而不是“你想让会议室做多大尺度?”设计师可以基于房屋所需容纳的人的数量或所需安置物品的数量以后之后，就能计算出房间所需的空间大小（见第8章和第11章）。

在问卷被发放之前，客户应该可以享有增加问题或说明的机会。他们可能想要从他们的员工使用离线存储的方式给予反馈意见，或者他们也可以询问各个部门以控制未来员工数量的增长。让客户端参与到问卷的设计创建中来有助于帮助客户控制面积需求、控制过度的需求和想法，正如和每个人直接沟通一样。

问卷分发

大多数项目将从调研问卷中受益，虽然也有例外。对于小项目而言，相当于约10 000平方英尺(SF)以内，则正式的问卷及报告可能并不需要。公司团队领导通常知道大多数的公司成员的想法和需求，可以简单地提供一些信息，以便于设计师作为一个预先确定所需建筑面积的需求列表。当项目是非常大的(任何超过600 000平方英尺的)、复杂的或被分为几个建筑单体时，信息收集和生成报告也可能比一般项目更复杂。这些报告或许可以被称为战略或志愿景规划。

对于中等规模的项目或由几个专门区域组成的项目而言，客户公司团队领导将把问卷分发给所在公司每组负责人或部门负责人。高层管理人员可以填写问卷复印件或电子文件，或者他们也可以问下属中谁更熟悉日常工作流程，从而给调查问卷中某些或全部的问题提供特有的信息。

组织中的每个高级部门或小组应该收到自己的调查问卷。这就允许每组在不影响另一个组的情况下列出他们自己的具体要求。同时它还允许设计师根据客户的组织结构图来整理信息(参见图12.1和图12.2)。在某些情况下，一个集团可能希望为低层专业领域如邮件收发室、计算机实验室或图书馆提供单独的问卷。这些问卷是基于各自上级组织来安排的。

回答问卷

通常来说，两个星期是一个合适的时间段来让公司人员完成调研问卷。许多问题是定量性质的，它们会问：多少、尺寸大小、谁和谁应该互相挨着坐等。其中一些问题很容易快速回答，而其他则需要一定的精力来努力评估现有设备和存储单元。定性的问题经常是找不到答案的，因为部门领导很可能希望听从上层管理层的安排。然而，设计师则希望在采访中获得最广泛的公司情况来解决这些问题。

此外，还有一些问题是敏感性的或看上去是侵略性的。例如，一个集团可能计划重组，因此会精简一部分人员。另一集团可能想要购买一个重大设备， 因此需要被设计进入新空间，但此时却尚未收到财政批准单。有时部门领导并不愿意透露这些信息，特别是给外人(设计师)。这对公司领导而言，强调整个问卷答案的重要性并且确保问卷的受访者将严守秘密则是极其紧要的。

完成后的调查问卷应该返回给客户公司领导，他们会依次提供每个问卷的副本给设计师。

典型工作区域布置图

通常，商业企业有一系列几乎相同的布局、功能、家具、氛围、美学的办公室、房间或区域 (图3.1)。设计师通常使用设计草图、按比例缩放的草模或每个重复房间和区域的三视图来与整个设计过程紧密相连。这些图纸从项目的开始与客户初步讨论就形成了设计的基础，被称为典型的设计布置图。这些典型的布置图是与问卷中视觉识别性等问题相关联的；它们同时也作为建筑模块中的一部分为空间规划和设计的形成起到了很大的作用。

典型布局的定义

一个典型的布局是由以下内容组成的：所在区域或房间内适合放置的各类物品、房间自身的墙壁、相应的窗户、门、地板和作为房间外壳的天花板 (见第6章)。每个典型的布局有以下三个决定因素：尺寸、功能和家具。

1. 当两个或两个以上的房间是相同的尺寸同时具有相同的功能和家具布局时，如两个10'×15'私人办公室，他们会被认为是相同的典型布局。这个典型布局可以缩写为PO-1 (见图6.11a)。
2. 当两个或两个以上的房间具有相同的功能，但大小却不同时，如一个

10'×15'私人办公室和一个15'×15'私人办公室，他们则被认为是不同的典型布局。这些图纸可以缩写标记为PO-1和PO- 2(参见图6.11a和图6.11c)。

3. 当两个或两个以上的房间大小相同，但是具有不同的功能时，比如一个15'×15'的私人办公室和一个15'×15'的会议室，这些房间则表示具有不同的典型布局。它们可以缩写标记为PO-2和C- 1(参见图6.5和图8.8)。

典型布局的数量

只要需要，每个项目都能画出足够多类型的平面布局来。如果客户要求十个私人办公室的典型布局方案，设计师就能够设计十个不同的办公室布局。但是，在某种程度上，太多的“typicals”变得既没有特征，也不实际，还不如给每一个员工以具有独特性的房间。通常，设计师为每种功能都提供两到三个典型房间布局，然后为每个不同尺寸的房间提供可选的家具布局。

可选择的布局方案

因为人们在公司来来去去，升迁，或是在内部调动，因此并不很容易做到为公司在同样大小的房间中提供可供选择的家具布局方案，而这些则在许多不同尺寸的房间中显得容易些。相同大小的房间提供同样的功能，但有可选的家具布局仍被认为是一个典型布局房间。可选的布局可以缩写标记为PO-1选项A和PO-1选项B（参见图6.11a和图6.11b）。

微小的建筑差异

一些微小的差异可能会存在于最终的建筑平面图中。设计师可能会发现一两个房间最终列在同一个墙上的同一根柱子上，而这些问题则由于建筑结构的原因而并未发现在其他类似的房间中。一个房间可能有额外的窗口或少一个窗口，或者它可能是短了2英寸或宽了5英寸。然而，如果房间基本上是和所有的其他房间相同大小， 服务于同样的功能，具有相同的家具布局，它被认为是和其他房间具有相同的典型布局(见图3.1)。

镜像的房间

通常，走廊尽头的房间是呈镜像布置的，这意味着挨门另一个房间而房间内的家具布置则内翻（见图3.1）。如果房间是相同的大小并且用途也相同，但是只有在镜像布局上显现出不同，这一类房间也被认为是相同的典型布置房间。

典型的布局

私人办公室和工作组在办公室设计的平面图上构成了两种主要的典型布局。在具体应用时，特别是对于大公司有许多部门的情况，典型的布局中也会出现会议室和一些辅助用房。

典型的平面布局被这样应用的原因有两个。首先，这是一个在整个设计项目中帮助客户为每一个员工分配一定数量建筑面积的可视化工具。其次，他们文档中呈现的最终布局是符合客户公司全体人员和设计师对每个私人办公室、工作组位和其他典型房间意愿的。

视觉展示

典型布局习惯上以四分之一英尺的比例绘制单独的房间或工作组，然后打印在一个8"×11"的张纸上，横向或纵向皆可，上面还显示相关联的一些信息，例如房间显示的类型、面积、比例、日期、客户名称和设计公司的名字(参见图6.5、图7.2和图8.8)。当设计师希望为同一房间展现可供选择的家具布局时，这两个平面设计方案可以打印在

图3.1　初期空间设计方案：建筑前窗一侧的办公室

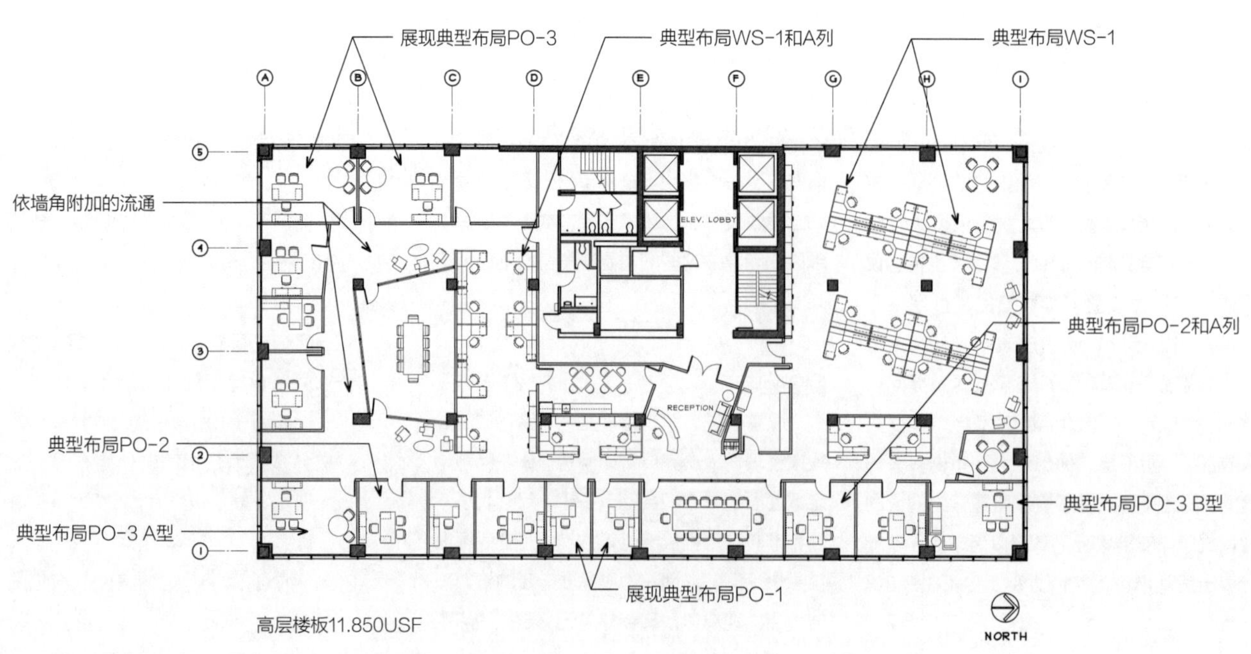

同一张纸面上，或者每个平面设计方案可以单独打印来展示。

通过的典型布局

在包含作为设计程序一部分的问卷调查，或在最终平面图上呈现的初步家具布局的典型布局出来之前，设计师应该提供几个针对典型的房间布局的可选方案给客户审阅和批准。客户可选择其中的一个或者两个设计方案，通过做一些小小的改动，或要求最终选择的典型布局呈交之前再提出一些可选方案。

当典型的布局被批准以后，那么设计师就能绘制出所有的房间的家具布置，确认客户会批准最终的方案并仅做很少的修改。

绘制、设计、规划空间的典型布局

虽然设计师在技术上是起到规划空间、房间大小、为典型的办公室和其他房间进行家具布局的作用，然而，我们从习惯上认为他更应当是运用其专业地位绘制和设计典型布局而不是对空间进行典型布局。

尽管典型布局可能因为会从一个客户到另一个、从一个建筑到另一个而改变一小点，但其仍然是相当标准的布局。小的创意设计是涉及一个点上的，而典型布局工具则是为客户来传达共同信息的。真正的空间规划和创造性往往是在设计过程之后到来的，当设计师将所有的典型布局和其他规划需求紧密联系在一起时，迷人的总体平面布局就呈现在给定的建筑空间中了。

访谈

一旦设计师已收到来自客户的调研问卷，他就应该安排采访客户以便于详细说明可能或不可能被解决的一系列问题。如前面在第2章中所述，设计师和客户并不能总是用同样的语境交流。有些看起来是开门见山和简单的问题，往往对客户而言会在他们头脑中转变为复杂的、扭曲的和完全不知所云的结果。一些客户人员要么太忙，或者不感兴趣，以至于未能充分阅读和填写问卷。因此，他们也许就不能理解提供所需信息的必要性。

通过与每个小组或相关人员安排访谈，设计师可以与各方重新回顾并讨论之前完成的（或部分完成的）问卷。

除了各组问卷代表，设计师和任何参与问卷调查的公司下属，以及客户团队领导也都应该出席每次访谈。这将使该组代表能有机会和作为公司以外成员的设计师就内部允许尺度的敏感问题来进行讨论。

客户团队领导同时也可以回答一些关于公司设计项目中一般的或具体的问题。但一定要记住的是，设计师在收集空间设计信息时是有严格要求的，即不能传播有关客户公司动向或客户公司新政策和发展方向等方面的信息。

对设计师而言，在每次访谈前均能收到一份完成的调查问卷以便于评阅是非常有益的。那些并没有完成的问题应该被标记以后解决，其中不清楚的答案还应该接着讨论。即使问题和答案似乎看上去是清楚的也应该进行复查。访谈是设计师和个体组织能面对面交谈并讨论客户公司日常需求和设计愿望的少有机会之一。

访谈的时间分配

设计师应当为每次访谈都留出大约两小时的时间。回顾调查问卷和采访常常需要整整一个小时。每组间隔的排练将花费15到30分钟。

在排练阶段，随后的时间可能需要讨论一些新增加的项目以添加到需求列表中去。在采访期间，对于设计师而言，花一些时间在对每个访谈中得到的被采访者头脑中的新鲜信息做笔记或批注，是一个非常好的主意。

如果访谈时间是紧张的，设计师可能需要5到10分钟在下次访谈前进行重新组织。最后，应该留有足够的时间去进行接下来的面试。

在此提醒一下，最好是按照规定时间为每组都安排面谈而不是在同一时间约定好几组进行访谈。每个小组都有自己的议程、需求和心愿。单独的小组访谈将给设计师足够的时间来专注于每组的需求。

访谈总结

各类注释说明、问卷调查信息，以及其他的讨论点应该在每次接受访谈时提出，并以大致相同的方式记录在会议纪要中。有些设计公司喜欢将这些总结作为项目报告的一部分，而有些公司则将它们作为备份信息储存保留。访谈摘要的副本应发送给所有的受访者和客户团队的领导者，以便于他们进行准确性的审查和确认。

如有更改则应当转发给设计师立即修正，并将更新的副本发送给各方。

设计预演

每个小组现有工作空间中各类物体的设计预演可以帮助设计师更好地理解一些客户的调研问卷上的回答或请求。不可避免地，当回答这些问题的时候客户往往会忘记或忽略其中的部分空间，如拷贝台或一个大文件柜。客户习惯于将这些物品融入他们的场地空间，并假设他们会在新的办公空间做同样的事情。在预演时，设计师可以发现这些被忽视的问题，如有必要就可以将它们添加到项目的调研问卷中去。

预演通常直接在访谈结束之后就展开，但它也可以安排在面试前或计划安排在以后的另一个时间。无论什么时候展开，都必须进行设计预演。

编译信息

从问卷及访谈中获得信息由各组根据客户的组织结构进行组织并稍后编辑成为一个项目报告，这是提供给客户、他们的经纪人、房东和其他关联方使用的。这些调查问卷、采访笔记和其他收集材料通常是装入一个三孔活页夹、文件柜，或类似的系统，以便于在设计开发和工程文件阶段供设计公司内部使用并做临时备份参考。

4

订制家具

在相当大的程度上，设备和独立的附件决定了一个房间的尺度与布局，以及相应的商业室内空间的平面布置。例如，在一个会议室中就需要一个足够大的尺度去安置下会议桌和会议椅，以及其他的些许需要占据空间的东西。无疑，一个20英尺长的桌子是无法适合于一个只有15英尺长的房间的。因此在开始布置空间的平面图之前，先行了解与房间相关的设备、附件的尺寸以及项目、业主所要求在项目中使用的设备、附件的尺寸。切记，基本信息是十分必要的。

订制家具

由于有数量上的保证，商业空间用的小型家具——通常是订制的，且一般比住宅里使用的配套式家具更耐用。相较于通常的家居家具的用料，订制的家具多为高质的五金件、坚固的框架和更为致密的织物所构成的典型结构。由于这些原因，订制的家具通常也就较居家的家具昂贵。而且，订制的家具在风格设计和制造上通常被要求按照工业行业所能接受的标准尺寸进行制造。

标准家具尺寸

标准的家具尺寸要求适应于室内设计行业普遍接受的标准尺寸，这种标准尺寸通常包含两个维度的度量——在平面图上标识出的宽度（或长度）和深度。尽管本书多处出现高度的标识，但高度的度量多被用于背景信息呈现以及设计推敲的过程中，而不是在空间的平面设计中。

在欧美，家具的尺寸单位通常为英寸。例如，一张书桌的尺寸标识为36" × 72"（36英寸 × 72英寸），而不是3' × 7'（3英尺 × 7英尺）。一个书柜的尺寸标识为12" × 36"（12英寸 × 36英寸），而不是1' × 3'（1英尺 × 3英尺）。由于该标准使用了英寸的单位，在通常的情况中，家具的尺寸标注就不再出现英寸的符号了，例如36 × 72。在单独的标注中，例如“29"高”，这个英寸符号就应当作为度量尺寸的一部分被包括在内。

在两个例外的情况下英尺和英寸被同时使用：超大的会议桌和工作站。当桌子的尺寸超过144英寸（in）时，尺寸的标注就通常涉及英尺和英寸了。因为像156英寸或216英寸此类的标注往往不便于大多数人的计算。因而一个标注为13'-0" 或18'-0"的桌子也就被人们所采纳了。工作站的尺寸通常也以英尺和英寸标注，如：8 × 10或6 × 7-6。同样，在这里英尺“ ' ”和英寸“ " ”的符号也习惯地被省略了。

大多数制造商是按照标准尺寸来进行生产的，

但一些制造商也会对标准尺寸做些微调。一张标准的写字桌的尺寸是36×72，然而，特殊写字桌的尺寸通常可以选择35×74或36×70的尺寸。通常的情况下，这种尺寸的微调不会影响整体的空间平面布局。如果已知特定桌子的大小，设计师就应该在图纸上绘制出这些桌子的确切尺寸，特别是最终的平面图上。如果桌子等家具样式没有被选定，在大多数情况下办公室平面图中使用行业内普遍接受的尺寸，特别是在设计的初级阶段。

标准产品

有时会涉及由某个厂家所制造的标准产品概念，这个概念不要与标准尺寸这一概念相混淆。标准产品是由制造商和销售商定期推出的产品。这些产品可能符合，也可能不符合行业内普遍遵循的标准尺寸。一个厂家的标准产品与另一个厂家的标准产品是不相同的。

在风格款式、尺寸，或是制造商上，订制的家具通常具有独特的功能，这在空间平面设计阶段要考虑到的。通常办公家具分为11个种类：

1. **柜式家具：**桌子，书柜，存储单元
2. **文件柜：**卧式文件柜，立式文件柜，柜子基座，储藏柜
3. **工作隔间隔断：**隔断，工作台面，吊柜，存储柜
4. **桌子：**会议桌，课桌，快餐桌，非正式桌子，临时性桌子
5. **坐椅：**办公椅，会议椅，会客椅，沙发，躺椅，凳子，可堆放的椅子，长凳
6. **架子：**开放式的，带柜门的，可移动的
7. **传统家具：**办公桌、餐桌、柜台、工作台、座椅
8. **附属物件：**花盆，信纸盘，台灯
9. **设备：**复印机，打印机，传真机，缩微胶片等
10. **其他：**邮箱，小推车等
11. **现有的或重复利用的：**上述任何或全部

柜式家具（板式家具）

在今天的市场上，办公家具主要是私人的柜式办公家具，如一般工作人员的工作隔间、文件柜。其中，柜式家具通常定下空间基调或办公室的整体设计风格，如传统风格的、混搭风格的或现代风格的。柜式家具也有用于接待空间等其他房间的，这大多数在私人办公空间中出现。

表面处理

木材和漆面金属是这两种材料在柜式家具中常被使用。许多木材可以被使用于制造家具，但制造商多使用五夹板或六夹板以及胶合板：橡木、胡桃木、樱桃木、枫木、梧桐树和枫木。制造商通常会为每一种木材提供多种漆面样品，其中包括自然的木本色面。假如某个特别的项目需要特殊的漆饰面，大部分的制造商将会提供一块另做的漆面样板，但需添加些费用。

金属柜式家具的油漆通常在无尘室里用静电喷漆的方式进行。大多数的制造商会提供一套有着多种选择的中性色调标准色样。当然，如需特殊的色样则也是需要增加些费用的。标准色色样通常三到五年一换。金属课桌和金属书柜通常是使用塑料层压柜门。

其他的柜式家具材料使用种类包括全塑料层压板，玻璃柜门，金属材料如不锈钢、铬、黄铜、青铜等，以及其他用于家具的表面处理和家具结构支撑的材料。在使用这些材料的时候，这些材料可以提供多种色彩样本和表面肌理效果用以与其他产品在视觉上协调一致。

风格款式

柜式家具会有多种风格款式以及由这些风格款式发展而来的变体。制造商可能会提供一两种发展款型，或更多种的风格款式变体样式，这些样式制造商会列出，并分别称之为传统风格家具、新传统风格家具，或称为现代木制家具，金属家具以及其他材料家具。每个制造商都会制订自己的产品目录和家具风格目录，而且各制造商各自的目录有可能会彼此相像，也可能会彼此不同。这些产品的目录通常都包含了制造商合作伙伴的相关内容，以保证所能提供的产品能够支持设计所需的完全实现。

办公桌

办公桌是办公室人员的主要工作区域，办公桌的特征在于具有底柜的柜体部分、遮脚板部分以及一个中心抽屉，抽屉上面安装有锁扣，拉手以及边缘等其他的一些细节。这些细节并不会影响办公室的空间布局关系，但却在设计过程中必须被考虑并关注如何实现。

尺寸

大部分办公桌的尺寸为36×72英寸。偶尔因为办公室过于巨大的原因，才可能需要42×84英寸的尺寸。非常小的办公室则需要36×66英寸的办公桌。办公桌的尺寸确定基于工作桌面的尺寸，工作桌面可能会与桌子的侧面平齐，也可能台面前方或侧方伸出些许，也有可能是个有着弯曲边缘的平面。桌面的宽度或深度谁是第一性并无一定之规。一些制造商和设计师喜欢以深度来作为首要尺寸（36×72）。而另一些制造商和设计师则喜欢以面宽来作为首要尺寸（72×36）。但这两种实践方式都接受这么个指导原则，桌子高29~30英寸(图表4.1)。

柜体

大多数办公桌会备一套预安装的标准柜体在桌子左、右侧。柜体要么占四分之三高的桌子高度位置，要么是完全落在地面上，四分之三高度的柜体系统通常由两组带抽屉构成，各组抽屉各自带有一个文件屉或文件盒。有时制造商也会提供由三个箱式抽屉组合成的柜体。

完全落地式带柜体的办公桌，桌子柜体的左边常常是一个双文件底柜，而右边是一个带一个文件屉或文件盒的底柜。由于制造商提供的产品生产标准彼此不同，所以设计师应该查看明白不同制造商其生产的产品的不同的标准和特性。设计师还必须弄明白办公桌需配备的锁是本身桌子的标准配件还是要制造商额外配置的。

遮脚板和桌面板

遮脚板位于桌子的前部，遮脚板可能占四分之三的前立面，或是完全落在地面上，而一些便于移动的办公桌可能会没有遮脚

图表4.1　柜式家具：行政办公桌

轴测图 办公桌前视	平面图 虚线部分表示的是不可见的外轮廓线，这不是家具平面的标准画法	立面图 使用立面
a. 前挡脚嵌板凹入四分之三的样式	d. 36×66英寸办公桌，前挡脚嵌板凹入	g. 柜体四分之三高，台面不出挑
b. 桌面四周悬出的传统样式	e. 36×72英寸办公桌，桌面四周悬出	h. 柜体落地，带中央抽屉
c. 前挡脚嵌板凹入、台面前缘弧形样式	f. 42×84英寸办公桌，前挡脚嵌板凹入、台面前缘弧形	i. 左侧双文件柜，右侧四抽屉

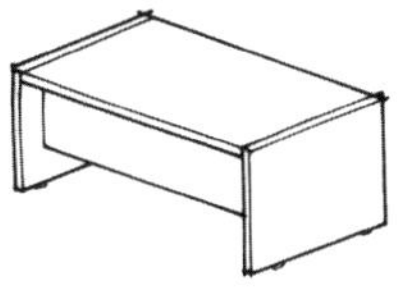

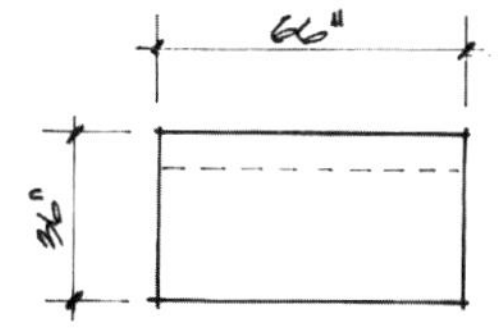

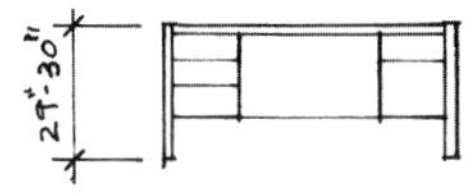

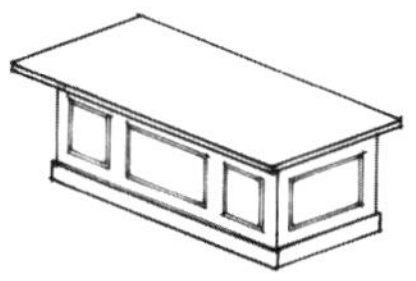

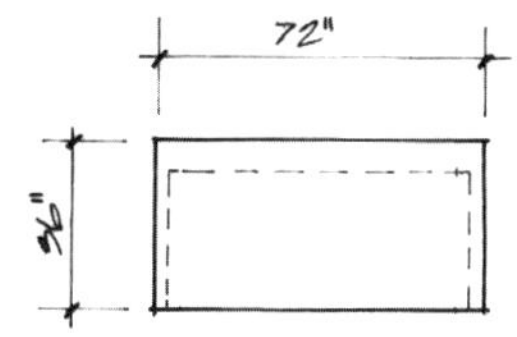

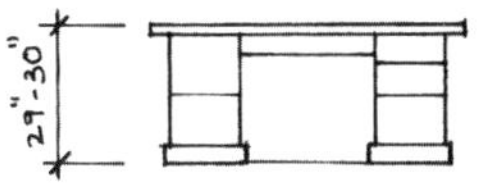

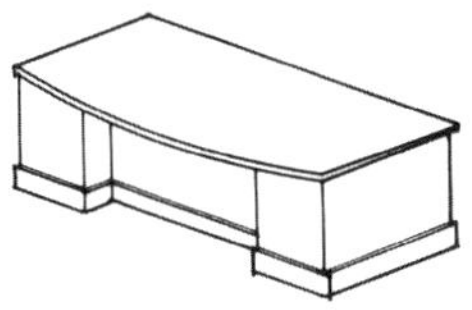

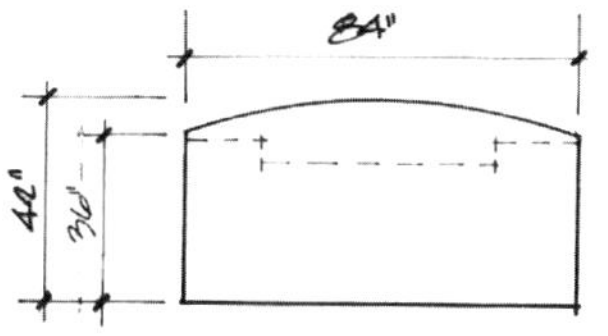

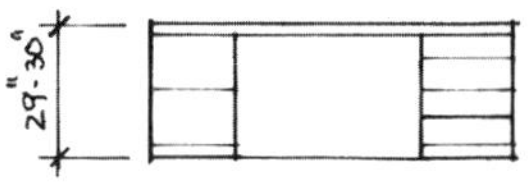

板。桌面板可以与前挡板、侧挡板平齐，也可以仅仅悬出于前挡板，或者是悬出于前挡板和侧挡板。这些都没有标准，尽管四面悬出的桌面多是传统风格的，而凹进的挡脚板多为当代风格（图表4.1a、d）。

当完全落地的办公桌柜体被确定后，则前挡脚板和侧挡板也必须是完全落地的。而如果四分之三的办公桌底柜体被确定时，四分之三挡板或是全挡板都是可以使用的（图表4.1，图表4.2d）。

书橱

书橱提供了除却办公桌以外的储藏和工作面。它们通常占地40~45英寸深度，直接安置在办公桌后面，办公桌与书柜之间的距离可以保证使用者的座椅在此中旋转。尽管书柜的深度没有办公桌深，但由于它能够提供比办公桌更多的储藏，因此它的价钱高于办公桌。

尺寸

书橱的宽度（或是长度）通常与配套使用的办公桌的宽度相同。假如办公桌是72英寸的面宽，则书橱的宽度也是72英寸宽，而办公桌是66英寸的面宽的话，那么书橱的面宽也是66英寸。这并没有什么硬性的规定，仅是一般性的准则。在个别的情况下，则是要考虑到的。

深度，书橱多从20英寸到25英寸深，这取决于书橱的具体功能。如果书橱是完全用于储藏或是因为美学的原因，那么一个较小的深度就够了。而当一个电脑显示器要放置在书橱里时，则书橱的深度就要大于25英寸才能达到要求了。如果公司提供给其员工的大部分是笔记本电脑的时候，一个较小的深度就可以满足需要了。书柜的高度要符合与之相配为29~30英寸高度的办公桌高度（图表4.2d、e）。

储物柜

一个储物柜是由多种储藏部件如文件底柜、抽屉盒、横置文件柜、滑动门柜铰链门柜以及一个开放并可以容纳膝盖的空间（图表4.2e、f）构成。一些制造商会提供可预选组件配置的标准储物柜。在更为昂贵的产品目录中，设计师常常可以选择和布置这些组件而无需再付费。例如在所配置的办公桌中，其部件可以是选择四分之三款式的也可以是全落地款式的。

顶部储藏

当有更多的储藏需求或是出于美学目的的时候，顶柜或书架可以安置在储物柜的顶部。可以在这些部件单元的下部空间安置布告板、工作灯或其他功能设施。而制造商们应该考虑这些特点（图表4.2f）。

附桌

另一个增加工作桌面面积和便捷性的选择是增加附桌。附桌与办公桌柜体的左边或右边直接联系在一起。附桌的左右布置方式取决于使用者所坐位置的视野而定。办公桌的样式是左手桌还是右手桌，或者是单台桌这取决于附桌的位置布置或取消与否。右手桌可直接变为左手桌、单台桌；反之亦然。

在私人办公室的使用中，办公桌靠墙时，附桌通常是布置在靠墙一侧。如果办公桌不靠墙，则附桌可以布置在办公桌的任意一边，这取决于房间的布局或个人的喜好（图表4.3）。

尺寸

附桌的宽度取决于办公桌的尺寸，附桌柜的典型宽度有36、42、48和54英寸四种，其中42、48英寸宽度的最为常见。附桌的宽度选择也取决于房间的空间布局大小和椅子的尺寸。

附桌的深度一般在19~25英寸之间。当对于附桌的深度有特殊要求时，设计师就要考虑计算机的使用、办公桌尺寸、房间尺寸等因素了。办公桌的宽度要能容纳得下桌子的柜体，通常是16英寸或20英寸宽。另外要各有约30英寸的宽度来分别用于容纳膝盖和附桌的深度。当提供的办公桌面宽为72英寸时，应该有24英寸的剩余空间来适于附桌深度的尺寸（72-20-28=24）。然而如果办公桌和附桌是将要布置在一个狭窄的办公室中时，那就需要使用一个较小的、66英寸宽的办公桌，办公桌所附属的附桌也将需要一个较小的深度以允许一个可容纳下膝盖的空间。

U形办公桌

在办公室空间的布置中，有时书橱和附桌之间会相互阻碍而变得难以使用。由于书橱被附桌抵住而无法被使用，因此书橱与办公桌和附桌之间要留出一定的距离，或是将书柜布置在办公桌后面稍远一点的距离上，以便于书橱使用方便（图 4.1）。为了缓解这些潜在的问题，附桌可以直接与书橱连接起来，与办公桌一起三者共同围合出一个U

图表4.2　柜式家具：书橱

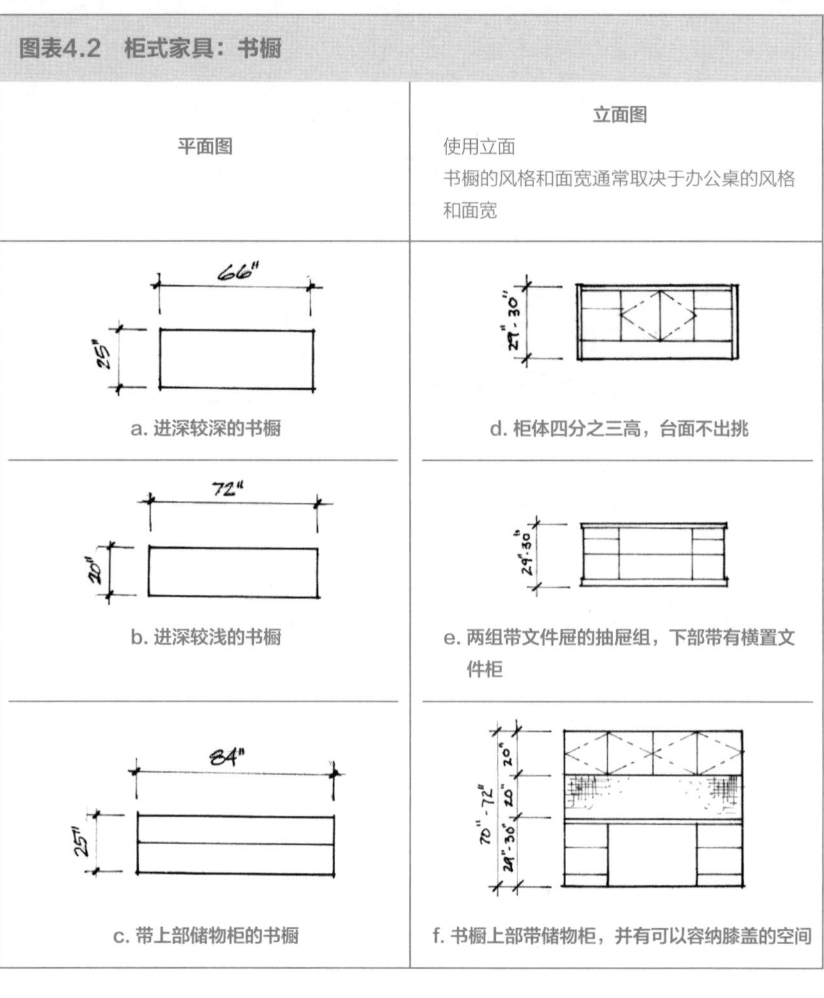

图表4.3　柜式家具：附桌

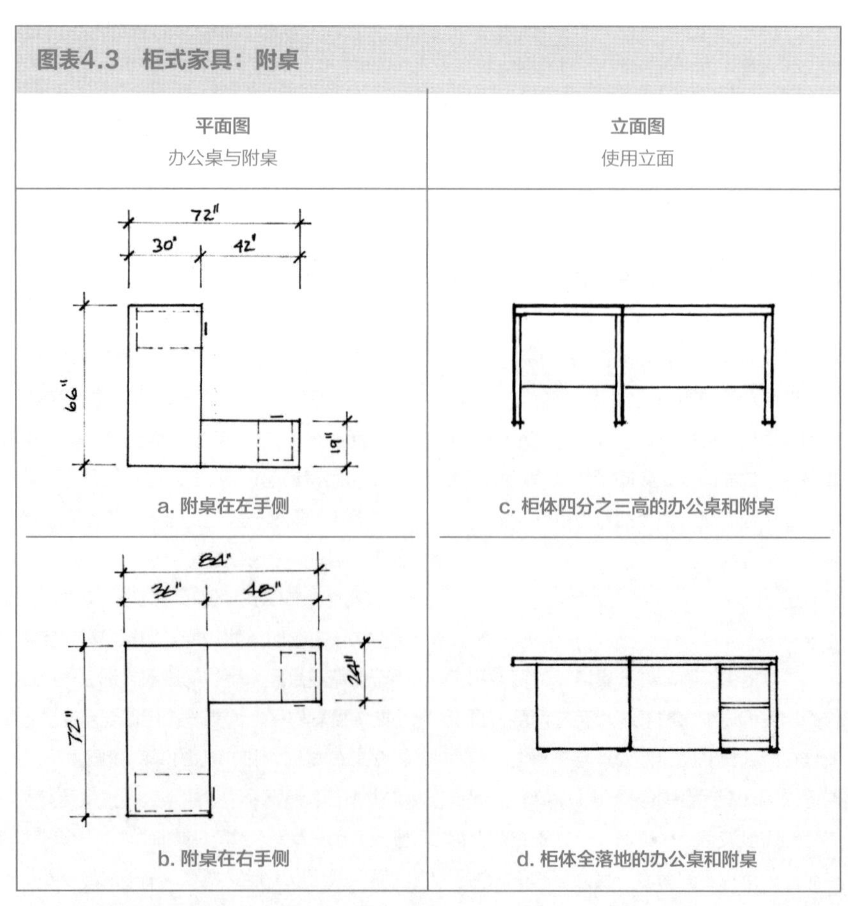

图4.1　平面图：办公桌、附桌和书橱的组合方式

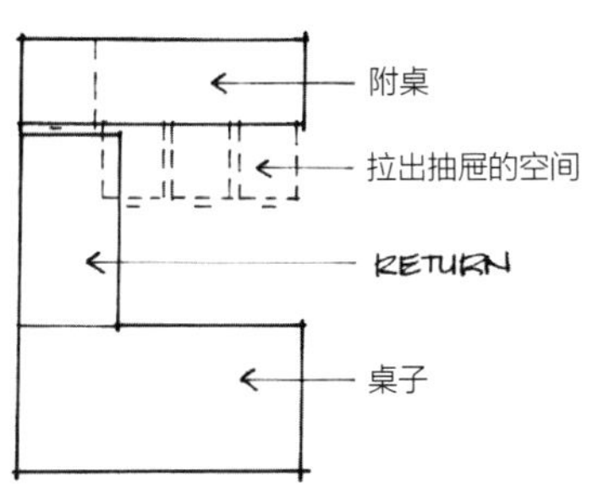

a. 办公桌直接摆放在书橱的前面

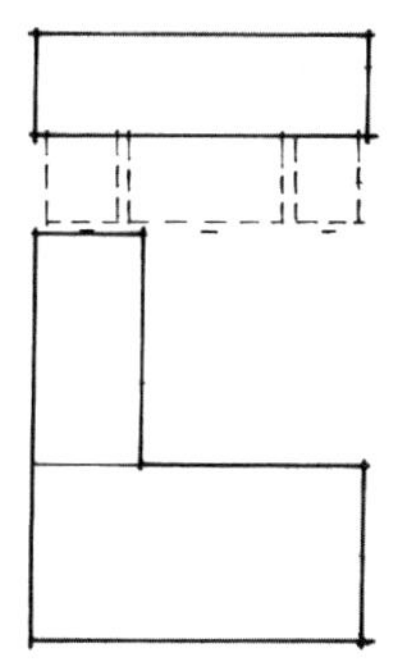

b. 办公桌和附桌放在书橱前，并留出书橱抽屉拉出空间

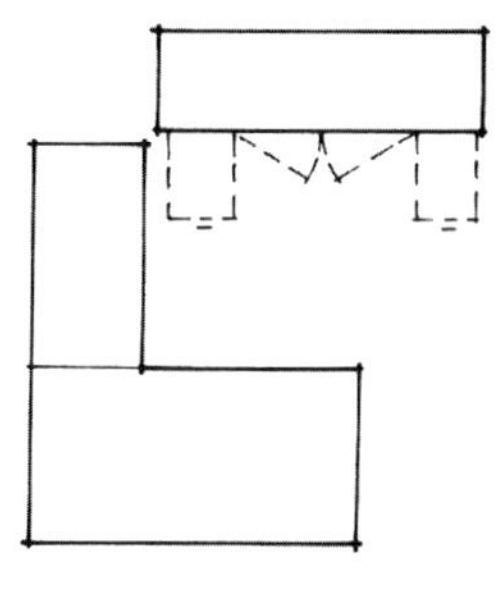

c. 书橱离开办公桌和附桌以便书橱所有抽屉和柜门打开

形的办公单元(图 4.2)。

书架

对于书架来说，最常见的是一种36 × 12 × 2英寸的架子（大约30英寸高，这取决于房间顶部的高度和地面的厚度）(图4.3)。一些制造商生产了一种30英寸面宽狭窄的书架格架单元；而面宽42英寸的格架单元不是很普遍被使用，这是因为过宽的格架会导致由于承载的物品太重而变得下凹。许多传统的产品目录里会提供一种54英寸高带有三个可调节搁板的书架格架单元。只有为数不多的制造商会提供更高的书架格架单元。

储物单元

柜式储物家具通常为木结构。这些家具价格昂贵，并主要使用在提到别的场合。它们通常有两种尺寸：36"宽 × 24"深 × 30"高或6"宽 × 24"深 × 65"高。

较短的储物家具有时会作为电话柜，因为它们经常被使用在特别的会议室中用于举行电话会议。通常，这些家具会有带铰链的柜门。为数不多的款式中，会带有移动的门，有一些会带有一个顶部抽屉和短小柜门。

较高的储物家具可能会综合了数种功能，如在底部带有文件柜，在顶部有带铰链的柜门。柜门可以掩蔽柜中的搁板、挂衣杆，或者柜门可以做成对称的两扇，一扇掩盖搁板，一扇掩盖挂衣杆。

档案与保存

在美国，大部分的商业档案保存在档案柜中。通常首先将文件放入一个牛皮纸的文件夹中，然后再把文件夹放入一个吊夹中，吊夹被存放或吊挂在一个尺寸适配的文件柜中（图4.4）。

在其他国家，特别是在一些欧洲国家，文件的尺寸相比较与美国公司使用的是不同的。美国的海外公司也会使用不同的文件归档办法，例如使用超大的三活页夹，并存放在货架上。当一个设计师在负责美国客户海外设计项目时，了解客户归档的方法是很重要的。

文件尺寸

但指定使用某种文件柜后，设计师必须基于文件柜的柜体尺寸和柜体数量与所需存放的文件尺寸以及文件存档方式进行复核。在美国，两种基本的文件用纸尺寸被使用于文件：信笺纸（8 × 11）和账簿纸（8 × 14）。信笺纸是被最为广泛使用的文件纸。三分之一大小的账簿纸（17 × 11）则多用于图表与插图的制作。在某些情况下，少数的客户会使用其他尺寸的文件用纸，而且有些客户会定期使用多种形制的文件用纸。对于这种有着特定存档需要的客户，设计师必须仔细考虑客户所需的存档方式。

表面处理

绝大多数的文件柜和储藏柜采用金属材料构成，然后进行静电喷漆。与其他金属制

图4.2　办公桌与书橱、附桌构成的U形空间

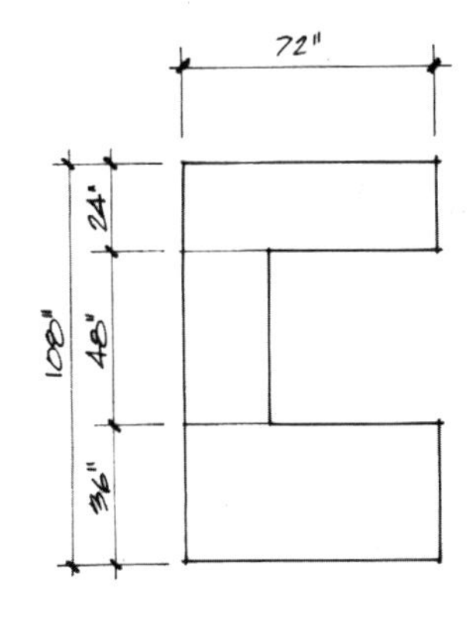

图4.3　书架

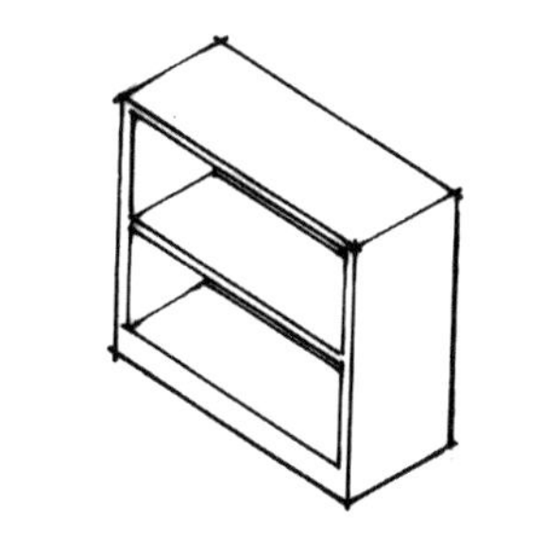

品一样，柜体的漆色可以来自于制造商提供的标准色系，或是自行决定，但要增加额外的费用。一些制造商提供木制文件柜，在他们的产品目录里，这种木文件柜通常非常昂贵。在一些顾客希望得到木质的表面效果时，为了减少费用，一些制造商会为他们的金属柜子表面处理成木材的纹理。

选择部件

对于最终的设计品，设计者将需要选择特别的部件，这些部件包括抽屉的拉手或把手、锁，以及抽屉面板的样式等。许多制造商会在他们的产品目录中提供各种配套部件。为了产品的整体协调，设计师也可以在不同的制造商之间选择合适的产品部件，例如，选择文件夹在一个厂家，而柜脚则选择自另一个厂家。

模向文件柜

这种文件柜通常较短，并方便用于文件的互换。有两种文件柜式样：横式和竖式。横式文件柜多用于今天的办公室中。这两种文件柜都可以储放标准信纸和标准尺寸文件，通常有着不同尺寸的抽屉来适合不同尺寸的文件储存。但对于文件存放空间来说，最有效方式是使用特定的文件柜来分别存放标准尺寸的信笺文件和标准尺寸普通文件。

尺寸

独立的横式文件柜柜宽有三种尺寸：30、36和42英寸(图4.5)。这是一个被所有制造商所接受的工业标准。标准的文件柜深度是18英寸，尽管一些制造商已经推出了更深的——19英寸深的文件柜。

高度

除非有具体的要求，通常文件柜的高度是由抽屉的数目所决定的。如2屉柜~3屉柜~4屉柜或5屉柜，而不是给柜子一个具体的尺寸。一个36英寸宽，并有4个抽屉的文件柜被描述为4屉36英寸宽的横式文件柜。

在制造商之间，文件柜的总高是变化的。尽管大多数的抽屉大约都是12英寸高，但柜子的底部和顶盖的高度是变化着的。一些制造商会仅仅只提供柜子底部和顶盖的一种高度，而其他一些制造商则会提供多种柜子底部和顶盖高度。底部的高度尺寸会在1~3英寸之间变动，而整个顶盖的高度则可能在3/4~2英寸之间变动。这就允许了设计师在设计时可以选择一个合适的高度。一个四抽屉的文件柜总高度就可以是49¾英寸高，也可以是53英寸高。

图4.4　文件和文件夹的使用过程

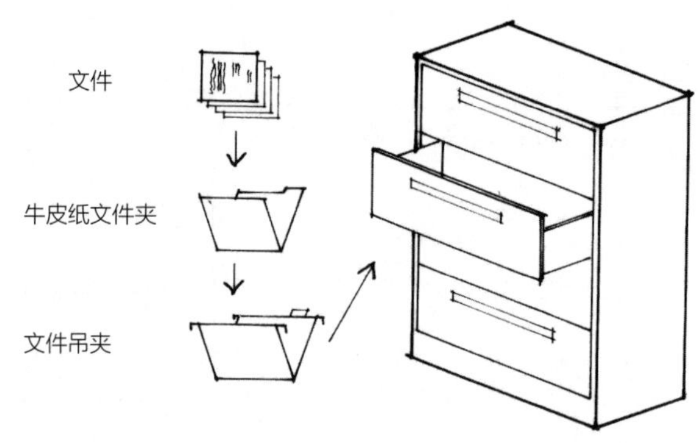

表4.1　纸张尺寸、规格

	纸张	牛皮纸文件夹
信笺纸	8½ × 11	9½ × 11¾
账簿纸	8½ × 14	9½ × 14¾
账簿纸	11 × 17	以上两种尺寸的文件夹

抽屉数目

抽屉的数目要基于存储的要求以及具体的功能和位置。文件柜通常沿墙摆放或是安放在独立的档案室中，并通常为4个抽屉高或5个抽屉高以便于尽可能地利用垂直的空间。当被用于房间的空间布局分隔时（见图5.1b)，3个抽屉高的文件柜常被使用，以便于人们的视线可以越过文件柜的顶部，并能够利用柜子的顶部空间以增加房间的工作空间。

无论抽屉的数量是怎样确定的，同样宽度的文件柜占地面积总是相同的。例如，一个36英寸宽的任意数量抽屉的文件柜总是要占据4.5平方英尺的地面空间的（3 × 1.5 =4.5）（见Figure E.10）。

五屉柜的称呼有着一定的误导性，因为第五个抽屉或是顶部的那个抽屉通常不是一个真正的抽屉，而是一个带着可以上翻门板的隔层，这个隔层可以是固定的也可以是可被推拉的。这个抽屉或隔层可以是被用于存储设备、小盒子等，但不可以被用于作为普通的文件存放抽屉。大约62英寸高的文件柜对于绝大多数查找文件夹的人来说就太高了。除非是必须增加储存的需要或是客户的特别要求，否则最好明确我们的抽屉式文件柜样式，好为客户节省费用。

档案格

通常人们会使用档案格的数目来代替抽屉的数目(图4.6)，总体而言，档案格的尺寸在1~15英寸之间变动，每个格子的具体尺寸取决于文件所需的深度、存放方式和文件纸张大小。档案格的准确数目是很重要的，特别是在客户需要存储大量档案文件而存储空间又十分有限的情况下。因此，弄清楚每个档案格的数目是很重要的。在大部分情况下，在文件的存放量还处于疑问状态时，随便地讨论抽屉的数目以及简单地再增加一个文件柜的方式是轻率的。

存档方式

有两种存档方式：文件以上下叠放或并

排竖放的方式存放在抽屉中。这两种方式都是可行的。所有的横式柜也可以适应这两种方式。抽屉中会带有金属分隔杆，这种金属分隔杆会使得文档被有序而条理地摆放在抽屉中。如果一个客户开始使用了一种存档方式，然后想变成另一种存档方式，那么就需要订购新的文件分隔杆，并安放在文件柜中。

竖式文件柜

第二种文件柜的样式被称为竖式文件柜，这是一种较为老旧的样式。今天的市场上已经很少被采购，但这种款式的文件柜现在还在被用于在那些已从商15年或20年以上的客户们当中。因为文件柜的价钱昂贵，而客户们总是有着大量的文件需要存放在现在工作的办公空间中，所以他们常常希望能够继续使用这些老款的文件柜在他们的新办公场所中。这种文件柜通常需要柜前有个较大回转空间，并且由于这种柜子的深度而相较于横式文件柜使用起来更不方便。

尺寸

竖式文件柜有两种宽度：15英寸或18英寸，这对应着信笺纸或标准文件纸的尺寸。小的两屉竖式文件柜可以在文具用品店购买，或通过办公用品目录进行采购，标准的竖式文件柜是26英寸或28英寸深。制造商一般只提供两种深度尺寸中的一种，很少会同时提供两种深度的竖式文件柜。

高度

和横式文件柜一样，竖式文件柜的高度也是取决于抽屉的数目。描述这种文件柜尺寸的方式是4屉竖式文件柜，用于信笺纸或用于标准文件纸；或是5屉竖式文件柜，也用于信笺纸或用于标准文件纸。

在总体高度上，5屉竖式文件柜要较5屉横式文件柜矮，且相较5屉横式文件柜，第五个抽屉也是用于正式文件存放的真正抽屉，在购买时通常是需要预先订购的。同时，竖式文件柜的总体高度在不同的制造商中是各不相同的。

存档方式

关于竖式文件柜，只有一种存档方式：文件夹上下叠放。标准文件纸打印的文件不

图4.5　30英寸、36英寸和42英寸宽的横式文件柜

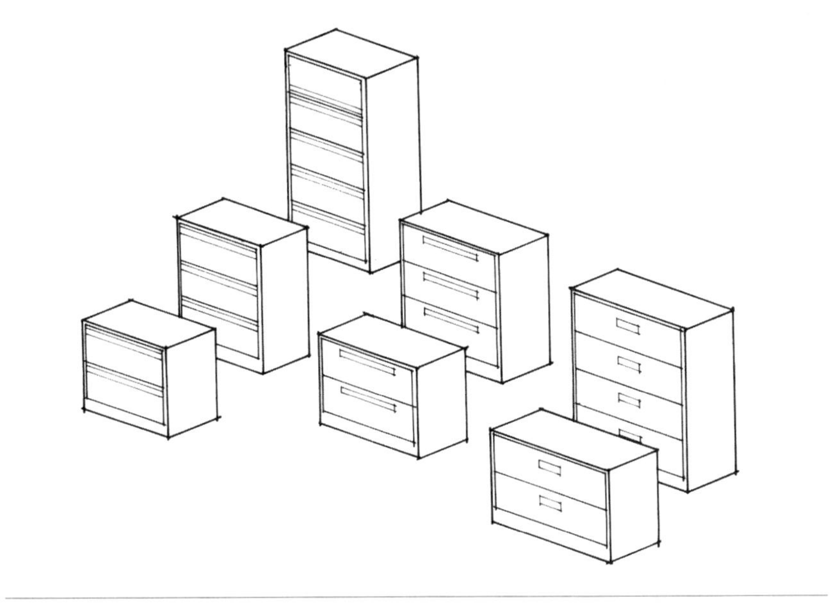

图4.6　信笺纸、账簿纸在横式文件柜中的摆放方式

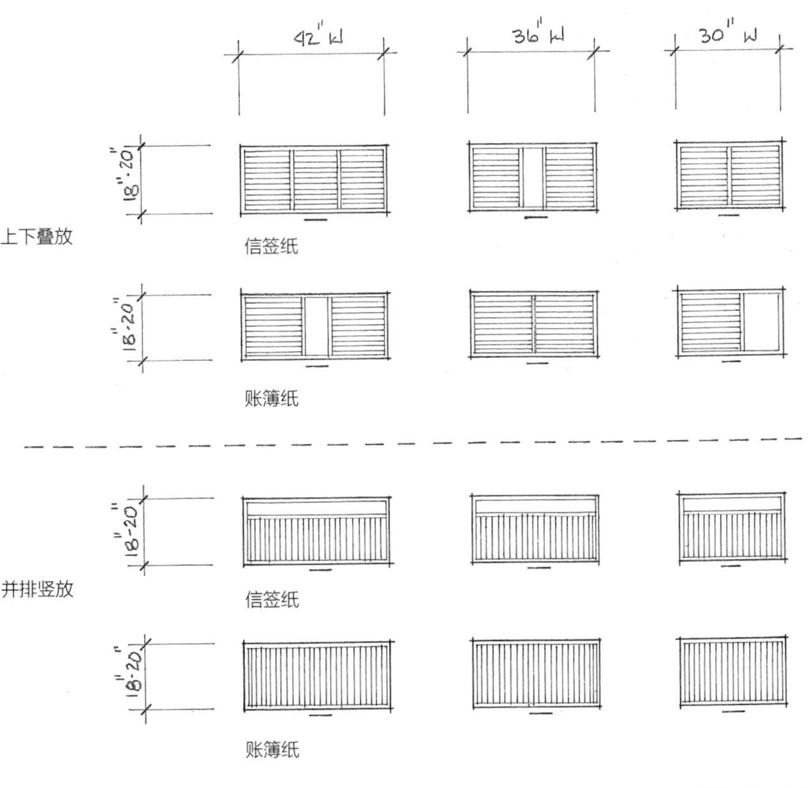

能与信笺纸打印的文件混放在一个抽屉甚至是同一个文件柜内。文件柜的宽度必须取决于文件夹的尺寸。

其他存储

除了文件柜以外，还有着其他类型的存储要求存在。客户会需要储存3 × 5的磁盘、磁带、微缩胶片、三孔活页、产品样品等一些小物件需要的存储空间。或还有其他一些笨重的需要额外房间来存放的东西。为了满足这种类型的需要，一些制造商提供了其他的存储方式比如可以联合起来的横式文件柜，或在上方增加一个横式文件柜 (图4.8)。这些方式还包括抽屉减少3英寸、6英寸、9英寸以及15英寸的高度，外开式的柜门后的小挂件悬挂打印卷纸、磁带，使用滑门的堆放式储物柜等。设计师应该经常查看制造商所能提供的产品选项，特别是要注意那些不适合于竖式文件柜的附件。

底柜

本节所指的底柜是指那种独立的，或悬挂的，或可移动的附属矮柜。它们在所谓的“行政办公桌”中有着近似的外观、功能和抽屉单元以构成完整的底柜。这些底柜通常作为家具的独立部分来订制，并在现场安装，经常安装在工作区的隔间系统中或是抛光的台面下。除了一些用于木质隔间系统中以外，这些底柜多由金属材料制作并被制造商漆以标准色。

宽度

大多数底柜是15~16英寸宽，并且在柜子的抽屉里可以叠放下信笺纸规格的文件夹。这些抽屉也可以以并排竖放的方式存放标准文件夹。仅有很少的的制造商才会按标准文件纸的尺寸或以18英寸的尺寸来制造标准文件底柜或18英寸宽的底柜。

深度

底柜的深度可能会存在着稍许偏差。但大多数的制造商会提供三种深度尺寸：18~20英寸，22~24英寸和28~30英寸。并允许在底柜背部与墙面或插座面板之间留有余缝，多数余缝宽2英寸左右，底柜位于工作桌面下并短于工作桌面。除了那种很小深度的底柜使用情况外,大多数的底柜在位于工作桌面下时，其深度看起来往往与工作桌面的深度是相同的，无论是真的相同还是在实际尺寸上要短一点(见图表 7.3)，当然两者尺寸相同最好。

高度

所有的底柜被制作成低于工作桌面高度29~30英寸。具体的高度尺寸取决于柜体的类型选择和每家制造商提供的具体底柜底座样式以及顶板的尺寸。

悬挂式底柜

悬挂式底柜高度可以是普通底柜的四分之三，也可以与普通底柜等高。柜子的顶端与工作桌的底面相连接，所以柜子就通常从工作桌下面悬挂下来。因为这种底柜往往没有顶板，所以在还没有悬挂起来的时候，顶部的抽屉内部就是暴露在外的。一旦柜子悬挂安装完毕，暴露的顶部就会被工作桌面覆盖住。

图4.7　竖式文件柜

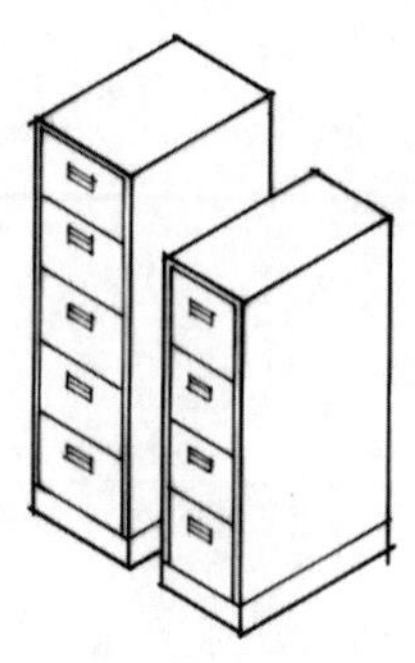

图4.8　其他文件存储单元

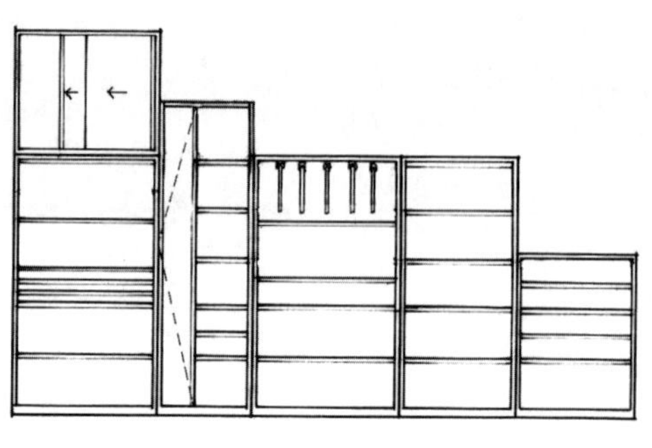

图4.9　底柜

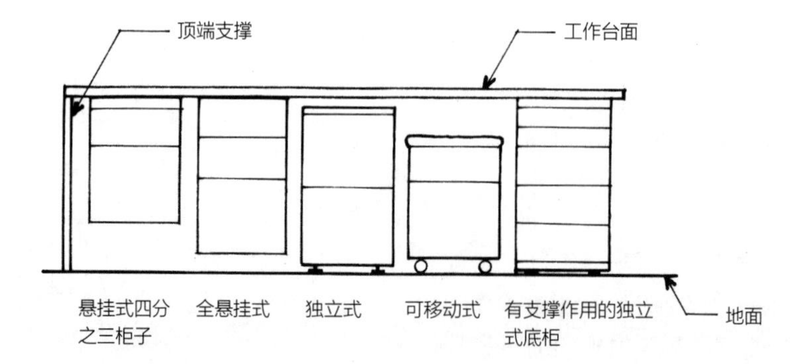

图4.10　桌面系统

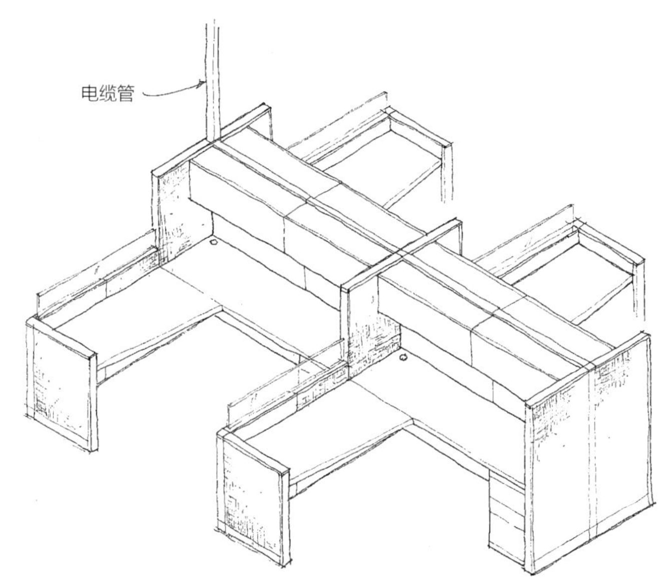

a. 高度可变隔断、带电缆管的工作隔间

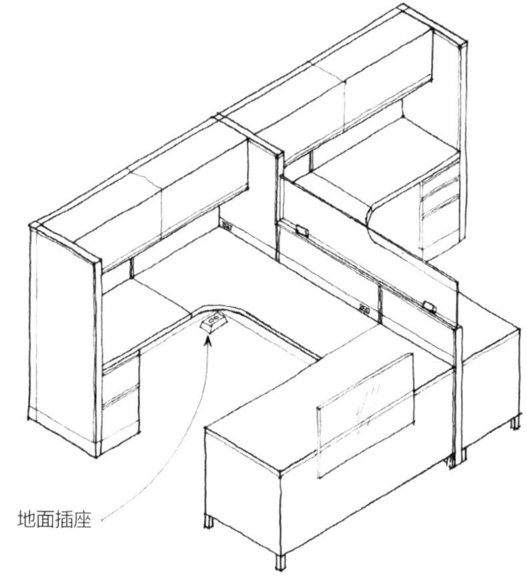

b. 高隔断、带地面插座的工作隔间

独立式底柜

独立式底柜是完全封闭的并有着一个漆饰过的顶面。这种底柜是放置在地面上的；它们可以被放置在工作桌面下，或独立放置，也可以用于作为工作桌面的支撑结构一端来使用。

可移动式底柜

可移动式底柜底部带有脚轮，脚轮可以显露出来，也可以被隐藏在一个较高的底座之下。由于脚轮的缘故，所以可移动式底柜需要比普通底柜有着更高的底座，且整个底柜也较普通底柜少一个抽屉，从而导致会有着一个较矮的柜身。为了适配于工作桌面，许多制造商现在会在柜子的顶部提供衬垫。可移动式底柜可以用于工作组或工作区的空间围合，使之与会客区域分隔开来。

抽屉布置

两种被经常使用的抽屉是6英寸高的盒状抽屉和12英寸高的文件抽屉，并形成盒状抽屉——盒状抽屉——文件抽屉的底柜布置格局，以及大多数制造商生产的标准的双文件抽屉布置格局底柜。其他的抽屉布置方式与尺寸则还有3英寸的个人用品抽屉与15英寸高的电子设备用抽屉组合。这些抽屉布置格局可以使设计者能够选择恰当的底柜来满足不同的客户对抽屉的不同组合使用要求，抽屉的组合总高尺寸经常为18英寸或24英寸。

例如，设计者可以选订一个个人用品抽屉加一个电子设备用抽屉18英寸总高的抽屉组合底柜，也可以选择两个个人用品抽屉加三个盒状抽屉24英寸总高的抽屉组合底柜。

储藏柜

储藏柜，与木结构的箱状存储单元相反，多为金属结构，并被油漆过。它们的尺寸通常为30"宽×18"或24"深，或者是36"宽×18"或24"深。这些柜子并有着多种的可用高度，通常是36~78英寸的高度，并在这些高度的基础上还可以有6英寸左右的调节余量，因此设计师要为特殊尺寸的储存柜去与制造商沟通。储藏柜多用作衣柜壁柜或可调式货架。有些制造商也提供组合式衣柜和货架。

隔间系统

隔间系统往往有着如下的称呼：隔间系统、工作区、小型工作区、办公隔间、家具系统、成套家具、开放式办公家具、户外家具系统(图4.10a、b)。总的来说，这些叫法意义上差别不大，隔间系统形成的工作区域为各种专用的部件和结构件所构成。组件包括工作台面、存储单元、各种独立部件、各种悬挂在隔板上或隔板周围的部件。每个制造商的系统生产线有着各自的隔板标准尺寸和单个部件的标准尺寸，设计师可以组合这些单个的隔板、部件以形成多种尺寸的工作区域，并形成大量的可变的整体办公空间布局（参见第7章）。

隔断

通常情况下，单个隔断不能独自竖立，除非被特意设计成可移动的独立式隔断。想要能够竖立起来，最少需要两块面板，并被制造商提供的可供选择的链接件以90°角或以120°角链接起来。单块隔断可与墙体连接，也可固定于墙上托架(图表4.4a、b)。

深度

由于隔断是很窄的，所以深度通常就是指隔断的厚度。尺寸上的变化为1.5~6英寸都有，这取决于制造商或隔间系统所能提供的具体情况。

除非对隔断有特别的要求，否则选择以3英寸为标准厚度的隔断来分隔室内空间是明智的。然而一旦特定的隔间系统被确定下来，设计师就必须检查工作区的布局，并对之做出调整直到所有的尺寸适合于空间的平面布局。

宽度

五个最常用的隔断宽度尺寸是18英寸、24英寸、30英寸、36英寸和42英寸。这些标准的尺寸在工作区的空间布局设计开始的时候就要使用到。很少有制造商会提供12英寸、48英寸、60英寸和72英寸宽度的隔断。12英寸宽的隔断价格往往昂贵，且除了在一些特殊的情况下，很少能够有实际的使用价值。尽管60英寸或72英寸的隔断比两个30英寸或两个36英寸的隔断要便宜一些。但安装这两种略窄的隔断要比安装略宽的隔断好控制些，并且宽的隔断限制了它们自己在未来空间布局灵活变化时的重新安装可能。

少数一些制造商会提供25英寸、35英寸和45英寸，或者是32英寸和38英寸的隔断。如果在项目中已经选择了某位这样的制造商产品，那么最终的图纸上的设计就要基于这样的尺度体系。当然，除非确实是这样的隔断宽度尺寸已经选定，否则最好的方式还是选择标准的隔断尺寸。

高度

隔断的高度相较于其他家具来说是不甚规范的。由于制造商的某些难以知晓的微妙原因，隔断存在着五到七种高度。偶尔，由于项目比较大的缘故，制造商可能就会提供一个自己定义的隔断高度。但是，通常情况下，设计师必须在某个制造商提供的诸多标准高度中选择一个。隔断的高度要自然地适配于日常的使用。

图表4.4　平面图：隔断的连接方式

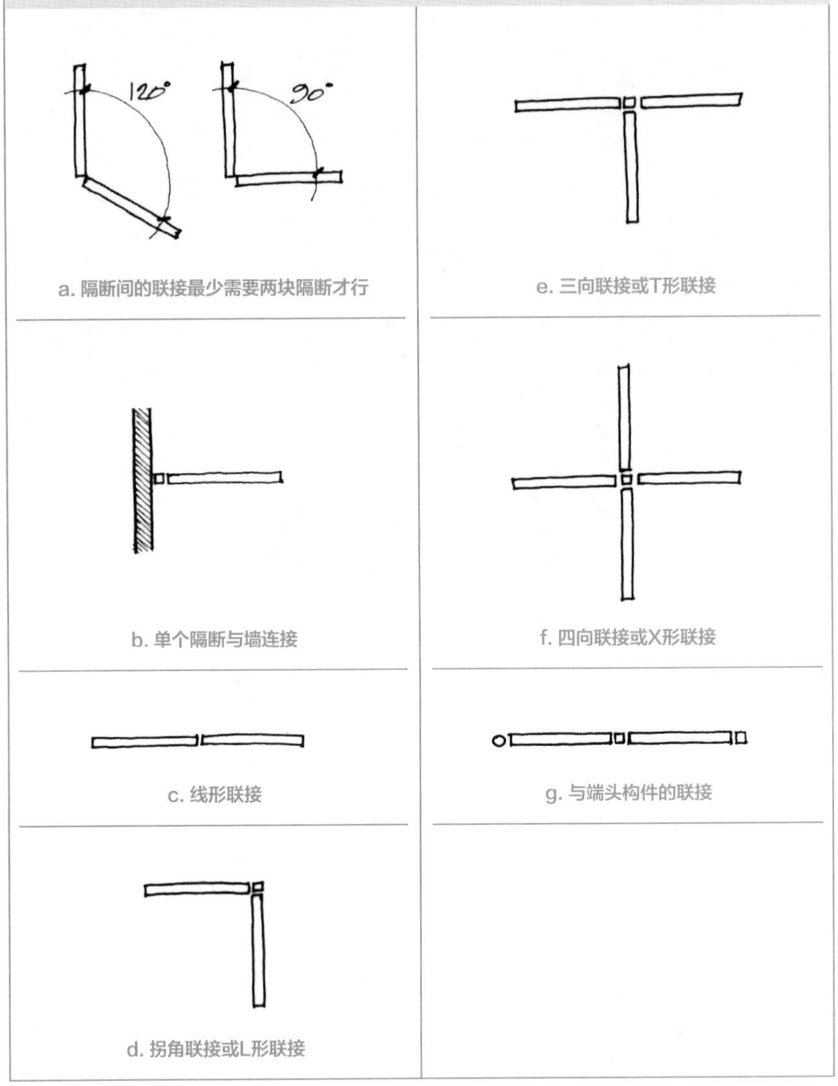

a. 隔断间的联接最少需要两块隔断才行

b. 单个隔断与墙连接

c. 线形联接

d. 拐角联接或L形联接

e. 三向联接或T形联接

f. 四向联接或X形联接

g. 与端头构件的联接

连接件

隔断的链接是通过铰链、通用连接件，或者是特殊连接件来实现的。制造商提供的连接件类型是最适合于他们自己的制造体系的。因此不同的制造商制造的连接件是有着些许差别的，也是不能互换使用的。

铰链是一块隔断必不可少的部件。安装在隔断上的时候，每一副铰链都有着“公”“母”或“上”“下”之分。通常铰链突出于隔断0.5英寸。

通用连接件通常是插在隔断端部槽口中的0.5英寸宽塑料制品或金属条，起着将隔断与隔断相互连接的作用。同样的构件也用于隔断间彼此的直线式连接或成角度连接。这些连接件通常直接将隔断彼此连接起来。尽管通用连接件多数是老款式，但目前又被重新流行起来了，并成为目前最为昂贵的连接件。

其他特别的隔断连接件的款式则有用于隔断与隔断直接连接的，有用于隔断角与角连接或是L形连接的；有三接头或T形样式的，有四接头或X形的样式的；也有独立存在并连接隔断的，和方便不同高度隔断连接的，以及方便隔断首尾相连的等(见图表4.4c~g)。尽管这些连接件会增加支出的费用，但它们能够为空间带来整洁而整体的效果，所以广受设计师们的喜欢。

在使用通用连接件的时候，隔断与隔断呈“L”形或“T”形连接时(见图表4.4a)，往往在连接部位会出现较大的空隙。一些设计师和业主不喜欢看见这种空隙。因此一些制造商就提供可以填充这些空隙的部件。尽管填充这些地方的空隙会增加设计师在项目上的工作量，但要记住，相较于使业主在项目上所增加的其他额外的、不必要的资金，这些工作量的增加是明智的。

表面处理与材料

传统的隔断表面往往覆以织物或吸音材料，或是覆以可供钉挂图钉等小物件的材料。有时，隔断表面也会饰以木饰面。木饰面有着良好的外观效果，但价格昂贵，且在吸音和可供钉挂图钉等性能上不甚良好。其他的覆面材料还有穿孔金属板和丙烯塑料镶嵌。有些隔断会使用薄金属板包边来保护或支撑饰面材料，有些则是从边缘到表面中心整体性的覆面处理。

底部、顶部和端部

完整的隔断由下底板、封顶和封底所构成(图4.11)。典型的下底板由乙烯材料或漆面金属面板所构成，高度在4~6英寸之间。下底板、封顶和封底与隔断是一体的，尽管有时设计师会有一些特别的细节要求（例如：各种电气插座位置要求）。在与隔断连接方式上有些是用夹件扣上的，有些则是用螺钉钉上的。

封顶和封底通常需要特别指定，因为这些部件有着多种多样的样式选择。封顶和封底部件高度在0.5~2英寸之间，并且用金属、漆面金属、木材或是复合板材制造而成。边缘的处理可以是方形的、倒角、斜口的或是圆口的。

电气性能

隔间系统一个最显著的优点就是在一个私人工作区间里就可以将各种电线、电话线、数据线整合在隔断里面。许多隔断所提供的管线孔位置是在隔断的底部，有一些则是在顶部或是中部。插座则按要求安装在隔断的底部或是中部（见图4.11）。

隔断侧柱，槽口和支柱

传统的隔断在板面两侧有着同高长的侧柱，侧柱上开有垂直的小插槽缝，插槽缝间的间隔在1英寸左右，这样就允许相关组件在组装时可以进行调整。组件带有卡齿，组件卡齿插入插槽缝中悬挂在隔断上。一些新式的系统会提供水平的槽口来替代垂直的侧柱以便悬挂工作桌面和其他的家具组件。水平槽口是在工厂中预制好的，而非在施工现场制作(图4.12)。

隔断连接

尽管隔断节点在很大程度上是可见的，侧柱在隔断的彼此连接时总是不起眼的。一些隔间系统允许两块隔断彼此侧边共用一个侧柱，而另外一些隔间系统则会要求各自使用各自的侧柱。槽口是否可见则取决于隔间系统本身设计时的考虑。

图4.11　隔断构件：下底板、封顶、封底和电源插座

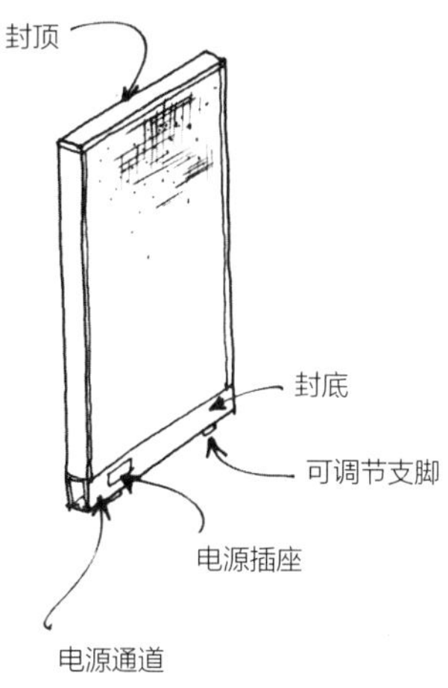

图4.12　立面图：隔断

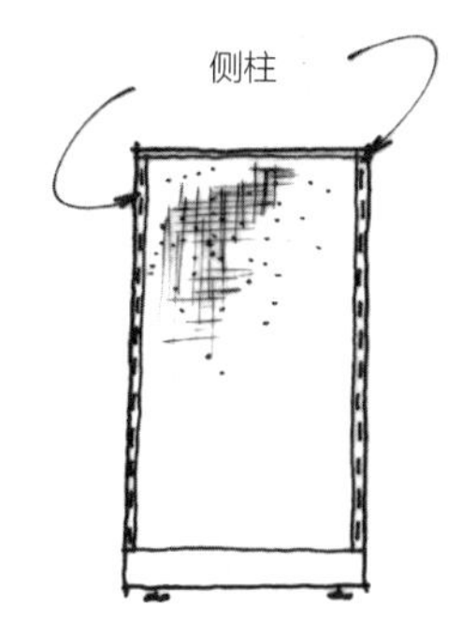

a. 用于悬挂工作台面和其他构件的侧边柱

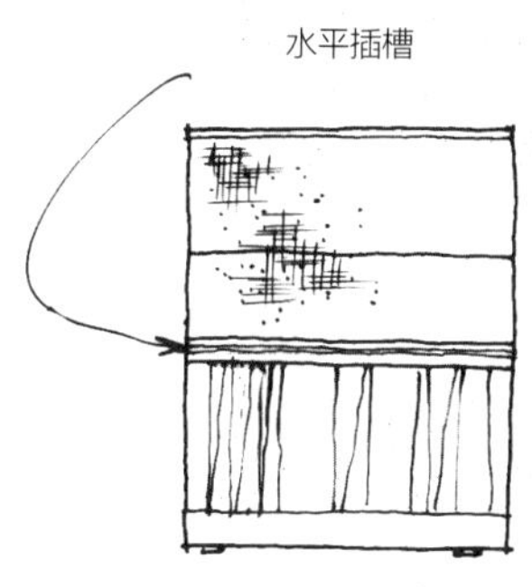

b. 用于悬挂工作台面和其他构件的水平插槽

悬挂方式或支撑

在隔断上是以悬挑方式还是以支撑方式来组合工作桌面以及其他家具组件，这取决于隔间系统设计时的考虑。支撑结构则通常是被隐藏在工作桌面下面或是隐藏在一个挑空部件的后面，往往是不可见的。

悬臂支架

悬臂在工作桌面下以支撑工作桌面边缘，以及安装在隔断角部以支撑工作桌面内侧边缘的组件(图4.13)。因为工作桌面主要靠后部连接在隔断为支撑点的组件支撑悬挑而出来，所以当工作桌面的前缘被放置了过重的物品的话，工作桌面就有可能塌陷下来。因此在设计的时候，在工作桌面的两侧最好各自安装一块隔断，以加强对与工作桌面的支持。

在安装悬臂支架的时候，工作桌面两侧的隔断可以是与工作桌面深度同宽，也可以不同宽。但在沿着工作面板后部边缘安装时，工作面板后部的隔断必须和工作桌面的面宽相同，这是为了便于在隔断的侧柱安装台面搁板。例如，工作桌面面宽60英寸的时候，它的后部隔断宽度就可以是：

- 一块60英寸宽的隔断
- 两块30英寸宽的隔断
- 一块24英寸宽以及一块36英寸宽的隔断

图表4.5　隔断系统：隔断高度与适用范围

隔断高度	隔断使用状况	隔断剖面
36英寸	很少使用：当隔断高度仅高于工作台6英寸左右时	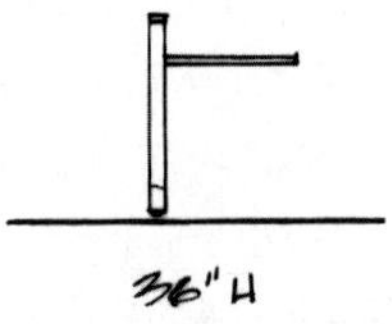 36"H
38~42英寸	服务台的高度，也是LEED标准要求的高度：坐下时，视线可越过隔断的上方空间	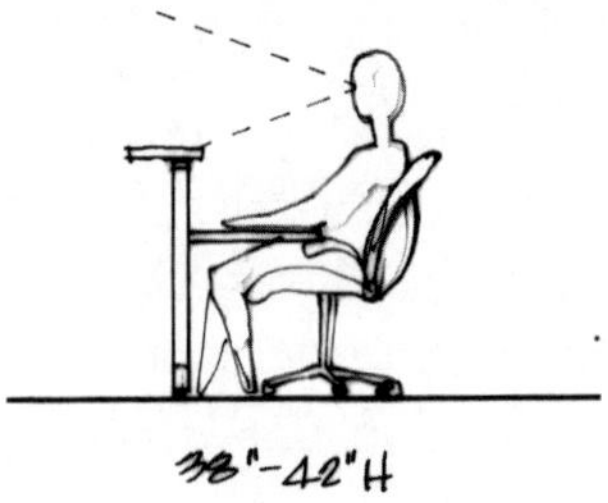 38"-42"H
48~54英寸	坐着时可以在视觉上提供一个私人的范围	 48"-54"H
60~62英寸	站着时视线可以越过隔断上方	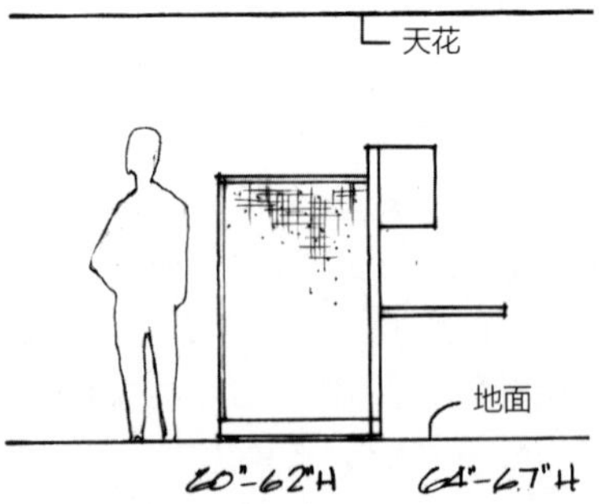 天花 地面 60"-62"H　64"-67"H
64~67英寸	用于有上部悬挂构件的工作隔间	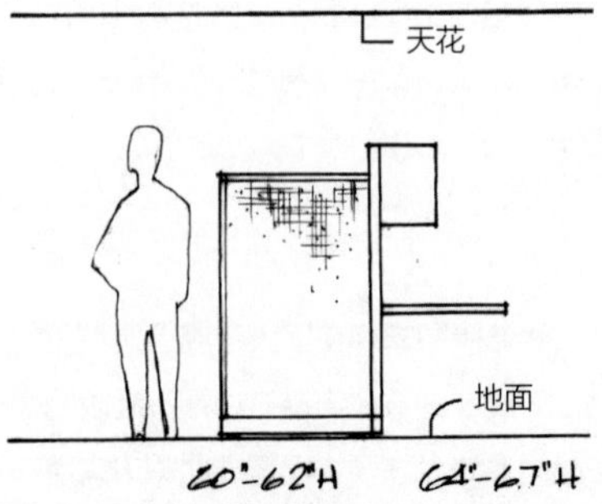 天花 地面 60"-62"H　64"-67"H

续图表4.5

隔断高度	隔断使用状况	隔断剖面
69~72英寸	用于高于多数站立者视线的工作隔间	69"-72"H
84英寸	用于带门的工作隔间	84"H
98~112英寸	用于顶天立地或是有活动隔墙的工作隔间	9'0"H

侧面支撑

为了获得更好的整体性支撑，工作桌面可以搁置安装在侧面支撑组件上，组件可以安装在隔断侧柱上，也可以安插在隔断的卡槽上。如果工作桌面是安装在隔断的四个角上的话，那么，隔断的的侧板宽度就必须和工作桌面的深度尺寸相同。

带插槽的隔间系统

带有插槽的隔间系统为用悬臂或支架支撑的工作桌面提供了连续的或不连续的后部支撑。有些制造商的隔间系统允许工作桌面沿隔断背板任意放置，而无需考虑工作桌面面宽与隔断背板宽度相同与否。这是一种称之为非整体结构的隔间系统。在其他制造商的隔间系统中，多是整体性的功能体系，这就要求工作桌面的尺寸必须与隔断背板的宽度相一致。在许多隔间系统中，会使用一种垂直卡槽，以为工作桌面前部桌角提供一个安装桌腿的位置，以增加台面的支撑强度。

外侧支撑

有的时候，由于空间比较紧张，或需要在视觉上有个较好的感受，因此出于功能要求或美学要求而必须去除处于工作桌面侧面的隔断。在这种时候，尽管单个的悬挑结构组件可以勉强支撑工作桌面，但却无法保证实现工作桌面稳定的支撑状态。

图4.13 外侧支撑

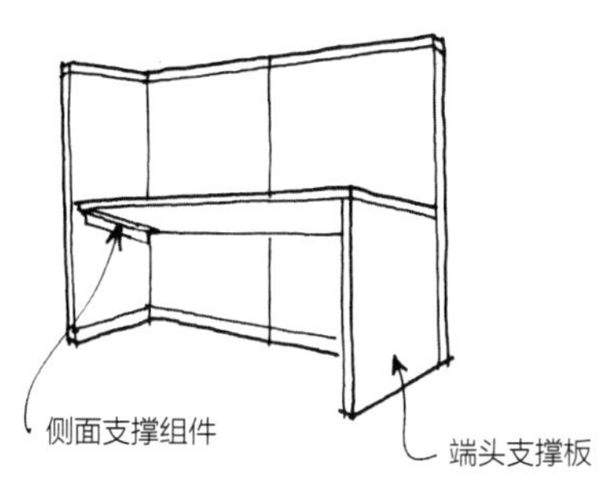

在这种情形下，最好就是使用一块端头板来代替支架或挑件支撑工作桌面（见图4.13）。这种端头板样式可以和桌子的侧板一样。在今天的隔板系统中，也常常使用一种视觉上更加开放的管形桌腿来代替桌面的端头支撑板（见图7.15b）。无论在桌子台面下是使用视觉上封闭的端头板，还是在视觉上开放的桌腿，都要保证在尺寸紧张的空间里维持一个纤细而结实的隔断组件。端头板的尺寸大约是1英寸厚，且与工作桌面的深度等宽。

工作桌面

工作桌面离地面高度为29~30英寸，并支撑于支架、桌腿或端头板上。近来，制造商们开始提供一种有着独立工作桌面的工作桌，桌子可以是固定着的，也可以带有脚轮。桌子的台面可以升高或降低，以便于人们站着工作。

过去，隔断制造商提供两种基本的工作桌面款式——长方形的和拐角式的。从20世纪90年代开始，制造商们开始提供多种的桌面形状样式——曲线形的、扇形的、斜边的、钝圆的，以及其他多种多样的形式。这些样式有的是各个制造商都有的，有的则是某些制造商所独有的。多种多样的桌面样式为工作隔间带来了许多便利之处，有利于隔间增加可使用的空间面积，也有利于消除空间死角以往的不便于利用的空间。

面宽

标准的工作桌面面宽是沿着矩形或非矩形的桌面内侧长边，并对应着工作区隔断单个隔断隔板或多个隔断隔板而形成的。工作桌面面宽的最小尺寸是30英寸宽，其他的面宽尺寸则包括36英寸、42英寸、48英寸、60英寸、66英寸、72英寸以及84英寸等尺寸。制造商也会提供一些非常规尺寸的隔断隔板，如35英寸或是45英寸的，这样相应的在隔断隔板中使用的工作桌面面宽尺寸也就是35英寸、45英寸和70英寸了。

有时，在布置工作隔间群组时，设计师会发现有的工作桌面不得不适应一个T形的隔断组合结构(参图4.14a)，而这种T形结构的隔断往往使得工作桌面较常用尺寸要多宽出2.5英寸或3英寸。许多制造商会乐于提供这种非标准面宽的工作桌面，即使是只有一个这样的工作桌面。这是因为，这种特别指定尺寸生产的工作桌面，价格的确定是依据于近似的标准桌面尺寸而定的，比标准尺寸越大则越贵。

深度

矩形的工作桌面深度的尺寸有21英寸、24英寸、30英寸和36英寸这几种，其中24英寸和30英寸最为常见。制造商可以为宽度非标准尺寸的隔断提供相适配深度的工作桌面。对于非常见形状的工作桌面，设计师要去查询制造商的产品目录，以确定是否有相适应的尺寸与深度的产品可提供。

厚度

大多数的工作桌面厚度为1.25英寸或1.5英寸。很少有制造商会提供其他尺寸厚度的工作桌面产品。

角桌

当两张工作桌面以L形组合在一起的时候，L形转角的远端桌面就会变得很难够到（参图4.14b）。因此一些业主就还要求在这里布置一个角桌，用于放置电脑显示器 (图4.14c)。这样就可以方便工作人员随意地使用角桌两侧的桌面来进行工作了。

角桌前缘转角形状可以是直线形的也可以是曲线形的。在转角形状为直线形的时候，角桌尺寸主要有三种可供选择：36×36英寸，42×42英寸和48×48英寸（42×42英寸的样式最为常见）。角桌两侧桌面的深度都是一样的，通常为24英寸或30英寸深。角桌面宽则是17英寸或25英寸。这取决于具体选择哪种规格的角桌。

曲线转角角桌单元通常包括一个侧边桌面，并与之构成整个转角工作桌面，侧边桌面的尺寸为42英寸或48英寸×72英寸，78英寸或84英寸。这种设计被称为左手式或右手式转角工作桌单元。

直线型和曲线型这两种布置方式各有其利弊，这要取决于具体的使用情况。在使用48×48英寸角桌的时候，这适用于放置尺寸较大的电脑显示器，但就使用笔记本电脑和平板电脑显示器的人来说，显示器后面的桌面空间就被浪费了。曲线型的角桌布置方式可以提供一个光滑而连续的工作台面，且桌子边缘没有任何阻碍。但这种布置对于将来空间的调整是缺乏弹性变化的，且工作区域的空间布置取决于边桌的布置方位。因此，在确定使用哪种角桌单元的时候，应该与业主事先进行讨论与沟通。

图4.14 平面图

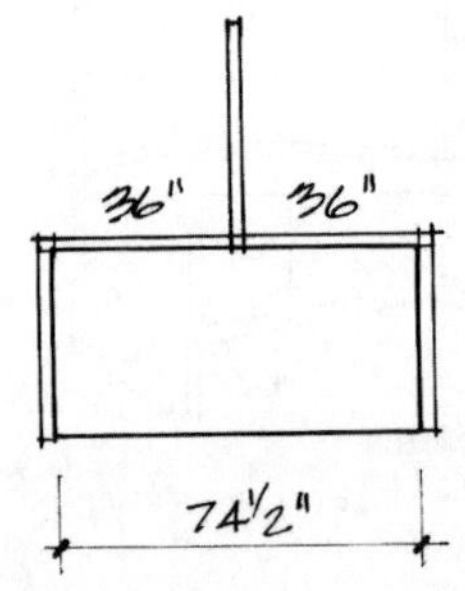

a. T形的隔断组合结构下的工作台面的宽度

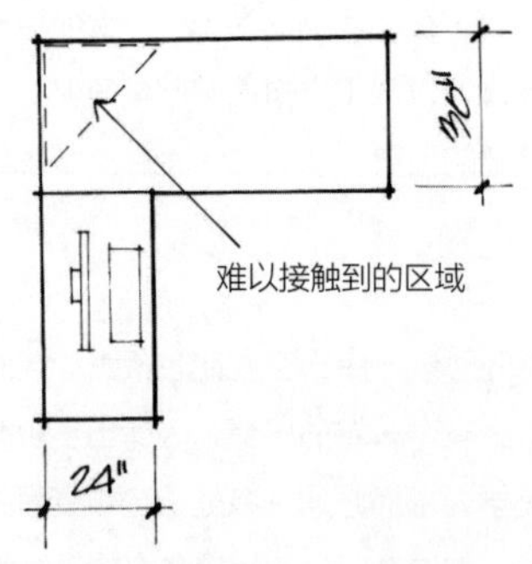

b. L形组合结构的工作台面

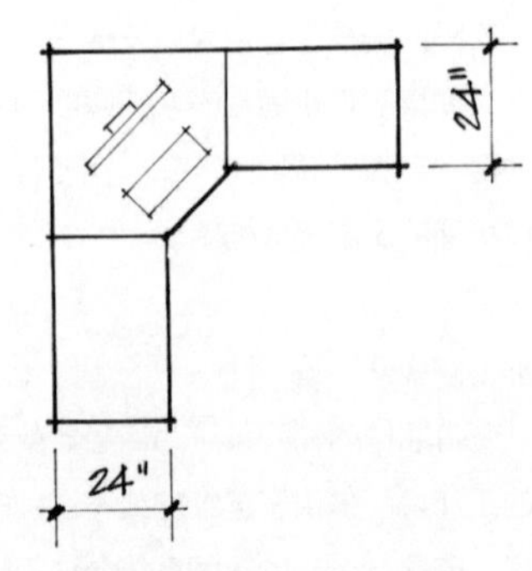

c. 带有转角结构的工作台面

表面处理

塑料夹板是最为常见的工作桌面饰面材料。制造商通常会在中性色调中提供四到八种标准色以供选择。制造商很少会让设计师自己来选择某块饰面夹板。桌子边缘可以处理成四分之一的圆形倒角，边条材料可以是金属的、木头的或者是乙烯材料的。出于绿色环保的要求，许多制造商正在逐步淘汰乙烯材料的边条。

许多制造商如今提供粉末静电喷涂，这是一种新的表面处理方式。喷涂在真空状态下进行，在喷涂过程中，没有喷涂到桌子台面的粉末可以被回收再利用。粉末静电喷涂提供了耐久、光滑且色彩丰富的家具表面效果。从剖面图上可以看见，工作桌的桌面边缘与餐桌的边缘处理一样，有着多种的处理方式。

许多制造商也会提供几种木饰面样式作为选择的标准。如同其他产品一样，如果选用了标准以外的木饰面样式，制造商是要求业主支付附加费用的，而这种非标准木饰面价格费用标准是由制造商来自行制定的。

任何的工作桌面表面处理方式都可以使用在隔断的表面处理上，如带木封顶的夹板饰面板。对于这些表面处理方式的选择应该基于项目整体的设计考虑、业主的要求以及预算状况来决定。

顶部储藏

使用隔间系统有一个优点，就是可以利用工作台面上方的空间形成架子作为储藏空间（图4.15a），可以是带门的柜子，也可以是带翻转门的吊箱（图4.15b、c）。顶部存储空间的高度在坐着的人能够够到的位置处，使得人们无需起身或需要走上几步就能拿到东西。这样做有利于减少地面的使用面积，从而减少总体空间所需面积，也有利于降低空间的租赁成本。初期的费用也会因为使用了大量的顶部储存空间而减少，并作为独立式存储家具的替代，并无需背板，因此成本会较低。

尺寸

工作台面上的搁物架、吊柜是用支撑组件悬挂在隔断上的。因此，这些搁架、吊柜的面宽往往被标准化，以适应隔断30英寸、36英寸、60英寸以及72英寸的面宽。单个的吊柜被分隔成两部分，每部分在外观上都是30英寸或36英寸面宽的单元。大多数的搁架和吊柜的深度为12~14英寸，足够放得下三活页的文件夹。

表面处理

多数的搁板、吊柜是金属材料制成的。木头材质也常被使用制造这些搁板和吊柜，有些金属吊柜的柜门也是用木头制成的。有一些搁板、吊柜则是用层压塑料夹板或胶合板制成的，并会有织物表面或丙乙烯材料制成的柜门。

选择柜门

一些木制的吊柜会有双铰链的柜门，但许多胶合板材料的吊柜使用的是单门，门可以被翻转入柜内或翻转到柜顶（参图4.15b、c）。有一些吊柜柜门使用的则是移门。制造商有的只提供一种柜门样式，而有的会提供多种样式选择。

桌下储物

无论选择的是哪种生产线生产的隔断产品，桌下储物都是由底座和两抽屉文件边柜所组成的。储存家具单元的面宽与隔断或工作台面的面宽之间不存在相互对应关系。

键盘托

无论电脑是放置在办公桌上，办公侧台上，还是在工作台面上，键盘作业总是个重要的人机工程问题。键盘应放置在合适的高度以保护操作人员手腕不受到伤害，或者防止发生重复运动性损伤。对于大多数人来说，键盘放置29或30英寸的高度位置上是有些高了。在这种情况下，键盘托架可以安装在桌面的下方（参图4.16）。

为了省钱，有些制造商会把办公桌的整体高度降低到28.5英寸，这个高度对于许多使用者来说也是个较好的工作高度，在这时键盘托高度就无需特别要求。由于隔间系统也会允许工作台面的高度进行适当的调整，所以在这种情况下，键盘的高度位置也无需过多要求。但当工作台面被降低时，设计师必须去检查办公桌的底座高度。

附件

大部分制造商会为隔间系统提供一系列的附件。这些附件包括布告板、白板、台灯、信封盒、文件夹、笔筒架、标签、屏风以及其他一些物件。这些附件有的被设计成悬挂于隔断上，有的则被安置在小搁架上，也有的也会安放在工作台面上。

有时设计师会参与选择这些附属物件的工作，但多数情况下，这些物件的选择是在安装家具系统的时候，由制造商帮助业主进行挑选的。

图4.15　顶部储藏

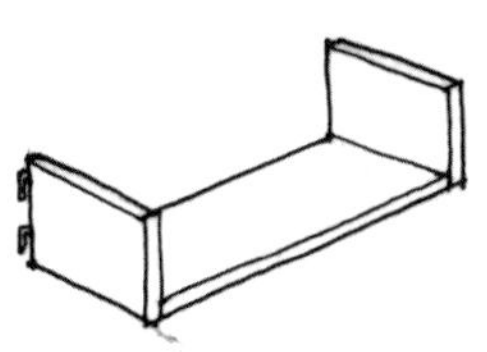

a. 顶部储架

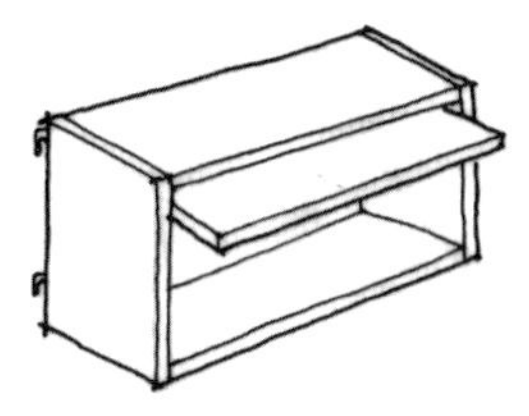

b. 带有内翻门的顶柜

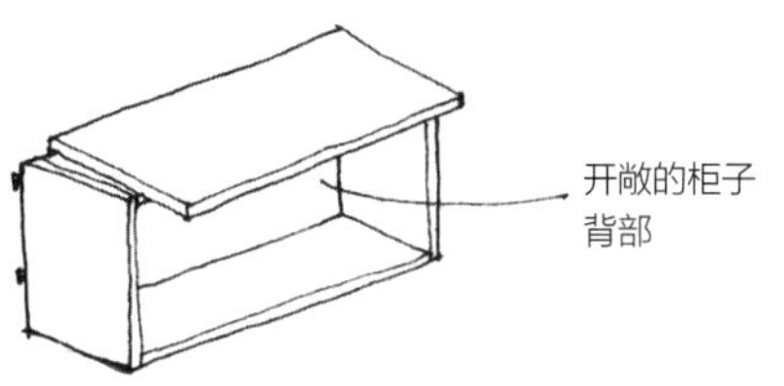

c. 带有外翻门的顶柜

桌子

桌子有着多种多样的形状、尺寸、风格和表面处理。同样样式款型的桌子有时会用于不同的功能中，例如当在会议室里进行培训活动的时候，这时会议室里的会议桌就担负了课桌的任务。

桌子形状

会议桌有着多种的形状，但大多数的桌子形状是圆形、矩形或者是方形的（图表4.6）。

单底座圆形桌

一个尺寸合适的圆桌便于3到6人亲密地围坐在一起。圆桌不便于周围空间的流通性，圆桌对于大餐厅或小会议室的平面布置来说，是个重要的空间影响因素，特别是在95平方英尺与100平方英尺的空间中时 (参见附录E)。

标准的圆桌尺寸直径为30英寸、36英寸、42英寸和60英寸几种。订做的圆桌直径可以做到9英尺、10英尺以及11英尺甚至更大一些的尺寸。然而，过大的桌子不利于相对而坐的人递送东西，因为这时其中一人站起来要么绕过桌子，要么挨个穿过坐在桌边的人才能把东西递给坐在他对面的那个人。

宴会桌在其底部外侧有桌腿，并便于折叠储藏，而其他大多数的圆桌在其底部只有着一个基座，以便于有效地容纳坐在桌边人员腿的活动。更大尺寸的圆桌就需要两到三个基座以增加圆桌的稳定性（见图表4.6a, b）。

环形的桌子也被称为圆桌。环形圆桌依据其尺寸与直径而被称为36英寸直径桌，而不是叫36英寸的圆桌。

图4.16 键盘托

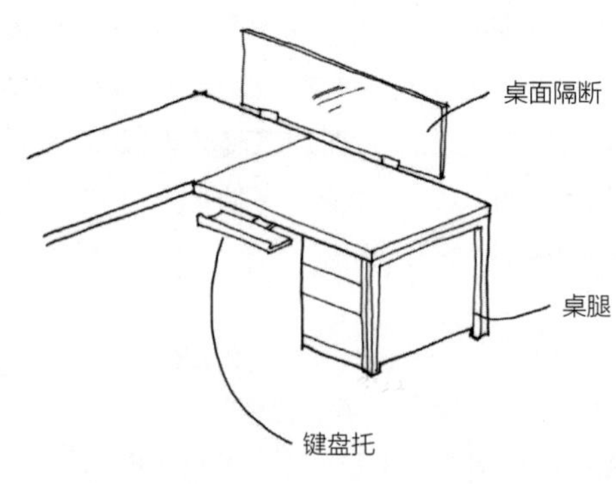

图表4.6 桌子

a. 单底座桌

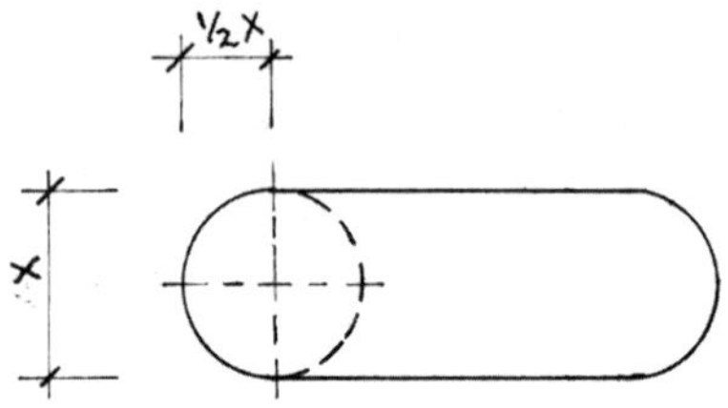

e. 平面图：跑道形桌

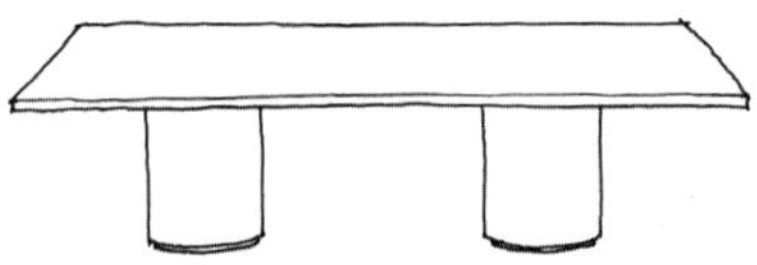

b. 双底座桌

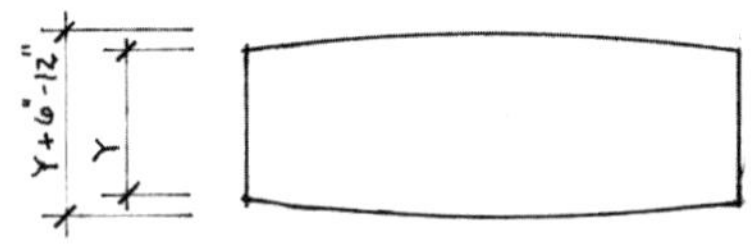

f. 平面图：船形桌

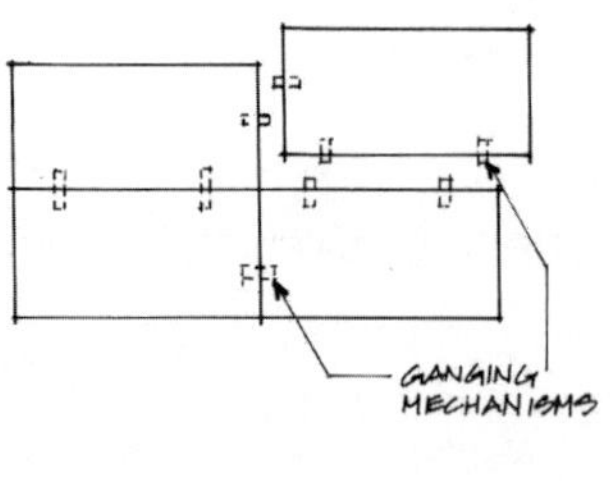

c. 平面图：组合桌

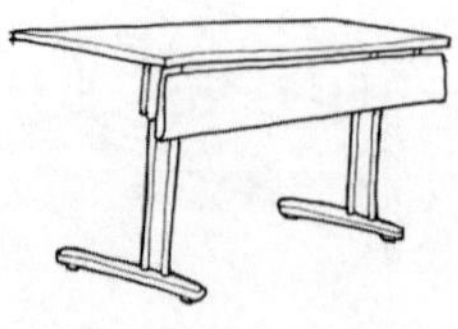

d. 课桌

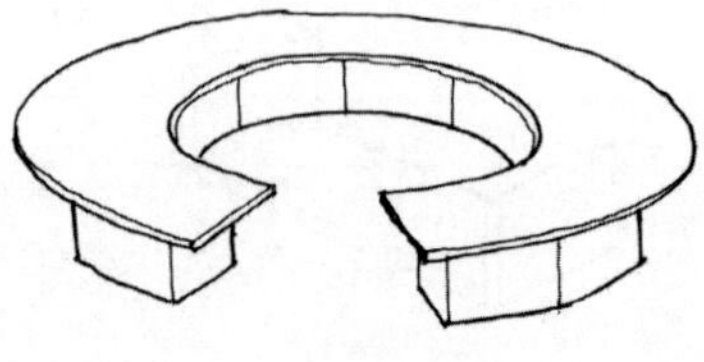

g. 非常规形状的桌子

矩形桌子

尽管每一种桌子的表面处理、风格样式和尺寸都不一样，但矩形的桌子广泛用于培训室和会议室。依照功能的不同，矩形桌子可能会有着立方形的或是梯形的基座，也有可能在四个桌角或是沿桌子长边布置桌腿，也可能会有一个C形或其他的风格样式的桌子基础（见图表4.6）。

方桌

方桌，除了某些较大尺寸的偶尔会用于会议室以及其他空间以外，它常被用于餐厅中，30×30英寸或36×36英寸是方桌最为常用的尺寸。与圆桌以及矩形桌子一样，方桌的表面效果、样式以及桌子基座的选择取决于桌子本身的实用功能。

组合桌

多功能组合已经成为了一种生活方式，桌子的多功能组合也就意味着桌子在需要的时候可以在尺寸上“生长”，也可以在需要时再“缩短”。这种方式就被称为“组合”（见图表4.6c），一张张桌子在底部用连接件连接在一起，形成一个更大尺度的整体桌面。两张桌子就可以组合成为方桌，或是矩形长桌，以及梯形桌面的大桌，在不需要的时候则可以拆分开来存储或沿墙摆放。

课桌

培训室使用的课桌尺寸通常是60×20英寸/24英寸，或72英寸×20英寸/24英寸。72英寸面宽的课桌可以让两个人肩并肩地坐下，而60英寸面宽的课桌对于并排坐两个人来说就有些挤了。课桌的深度取决于是否要在课桌上摆放电脑显示器。通常课桌的桌面是塑料夹板饰面的，而支架和桌腿可以是未处理的材料表面或是喷漆的金属材料。通常，这些课桌有些会有着可以折叠的桌腿或支架，以便于课桌可以被堆放起来储藏（见图表4.6d）。

非正式会议桌与餐桌

尽管也有着其他的形状，但非正式会议桌和餐桌常常是圆形的或是方形的，并有着自然材料或金属材料的基座。它们的标准桌面材料常用的是塑料夹板，但也有可能是树脂材料或是金属材料的。

会议桌

会议桌通常是办公空间中最贵的家具。会议桌可以是单一的材料制成，也可以是由木头、金属、大理石、花岗岩、玻璃、皮革以及其他具有异国情调的材质共同制作而成。许多制造商提供长度为6英尺、8英尺、10英尺和12英尺，桌宽或桌深达到42英寸、48英寸和60英寸等标准尺寸的会议桌。15英尺、20英尺、24英尺或者更长的大型会议桌则是订制而成的，需要由设计师提供图纸或规格，并由家具制造商或木工加工车间来完成。除了前面列出的典型样式以外，会议桌的形状还要适应于房间的需求和设计的意图。

跑道形会议桌

由于许多会议桌的尺寸相对于会议室来说很大，所以将它们的端部处理成圆形有利于优化它们在会议室中的整体形象。这时用跑道形的会议桌——一种椭圆形的会议桌的变体——也可以获得这种效果。跑道形会议桌的两端各有个半圆形桌面，半圆桌面的半径等于桌子宽度的一半（见图表4.6e）。

船形会议桌

船形会议桌是椭圆形会议桌的另一种变体。这种会议桌有利于所有的参会者获得较宽的视线。船形会议桌中部最宽处与两端最窄处的尺寸差距在6~12英寸之间（见图表4.6f）。

订制的会议桌

带有接待室的会议室往往是一个公司最为重要的形象展示空间。因此，这两个空间中的家具往往是订制的也就不足为奇了。

订制的会议桌可以是任何尺寸或形状的，以便于适应客户的需求和设计的要求。桌子可订制的尺寸种类前面已经提到了不少。而桌子还可以做到35英尺、45英尺或者是50英尺长，甚至是直径为25英尺的圆桌也能实现。然而，在设计这些巨大尺寸桌子的时候，设计师必须保持两点认识：

1. 这些大尺寸的桌子不能作为一个整体来进行制作。在桌子的整体设计中，要考虑好桌子的安装方式以及接缝的方式。
2. 对于在高层办公会议室中安装的会议桌，桌子的部件是需要通过电梯来运送到指定楼层的。所以确定电梯门的宽度和电梯间的容量是件很重要的事情。

经客户同意，设计师可能会设计一个非寻常形状的会议桌。由于在桌子的设计上已经花费了大量的时间，所以设计师应该确保桌子可以被确实生产出来，并能够获得业主的认可（见图表4.6g）。

桌角，边缘细节，基座

无论桌子是标准样式还是订制款型，设计师都必须考虑桌子的边缘细节和基座的处理(见图表4.7)。基座、桌腿、底座或者其他类型的支撑等用于桌子的托举的重要部件。为了了解更多的桌子底部支撑结构的信息，设计师要向制造商代表或者工厂工人多多咨询。

桌子的边缘有着多种的细节处理。考虑到自桌子顶部以及从整体轮廓进行观看的细节视觉感受，设计师要考虑到不同视角下的桌子造型情况和效果。硬木材料的桌子边缘可以处理成木本色，或是染成与桌面同色，也可以处理成与桌面形成对比的视觉效果。

最后，设计师要考虑矩形桌、方桌、船形桌以及其他形式桌子的桌角细节处理。在订制的桌子中，设计师必须控制好，并确定具体的桌角细节选样。生产在许多标准样式的桌子过程中，也有着同样的边角细节控制要求。

座椅

从接打电话到键盘操作，及吃东西的时候，许多工作任务的进行是处于坐姿状态下进行的。许多工作任务也是在人们的各种生理或精神压力下以及处于一定动作范围内进行的。

- 身体放松（放松到紧张）
- 消除紧张情绪（舒缓到紧张）
- 身体前后倾斜（身体前倾到后靠）
- 站起坐下，再站起，然后一直坐着。

没有任何一把椅子、座椅可以完成或允

许设计师达成上述要求的完全满足。椅子作为一种通用的概念，涵盖了广泛意义上的椅子类型以及其他诸如条凳、凳子和沙发这一类型的坐具。一些椅子——如会客椅、休息椅、躺椅或者条凳——它们的功能主要是出于审美需求来考虑的。其他的办公椅，则是由于能满足使用者的要求而被选择使用的。

选择椅凳与成套座椅有许多准则。无论是出于美学的还是功能的考虑，挑选座椅都是设计流程中最后阶段的工作。市场上任何一种椅子都有着如此之多的风格、款型，所以设计师最好制定出一个整体的设计规划，以便从这个较大的范围中进行选择，从而能够选出符合要求的椅凳和座椅。

颜色、饰面和织物

多数制造商为他们的座椅提供了一个选择广范的色彩、饰面、织物和皮革的材料清单。为办公空间设计选择明快的色调、样式和各种材质是最为简单的工作内容之一了。椅凳暴露在外的框架结构用材可以是木材、金属、漆饰金属或者是塑料树脂，这要取决于椅凳的风格和格调。织物的颜色常常是业主自己订制的，也有业主自己购买好材料或皮革送来加工制作。所有的这些选择都赋予设计师一个极大的自主范围，以便去整合和控制好最终的产品效果。

尺寸

不同于其他家具的生产订单，座椅是没有标准生产尺寸的。不同厂商制造的同样风格款型的座椅只是有着近似的尺寸，且不同厂商制造的同一款椅子彼此间都存在着尺寸上的微差。

座椅绘图模板

在徒手绘制平面图的时候，设计师最好是使用椅子的绘图模板。许多制造商会提供他们自己特有椅凳样式的塑料绘图模板。艺术用品店里出售的座椅通用模板也是可以使用的。

大部分CAD软件都会有一个座椅模块库，绘图时模块可以插入平面图中进行使用，这和手绘图纸时的方法是一样的。

工作椅

常用的办公室用椅称为工作椅，这种椅子广为办公人员工作时所使用，例如在数据输入、操控键盘、研究、实验室、电脑操作、电话销售、接待等工作时。从信件收发人员到数据输入人员，从研究人员到中层管理人员，以及公司CEO等，工作椅使用于各行各业。这些同样的椅子要适用于各种工作类型，适合于人们的各种体态，满足各种地位等级的人们所需。例如，同样是在电脑前操作的律师与普通职员，他们都需要同样样式的椅背、椅座、椅腿和扶手，这是毫无疑问的，因此同样款式的椅子也应该满足于这两种职业人员的工作所需。然而人们一般会认为，拥有大学学历的律师助理的等级要高于普通职员，所以这种等级差异应该在每个人所用椅子的饰面、尺寸、装饰上体现出来。为了满足座椅拥有者的各种要求，大部分工作椅都会带有六到七个人机工程调节装置以及其他的一些调整选项，以调节椅子使之性能达到最好的使用状态（见图表4.8）。

图表4.7　桌子边缘收口细节处理

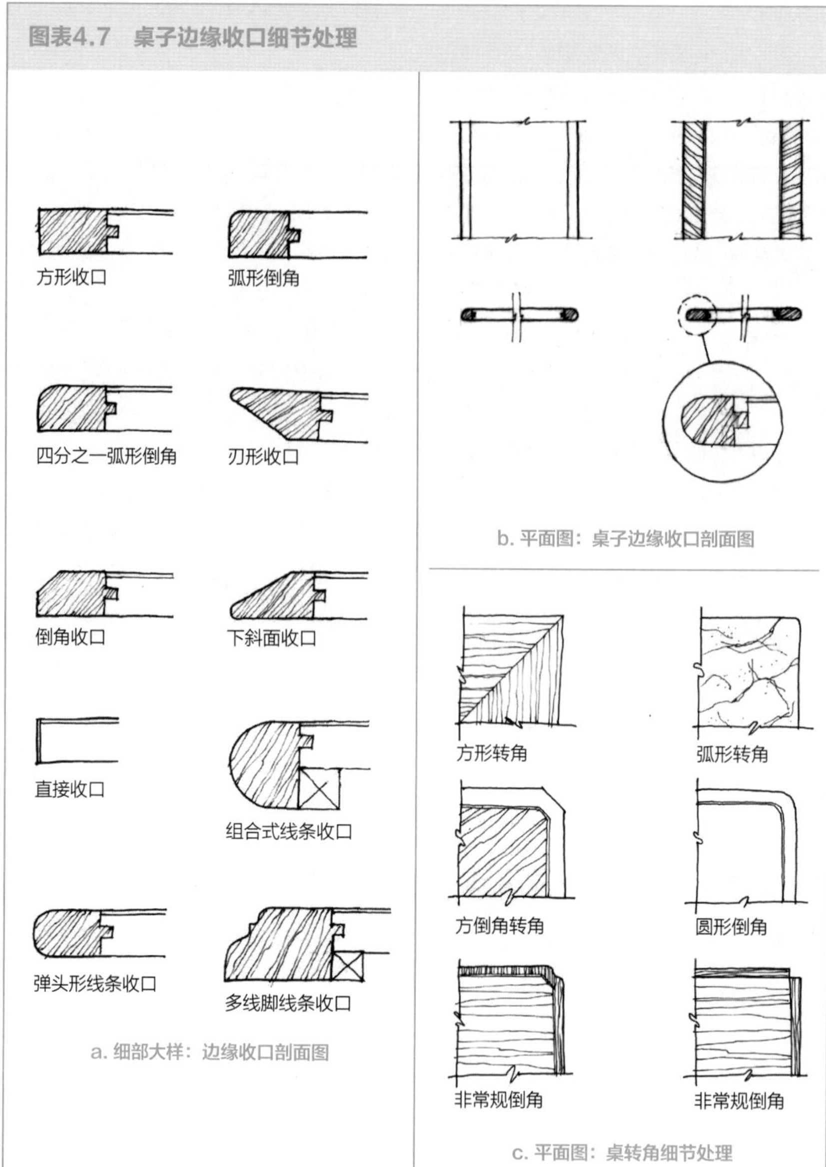

a. 细部大样：边缘收口剖面图

b. 平面图：桌子边缘收口剖面图

c. 平面图：桌转角细节处理

人机工程与工作椅

在选择工作椅的时候，第一考虑要素就是椅子的人机工效性——一个非常重要的特点。在现实情况中，同样的椅子无法满足不同样人的不同使用要求。

首先，人机工效性并不意味着椅子仅仅是可以调节的。人机工程设计涉及范围甚广，包括了对于人们所处环境的适应性以及人们的工作性质特征。可调节性仅仅是椅子人机工程设计方面的一个方面而已。选择一把合适的工作椅要考虑到一系列的因素：椅

图表4.8　椅子：工作椅和经理椅

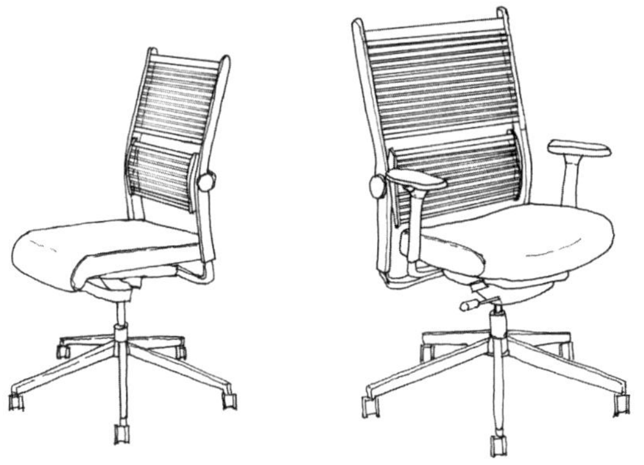

a. 工作椅——有扶手与无扶手的

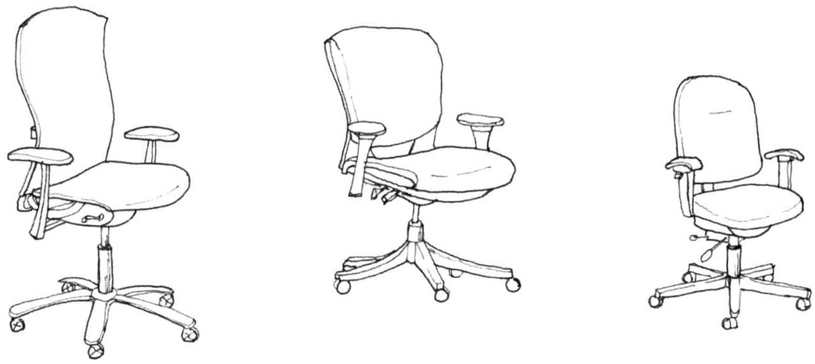

b. 工作椅——高靠背、中等高度靠背和低靠背的

c. 经理椅

d. 符合人机工程的经理椅

子的尺寸、对于使用者使用姿态的支持、工作性质、工作区域的设计状况、个人的喜好，甚至要考虑企业的组织文化。当然，所有的工作椅在选择的时候要考虑这些内容和因素都是必要的，但更多的是取决于使用者本身的工作特点，以及在何种环境下使用这种椅子。

对于设计师来说，理解人机工程以便于帮助业主选择适合于办公所需的工作椅是十分必要的。设计师应该去阅读说明书，与制造商交流，参加相关研讨会以能够获得对于人机工程更为全面的了解，并理解其对于今天办公空间设计的重要意义。

带扶手与无扶手

在订购工作椅时，是可以选择要不要带扶手的。许多人觉得扶手很舒服，但扶手会增加椅子5英寸到6英寸的面宽，并要增加5%到6%的费用。因此当空间或预算不是太宽裕的时候，最好还是订购不带扶手的工作椅（见图表4.8a）。

在选择工作椅时，许多工作椅的扶手是可以多向调节的，如升高或降低，旋进或旋出，伸出或缩回，前移或后移。一些椅子是可以允许在一定范围内增加或减去扶手，但在确定这些选择之前必须和制造商确认好每把椅子的样式风格。

靠背尺寸与变化

为了满足身体上的或是职员等级上的要求，制造商会为相同款式的椅子提供不同高度的靠背。这些椅子就被称之为高靠背椅、普通靠背椅或是低靠背椅。有些制造商会提供三种高度的靠背，有的制造商只提供两种高度。

高靠背，普通靠背和低靠背只是一种描述性的语言，并没有明确的数值来予以确定。一家制造商所提供的高、中、低靠背椅的靠背高度与另一家制造商所提供的同款高、中、低靠背椅的靠背高度很可能是不相同的（见图表4.8b）。

座高与椅子的尺寸

工作椅通常可以通过底部柱脚的气动升降装置来升高或降低座椅高度。工作椅的底座是圆柱形的，由两个金属管套接而成，一个金属管作为内芯插入另一个金属管构成的外管中，内芯通过金属管中的压缩气体实现上下滑动。通过操控座面下方的气压调节杆，一个人可以坐在座面上同时将座面高度调低。但需要调高座面高度时，就必须站着调节了。

除了高度的调节以外，许多制造商还会提供其他的一些人机功效设施，这些都有可能会增加整个椅子的尺寸。由于椅子的高度是可变的，所以无需遵循特定的尺寸数值，设计师也就可以放心地使用通用的座椅绘图模板来绘制家具平面布置图了（表4.2）。

表4.2　椅子尺寸

工作椅			
	高	宽	深
带扶手			
低靠背	22~24"	24~27"	24~25"
中靠背	24~29"	24~27"	24~25"
高靠背	34~39"	24~27"	24~25"
不带扶手			
低靠背	22~24"	18~20"	24~25"
中靠背	24~29"	18~20"	24~25"
高靠背	34~39"	18~20"	24~25"
经理椅			
	高	宽	深
高靠背	39~47"	25~27"	26~27"
中靠背	36~42"	25~27"	26~27"
会议椅			
	高	宽	深
高靠背	38~42"	26~32"	27~29"
中靠背	28~32"	26~32"	26~29"

椅轮

一般来说，椅轮（或者叫脚轮，设计界的叫法）在硬木地板上滚动要比在地毯上滚动难。然而由于多数办公空间中铺设的是地毯，所以许多制造商就自行将他们的椅子设定为与地毯相配的，或是安装上硬质的椅轮。但是，如果工作椅是使用在诸如木地板、乙烯复合地板等硬质地面上时，设计师应该要求椅子安装的是软质的椅轮。椅轮的材质不同，也就导致椅子的价格也不相同。如果这个问题被忽视，使得椅子安装上了错误的椅轮，首先是业主会很不高兴，因为椅子移动起来十分不顺畅；再则，有些业主会重新购买椅轮，并花费人工费去更换。

五星形底座

今天所有的办公椅都有一个带有五个脚或爪的底座。这被称为五星形底座，这种底座可以防止座椅倾翻。底座的爪一般都较短，爪尖不会超出椅座的正投影范围。

总经理座椅

通常座椅在高层管理人员中使用的与普通职员使用的之间有着明显的不同。由于经理们很少会去做机械重复的工作，所以他们大多数人都喜欢宽大的经理椅（图表4.8c）。这种椅子中对于等级地位象征的重要性就如同与人机功效对于所有工作椅的重要性一样，前面对于办公椅所谈到各种特性同样要运用到经理座椅上来（见图表4.8d）。

会议用椅

会议用椅常常看起来和普通的办公用椅以及经理座椅没什么区别。然而，实际上会议用椅很少会有考虑到人机功效的因素，因为大多数的会议持续时间在一个小时左右，且在会议期间很少会有具体工作要做。由于没有什么调节装置，所以会议用椅的花费是较为容易控制的。许多会议用椅是用皮革作为椅子覆面材料的，这个做法会增加椅子的价格。

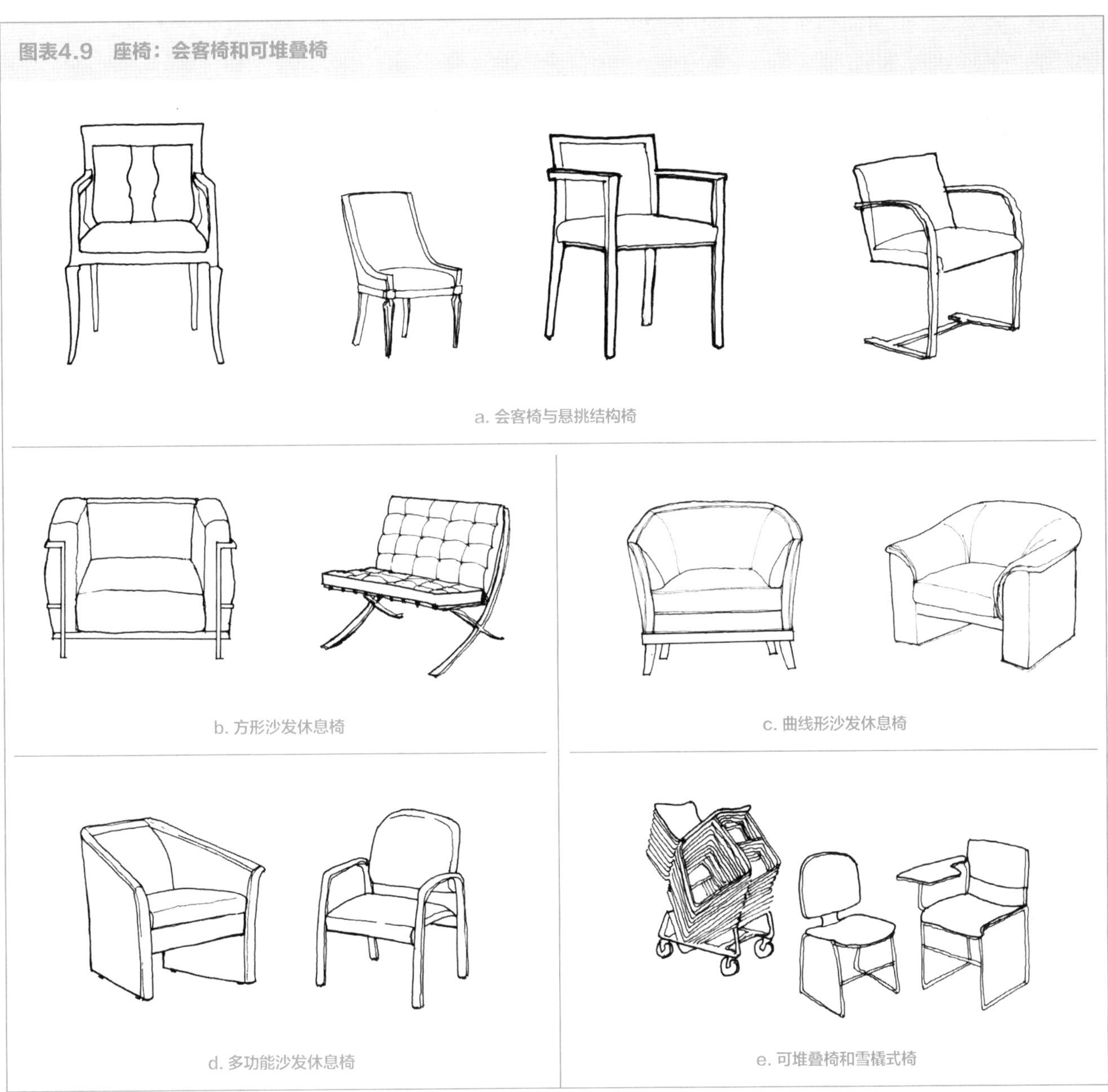

图表4.9 座椅：会客椅和可堆叠椅

a. 会客椅与悬挑结构椅

b. 方形沙发休息椅

c. 曲线形沙发休息椅

d. 多功能沙发休息椅

e. 可堆叠椅和雪橇式椅

会客椅或休息椅

会客椅或休息椅是用于特殊场合的椅子以及边椅。它们主要用于私人办公室或接待空间中。它们可以摆放在大工作区中，也可以作为装饰构件摆放在大的走廊和公共空间里，或是安置在会议室的书柜旁，以及安放在任何需要就坐功能和审美功能的地方。

对于所有订制的家具来说，会客椅以及休息椅是最具款式变化的。它可以是现代风格的、传统风格的、折衷主义风格的椅子，也可以是华丽的或简陋的椅子；可以是小尺寸的、大尺寸的、中等尺寸的，也可以是巨大尺寸的椅子；可以是直腿的、弧形腿的、S形腿的、锥形腿的椅子；可以带扶手，也可以不带扶手；可以是带软垫的，也可以不带软垫，以及诸如此类（图表4.9a）。

饰面与风格

这些会客椅以及休息椅的框架和椅腿可以是木头的或者是金属的。在某种程度上，材料的选择决定了椅子最终的风格与设计。椅子通常是有着四条腿的，但有时前腿和后腿会顺着地面水平方向被连接起来形成一个连续的样式，其中一种样式被叫成雪橇式，多用于休闲餐厅中；另一种则被称为悬挑式，它只有两个前椅腿，相互连接并顺着地面折成“U”形。

尺寸

大多数的会客椅以及休息椅面宽在20~24英寸，深度在22~26英寸。由于这些椅子多自由用于开放空间中，所以并不需要太精确的尺寸。如果确实需要椅子的精确尺寸，设计师就应该向制造商咨询清楚。

沙发

由于空间的限制以及舒适度等原因，沙发很少作为办公室使用家具。如果在个人或私人办公室中使用沙发的话，当主人坐在办公桌后的工作椅上时，坐在沙发上的来客视线就要低于主人的视线（这会造成两者间地位、权力感知上的不平衡）。在接待区中，来访者多倾向与站着而不是与一个陌生人一起坐在沙发上等候，特别是两人之间的座位依然是空着的时候。

有时，虽然沙发会用于接待区（多是那种传统设计风格的区域）或合伙人办公室，但这些沙发的尺寸往往是大于其他常见产品的。在这种情况下，设计师可以借鉴住宅空间的沙发使用知识来布置空间平面，而且最好是使用订制家具。

躺椅

在大的接待空间里，休息椅往往看上去会显得矮小或过于正式，从而难以吸引人。既然沙发不被推荐，所以最好就是放置一把或一对大休闲椅。大休闲椅要带有足够的软垫，椅子尺寸要大，要引人注目。风格款式上，则可以是四四方方的、正方形的或是有着弧形造型与柔软的材质（见图表4.9b、c）。

表面处理

皮革是这类椅子最常用的材料。而在用织物作为座椅表面材料的时候，则要为这些重型椅子选择具有耐磨性的材料。

尺寸

在初步的平面设计阶段，对于休闲椅，设计师可以给一个30英寸宽×30英寸深的尺寸，甚至可以给到34英寸宽×34英寸深的尺寸，但大部分的绘图模板不会提供一个这样大的椅子图样。所以椅子应该按照比例在平面图上进行绘制。这些椅子一旦被选定下来，那么设计师就要弄清它们的确切尺寸，并按比例绘制在家具布置平面图上。这个步骤是为了确定所选择的休闲椅是否与原来的设计设想相符合，因为有的休闲椅的尺寸可能会是42英寸宽×36英寸深的大尺寸。为了设计上与视觉比例上的平衡，这么大的休闲椅就需要较大的空间来适配，也就会导致接待空间要被分配给更多的空间。

多个座椅

在接待区域，可以安置多个座椅或接待椅以接待大量的人员，且使这些座椅的尺寸处于休息椅和休闲椅之间。接待椅的尺寸有多种，从24英寸宽×26英寸深的到35英寸宽×31英寸深的都有（见图表4.9d）。

餐椅

许多餐椅是无扶手且可堆叠的；它们一般比会客椅小。较轻的重量使得它们易于前后移动，并便于环绕餐桌进行布置。它们也可以很方便的彼此紧密的排放，让更多的人挤在一起进行午餐（见图表4.9e）。

材料和饰面

织物很少用于餐椅，业主一般喜欢易于维护的材料。餐椅的主体往往是由不太昂贵的树脂材料或硬的塑料，以及木材或金属材料来制作的。因为所有这些材料都很容易就被打理干净。如果椅子的座面或靠背有软垫、软包，最好是使用乙烯材料，织物也要用乙烯材料的化工制品，这样做也是因为这些材料便于擦拭干净。椅子的框架结构则可以是金属的或是木质的。

其他类型的座椅

设计师偶尔会有机会去使用到其他类型的椅子（凳、长凳、串联座椅、礼堂用椅以及模块化的椅子等）。当处于这种情况下时，设计师要向这些制造商多方咨询，在了解所需座椅的种种细节、设计要求、布置方式后，才能确定使用这种座椅。

储物架

每个办公室或设计项目都会要求有大量的储物架。办公室中的各种各样物品都可以存放在储物架上，并且许多——也许不多——物件往往是很少被使用的。就算被使用，这些物件也往往是短时间的使用一下。无论物品的使用率是否频繁，这些东西需要有空间来储藏它们是必然的。储物架则往往被放置在偏僻的区域或是放置在单独的储藏间中。

为了满足各种各样的功能要求和尺寸要求，储物架也就有了多种多样的尺寸。储物架通常由厚重的金属材料制成，并堆叠起来就像一个竖着的脚手架。设计师或业主将计算出所需的储物架尺寸、数目，以及储物单元的所需高度。所有的这些储物架部件都可以独立订货和独自运输，这被称为可拆卸式（KD）储物架。当所有的部件运输到项目现场的时候，一个组装工人就可以将它们组装成储物单元或储物架单元（图表4.10a）。

表面处理

由于储物架多放置在偏僻的房间里，因此常常被漆饰成灰色饰面。当然，制造商通常也会提供几种其他漆面色彩，但这些都会稍许增加相关的费用支出。

搁板

大多数的搁板会按照一个标准的钢材尺寸（18#钢）来制作以控制架子的整体重量。但需要放置非常重的物品的时候，订制一个更高标号钢材（22#钢）的储物架则是非常明智的。在同一房间中使用的各个储物单元可以被制作成多种尺寸。一般来说，所有的储物架无论它的用钢标号是哪种，都应该制作成统一尺寸，这样会方便于储物架的垂直堆放。

尺寸

储物架的宽度尺寸模数为3英寸，整体宽度在30~48英寸之间。深度的尺寸模数也是3英寸，整体深度在12~42英寸之间。

储物架支柱

为了支撑储物架，储物架的支柱需要安装在架子的四个角落位置上。支柱也为储物架提供了高度。在确定了储物架的数量以及间距以后，所需的储物架高度也就可以计算出来了。

高度

储物架支柱高度尺寸模数为6英寸，高度范围在30~108英寸之间。支柱如果过长，则可以截断。在订购支柱、确定储物架连接方式（并排连接或背靠背连接）、确定T型或X型连接件数量之前，储物架的平面布置图需要先行确定无误。

单个支柱和共享支柱

当两个有着同样深度的储物架并排摆放的时候，这两个储物架可以用一个支柱或T型连接件将彼此连接起来。这种做法可以节省开支，并且会增加两个储物架之间的整体稳定性。

背靠背式

与并列式组合储物架一样，两个储物架也可以背靠背组合并且共享同样的背部支

图表4.10　储物柜

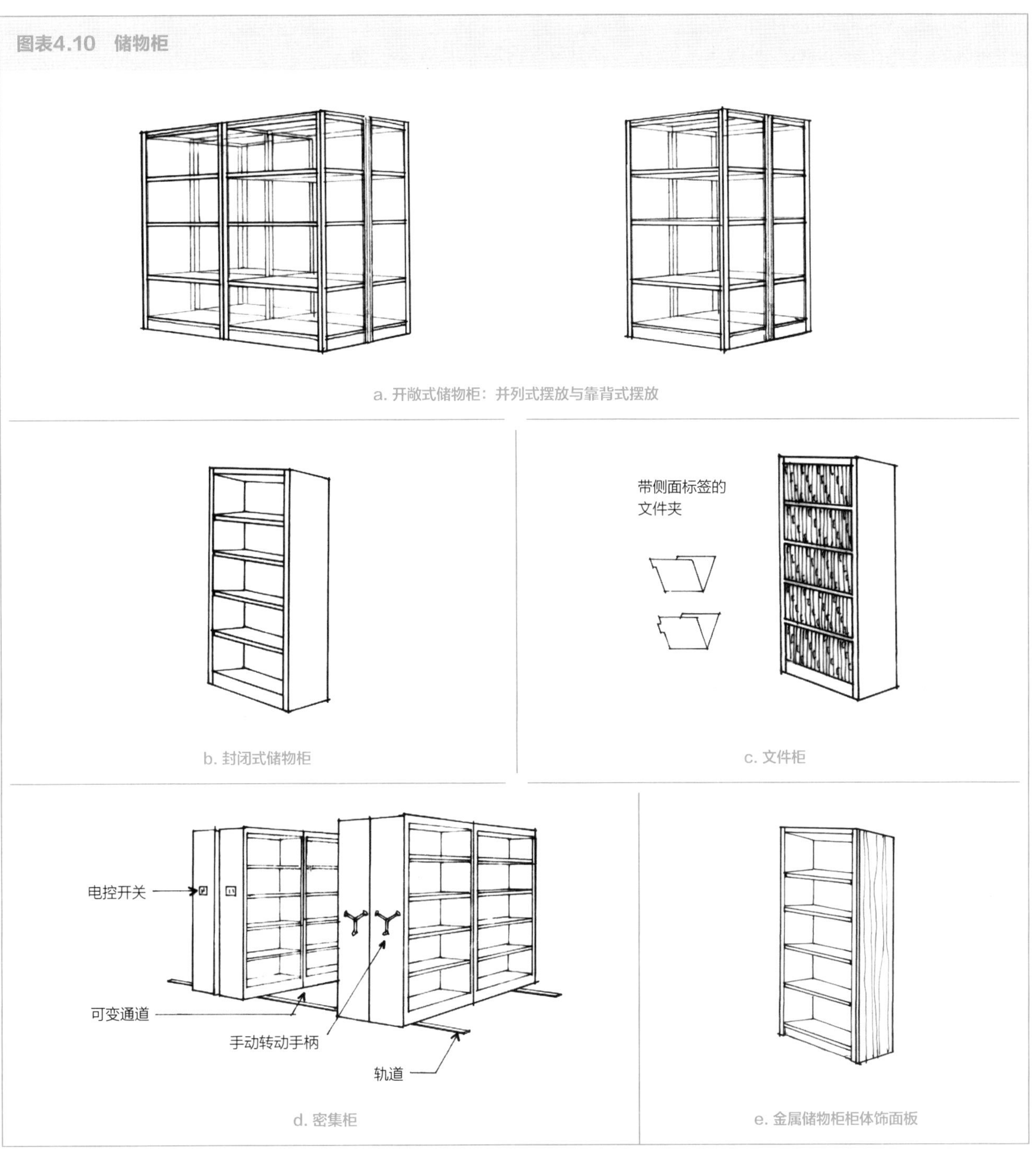

a. 开敞式储物柜：并列式摆放与靠背式摆放

b. 封闭式储物柜

c. 文件柜

d. 密集柜

e. 金属储物柜柜体饰面板

柱。这种组合方式就像书架的排列方式一样，可以在一排排的储物架与储物架之间留出通道。

储物架的局限

大多数的储物架在摆放的时候有一些限制，对于这种限制设计师一定要清楚。例如在储物架的面宽超过36英寸的时候，如果放置了过重的物品，就可能造成储物架的下塌或下弯。这个问题可以通过增加架子的深度或采用更高标号的钢材来解决。12英寸深的储物架依靠其本身是难以被树立起来的，它必须要靠着墙壁摆放，或者是与另一个柜架背靠背地摆放才行。

开敞式储物架和封闭式储物柜

储物架被称为开敞式储物架是因为它四面都是开放的。这样存储的物品可以在长度上超出于架子本身。从视觉上来说，这一般也不是什么大问题，因为这种储物架多数都是放在储藏室里的，大众平时是看不见它们的。而且资金上，开敞式的储物架要比封闭式的储物架省钱。

有时，选择封闭式——侧面和后背都被隔板封闭的储物柜会更好。这样，就可以安全而有序地存放小件物品，也可以获得更好的视觉审美效果——就像图书馆的书架一样。这些储物柜的侧边和背部的材质通常是金属的，能使得储物柜具有不寻常的视觉效果（见图表4.10b）。

可移动式储物柜以及文件存档系统

公司的文件过多或空间有限的时候，就

可能会考虑另一种文件存档方式——使用一种带侧面标签的文件夹来储存文件(图表4.10c)，这种文件夹相较于用那种顶部带标签文件夹来说，可以提供更大的存储密度和更多的文件存储量。这种文件夹存档方式多用于医务办公室而非商业办公空间，除非储物柜安装在一个可移动的系统中。

考虑到房间空间和地面空间有限等原因，储物架可以安装上滚轮，并放置在一个轨道系统上，以便于轻便的前后移动储物柜（注：也就是密集柜）（图表4.10d）。可以动的储物柜单元消除了柜子间所需的过道，并将过道空间转化为另一个储物柜单元移出所需的空间（见第11章）。

面板

当储物架——无论是开放的、封闭的或是可移动的——被作为图书馆书架，以及用于公共区域时，或是出于业主的要求时，可以在架子的金属边缘上覆盖装饰性的面板。面板会赋予储物架全然不同的外观，而不仅仅是漂亮、诱人、具有亲和性。一旦书本或DVD光盘沿着储物架摆放上去，金属部分以及架子的结构部分就几乎都看不见了。大家看到的仅仅是架子的面板。但一定要记住，背板、侧板和面板都会增加储物架的价格支出（见图表4.10e）。

饰面处理

通常面板是由木材制作而成的，风格不限或者是按所需的效果来制作，所以也有可能是以塑料质夹板面，织物面料，树脂材料，金属穿孔板，以及设计师所选择的其他材料来制作的。

订制家具

订制家具是指为用于特定客户或工作场所而被特别设计和订购的，并在加工车间或家具厂专门制作的家具。这些家具被指定设计、订购的原因有下列几种：

- 设计师希望该家具与进行的项目中其他的家具风格有着良好的匹配，并使该风格贯穿于整个项目之中。
- 设计师也希望展示与其他常见家具风格全然不同的家具样式，以表达某种意义。
- 为适应所处空间的尺度比例关系，而有着特定尺寸要求的家具。
- 订制家具所需时间要少于普通采购家具方式所需的时间。
- 订制家具所需费用要少于普通采购家具方式所需费用。

尽管偶尔出现订制家具的费用会较普通采购家具方式所需费用少，但大部分订制的家具价格还是要比普通的家具昂贵不少。因此，与每个业主讨论协商订制家具所需预算是绝对必要的。设计师与业主都必须明了专门设计与订制的单件家具或成套家具的真正原因以及最终效果。

尽管任何家具都可以订制，但在实际情况中，最为常见的订制家具类型多为会议桌、接待台、高端行政办公桌以及其他一些座椅等。其他类型的订制家具则可能导致在技术上较为复杂或是费用上过于高昂。例如，桌子通常由桌面和起支撑作用的桌腿所构成，部分结构或全部结构由木材——这种很管用的材料——所制成。文件柜，其典型的结构部分或全部是由成型金属板材制造的，并由与适合于柜体的活动部件和锁扣零件所共同构成。因此，当在项目上决定了去特别设计与订制家具的时候，设计师必须要去考虑项目预算和资源重点分配情况，哪儿多用一些，哪儿少用一点。

特别设计的家具图纸要由专门的设计人员绘制，图纸要求和施工图要求一样，要包括：平面图、立面图、剖面图、细节大样图、尺寸、标注、设计说明，以及其他所需的各种设计信息。而所需的生产厂家可以通过多家厂商招标来选择，或指定一个厂家来进行生产。

尽管设计师会完全理解技术图纸，明了设计细节，并明确地知道他们最终想要的产品效果，但制造商最终生产出来的东西在细节上总是会和设计师所提供的设计图纸样式有所不同。这是因为每个工厂都有着自己的不同点，很可能彼此有着不同的机器设备，彼此有着不同的家具结构工艺。因此，在生产专门设计的家具之前，制造商必须向设计时提供自己厂方的家具工艺图纸以便设计师审核与确认，这个环节很重要。通过这样的方式，设计师和制造商才能密切合作，共同使产品达到理想效果。

附件

通常，非板式家具系统下的家具附件（例如废纸篓、办公用品、衣架等），是由客户自行选择和采购的。尽管设计师没有责任去为业主选择、指定这些家具附件的样式，但却要在平面图上标示出这些物品的摆放位置。

当设计师为业主选择家具附件、绿化植物以及艺术陈设品的时候，要另签一个合同，这是个在建筑设计合同、室内设计合同以外的设计合同。这部分工作不是空间规划与设计的工作内容，且这部分工作的酬金不能包含在室内外空间设计的设计费中。

办公用品

这些附件如：公告板、信封盒、废纸篓、垃圾桶、花瓶、小推车等通常被认为是办公用品（连同铅笔、纸、胶带等）。为这些东西安排好放置位置对于设计师来说是很重要的。储物架是小件物品存放所需的，纸箱的堆放需要有空地。小推车在不用的时候要有专门封闭的房间来摆放它。

植物

为了增加空间人性化因素的表达，设计师通常会在家具布置图上添上一些植物的摆放。但在实际项目中，植物的配置选择工作是在业主搬进完成的办公空间后再联系绿化公司来进行的。

偶尔设计师会为具有较高视觉效果要求的空间选择一些植物，如在接待室会、会议室的空间中。但通常这个工作是由专门的绿化公司按照空间布局的需要来进行的。

艺术陈设

艺术陈设的设计工作流程同于绿化植物的选择布置工作流程。设计师安排好放置艺术品的摆放位置、照明、壁龛形式，以及艺术品布置的视觉重点。但业主往往会雇用一个专门的艺术品顾问来进行艺术品的选择和采购——特别是海报招贴，这会使得办公空间里有一个巨大的艺术墙。

尽管设计师没有去选择这些艺术陈设品，但业主往往会要求设计师在平面图上标示出摆放位置。业主甚至会要求设计师标示出这些陈设品的风格和色彩。

设备

设计师不负责选择、指定、推荐设备的事情，这不是设计师的工作职责。业主应该直接与设备的产品销售人员联系来讨论这个事情。但设计师必须明了一个办公空间所需的设备类型，以便为它们留下足够的空地或角落、净空高度、电源线或数据线插座，以及满足设备其他的所需。

大多数办公室至少都会有以下一个或多个设备：复印机、打印机、传真机、装订机等（图4.17）。这些设备有着多种的款式和尺寸。因此在最终的平面图上，设计师要有每件设备的尺寸与目录清单以备使用或是要求业主提供最新的设备清单，以便为这些设备留出合适的空间。

其他设施

除了前面所提到的家具和设备以外，在设计项目中还有其他因素要考虑。有些业主会有拷贝台、绘图桌、衣服架、投影仪或幻灯机、电视和视频设备、收发室信件箱、欧姆计、回收箱等。设计师应该亲身走一遍业主项目所涉及的空间，去仔细观察和记录项目空间中所有明显的或不明显的细节特征。询问空间的相关信息，测量空间的尺寸数据，并拍照记录以便日后参考。考虑将来会运用在项目空间中各种设备，合理地将它们按功能安排分配到合适的空间是设计师的工作职责所在。

现有家具

所有的业主都会有些家具或设备是会在新的办公空间中继续使用的。这是因为，第一，如果每件东西都要买新的话，业主的花费会很高。第二，有些物品可能是最近才买的，业主希望能继续使用。第三，某些特别的物品对于业主来说具有特殊的感情意义。第四，要买的物品和现有的物品在外观和功能上相差无几，不需要再去购买新的了。而且，通过在项目中再使用现有物品，设计师还可以获得LEED（绿色能源与环境设计先锋奖）认证的荣誉。所以设计师应该确定可再利用的家具，评估这些家具，并为它们制订相应的设计方案。

家具档案库

每个设计公司和设计院都会保持一个家具档案目录以及相关家具的展示样品。每个制造商都会提供各自的家具目录，通常是一个三活页文件夹，内含说明书与价目表。最终的样品包括家具的漆面小样、木料小样或金属小样，8英寸×8英寸的织物图样或3英寸×3英寸织物样品、装饰线条小样、12英寸×12英寸的理石样品、4英寸×4英寸蚀刻玻璃样品、2英寸×3英寸的夹板色样等等。

当设计师对于家具或饰面样本熟悉时，家具档案库的信息与样本作为一个巨大的资源库，就能够帮助设计师结合这些资源形成初步的设计概念构思。一个家具档案库有助于工作人员通过展示板省时、省力、省钱地为项目提供相关家具产品及其样本。然而设计师要获得最为丰富的经验、概念和知识，要获得实际的操作方法，要获得完整的家具信息资源，最好的方式莫过于到家具陈列室亲自走走、摸摸、坐坐。

图4.17　中型落地复印机

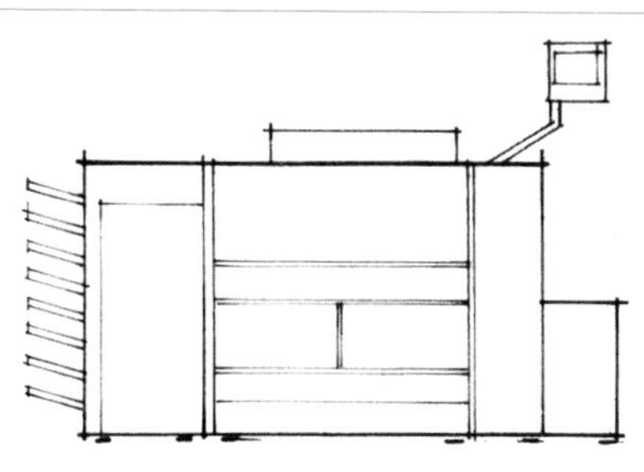

Box 4.1　LEED CI旧家具再利用要求

材料与资源篇

材料再利用——家具与陈设
条款3.2

目的
再利用旧建筑材料以及相关的产品的目的是在于减少对于建筑原材料的需求与浪费，从而减少原材料的生产、提取过程中对于环境的直接影响。

要求
回收再使用或翻新家具以及相关物件的比例需达到家具费用预算的百分之三十。

项目

参观附近的家具设计单位、家具市场、家具展厅，或者是咨询当地的家具制造商，并参观几条家具生产线。并对一两件家具的说明书进行分析。

1. 以书面方式具体记录某件家具，并描述该家具的视觉特点。
2. 就几个不同家具制造商生产的同类型产品——例如：行政办公桌、文件柜、餐桌——进行讨论，探讨它们的相同点和不同点。
3. 以1:8和1:4的比例绘制出家具的测绘草图。
4. 练习按比例手绘方案的能力，并要在客户面前多多使用。
5. 按比例手绘剖面图，这是向客户解释设计概念的另一个技巧。

5

活动与间距

人们需要干净而无阻碍的空间用于行走，用于开拉柜门和抽屉，用于坐在餐桌、写字桌或工作柜台旁，用于站在复印机和打印机旁；用于手推车推行以及用于搬运物体。而为充斥着各种工作隔间、工作空间的办公室留出一片开阔地来，为人们进行一些视觉的补偿也是件十分美好的事。活动空间，这种连接家具和办公设备的空间，存在于办公室中，出现于空间平面总图的布置需要中，这种空间是基于人们空间感受的需要，是基于行业的工业标准的需要，是基于制造商的产品服务介绍需要，也是基于各种规范的要求的需要。

建筑法规

在美国，尽管许多法规——如防火规范，建筑电气设计规范，建筑设备规范——管理着建筑与室内的设计、结构和建造，但在空间平面规划中，主要有两个重要方面的法规要考虑：相关的建筑法规和美国残疾人法。

建筑法规条例

控制和管理所有的地产，建筑，以及建筑构造的状况与维修；通过提供公共设施、设备的标准，以及其他必要的设备、条件的标准，以确保建筑结构安全、建筑卫生状况、建筑适于使用，和签发许可证。

在一些法规、条例中要求通过提供各种条件下的空间构建的指导方针，为在一定时间内使用、占有建筑的人提供健康、安全和福利(Box 5.1)。建筑规范不是一个美国国家联邦的法规，而是被联邦下各个政治实体（州，县，市，自治市）所采纳和使用的，并被国家联邦认可的建筑法规。各个政治实体可以选择去编写各自的建筑法规，也可以去采纳其他政治实体相关法规的部分或全部内容来组织编写自己的建筑法规。而这些编制的建筑法规在要点、栏目、章节以及正文上都彼此相似，甚至在许多具体条款上完全相同。在一些非常小的农村地区，这里的建筑建设可能没有采用建筑法规的规定，但每个地区的司法机关都要求这些建造行为必须遵循相关法规的指导。

尽管许多建筑法规要求成为了主导设计师设计的第二特性，但检查这些法规在当地所进行的设计项目中的执行情况是设计师的重要责任。特别是当某项项目的涉及范围超出了设计师的日常工作范围的时候，一些法规的要求就会变得非常细致了。例如，大多数法规允许办公室单元在房间面积低于某个平方英尺数时只有一个出入口，但这个房间的平方数值在州与州之间，在各部门与各部门之间的要求都是不同的，是变化着的。美国IBC（International Betta Congress）的规范条例中规定，办公室房间必须在面积小于5,000平方英尺的情况下才可以设置一个出入口。但在某个城市的具体项目中，该条例被调整为办公室房间必须在面积小于1 800平方英尺的情况下才可以设置一个出入口。这种对于建筑法规的先期研究可以节约工程项目大量的时间，消除麻烦，减少计划的修改次数，避免信誉受到损害。

Box 5.1

在2000年以前，美国有四种国家承认的建筑立法机构。每个机构都编写了自己的建筑法规，这些法规通常包含有许多彼此相同或相似的法律法规条文。在1997年，其中的三个机构联合编写了一部建筑法规即国际建筑设计规范（IBC）。联邦各州各地区开始实行这个新建筑法规或转向使用剩下的那一版建筑法规，否则他们就必须为自己来编写适合自己的建筑法规。

1. IBC　国际建筑设计规范
   首次于2000年制订并发布，以取代当时已有的建筑设计规范。
2. IRC　国际住宅规范
   产生于商业法规的住宅设计规范
3. UBC　统一的建筑设计规范
   主要使用于美国中西部地区，用于代替国际建筑设计规范
4. BOCA　建筑行业的监管机构与法规监管、执行机构
   主要使用于美国东北部、中部地区，用于代替国际建筑设计规范
5. SBC　美国南部建筑法规
   主要使用于美国南部部地区，用于代替国际建筑设计规范
6. NBC　加拿大国家建筑设计规范
   主要在加拿大使用

美国残疾人法案(ADA)

在1992年6月26日，由美国司法部制定的《美国残疾人法案》第三部分法律内容作为联邦法律开始生效。

该政策为实现美国残疾人法案第三部分法案，在公法的第101条至336条中，这些法案禁止在公共场所的任何个人有对残疾人的歧视行为，要求在所有新公共场所设施和商业设施的设计和建造中，要便于残疾人的获得与使用，并且需要检查相关专业和贸易的许可证、证书，目的在于方便残疾人能够获得便利。

这仅仅是美国残疾人法案的一部分法令要求，并且这些要求适用于所有的政府部门的实施与执行。通常，联邦政府认为，对于各个司法辖区可以依据自己期望的方式和自己期望的建筑法令来建造他们的建筑，只要建筑物被认为是安全的就行。然而涉及使用或进入大楼的任何内外空间部分的时候，联邦政府要求所有的建筑实体都必须符合美国残疾人法案所提供的标准，让所有人“容易”或容易使用建筑或建筑的一部分。例如，虽无需公用电话的需求，但大楼中还是要必须安装的，并且按照残疾人法案的要求，这些公用电话必须至少要有一部是能够正常运行的。

当建筑法规内容与残疾人法案的要求之间存在冲突时，或与其他法规同时使用在同一个项目上的时候，就以要求更为严格的法规为设计、建造之准绳。

活动空间的类型

根据IBC的定义，活动或活动路径是指：“一条供人们从一个地方到另一个地方的户外的或户内的通道。”虽然这个定义初始的解释似乎是指走廊、过道。当我们从一个更为广义的定义或观点来看，活动空间实际上还包括所有的开放地面，那种没有专门用途的房间，没有被某件物体，某件家具、设备、电器或其他物品所占据的实际地面面积的空间。毕竟，人们需要一个“通道”得以在一个房间内部穿越，从而可以从一件家具或设备到达另一件家具或设备那儿，可以从餐桌旁拉出椅子坐下，也可以站在复印机旁。

因此，活动空间有两种：一种是主要的人行通道，通常是出入口的构成部分（见第13章）；便于日常生活流程的便利通行空间。在作为出入口通道的周转空间时，每个建筑中通道的最小间隙要求和宽度要求以及残疾人法案中的相关要求都必须被满足。在其他的活动空间中，空间的面积是任意的，且这些偏差处于日常推荐的尺寸控制之下，设计者必须在最终的平面规划中保证这些空间的最终实现。

指定活动空间

活动空间的确定是由具体的数据要求以及实地的情况所共同决定的，要依据具体的空间状况和条件限制，并在根据行业所公认的或推荐的数值范围内进行调整。通常，活动空间纳入设计计划是出于两个方面的原因：首先，是作为家具本身或某个空间使用所需的面积百分比在具体项目中被考虑（见图E.9，35和图.12.6），其次是作为通道空间在整个空间总面积中所需占的百分比来考虑。这最后一点将在第12章进行探讨。在空间平面规划设计中，设计者将依据这些初始的空间面积数据作为出发点，然后进行必要的设计调整。

活动空间可以被规划于下列区域中：

- 步行空间
- 提供站立的空间
- 提供就坐的空间
- 开门和开拉抽屉所需空间
- 移动物体所需空间
- 剩余的或非寻常用途的空间

步行空间

在办公室的设置中，步行空间被称为过道而不是走廊。走廊被定义为相对封闭并带有可以开合的门的通道，这些通往各个房间或办公室的门沿墙布置（图5.1a）。而过道则是处于办公区之间、文件柜之间以及书架与书架之间等开放的步行通道（图5.1b）。无论设计师规划的是走廊、过道还是通道，建筑法规要求在最小宽度、高度、长度，光照等方面都把它们作为一个单元来对待；在安全入口，突出物，地面表面处理以及地面标高变化等方面建筑法规都进行了一些相关设计条件的说明。这些步行空间的宽度设计在平面规划设计中的具体情况将在本章后继

内容予以说明，而步行空间长度方面的设计内容将在第13章和14章的有关章节中予以说明。

建筑法规中走廊的最小宽度

一般来说，在商业办公空间中，走廊和过道最少需要44英寸的宽度。业主可能会希望如果可能走道和过道尽可能再宽一些，但在任何情况下，走廊和过道必须满足最少需要44英寸的宽度要求，或是符合其他占用组团的规定（Box 5.2）。

建筑法规对于最小走廊宽度规定的特别规定

尽管走廊通常必须达到法规规定的最小宽度，但许多法规也允许例外情况。在IBC中规定，当一个办公空间中的职员少于50人的时候（参见Box 5.2，例外第2点），或办公室面积小于5000平方英尺的时候（见表13.1单位面积与人员比），走廊宽度可以减少到36英寸，且这仍然被认为是符合建筑规范的。

在某些情况下，如过道的使用人数少于50人的时候（即使办公室所容纳的人员超过了50人），法规审核员在官方许可下也可能会批准允许工作组之间以及书架、存储柜之间的过道宽度减少到36英寸，这样做有利于小型的办公空间减少所需的总面积，特别是平面规划中包括了大量的工作组团或书架储物架的时候。当然按照官方的法规要求来设计规划平面是最好的方法。尽管如上案例不是特案，但由平面审核员在审核中来予以考虑批准最为合适。

走廊宽度规定

在每个空间平面规划设计中，设计者必须要常常问自己："这个走廊的最小尺寸是合适的么，是可行的么？或者再宽一些是否会更好看或更好用，并且更符合客户的预算和设计标准？"

在商业办公空间中，大多数的设计师将主要走廊设计成大约60英寸宽。但实际上是有许多利处来促使将主走廊的宽度设计成大于法规最小宽度标准的要求，这些利处包括有：

- 氛围：宽的走廊提供了一个更亲切的感觉；
- 实用：小汽车和其他可移动的东西可以在更为宽阔的走廊中自由移动；
- 开阔：一人携带着物品或两个人走在更宽的走廊会更舒适。

考虑到对于人的空间舒适性，我们可以看到44英寸宽的走廊并非是最好的和最适合的走廊宽度。两人并行的话，需要54英寸的通行宽度，即是比最小走廊宽度宽10英寸的通行宽度。如果是一个人抱着一堆文件或其他物品的话，就需要38英寸的通行空间，这几乎是人所需的最小通行宽度，如果走廊是这个宽度的话就几乎没有任何空间让另一个人可以通过了，除非两个人都侧着身子。因此，一个较宽的走廊更适合于容纳人们的各种行走行为。

对于透明可见的公司行政楼层，走廊的宽度常常更为宽大，达到7~9英尺宽。更宽的走廊带来了更为强烈的空间奢侈感。但对于普通的办公楼层来说，过于宽阔的走廊将被视为不切实际的和浪费的空间。

ADA法规中最小走廊宽度规定

一般的建筑法规中对于可见走廊的宽度确定是基于这么个出发点，即在任何一个时间点上该走廊最大使用人数。而ADA法规中对于走廊宽度的确定则是基于一个轮椅在走廊中行动所需的尺度。基于这种观念，ADA法规规定一个使用轮椅的残疾人所需的走廊宽度为36英寸(Box 5.3)。

规范间的冲突

当ADA 法规与地方法规之间出现冲突时，则以法规更为严格的那一方为准。在关于走廊设计的实际案例中，建筑法规要求的走廊最小宽度为44英寸，这个要求比ADA中规定的36英寸最小宽度要求更为严格，

Box 5.2　IBC建筑法规中对于过道、走廊最小尺寸规定：

1018.2 走廊宽度：走廊的最小宽度以走廊截面尺寸为依据1005.1mm，但不能小于44英寸（1118mm）

例外：
1. 24英寸 (610 mm)——用于电气设备间、机械设备间，或管道系统、设备等设备空间；
2. 36英寸（914mm）——用于容纳人数少于50人的空间；
3. 36英寸（914mm）——用于住宅单元中；
4. 72英寸（1829mm）——用于需要容纳100人以上工作组群之间的过道；
5. 72英寸（1829mm）——用于门诊区中的服务通道，便于运送不能自理病人的担架床的往来；
6. 96英寸 (2438 mm)—在需要搬运床的两个组群之间区域。

图5.1　平面图

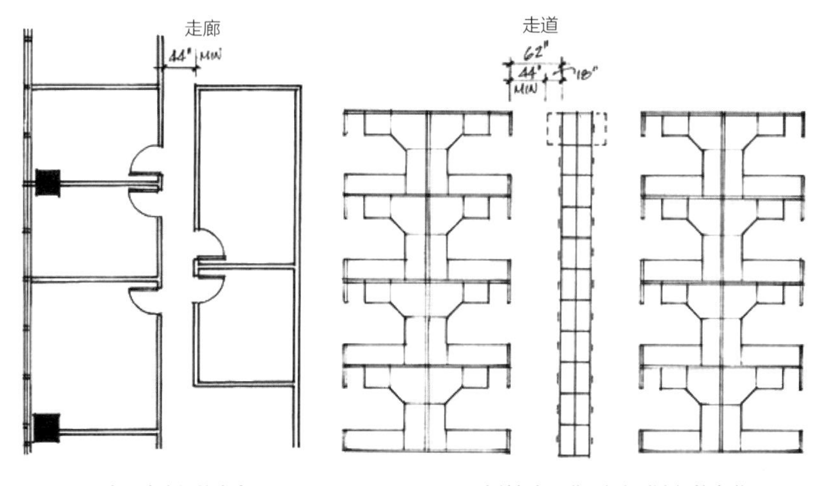

a、办公室之间的走廊　　b、文件柜与工作隔间组群之间的走道

图5.2　人体活动的空间尺寸

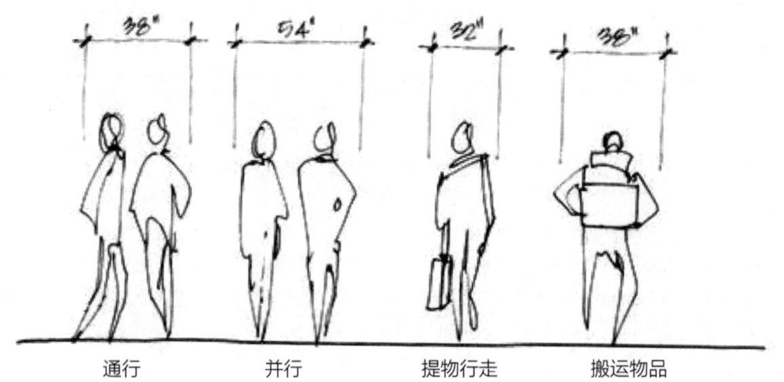

图5.3　平面图：各建筑法规以及ADA法规要求的走廊最小宽度

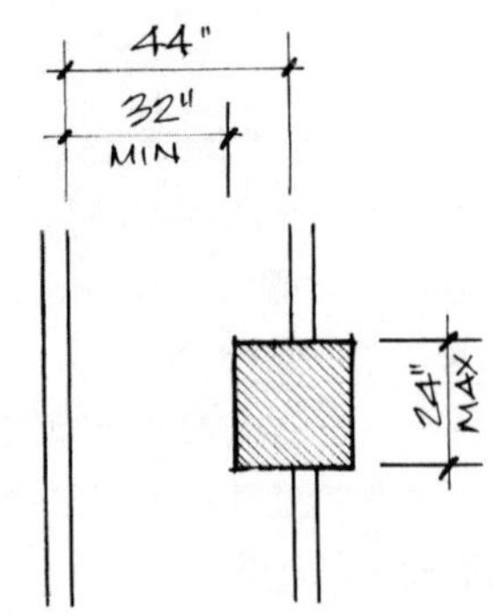

因而，这意味着这种情况下办公空间的走廊宽度设计必须符合44英寸的法规要求。然而在有一根柱子或其他突出物什么的出现在走廊或过道中的时候，则ADA法规就是此时更为严格的准则，因此设计者就可以在44英寸宽的通道中插入一个24英寸长，32英寸宽的通道（图5.3）。

开门与开拉抽屉所需空间

为了打开门和拉开抽屉，就必须有足够的地面净空空间在文件柜、储藏柜前面（图表5.1c），且使用者也需要在这些柜子前面有可供站立的操作空间。这就意味着设计者为这些地方必须考虑"双倍"的空间量。就这两个空间而言，也是可以作为对周边过道空间宽度的补充。对于一边排列着文件柜的过道来说，将过道总体宽度控制在80~86英寸的尺度上是较好的建议（表 5.1）。

双通道

当沿一条过道两侧排列文件柜的时候，即使使用最小宽度，两文件柜之间的通道宽度也要增加到116英寸或9英尺8英寸。这是一个很宽的过道。在需要较多文件柜的时候，大部分客户并不会乐意在空间中花费如此多的面积在过道上。

为了节省双人步行过道的地面面积，设计者在规划设计平面的时候可以考虑如下几种选择。首先，如果这些文件柜是摆放在资料室、档案室或者是陈列在开放的空间中，

Box 5.3　ADA规定的最小走廊宽度

4.2.1 轮椅通过所需宽度：单个轮椅通过的所需最小门宽为32英寸（815mm），最小走廊宽为36英寸（915mm）[见图1和24【E】

4.3.3 宽度：除门之外的走廊最小通过宽度为36英寸（915mm）……【见图4.13.5）

4.13.5 净宽：当门呈90度角打开时，门的最小净宽为32英寸（815mm），（见图24（A）、（B）、（C）和（D）】。门洞深度遵照第4.21和4.33条款，不得少于24英寸深……【见图24（E）】

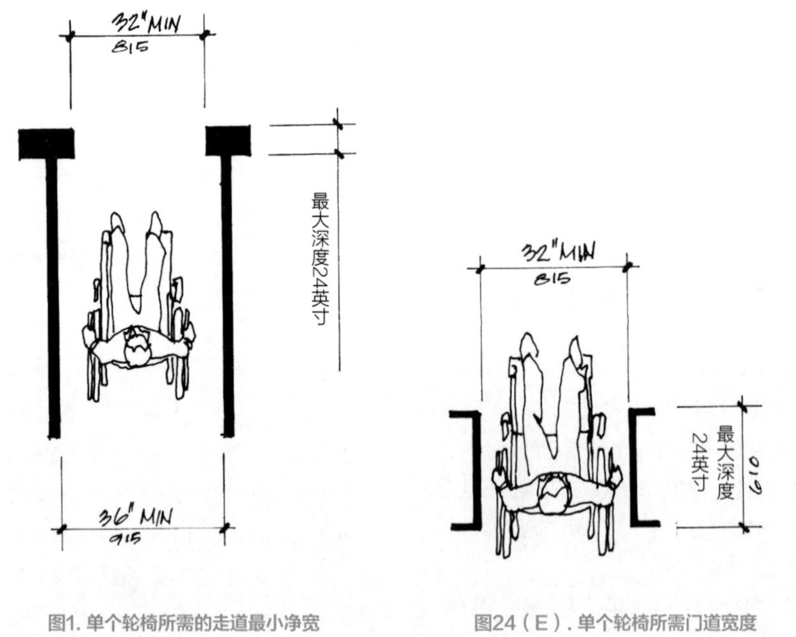

图1. 单个轮椅所需的走道最小净宽　　图24（E）. 单个轮椅所需门道宽度

图表5.1 活动空间范围

平面图

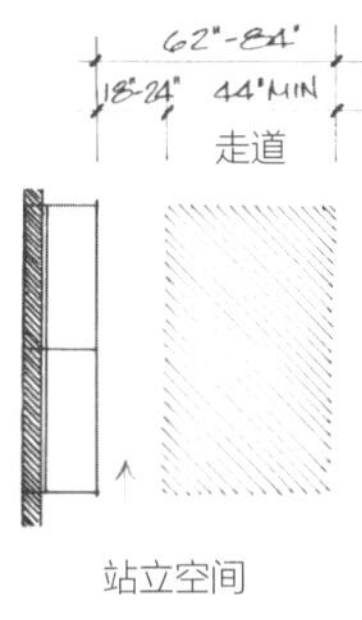

a. 走道边站立所需空间大小

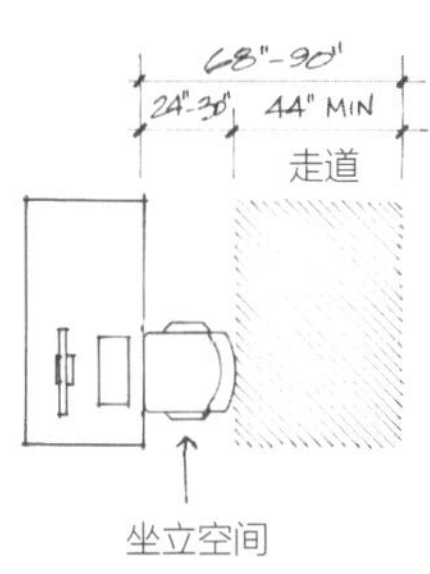

b. 走道边坐下所需空间大小

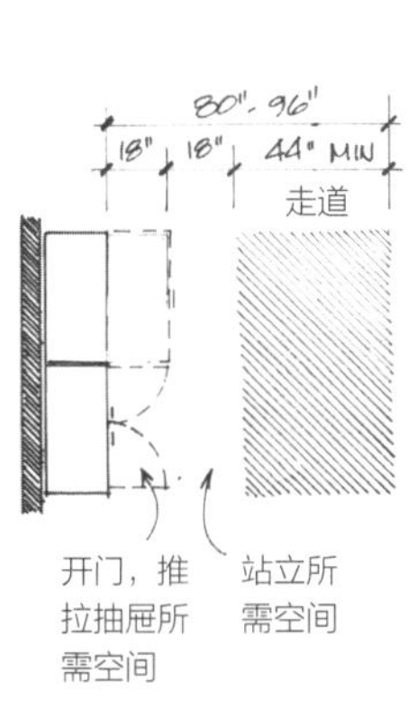

c. 走道边开门推拉抽屉所需空间大小

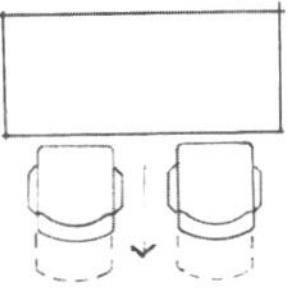

d. 在桌前前后移动椅子所需空间

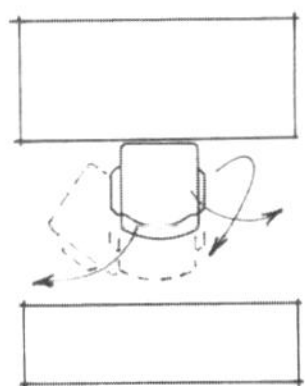

e. 椅子左右转向所需空间

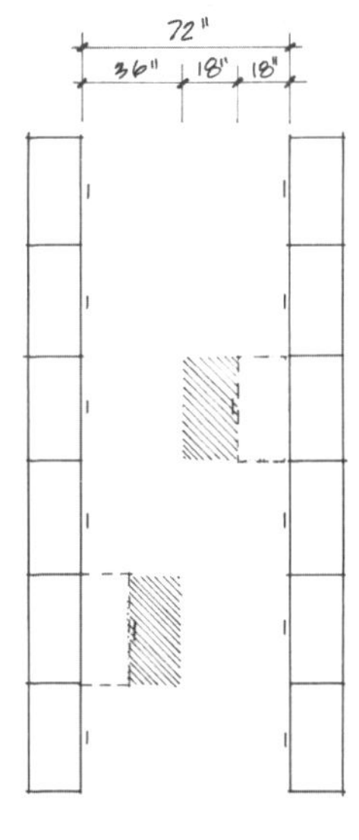

f. 多功能通道空间

Box 5.4　IBC建筑规范对于入口的规定

1003.3.3 水平投影面：在水平投影面上建筑结构元素以及灯具、家具等不得超出走道表面两侧4英寸（102mm），且离走道地面高度不得低于27英寸（686mm），高于80英寸（2032mm）。

1003.3.4 净宽：走道中的任何突出物体不得影响本法规第1104条对于走道宽度最小净尺寸的规定。

表5.1　走道上的站立空间，就坐空间，开门、推拉抽屉空间（in.英寸）

站立空间 沿走道方向							
	走道		单边		双边		总体 净尺寸
最小值	44 in.	+	18 in.			=	62 in.
	44 in.	+	18 in.	+	18 in.	=	80 in.
常用值	60 in.	+	18 in.			=	78 in.
	44 in.	+	24 in.			=	68 in.
就坐空间 公用走道工作空间							
	走道		单边		双边		总体 净尺寸
最小值	44 in.	+	24 in.			=	68 in.
	44 in.	+	24 in.	+	24 in.	=	92 in.
常用值	60 in.	+	30 in.			=	90 in.
	60 in.	+	24 in.	+	24 in.	=	108 in.
开门、推拉抽屉空间 柜架沿走道方向摆放							
	走道		单边		双边		总体 净尺寸
最小值	44 in.	+	18 in.	+	18 in.	=	80 in.
常用值	60 in.	+	18 in.	+	18 in.	=	96 in.

且这些空间日常少于50人通过时，就可以考虑将过道宽度减少为44英寸到36英寸之间（见Box 5.2）。

再则，同时打开在过道两侧相对文件柜的情况在日常工作中是较少的。因而，利用柜门或抽屉的所需开合空间来形成过道是可行的。当走到一边文件柜的抽屉拉出的时候，另一边文件柜拉出抽屉所需空间再加两边拉出抽屉所需的站立操作空间就构成了这个走道的最小尺寸。这样，文件柜间的过道总尺寸就可以减少到72英寸这个最小的值，也就可以余出不少空间来容纳其他东西（图表5.1f）。

移动物体所需空间

用于搬运椅子、媒体设备架、可移动文件柜、画架等物品的周转空间与普通地面空间的区别是比较难以分清的。对于柜门和抽屉这两种空间类型要考虑。设计师必须安排空间布局以容纳各种功能，并安排出合理数量的空间区域以方便搬运物品，或为它们留出余地。但合理的空间数值是多少呢？

一个“合理的数值”是取决于这些物品的使用方式。例如，办公桌旁的椅子主要是移入或移出桌底，以及移到桌前或桌面（图表5.1d）。而台柜旁的椅子则是沿着台柜摆放，或是围着台柜摆放（图表5.1e）。设计师可以通过对这些物品的使用类型和方式提出询问并做出回答，这些回答将会引导设计师寻找与决定适当的空间比例来安排活动所需的空间——这不会是次次都一样的数值，而是一个适合于当时、当地的使用者需要的数值。

剩余空间、不规则空间

建筑的形状和大小都是不同的，且客户的需求也是有很大不同的。客户的要求往往很少能与建筑的平面布局能够全然契合。建筑中肯定会有不寻常的或是剩余的空间出现，特别是如果建筑本身存在一定的倾斜角度造型或是有着螺旋似地面楼板的时候。当这些类型的区域成为整个交通活动空间一部分的时候，设计师就可以有许多如下的有效方式来对它们进行安排或利用：

- 更宽的过道或走廊
- 较大的房间或办公室
- 较大的工作区域
- 布置艺术品，构成情景空间安置，雕塑，或临时放置些椅子
- 布置成员工的聚会中心
- 重要的会议区
- 为受困于迷宫般走廊与办公间中的人们提供一个放松的“呼吸”空间。

当然对于这种在平面布局中的“额外”或“剩余”所进行的空间设计必须获得客户的认可才行，但这也为设计师提供了一个挑战自己创造性思维、空间布置能力和整体设计概念构思能力的绝好机会。

6

房间的围合以及典型私人办公室布局

通常在布置私人办公室和工作间的时候，设计师必须了解房间的围护结构（墙、地板和天花板），并且知道在其中的家具将起着怎样的用途。不像一些机构和行业——学校、会议中心、医院等——这些机构和行业的建筑规划、设计和建构都围绕着明确的计划和要求来进行的，这些都会有着特殊的房间要求和房间尺寸要求。在许多实际案例中，建筑内部的的平面功能规划、布置关系与办公建筑有如果核和果壳的关系一般，内部的平面规划、布置总需要被调整来适合于该建筑的本身形态。设计师需要了解建筑本身会如何影响内部房间的布置方式与尺寸，并且明了隔墙的的内部构造和细节以及这些隔墙如何围合形成封闭的房间。

建筑

由于个人办公室和其他房间多沿着靠窗的外墙布置，所以这些房间的宽度多为建筑的结构所决定。很多写字楼都采用钢结构或带连续窗的混凝土框架结构建造，尽管这些窗户从远处看是一体的，但它们实际上是由预装竖向窗框和玻璃面板单位构成的，并连接到建筑物的结构框架上，形成一个非承重外墙皮，这被称为幕墙。

除了其他一般的材料，如：槽拱板、金属面板、石材饰面板、百叶窗、可开窗户和通风口以外，玻璃是建筑幕墙立面最为流行的元素。这些材料往往对建筑物的水平或垂直视觉效果带来影响。

其他的一些办公建筑则会有着由承重墙构成的结实建筑外立面，承重墙的用材范围从轻质商用的2×4木框架，到任何类型的砌体墙，这些砌体包括实心砖、砖贴面、混凝土、混凝土砌块等（CMU）。门洞与窗洞就开在这些坚固的外墙上，或是有规律的分布，或是按需要开出门窗洞。

幕墙和砌体墙的平面图和剖面图在设计上彼此是有着很大的不同的。因此在绘制标准的平面布局图或建筑楼层布置图的时候，设计师必须明确建筑的结构，以便绘制出准确无误的图纸文件（图6.1a~c）。幕墙的厚度一般为4英寸，但通常幕墙的厚度可以在6~12英寸之间变动。砌体墙的标准厚度在8~14英寸。幕墙的玻璃可以居中安装或偏前、偏后安装在窗棂和窗框上，并因此而提供一个较窄的或较深的窗台。

图6.1 平面细节大样图

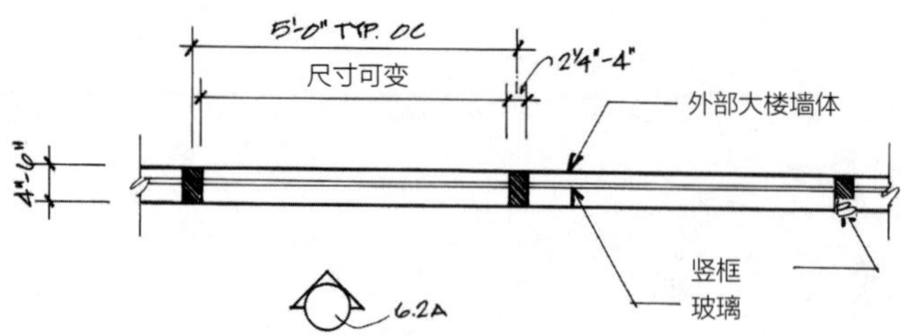

a. 从地面到天花的幕墙玻璃和楹框单元

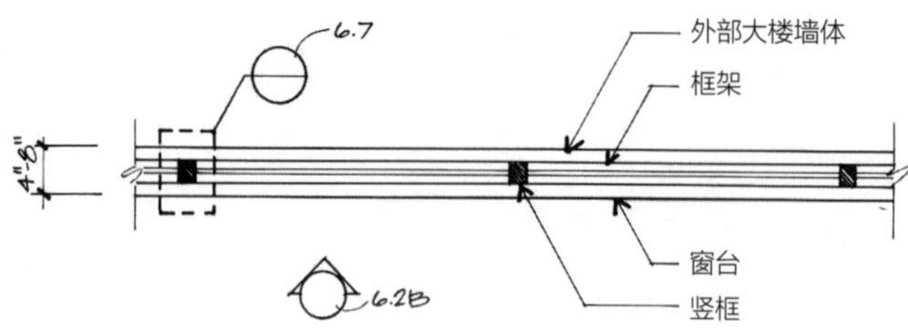

b. 立在墙裙上的幕墙玻璃和楹框单元

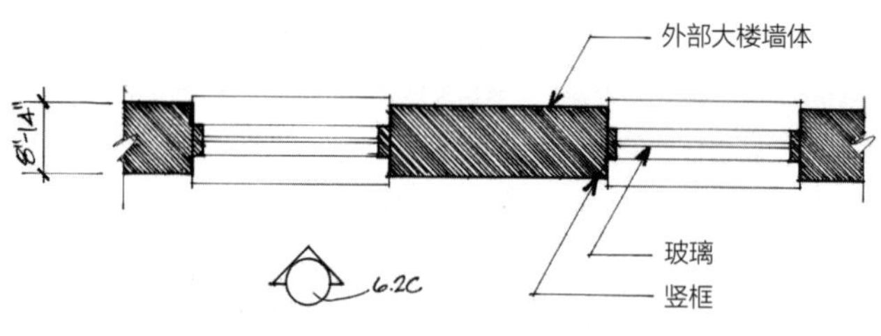

c. 安装在硬质墙体"孔洞"间的玻璃窗

幕墙立面

从建筑内部观察，幕墙可以在地板与天花之间提供一个连续不断的落地窗（图6.2a），或提供一个沿着地面向上而连续形成的玻璃墙裙（图6.2b）。

对于建筑的各种细节做了详细了解，这就有助于在准确的建筑外墙尺寸基础上绘制出平面图。如果设计师对于建筑及其相关细节不了解的话，就需要借助建筑剖面图或平面图了（图6.1b）。无论幕墙的风格样式是如何的，幕墙的框架都基本是2.5~4英寸宽，4~6英寸深的尺寸。窗户的玻璃通常是双层玻璃，大约1英寸厚。8英寸的厚度则十分适合于常见幕墙深度。

玻璃与框架宽度

许多玻璃幕墙建筑使用的是一种中间带有一块30英寸或60英寸宽玻璃的可装配窗框单元（OC体系）。这就意味着窗框竖框中线与窗框竖框中线之间的间距尺寸为5英尺。因此，两窗框之间的玻璃宽度尺寸就要在4'-8"（4英尺8英寸）到4'-9.5"（4英尺9.5英寸）之间，而整个幕墙装配单元的宽度就在5'-2½"（5英尺2英寸）到5'-4"（5英尺4英寸）之间，具体的尺寸取决于窗框的具体要求或制造商的能力。因此，由于这些微差，幕墙窗框竖框中心线到下一个竖框中心线之间的尺寸就被要求一致，也就是常见的 5'-0"（OC体系）。

窗户宽度种类

尽管5'-0"OC体系是玻璃幕墙最为常用的单元装配体系，但不是唯一的玻璃幕墙体系。其他常用的OC体系还包括：4'-9"OC体系，4'-6"OC体系，4'-0"OC体系等。对于通常的私人办公室来说，用4'-9"OC体系的玻璃幕墙来代替5'-0"OC体系的玻璃幕墙是不必要的，因为一个房间往往需要占据两个幕墙装配单位，这就是说 9'-6的OC幕墙在尺寸上只比 "10'-0"的OC幕墙减少了了6"的宽度而已。但通常4'-6"OC体系的玻璃幕墙却可以用于替代5'-0"OC体系的玻璃幕墙，这是因为这样可以形成一个9'-0"OC体系下的的房间开间尺寸。所以，无论如何，设计师都必须对狭窄的房间家具布置关系多加检查。为了保证一个必要的房间开间尺寸，就可能需要用较小的办公桌来代替大办公桌，甚至要准备好一个房间的备选布局方案。

在另一方面，使用两个4'-0"的幕墙玻璃OC体系可以构成一个开间宽度达8'-0"的房间。这个尺寸对于一个办公室来说就狭小了，往往不被客户所接受。在实际案例中，往往要用到三个这样的幕墙窗框来构成一个开间宽度为12'-0"的房间。这个宽度并不适合作为典型的办公室布局在本章的后面讨论。在出现这种状况的时候，设计师应该和客户进行沟通，确认是否真的需要这样开间系统的空间布局。

绘制幕墙长度

为了便于绘制出正确的幕墙窗的尺寸和平面图，这有一个基本的规则，幕墙窗户的绘制应该按照5'-0"的单元宽度或按照窗框中心线的间距来进行，而不是按单个的幕墙窗框部件尺寸来绘制：窗框、镶嵌期间的玻璃、窗框、镶嵌期间的玻璃等。假想画一个幕墙玻璃的局部，它带有五个竖窗框，窗框间有幕墙玻璃。如果幕墙玻璃采用的是5'-0"的OC幕墙玻璃体系，那么整个绘制的幕墙玻璃部件尺寸将达到20'-2½"。即便是使用CAD软件来绘制的话，假设设计师绘制的是一个2.5"竖窗框，一块 4'-9.5"的幕墙玻璃，再一个2.5"竖窗框、再一块4'-9½"的幕墙玻璃，再一个2½"竖窗框，如此下

图6.2 立面图

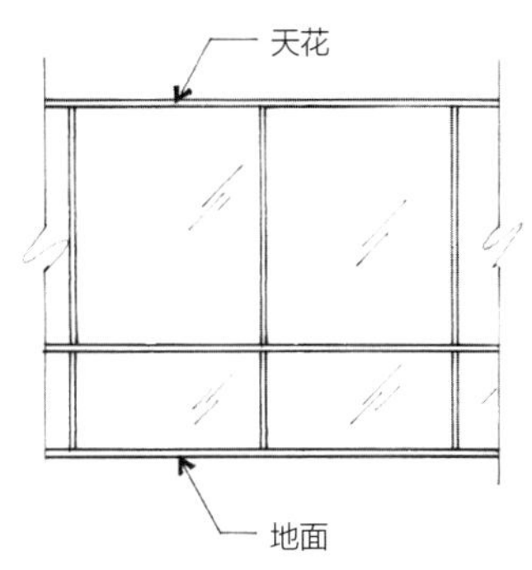

a. 从地面到天花的玻璃幕墙

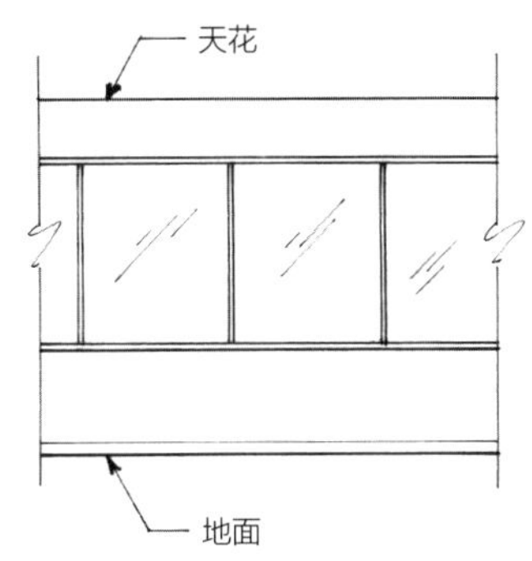

b. 安在墙裙上的连续玻璃幕墙

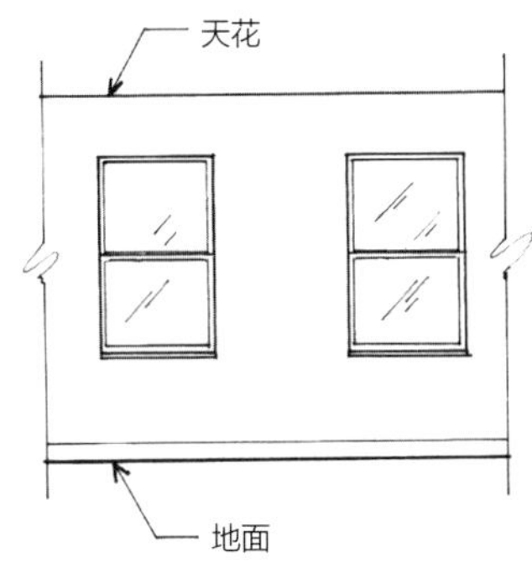

c. 安在硬质墙体"孔洞"间的玻璃窗

去。这样会很容易发生局部部件尺寸的"蠕变"，从而导致整体尺寸变大或变小（图6.3a）。这样下去，不久，一个20'-2.5"玻璃幕墙，它的整体尺寸将会在图面上变成20'-4½"或更大、更小。

当将幕墙单元作为一个整体而非单个局部构件来考察绘制的时候，图纸将变得精确得多，即使某些局部的部件出现细微的微差而变得比实际部件大一些或小一些。由于手绘图纸不需要改变比例，设计师在绘制总的幕墙玻璃窗框时，应该按窗框的总长度每隔5'-0"就做一个记号，然后依据记号绘制出窗框。即使绘制的窗框尺寸与记号之间出现些许微差，比如比实际尺寸大了或小了2.5"，这种微差对于整体的窗框尺寸来说是无伤大碍的，整个玻璃幕墙窗框的整体尺寸依旧会是20'-2.5"（图6.3b）。在使用CAD绘图的情况下，设计师可以先画一个窗框，再以这个窗框为单元，运行拷贝命令，并输入准确的数值，就可以得到一个精确的整个幕墙窗户尺寸了。

图6.3 平面图

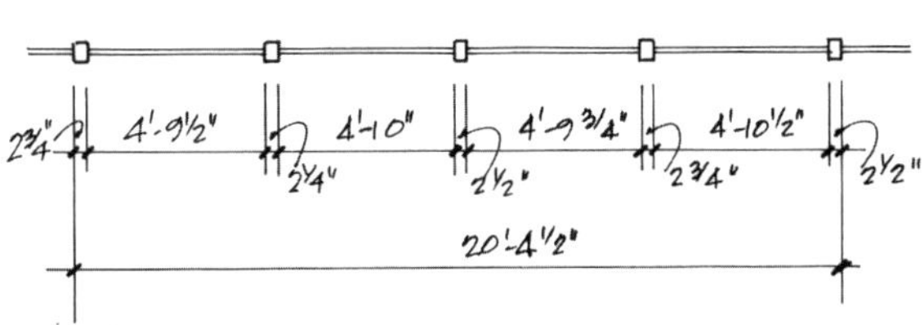

a. 单个绘制均分尺寸时的尺寸"蠕变"

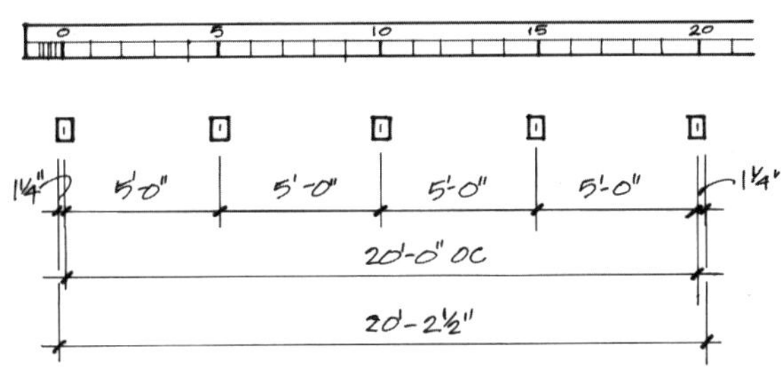

b. 从整体出发绘制均分尺寸可以较好地保证尺寸的精度

外柱与内柱

幕墙建造会对柱子进行整体布置，这包括周边的外柱和建筑内部的内柱。柱子可以是正方形的横截面，尺寸大小为12"×12"，也可以是矩形横截面，大小为30"×36"左右。设计师无权对柱子的布置、数目和柱子尺寸做出决定（尽管许多情况下一个设计师可能会抱着玩笑的，或无意间疏忽的原因在图纸上去掉或者漏掉一些柱子，但这些小动作对实际的工程其实没有什么实际影响）。柱子就待在它们应待在的地方，设计师要做的就是在具体的设计方案中综合地考虑这些柱子、利用这些柱子，以达到实现最好的空间方案。

依据建筑设计师确定的柱网结构，在建筑师使用一个确定的连续模度来控制整个大楼时，靠近柱子的幕墙玻璃尺寸可能会比其他的位置的幕墙玻璃尺寸要小（图6.4a）。而建筑师为了保持所有幕墙玻璃窗尺寸的一致，就会使用一个不连续的模度来调整整个大楼的平面关系（图6.4b）。这样就会出现一些标准间的尺寸会大于或小于其他的标准间尺寸。许多设计公司使用建筑模度来保证建筑空间尺度的一致，而一些设计公司使用建筑模度仅仅是为了便利。这样就会出现一些偏差在模度和设计要求彼此融合得不是十分好的时候。

固体的外墙立面

在固体的立面的建筑上，依据建筑设计师的设计，窗户可以有着任意的尺寸和数量。尽管窗户的尺寸通常与所在的建筑楼板需要相适配，但各楼层间窗户从宽度、高度到数目都是可以变化的。楼板地面到天花之间的空间可以使用实体表面墙来构成建筑的外立面，尽管大多数情况下玻璃幕墙使用得最多。

图6.4 平面图

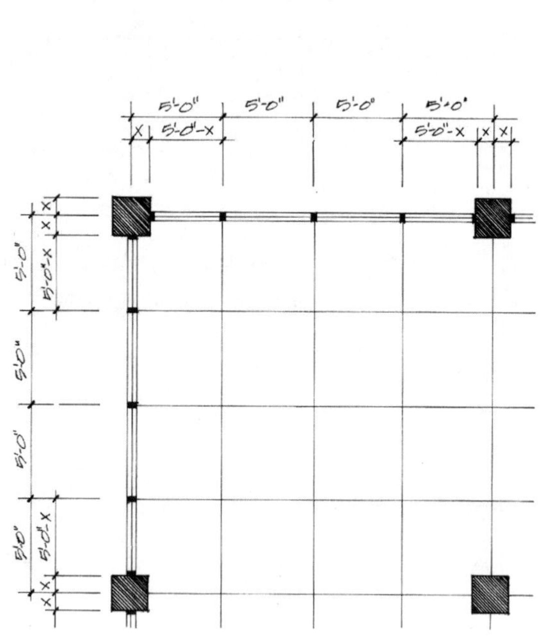

a. 以同样的建筑模度连续布置柱网

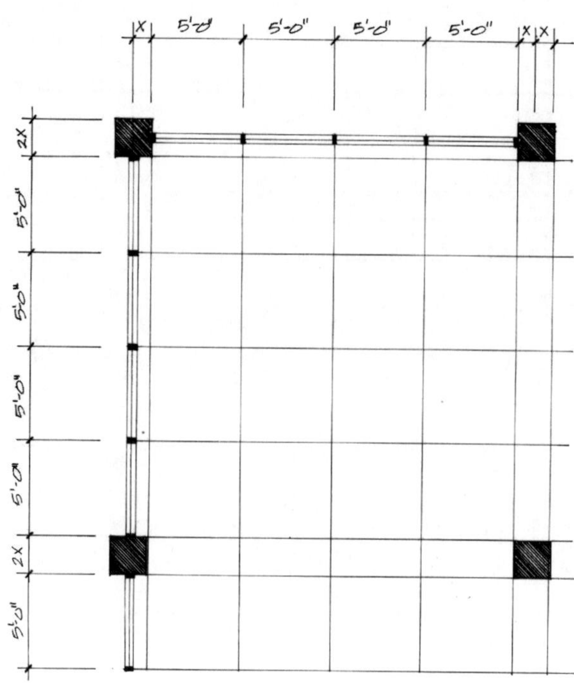

b. 用可调整的建筑模度布置柱网

封闭的办公空间

通常封闭的办公空间多由六个面——左右墙面，前后墙面，地板和天花——一种包括四周墙壁的布局所构成（见图6.5）。在房间的平面布局示意上，偶尔地面的铺设或拱形天花会在表现的平面图上暗示出来，但对于平面布局的重点还是在于房间的尺寸、功能和家具布置上面。天花和地面的样式并不会在平面图上表现出来。

以背景墙为分隔

当私人办公间沿窗户或周边外墙进行布置的时候，这堵墙就被认为是这个办公间的背景墙。背景墙的宽度取决于墙的边长，取决于建筑外墙窗框的开间或是取决于设计师在设计玻璃幕墙时的设想。

对于背景墙在室内的布置位置来说，背景墙可能由标准的石膏板所构成。从技术层面来说，由玻璃幕墙所构成的背景墙也可能由于没有窗框的限制而是任何的宽度尺寸，虽然在许多玻璃幕墙建筑中，室内办公室的宽度基于标准窗框的开间尺寸逐渐趋于规范化。

图6.5 典型的个人办公室平面布置图

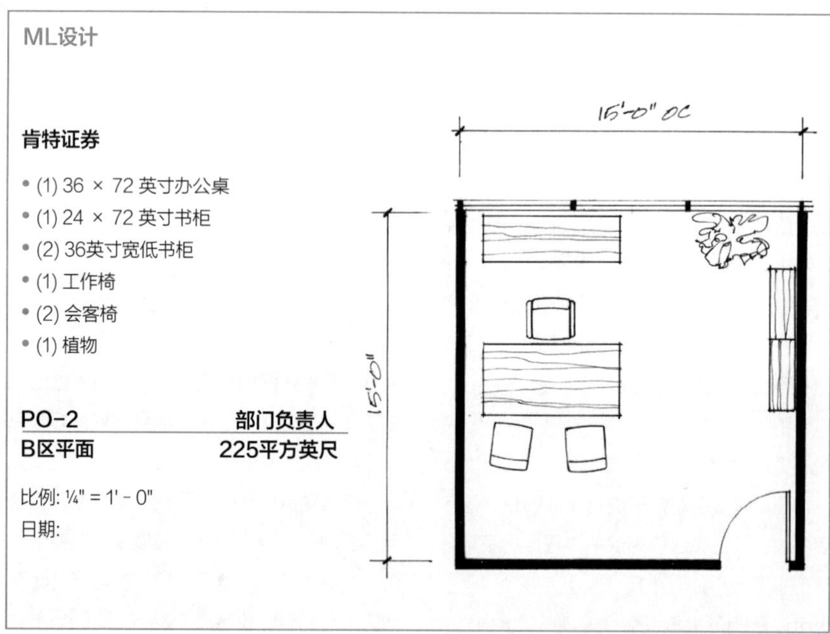

图6.6 平面图

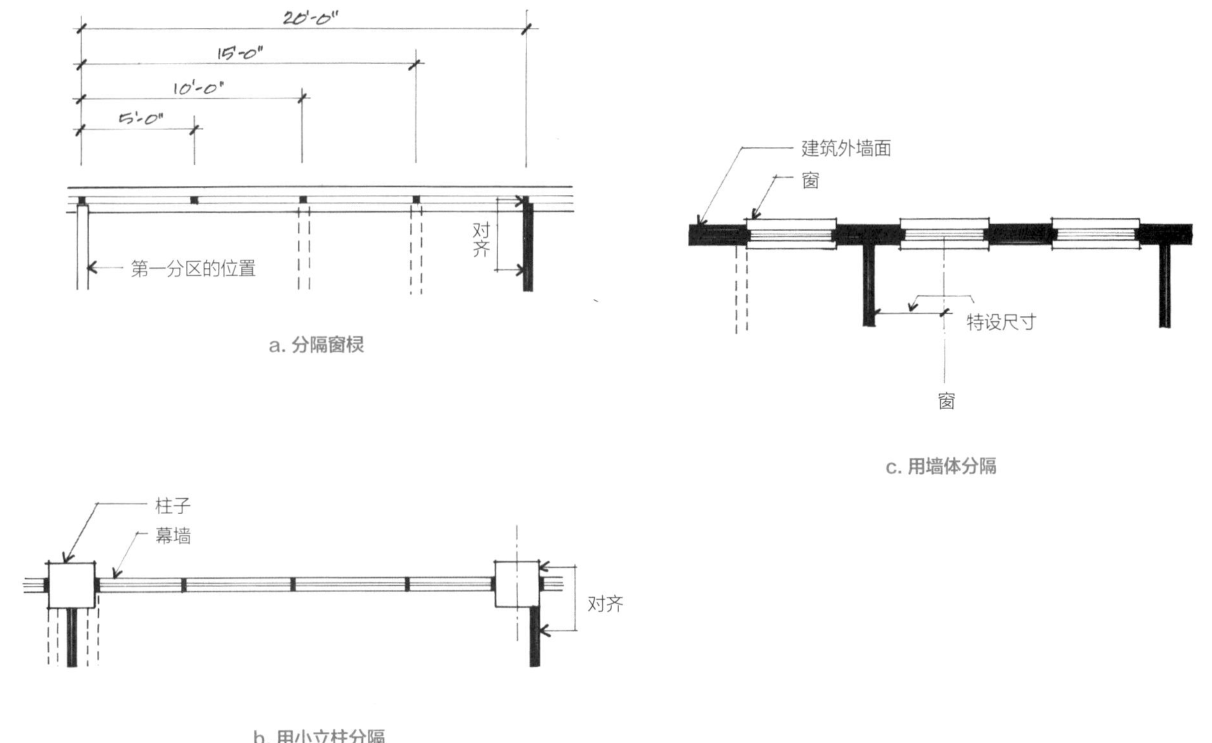

a. 分隔窗棂

c. 用墙体分隔

b. 用小立柱分隔

侧面墙

除了极少数的例子以外，作为隔墙，侧面墙并不与玻璃直接连接。侧面墙作为隔墙与隔墙的连接，往往与外墙的某一部分衔接在一起，或是与幕墙玻璃框连接在一起，而不是与玻璃本身连接在一起。

以窗框为分隔

在绘制玻璃幕墙和窗框的时候，设计师可以从窗框开始延伸出隔墙来分隔各个区域以营造出一个个办公间。在基于第一个玻璃窗框的基础上创建第一个隔墙，第二个隔墙就被安置在下一个窗框的位置上，反复这个过程。隔墙尺寸基于所需的房间大小需求。几乎很少有5英尺开间宽度的房间会被客户所接受，因此合乎逻辑的方式就是这个隔墙到下一个隔墙间的开间至少有两个幕墙玻璃窗框，以实现一个最小尺寸为10英尺的幕墙玻璃结构体系，或两个幕墙玻璃单元开间尺寸的房间（见图6.6a）。在使用5英尺OC幕墙玻璃体系的时候，所分隔出的房间开间尺寸就会是5英尺的倍数关系，如10英尺、15英尺、20英尺等。

以立柱为分隔

隔墙可以以柱子的任意一面为基点开始，也可以以带幕墙玻璃窗框的柱子柱面为基点开始（见图6.6b）。隔墙的确切位置对于隔墙两侧的房间的开间是有影响的，这点有利于在房间的平面布置时需要大一点开间的办公间布置。

以实体外墙为分隔

在实体外墙的建筑中，基于外墙，空间的平面分区可以从外墙的任何一点开始进行分隔。这样每个办公空间尺寸和开间都可能不一样。然而，基于企业的人员结构和行政运行方式的具体状况，最好确定和规范好几种办公空间的尺度模式，然后在平面规划中尽可能地使用这几种尺度。

垂直隔墙的连接

在玻璃幕墙墙体的建筑中，石膏板构筑的侧边隔墙常与玻璃幕墙连接在一起形成垂直隔墙。在隔墙细节的处理上，有一个独特的细节是关于隔墙之间的连接框架的。首先，隔墙的宽度会比幕墙玻璃窗框宽（图6.7）。其次，由于作为建筑的外墙围护结构，隔墙与之间的连接玻璃幕墙窗框不允许使用任何螺钉。因此，螺钉只能在地板与隔墙之间起着连接作用，并用填充剂填充钉子与窗框之间的缝隙。最后，如果在窗户或玻璃窗框单元下需要有一段墙裙的话，那么就需要填充隔墙材料以连接幕墙窗框之间的高低缝隙。

面墙

面墙是平行于外窗的或沿走廊延伸的室内隔墙。在大多数办公空间中，房间的房门就开设在面墙上。面墙的位置或与之相关的房间深度的决定因素是多种多样的。有一些面墙的位置是由室内设计师所决定的，而有些则是由建筑设计师所决定的。其中相关的因素主要有下列：

- 家具的布置方式
- 家具的数量
- 客户的要求
- 建筑的模度（柱网的布置方式）
- 整体的地面布局
- 门的位置

• 隔墙到空间中心位置的距离。

对于任何房间的四面围墙来说，面墙为设计师提供了一个极好的机会去创造一些独特的风格样式。面墙和侧面墙一样也可以是由标准石膏板来建造。在建筑内部的办公空间中，房间的面墙常常是由整块或部分的玻璃隔断所构成。这些隔墙也可以是框架结构或非框架结构的，或是将侧灯安装在门旁侧的隔墙上。有时隔墙的造型也会是倾斜的、成角度的布置，或是离开天花一段距离。许多家具制造商会提供全高度的家具面板材料，使得家具在空间中看上去是建筑结构的一部分而不是个独立在那的家具(见图7.7b)。在面墙上其他常用的材料则还有金属材料，丙烯酸材料，甚至是织物或米纸。

门

门为封闭的办公室提供了一个进入其内部的通道。除了建筑的出入口以外，房间的

图6.7 大样节点：分隔的窗框

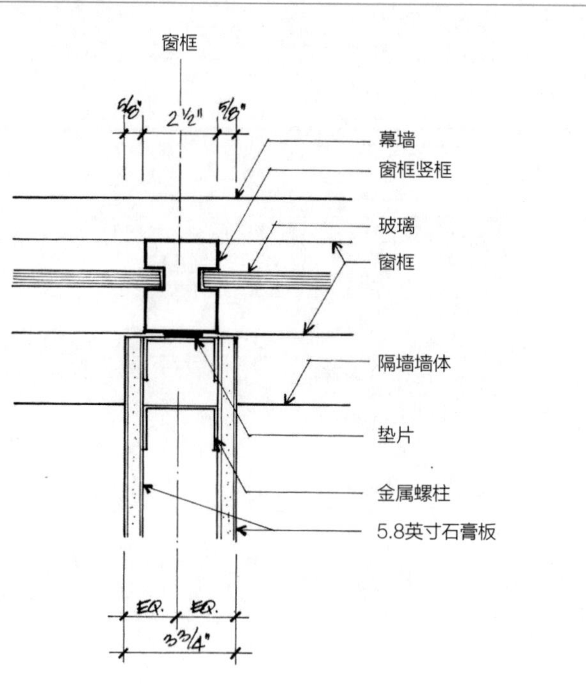

图6.8 平面大样

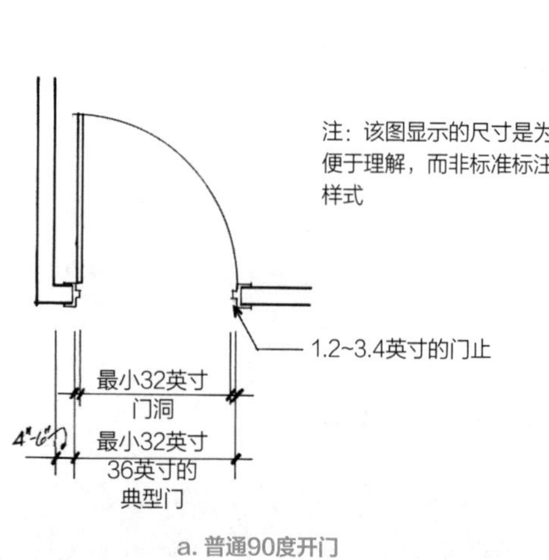

a. 普通90度开门

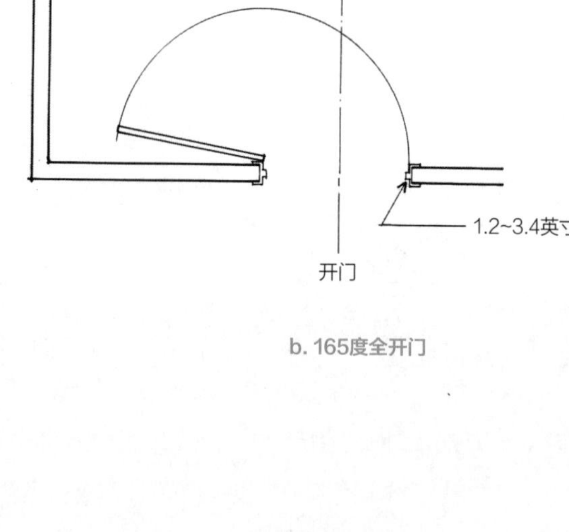

b. 165度全开门

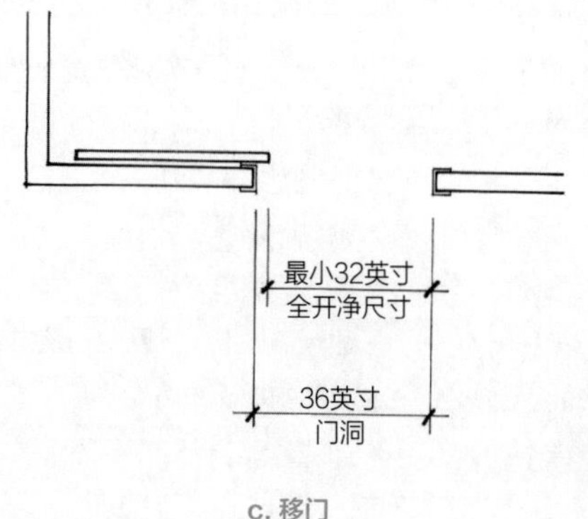

c. 移门

门开启方向必须符合相关法规规定的出入方向（见Box 13.10）。大多数带铰链的推拉门为进入房间而设。所有的门都要求在最小尺寸上要达到32英寸(见Box 5.3)，这也就使得在实际项目中，门的最小尺寸通常在33~34英寸之间，即在门框的两侧会各有½英寸的调节尺度（图6.8a）。

在许多ADA法规实施前建造的老建筑和建筑内部中，设计师常常会发现多种多样尺寸的门。随着ADA法规的实施，市场上的门开始被调节到36英寸这个标准的宽度上来，但在某些紧张的情况下，门宽度可以压缩到34英寸，甚至是32英寸。

通常情况下，大部分的家具尺寸以英寸来作为测量单位，而建筑则以英尺和英寸来作为建筑测量单位。一般一个尺寸为3'-0"的门在口语中被称为“三零门”。但3'-0"(即2'-6") 的柜门则往往被称为“二六门”。

门的位置

门在平面图上以及在实际现场安装中，往往在离最近的墙角距离为4~6英寸的位置上。这是个大概的尺寸，因为很少有人去在图纸上或在现场上做出准确的测量，且这个大致尺寸也是往往被设计师和制造商所确定。一般来说不需要在门的尺寸上过分精确，除非某些特殊的原因，比如说，需要个普通的门框（比如说6英寸宽）的宽度变成8~10英寸宽门框宽度，或一个门处于屋角这样的地方。在测量门的时候，从门洞的中间位置开始测量是明智的，这优于从门的两侧开始测量，这样可以减少门套、门框、门板、门止口以及门边缘等尺寸的测量混乱（图6.8b）。

开门所需空间

为了便于人们打开门，在门前需要有空间存在以便于控制门板推开或合上。在ADA法规的要求中，这个门前空间的大小取决于门板的推拉开合方式以及门的朝向（Box 6.1）。

通常，设计师要为门的前后提供一个60平方英寸的空间。这其中包括在门打开的口子旁侧需要24英寸宽的空间，把门关

BOX 6.1　ADA建筑法规关于门周边余留空间的尺寸规定

4.13.6：门周边余留空间：非自动的或电动门的最小门前活动空间应该显示为……在活动范围内的地面必须平整且无任何障碍物。

a. 门的前方——推拉门

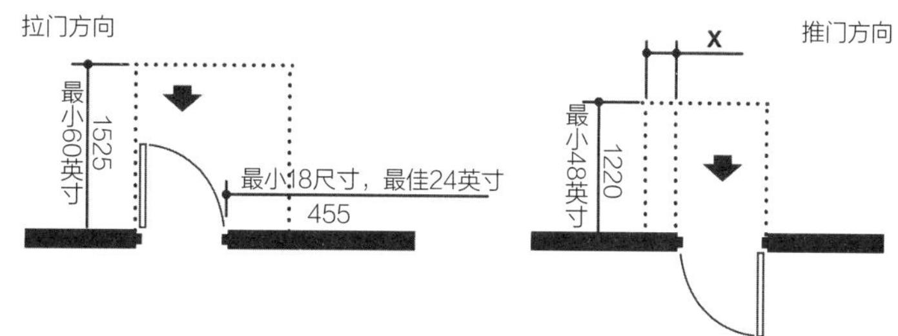

注：门关上时，X=12in（305mm）

b. 门的铰链方向位置——推拉门

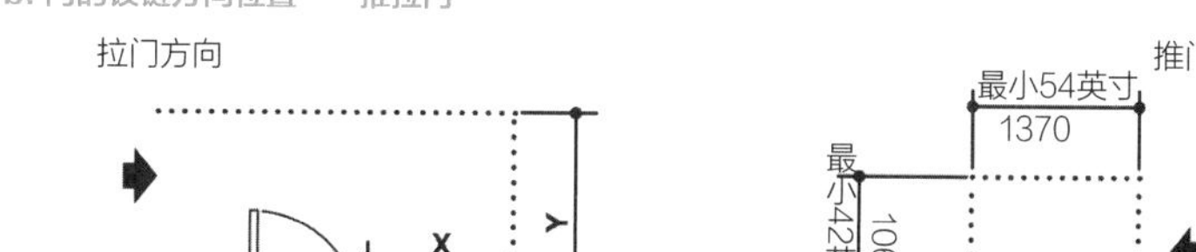

注：X最小值=36in（915mm）时，y=60in（1525mm），
X最小值=42in（1065mm）时，y=54in（1370mm）

注：门关上时，
y最小值=48in（1220mm）

c. 门锁方向位置——推拉门

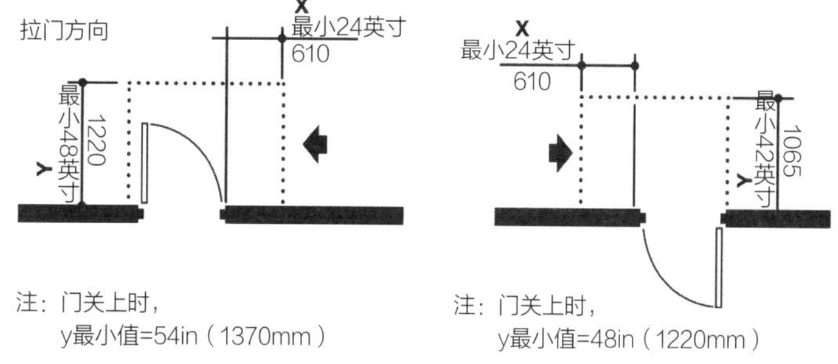

注：门关上时，
y最小值=54in（1370mm）

注：门关上时，
y最小值=48in（1220mm）

注：如果门处于较深的门洞之中时，门前余留空间要完全按照上述的尺寸来设置

d. 门前位置——移门与折叠门　　e. 门的滑动方向——移门与折叠门

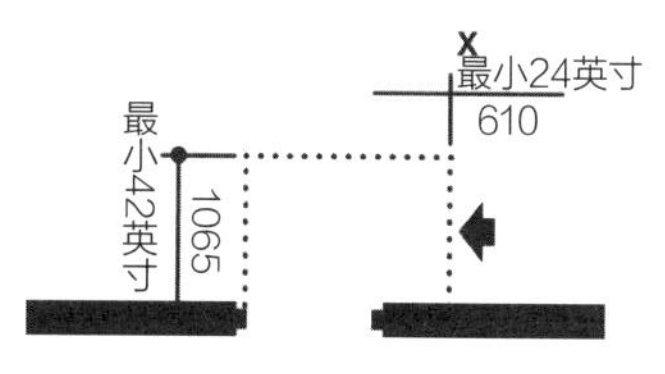

f. 门关闭方向——移门与折叠门

上的一侧需要18英寸宽空间，以及把门推开一侧所需的12英寸宽空间。当门旁侧的24英寸宽的空间无法实现的时候，门关上的这侧空间就要从18英寸宽加大为24英寸宽。所有的门都必须满足所需开门空间的要求。

移门

为了节省空间，设计师会建议客户使用移门来代替铰链门。特别是办公室的面墙是用家具面板材料来建造的时候。许多制造商会提供家具面板材料制造的墙体，也会提供可以悬挂在这些墙体上的移门。移门可以减少开闭门时所需的操作空间，特别是在房间内部这一侧，只需60~42英寸宽的空间就可以了。

移门的门洞宽度在法规要求上需要达到32英寸宽，由于门板要比门洞宽出3~4英寸来安装门把手，所以门板的宽度往往在37~38英寸宽之间。

门的图示

铰链门通常以90度开门的状态在图面上表示出来，尽管现实情况中，门的打开角度在105度左右。当一扇门处于房间角落有一段距离，且门打开时门板能够靠上侧面墙的时候，这个门往往被绘制成以165度角打开的式样（图6.8b）。在这种情况下，门的位置必须被标示出来。对于在日常状态中处于关闭位置的壁柜柜门以及其他类似的门，在图面上，往往以打开25度到30度的方式绘制（见图9.7a）。

在手绘图纸中，门常常用⅛英寸的粗线绘制，用¼英寸的双线封闭线条的两端。由于今天图纸的绘制是用电脑来进行的，门的绘制符号为双线样式，这样便可以适应较大的绘图比例，也适合于较小的绘图比例。门的绘制符号中还包括有一条暗示门板开合的轨迹线。这条轨迹线通常用虚线来绘制。在绘图中，虚线的线头可以延伸出门板，但门板端头不可以超出于开门轨迹虚线。

隔墙构造

在大部分平面图，特别是在施工图中，隔墙是用双实线来绘制的（见图3.1）。然而在典型的平面图和方案示意图中，通常墙体已绘制标示在图纸上（见图6.5）。在这两种情况下，墙应该在基于材料尺寸和截面构造的基础上，绘制出合适的墙体厚度。

隔墙剖面

办公室室内隔墙通常用两种材料建造，龙骨和石膏板。隔墙用的龙骨可以是木龙骨也可以是轻钢龙骨。一般来说木龙骨用于居住空间的墙体结构，而轻钢龙骨用于商业空间中的隔墙墙体。使用木龙骨隔墙剖面与使用轻钢龙骨隔墙剖面这两种墙体系统看起来彼此相似，仅仅是在完成的墙体厚度上有所区别，使用轻钢龙骨的隔墙往往要多厚出一些，这个多出的厚度通常是3¾或4⅞英寸。

木龙骨

木龙骨和其他木材的分类是以普通尺寸来进行登记的，如2 × 4的木龙骨或1 × 6的木板。普通尺寸，是指木材从原木上锯解后的初始尺寸。然后初次锯解后的木料经过刨平后获得了最终的材料尺寸，因此木材的真实尺寸是要略小于木材材料目录登记册上的尺寸的。木材在出售的时候是按照8、10、14和16英尺的长度来进行的。木板、木材有着多种的尺寸，但2 × 4英寸的规格是木龙骨最常见的尺寸（表 6.1）。

轻钢龙骨

轻钢龙骨，也是按照8、10、14和16英尺的长度来进行销售的，并且在龙骨的顶、底部位用机器预先开出孔洞，以备管线和其他结构、部件得以通过这些孔洞和隔墙内部。和木龙骨一样，轻钢龙骨也有着多种尺寸，但轻钢龙骨的尺寸都是真实尺寸（表6.1）

由于地区的差异、天花板的高度、建筑的类型以及建筑师或建筑业主的喜好等，龙骨尺寸和干式隔墙厚度都会有所不同。如果天花的高度为9英尺，那么使用2½英寸的龙骨就足够了，本书后面的章节如无特殊说明，所涉及的龙骨尺寸都是2½英寸的。当天花的高度大于9英尺或10英尺的时候，更高标号的或更宽的龙骨就要被使用以保证隔墙垂直方向不会产生偏移。更大的龙骨也可以用于管道墙以及作为安装在墙上的物品、搁架、工作间支架的加固性支撑。显而易见的是，大的龙骨会形成更厚的隔墙。

干式隔墙、石膏板和石膏灰胶纸夹板

尽管干式隔墙，石膏板和石膏灰胶纸夹板这些术语彼此词义差异不大，并在设计界和普通公众中被相互替用。但干式隔墙指的是完成的隔墙，而石膏板和石膏灰胶纸夹板指的是用来制造隔墙的材料。

石膏板和石膏灰胶纸夹板有着好几种类型，对于它们的具体选择取决于使用的目的和使用的位置(Box 6.2)。在干式隔墙安装完毕后，用隔墙接缝条或网格状的玻纤布粘接隔墙间的连接缝。接缝条或玻纤布粘接两到三层，并将表面打磨光滑，墙体表面处理好以备漆饰。

隔墙设计草案

对于每一个项目来说，仔细考虑好墙体最终选用的隔墙类型并且确定龙骨类型、尺寸型号以及石膏板类型是很重要的事情。市场上销售的隔墙系统常用的是2½英寸或3⅝英寸的轻钢龙骨以及⅝英寸厚的石膏板，所形成的隔墙厚度为3¾英寸或4⅞英寸。管道墙则多为7¼ 英寸厚。

在手绘比例为1:4或1:8平面图的时候，精确地表现出尺寸的分数部分是很困难的。然而，设计师应力求准确；对于设计师训练有素的眼睛来说，即使是细微的错误也是不可容忍并不容放过的。对于大比例图纸、节点图以及计算机绘制的图，都必须以精确的尺寸绘制。墙体必须依照绘图要求以双实线绘制。

房间尺寸

在绘制平面图、施工图，以及在现场的施工过程中，所有的房间都必须要有尺寸说明。对于房间的尺寸、面积，以及隔墙的位置等有着多种的标示方式，而具体选用哪种则依据所期望的结果、建筑的条件或法规的要求来决定：

- 中心线（CL）
- 中心位置（OC）

Box 6.2　石膏板规格

1. 标准石膏板
   - 最小厚度为1/4英寸~5/8英寸
   - 常用厚度为3/8英寸和1/2英寸
   - 用于住宅建筑
   - 用于商业天花板
2. X型或防火石膏板
   - 防火1小时
   - 最小厚度为5/8英寸
   - 多用于商业建筑
   - 多用于居住建筑的空间单元分隔
3. C型夹芯石膏板
   - 防火性能胜于X型石膏板
   - 最小厚度为1/2英寸~5/8英寸
   - 常用厚度为1/2英寸
   - 多用于商业建筑
4. 绿色板材或WR型石膏板
   - 防水
   - 绿色的纸面石膏板
   - 最小厚度为1/2英寸~5/8英寸
   - 常用厚度为1/2英寸
   - 多用于浴室、厨房等潮湿区域
5. 兰色石膏板
   - 兰色的纸面石膏板
   - 最小厚度为1/2英寸~5/8英寸
   - 常用厚度为1/2英寸
   - 多用于空间界面的装饰
6. 带有铝箔衬底的石膏板
   - 可阻挡水蒸气
   - 用铝箔代替了纸面
   - 可绝热
7. 装饰石膏板
   - 使用了预制乙烯基板材
   - 用于墙体表面处理
8. 防霉石膏板
   - 具有表面处理
   - 最小厚度为1/2英寸~5/8英寸
   - 具有一定的防火性能
   - 用于基础以及其他有着高防潮要求的区域

表6.1　木钉与金属钉

木钉	
常用尺寸	实际尺寸
2 × 4 (51 × 102 mm)	$1\frac{1}{2} \times 3\frac{1}{2}$ (38 × 89 mm)
2 × 6 (51 × 152 mm)	$1\frac{1}{2} \times 6\frac{1}{2}$ (38 × 140 mm)
4 × 4 (102 × 102 mm)	$3\frac{1}{2} \times 3\frac{1}{2}$ (89 × 89 mm)
金属钉（实际尺寸）	
$1\frac{1}{2} \times 2\frac{1}{2}$	
$1\frac{1}{2} \times 3\frac{1}{2}$	
$1\frac{5}{8} \times 3\frac{5}{8}$	
$1\frac{5}{8} \times 6$	

图6.9　平面图

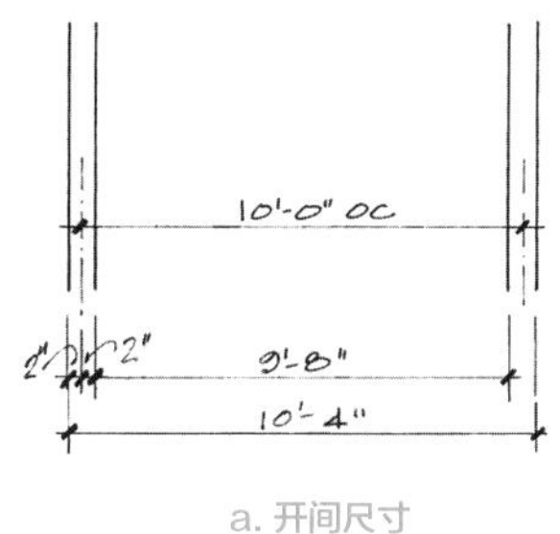

a. 开间尺寸

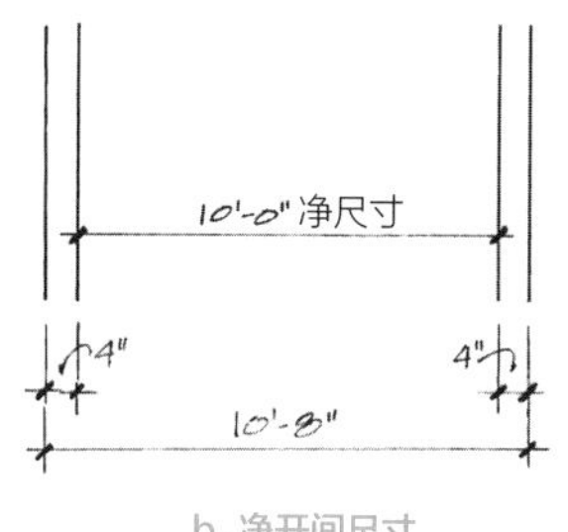

b. 净开间尺寸

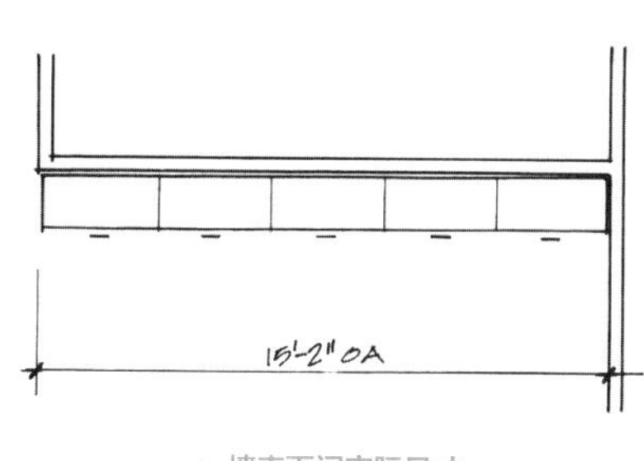

c. 墙表面间实际尺寸

- 净尺寸（CLEAR）
- 外部或外形尺寸 (OA)
- 最小尺寸(MIN)
- 确认区域(VIF)
- 关键尺寸(HOLD)

中心线

中心线适用于在新的墙体布置图中标示隔墙的位置；适用于定位与周边现有建筑结构——窗框、柱子等——的位置关系；适用于标示尺寸不明的现存构件；适用于构件尺寸数据带有小数等复杂数据情况。在上述情况下，只要标示清楚构件物中心线与另一个构件的中心线尺寸就可以了，这要比估算一个构件的尺寸要准确得多。

在隔墙由一系列的框柱构成的时候，一般认为，将各个框柱的中心线连起来就是该隔墙的中心线。并且在施工平面图上，一般也是将隔墙、框柱的位置用“CL框柱”的符号标示出来。在进行位置定位与标示的时候，也可以用缩写词来进行标示（例如：在有许多隔墙和房间沿建筑幕墙方向进行排列的时候，可以用“CL框柱”缩写符号标示各个隔墙的位置）。

有时与幕墙窗框平行的隔墙一侧会有所调整以便于形成一个略大一点的房间。在有这种分隔设计需要的时候，要在设计图纸上按绘图规范清晰地使用变更符号标示出来（图6.6a）。

中心点

使用CL符号表示某个空间尺寸的时候，就意味着这是个从一个房间、隔墙、框柱等空间的中心线位置起始到另一个房间、隔墙、框柱等空间的中心线位置所测量得出的距离（图6.9a）。一旦选用了认为是最恰当的测量方式的话，就要坚持这种测量方法到底。例如，在用CL测量法来测量框柱间距的话，所获得的尺寸数值相对于用OC测量法来说会更具冗余。OC测量法通常用于放置或定位一系列房间或区域时（图14.3a）。

当使用OC测量法时，房间的内部宽度尺寸会较CL测量法所测数值少一个墙厚的尺寸。通常，这个失去的墙厚尺寸大约为4英寸，这不会对房间的平面布置起多大的影响作用，所以，这些测量方法所获得的尺寸数据都是可用的。办公室房间的尺寸多标示为10英尺、15英尺，而不是标示为9英尺8¼英寸或14英尺8¼英寸（表6.2）。

净尺寸

净尺寸是指从墙体外边缘或表面到下一个墙体外边缘或表面之间的测量尺寸 (图. 6.9b)。净尺寸是真实尺寸，所以，规范上所指的尺寸多是指净尺寸。净尺寸多用于确认空间是否能够安放下一系列家具或设备，以及是否满足于所将进行的空间改造尺寸所需，比如要进行一堵办公室前隔墙的增建。通常绘图时，假如平面规划设计或环境条件允许，图上的空间的结构尺寸往往要较净尺寸数值大一些，在¼~1英寸）。但实际空间的完成尺寸要不能小于净尺寸。

在标注区域的尺寸时用OC法或净尺寸的标示方法都是可以的，但在同一套图纸中，最好是使用一种标注方式。设计师应该在图纸说明中清楚说明一般情况下的标示方式和特殊情况下适用的标示方式。

例如，在已说明是使用净尺寸来进行平面图中的房间尺寸标注时，所有的尺寸标注应该用简洁的方式记录为9'-0"（9英尺），11'-6"（11英尺6英寸）的格式，无需在尺寸后面再标示“CLEAR（净尺寸）”字样。但同时有某种原因的情况下，必须局部使用OC法标注的时候，“OC”的字样就必须在尺寸的数据后面标示清楚（例如：12'-3" OC）。在已说明是使用OC法来进行平面图中的房间尺寸标注时，情况就与前面所述的例子相反了。所有的尺寸标注还是记录为5'-9"（5英尺9英寸），15'-0"（15英尺）的格式，但在局部需要净尺寸来进行尺寸标注时，该尺寸数据后就要带有“CLEAR”字样了（例如：13'-6" CLEAR）。

虽然没有硬性的规定，室内设计公司通常倾向于使用净尺寸的方法来标注图纸尺寸，而建筑公司倾向于使用OC法来标注图纸尺寸。

外部或外形尺寸

有时，墙体的外部尺寸要比墙体房间内部一侧的尺寸重要得多，例如，在一列工作区或一列文件柜沿着外墙摆放的时候，如果工作区或文件柜的端头超出于外墙，就会很不好看。在这个时候，外部的整体尺寸就是一个重要的因素，要比墙内房间一侧的尺寸优先考虑。“OVERALL”或 “OA”的字样就要标示在外部尺寸的后面（例如：15'-2"OA；图6.9c）。

最小尺寸

有时尺寸的数值比实际所需略大一点是可以被接受的，但无论如何，要保证一个最小的尺寸。因为设计师在绘图时，并不会全然了解现场的实际尺寸情况，他只能通过控制住最小尺寸来和告知工程承包商该处项目所能容忍的偏差底线（例如：10'-6"MIN；图11.8a）。

现场确认尺寸

室内设计的图纸绘制是基于建筑图纸和相关文件而成的，而这些图纸和文件多由建筑设计师提供。所提供的图纸最理想的状况就是有着各楼层完整的平面图副本、电子文档、图纸上标注的尺寸与现场空间实际尺寸全然符合，并且何处为新增结构，何处为改建结构在图纸上标示得明白清楚。但在现实中，这样的理想状况不多。在可行的情况下，设计师在设计之前去项目现场进行测量，并绘制出适用的场地尺寸图纸是个不错的主意。图纸尺寸与现场尺寸之间的差异可以由设计师与工程承包商进行协商并确认，以便于施工得以顺利进行。在原平面图尺

表6.2　办公室开间常用尺寸

开间尺寸	净开间尺寸	净开间实际尺寸*
10'-0"	9'-8"	9'-8¼"
15'-0"	14'-8"	14'-8¼"
20'-0"	19'-8"	19'-8¼"

* 由于隔墙的厚度实际上是三又四分之三英寸，而非四英寸，所以实际开间净空尺寸是大于理论尺寸四分之一英寸的。但在多数的案例中，这个理论尺寸是可以被接受的。其中，对于开间尺寸的调整可以用螺栓来调节。

寸基础上，具体确认的尺寸要在其数据后加上“VIF”字样（例如：30'-0" VIF；图11.6）。

关键尺寸

在某种情况下，一个精确的完成尺寸——如安装双扇门所需的具体空间尺寸——是至关重要的。设计师要在施工图纸上，在这种重要的尺寸后加上“HOLD”字样（例如：8'-0"HOLD；见图11.6）。

典型的私人办公室布局

一旦设计师布置好办公室的各个空间界面，他们就可以基于功能和空间氛围以及业主的标准和要求布置家具了。

记住，没有什么是绝对的，没有明确的是非曲直。家具的布局对于每个使用者来说都应该是满意的和可接受的。办公室的布局包括了办公桌的位置摆放，例如在前面紧靠着墙摆放，或是对着房间门摆放，或是摆放时朝向窗户或朝向屋角。使用成套家具来代替单张的桌子和书柜，或全部都不使用办公桌。许多公司会在众多的办公间布置方式里选择一种作为标准样式，然后让各个使用者对自己使用的区域提出自己的调整要求。

办公室尺寸

尽管决定家居布置和办公室尺寸的因素有许多种，但框柱间距、办公室尺度与布局都倾向于三种基本的工业标准尺寸。

1. 小尺度的办公室空间：10×15平方英尺或10×12平方英尺，这种办公空间的适用人数远较其他类型办公空间的多，是员工、主管、经理以及专门办公人员工作的办公空间。
2. 中等尺度办公空间：15 × 15平方英尺，中等尺度办公空间的数量要少于小型办公空间，多用于律师事务所、会计师事务所以及企业或公司所有权平等的商业合作伙伴共同办公空间中。这种中等尺度办公室通常是中上管理层和合作伙伴共用的工作空间。
3. 大尺度的的办公空间：15 × 20平方英尺，多为董事长、业主自己或者是其他高级管理人员所占有，这些人的人数不多，他们的办公室往往占据建筑外侧的端角位置，并占据两个窗户开间尺度的面宽。

典型的办公空间布置方式

很显然，办公室的大小将决定可使用的家具数量的多少。同理相反的是，家具的需求量也将确定所需的办公室大小。传统的办公室布局，往往从主要的办公家具四件套开始。选择家具的时候要综合考虑家具的使用功能、等级识别因素或者办公室所能允许的摆放尺寸（Box 6.3）。

在开始布置任何尺寸的办公室平面时，设计师应该先将书柜平行于后墙，并布置在后墙前。在书柜与两侧墙体以及后部墙体之间都要留有几英寸的空隙。这不仅仅是为了赏心悦目，以便在平面图上可以看到家具和墙体之间那一抹白色，而且在现实的情况中，家具是不会撞挤着墙体的。而且，家具摆放时与墙留点缝隙也便于电源线什么的穿过（图6.10）。当家具后背靠着窗户时，家具与窗户之间可以留出8英寸左右的距离，以便于落地式窗帘或百叶帘的安装。在书柜前布置办公桌和工作椅，书柜前则要留出42~48英寸的周转空间，以便于工作椅的移动，办公桌平行于书柜，并与侧面墙体间留出一定的缝隙。会客椅则要布置在办公桌前，面对着窗户或是面对着办公桌的背景墙。椅子前后都要留出一定的移动空间。这

Box 6.3 个人办公室家具

个人办公室中的主要家具

- 办公桌
- 书柜
- 办公椅
- 会客椅

个人办公室中可再添置的家具

- 办公桌附桌
- 文件柜
- 书柜
- 保险柜
- 带椅子的圆桌
- 沙发
- 休息沙发
- 临时茶几
- 标志牌
- 植物

图6.10 局部平面图：普通办公室平面布置图

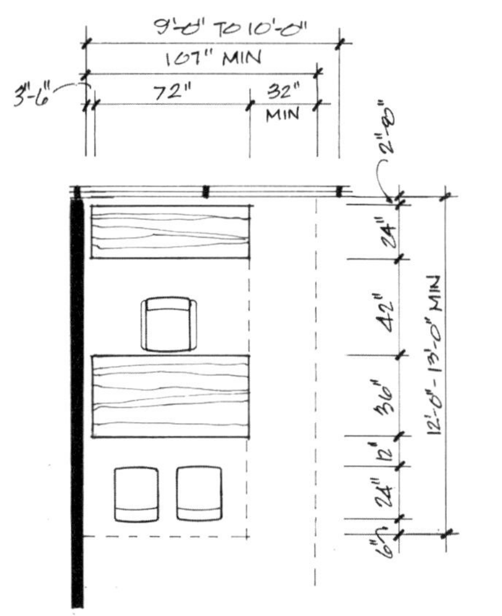

图6.11　平面图：办公室典型平面布置图

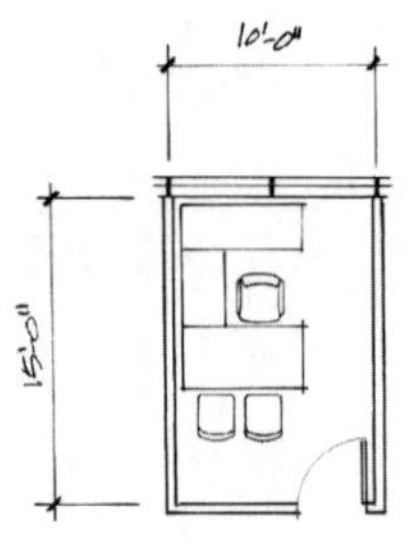

a. PO-1：样式A：10×15英尺

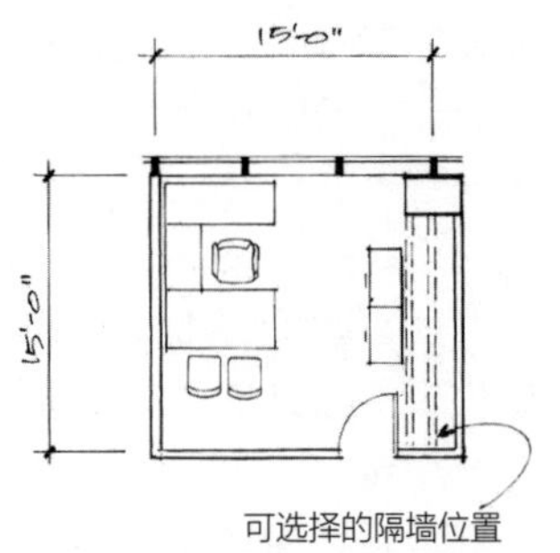

c. PO-2：样式A：15×15英尺

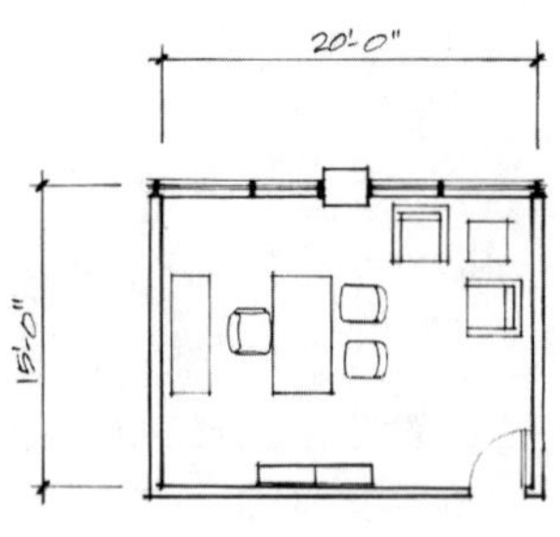

e. PO-3：样式A：20×15英尺

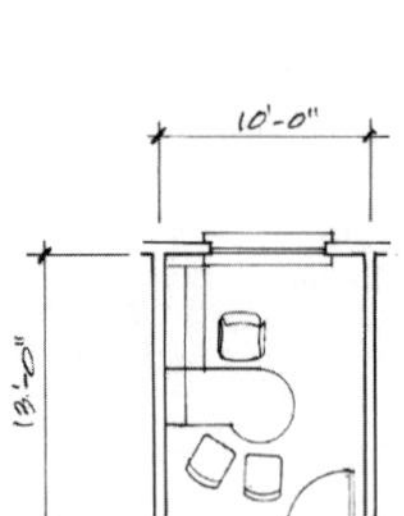

b. PO-1：样式B：10×13英尺

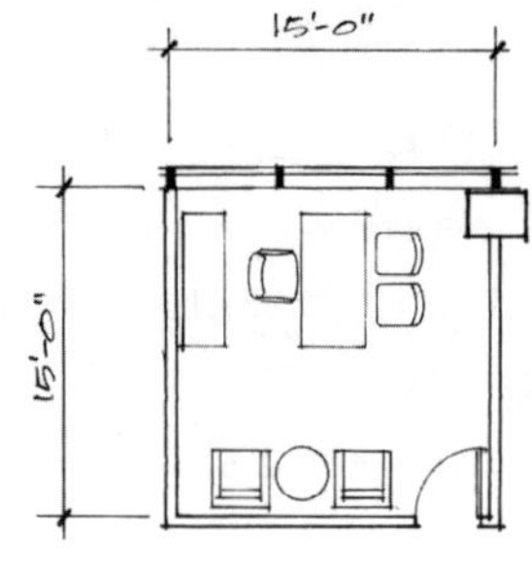

d. PO-2：样式B：15×15英尺

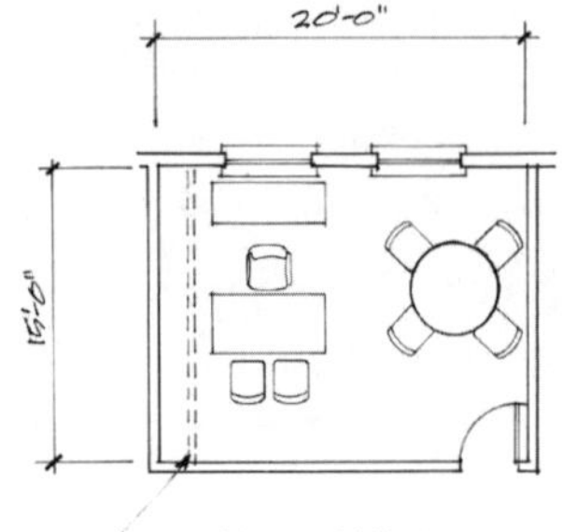

f. PO-3：样式B：20×15英尺

种前后式布局的个人办公室就基本完成了。而当办公室的面宽可以达到15英尺或更宽时，书柜和办公桌的方向就可以整体90度旋转一下，使得书柜和办公桌与窗户呈垂直角度方式布置（图6.11d、e）。

在办公桌与墙体之间一定要留有32英寸的空间，以便安放工作椅。置于还有没有比32英寸宽的更多空间可以留出，则取决于办公室的宽度。如果有这样更宽的空间存在，那么就可以结合已有的空间形成一个更大的区域，在这个区域中可以选择一些家具进行布置，如12英寸深书柜，或是换一个更宽的办公桌。

办公室进深

假如在一个个人办公室中除了主要家具以外就没什么其他家具的话，办公室的前壁就可以直接布置在会客椅后面，这样就可以形成一个12英尺2英寸或12英尺10英寸的办公室进深尺寸，这个尺寸多调整为12英尺或13英尺。在120平方英尺到130平方英尺的面积范围内，这通常是一个公司最小办公室所需的空间尺寸。

由于许多工作人员需要储藏柜、书柜、文件柜等这样的存储空间，所以办公室的进深往往会较最小尺寸再多出个2~3英尺的深度，这样就可以在会客椅后面布置这些储物家具。办公室进深的具体尺寸则要取决于业主的设计标准、建筑的尺寸模数或是建筑内部的整体尺寸，通常大多数办公室的进深尺寸为15英尺。再大的进深尺寸只不过是徒然增加了办公桌或工作椅周边的活动空间面积而已，这样做是没什么必要的。

在过去，10 × 15平方英尺是办公室空间的常见尺寸，但随着办公空间租金的日益高涨和公司的裁员，到了今天10 × 12平方英尺的办公室空间尺寸是最为常见的了。随着小型办公室的流行，许多公司也都要求调整办公空间平面布置，使用成套办公家具，以便使用这些家具可以提供在空间顶部的存储空间来替代放置在地面上的文件柜（图6.11b）。

家具的选择和布置

一旦办公室的尺寸被业主确定下来，家具的选择和布置是包括在空间的平面布局设计中的。平面图上绘制的家具要按行业认同的标准尺寸绘制，除非已经选择了特定的家具或是业主要使用已有的家具。否则，家具布置图的绘制中家具就必须按照通用尺寸来绘制。

每个办公间的家具选择与布置都要绘制出来（图6.11）。并且要与业主就这些选择与布局进行讨论。有些布局的变化是很细微的，比如说在办公桌与书柜之间增加了一个过渡家具或是用一个文件柜代替了一个书柜。而这时，其他布局的变化就可能比较大了，比如说整体调整了办公桌和书柜的布置或是用一个桌子和椅子代替了一个沙发和临时茶几。

所有的这些家具选择与布置都要在空间平面设计阶段与业主进行协商讨论，并让业主确认。

与门的位置关系

主要的家具通常都布置在门开方向对面的侧墙处，而不是放置在正对着门的位置上。这样就为门的打开留出了活动的空间。同时，当家具放置在这个位置时，就不会在门和会客椅或者与通道之间造成障碍。

当设计师提供了某典型办公室的多个家具平面布局方案时，门要在所有图纸上在同一位置绘制出来。门提供了一种参照。当业主在看这些方案布局时，就可以将注意力集中在家具的布置方式上，而无需去首先考虑房间本身布局。在实际的平面图纸中，相反开门方向的房间家具布置的绘制只要用隔壁的同样房间的家具布置图镜像一下就好了。

项目

从附录A和第2章所用的项目中选择一个项目，为业主创建一个典型办公室平面布置图。有些业主要有比其他业主多的办公空间，为这些业主提供所需的办公室平面布置图。为所有办公室所提供的备选方案不得少于两个。

方案表现形式

平面图要徒手绘制或用CAD软件进行绘制。无论哪种绘制方式都要遵循同样的绘图规范。给业主的图是所绘图纸的复印件，而非原件。这样就可以在原来的图纸上或在电脑文件上进行修改。修订好图纸副本，并经审批后就可以提交给业主了。

对于具体一张平面图来说，并不存在标准的页面布局方式。一个设计师与另一个设计师的图面布局方式，以及一个项目与另一个项目的图纸布局方式都是不一样的。

具体要求：

1. 平面图采用$8^1/_2$ × 11英寸的绘图纸绘制。
2. 平面图按1:4的比例绘制。
   a. 平面图上墙体用双实线绘制；
   b. 办公桌和书柜可以绘上木纹；
   c. 绘图线的粗细是取决于物体的重要性；
   d. 可以增加一两棵植物在图面上以引起视觉兴趣。
3. 每张图纸都要有说明信息。
   a. 项目名称；
   b. 办公室的空间类型说明/标识以及空间类型的数量；
   c. 房间的平方数和尺寸；
   d. 图纸比例与制作日期；
   e. 设计公司名称。

视觉冲击

制图是一种艺术形式。许多业主不知道如何去看懂一张比例图或平面布置图，也不会画平面布置草图。当业主查看蓝图或者是看平面图纸的时候，特别是在他们第一次看的时候，他们会对这些他们自己不会做的事情印象深刻。因此要用这些图纸为客户创造一种视觉上的冲击，这是很重要的，对于设计师来说要记住这一点。

负面影响

图纸上的所有信息必须是准确无误的，要是图纸马虎，页面版面布局凌乱，绘图线条“平和”，那么就会给业主留下坏印象，并会使得他们忽视了正确的信息。

从另一方面来说，觉得漂亮的图纸不会带来什么好处的这种观念固然是错误的。然而当业主在第一次看到如此具有冲击力的图时，虽然会给他们留下印象，但如果他们发现图面上有错误的信息的时候，就会对设计师，甚至是对于整个设计师社会群体产生潜移默化的负面看法。

积极影响

方案图不仅仅是种艺术形式，同时也能提供所需的技术信息。合理安排好整个图纸排版以容纳所有所需的设计信息，以及使用好绘图线型，以具有视觉吸引力的方式绘制出一份好平面图。

7

典型工作隔间布局

许多上班族是坐在工作隔间或者格子间工作的，这些工作隔间有着和办公室一样的布局，是种非常典型的整体式工作空间（图7.1）。而单个工作隔间的面积大小与组合关系是随着时间的推移在办公室或者工作间数量的多与少关系下波动的，这种波动变化的背后并没有多少高深的理论，且这些工作隔间的功能构成与大多数办公室也没什么两样。

在第二次世界大战以后，越来越多的人加入到白领的工作行列。其中许多人获得了职员的岗位，但又被认为不值得拥有他们自己的办事窗口。为了容纳更多的职位和完成更多的任务，办公人员的桌子就这么排在大型会议室里，许多像记账和起草文书这样需要安静工作空间的工作也呈现了这种大规模集中办公的格局。但这种格局下的其他一些工作例如打字和电话对谈却是会彼此打扰的，且无论如何，这种办公格局是毫无个人隐私可谈的。

在20世纪60年代的早期，一些制造商开始创新性地开发出由独立墙壁围合的办公桌，这些办公桌可以把人们从周围的环境中隔离开来。早期的墙壁最初是由木头建造的并且相当重。墙壁可以用它们的脚支撑独自站立，这些脚支撑通常从墙壁处延长1英尺。这些墙壁并不需要太高，只需要挡住一个坐着的人的高度就可以了，这样就可以为工作人员提供一些私人空间了。这些围合的墙壁可以被随意的排列，也可以随着办公室人员的增加或者减少来重新排列。此外，通过用地毯或者其他厚织物来覆盖这些墙壁（后来被人称作隔断），一些声学品质的问题也开始逐渐被人们意识到。

隔断系统的演变

如今，令人疑惑的是这些传统隔断仍然在使用。与人们的认识相反，早期的隔断系统的发展首先是从整体式的隔断开始的，这些模块化单元隔断能够连接在一起，具有能够悬挂工作台面和上方贮物柜的功能。并且随着时间的推移、技术和工作方法的发展，生产厂家不断更新现有的隔断系统和体系化家具产品的生产线，以及不断引进更新的生产线来满足当时的需要和愿望。但独立隔断是今天发展的一个趋势，工作区域的设计正朝着独立隔断和独立工作台面的方向前进。

大量的生产厂商所提供的是他们自己版本的隔

断系统家具，且各生产厂家的隔断系统的许多功能特征都十分相似。但每个厂商也都在其产品中有着自己独有的功能。大多数制造商生产符合标准尺寸的组件，但也有制造商会提供完全不同尺寸的组件和隔断系统类型，如使用柱梁结构系统或者使用垂直支柱技术。

典型的工作隔间和工作区

与独立的家具或者私人办公室不同，不论是传统的工作隔间（图7.2）或当代工作区（见图7.3和7.17a）是都没有那种为各个行业公认的典型尺寸和典型布局——也被称为经典空间格局——的东西的。工作隔间的组件是有标准尺寸的，可以在各种配置中相结合，并产生无数的尺寸变化和工作隔间、工作区布局。

基于对每个客户的个性化要求，设计师用组件和隔断或者屏风勾画出一个又一个的工作区，并产生了各种版本的标准尺寸来满足不同客户的需求。许多企业经常选择两到三种常规尺寸和布局，或结合两种标准的工作隔间。这两种标准的工作隔间的尺寸和布局方式则是基于他们的员工平均需求。

在一般的交谈中，特别是在项目刚开始探讨时，许多设计师会使用8英尺×8英尺的工作隔间或者工作区。然而一个8英尺×8英尺的工作隔间并不是一个真正的空间尺寸，准确的说它是一个术语，指的是一个特定大小的工作隔间和布局，而这种环绕四周的工作隔间对每个具体的公司来说都有其特别的尺寸。有的公司也会真的采用8英尺×8英尺的工作隔间，而其他公司将会用比这小一点或者大一点的工作隔间，例如7英尺6英寸×8英尺的工作隔间，或者是8英尺×8英尺6英寸的工作隔间。

诚然，许多企业最终采用的是与其他公司所使用的相类似的工作隔间尺寸，且不论布局和整体规模是L形或U形，大约都是6英尺×6英尺到8英尺×8英尺。从平面图上看，许多办公空间平面布局都呈现非常相似的状况。然而，实际上这些平面格局中可能着有不同的隔断数量，隔断的高度也是不一样的，而且也可能会有着更多或者更少的存贮单元，工作台面有可能是直的也有可能是

图7.1　典型工作区隔断系统（约1997年）

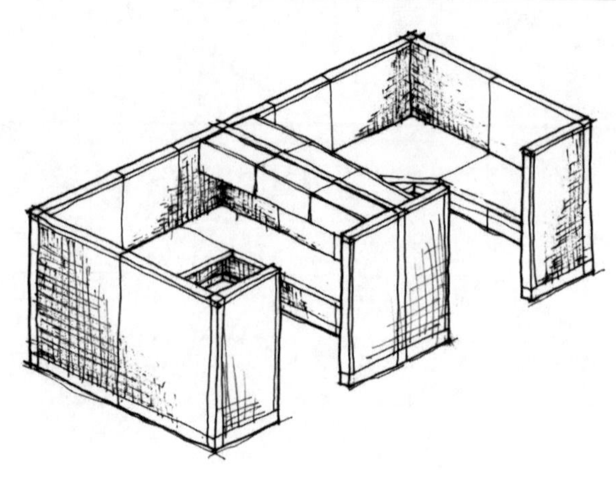

图7.2　典型工作隔间布局

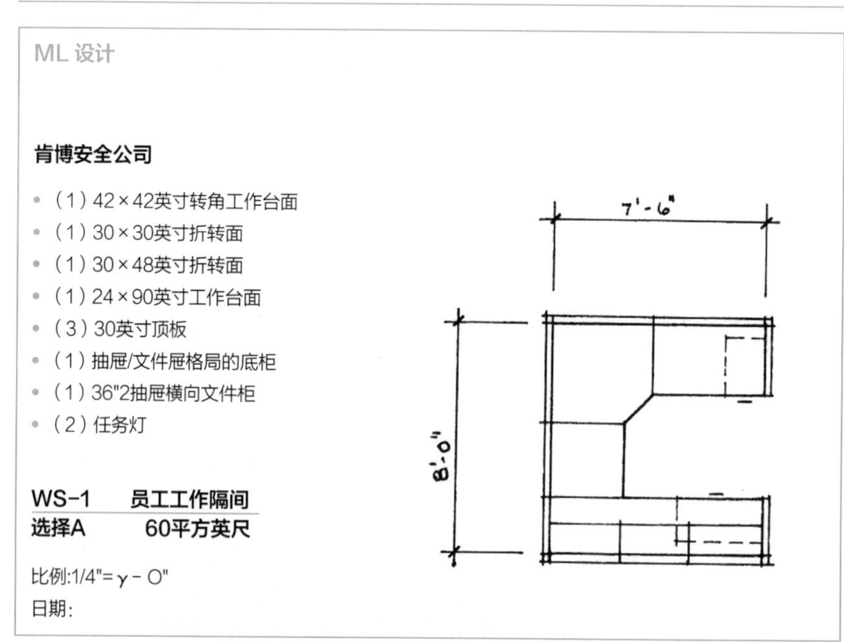

图7.3　面板系统（约2007年）

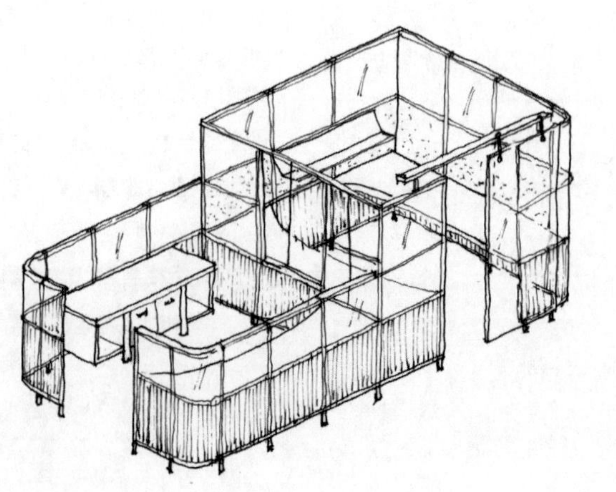

带有角度倾斜，并且也会用组合两到三个工作面的方式来取代一个单一的工作台面，这些都没有统一的标准与规则。每个公司的工作隔间布局或是基于公司的特定需求，或是基于最终选择的制造商和生产线来设计和规划的。

员工分配工作隔间布局

理论上讲，工作隔间的尺寸和布局应该是基于公司中员工需求及其工作性质来决定的。然而，公司通常有着非常多的雇员和不同种类的工作，如果一个工作岗位对应一种工作隔间布局，那将会有超级多的布局类型出现。这将会给设计师带来很大的困扰和麻烦，设计师将要花费很大的精力去规划整体空间，去布置每个特定的工作空间，不仅这样，同时也会给公司的家具库存管理、指示说明，以及家具安装都带来很大的麻烦。因此，最好的办法就是基于两到三种不同需求来确定一个标准的工作隔间格局。

尽管工作隔间的功能不尽相同，但多数隔间使用到的功能都要求有基本工作台面和存贮功能这样的基本需求。考虑下经常坐在工作隔间工作的不同职员：秘书、数据录入员、办公室主管、人力资源处员工、承销商、会计师、审计师、顾问、技术人员、监事、建筑师、室内设计师、信息系统专家以及低级别的管理人员。

这些职位代表了一系列行业的任务、地位、教育水平和人才结构。虽然，尤其是在无纸化办公时代，他们的工作任务类型可能会不尽相同，但他们多数人都是以基本相同的方式来工作：他们坐在一台电脑前面来输入或者输出工作数据或者信息，他们都需要一个工作台面来安置一个显示器或者笔记本电脑，都需要一个空间来放他们的纸质文件，然后再加上一把椅子。可以想象得到，他们都占据了一个标准的工作隔间，不管这个标准的工作隔间是怎样的具体布局。

当地位等级和教育程度被考虑到具体的工作职位中时，再用同一种工作隔间来布置这些岗位，往往会出现问题。更糟糕的是往往一个底层的职位如数据录入员会要求比一个更高职位的人如主管需要更多的工作台面，这会使设计师和客户陷入尴尬的境地。

那设计师应当做什么呢？

1. 不论身份、地位还是教育程度，都提供相同规格的办公空间给大家？
2. 根据需求并冒着被高层人员投诉的风险给底层人员更多办公空间？
3. 将更少的办公空间配置给那些较为底层的人员，并且强迫他们在局促的空间中工作？

布局和表面处理的变化

不幸的是，建立标准布局空间的逻辑因素并不能满足人们的情感需求。很多人都非常关注他们工作隔间的等级关系和所占工作区域面积大小。为了提供一个成功的设计方案，除了考虑美学和工作流程因素外，设计师还必须能够满足客户的心理预期。但无论如何，也无论是何种特殊情况，也不必去创建一个全新尺寸和布局的工作隔间。相反，传统的办公空间并不需要在实用性上进行妥协或对大小和布局进行改变，而是可以通过加入一些元素使之与众不同，使得不同职位上的员工在哲学或感情上得以满足。

隔断高度变化

通过改变隔断的高度，在工作隔间中就产生了等级关系。即使这些工作隔间的尺寸相同、组件相同，布局也相同，甚至是在平面图上看起来完全一样，这种等级关系也是清晰可见的。较低的隔断高度一般为36~48英寸，这些工作隔间通常用作底层人员的小隔间，因为他们通常不能拥有过多的私人空间，而私人空间的增加又是由更高尺寸的隔断来完成的。坐在由高尺寸隔断组成的小隔间的工作人员似乎比坐在低尺寸隔断隔间里的工作人员地位更高一些，因为在低尺寸隔断的隔间中的工作人员可以被一览无余。出于这个原因，更高尺寸的隔断通常用于管理阶层的工作隔间制作，而低尺寸的隔断则用于行政助理或数据输入人员的工作隔间制作（图表7.1a，b）。

材料及表面处理的变化

对于身份地位变化的感觉也可以通过应用到隔断或者工作台面上的材料类型来获得。木材表面或者木质装饰的工作隔间相较于那些用纤维、漆装饰和塑料层压板装饰的工作隔间，更可以给人以富有的感觉或者拥有更高身份地位的感觉。玻璃隔断在柜台人员和普通人中间横架了一层心理上的障碍和地位上的悬殊区别，但与此同时，玻璃面板与矮面板一样，也让坐在其中的工作人员清晰可见。另一个引起身份地位变化的是挑选几块面板饰以特别的颜色并赋予某种特征，这样就可以给坐在其中的工作人员提供一种与众不同的特殊待遇。

布局变化

有时候，整体隔间的尺寸足够，但标准的布局却与工作内容所需不合适，例如人力资源的工作位置就有可能比顾问人员需要更多的存贮空间。在这种情况下，隔间的典型布局可以通过更换部分带有文件存贮的工作台面进行调整，同时使整体基本布局和尺寸和标准工作隔间一样（图表7.2c，d）。

在其他时候，设计者又必须为某家公司的某种特定职位提供专属的工作隔间尺寸，但往往在一家公司内又只有那么一两个职位是独特的。例如在一家房地产公司工作的平面设计师职位，房地产经济人比设计师获得更多报酬，却只需要平均大小工作区域，而设计师却需要更大的工作台面来摆放他的实物模型和其他印刷材料，这些情况通常不会引发员工的负面情绪，因为这些职位的特殊性似乎是众所周知的。

非标准性工作隔间

通常情况下，一个独特的或不标准的工作隔间是给一到两个员工执行特殊任务的。对于真正独特、特殊或者是非标准性工作隔间的需求，一般在项目的开始时就被提出来，而上层的管理人员也要非常理解这些工作的独特需求。例如，在核算账目时就需要两个人共用一个工作隔间，紧密合作（图表7.1e）。

另一方面，在有些公司所有人员都需要同样的布局，除了三到四个需要电脑操作的基本工作隔间布局。例如那些仍然使用绘图板的室内设计师，就需要有比一般标准更独立和宽大的工作台面；此外，所有的室内设计师也需要更大的工作面区域来展示草图，所以也更需要建造一个更大的非标准的工作隔间（图表7.1d）。

图表7.1　面板和表面处理的变化

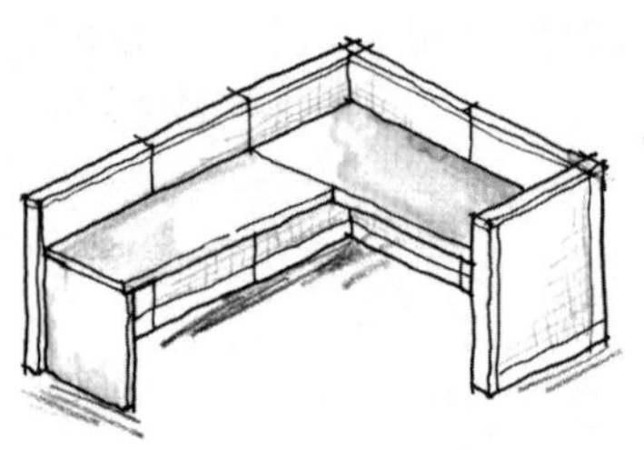

a. 标准饰面和低隔断隔间

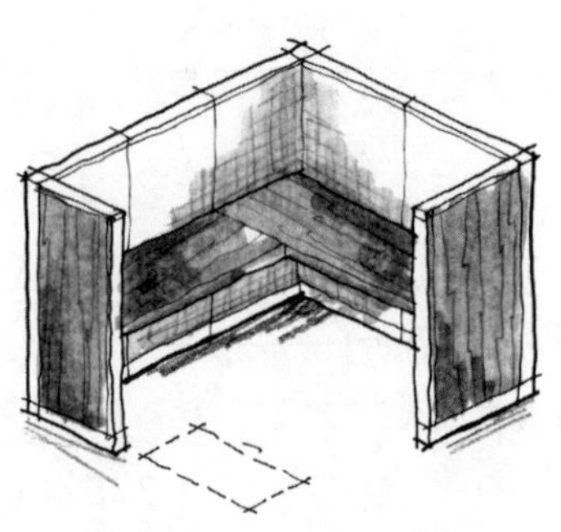

b. 高级木材饰面和高隔断隔间

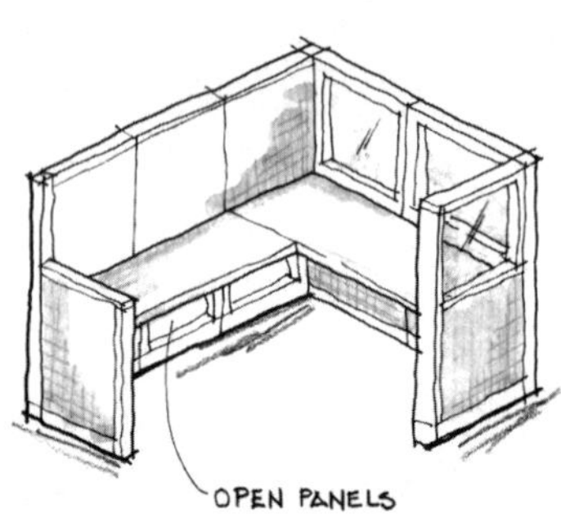

c. 非模块化系统隔断隔间可以使用玻璃或者其他瓷砖饰面，或者直接空着

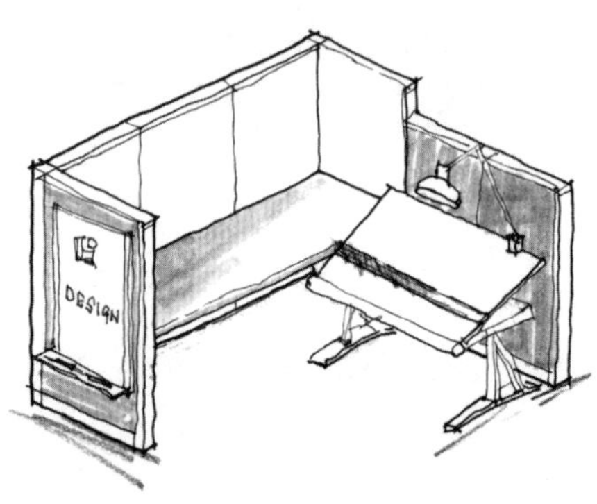

d. 有选定面板特殊饰面的非标准工作隔间

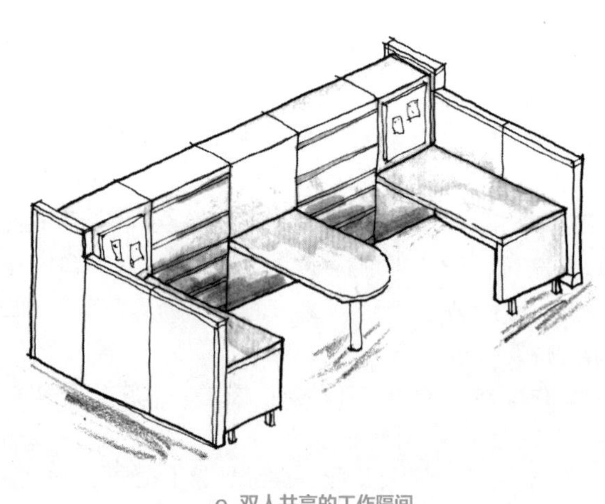

e. 双人共享的工作隔间

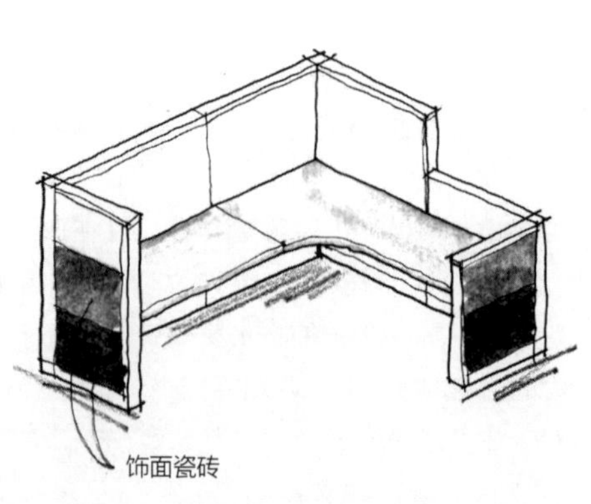

f. 可选的布局、转角和重点饰面

图表7.2　传统工作隔间布局

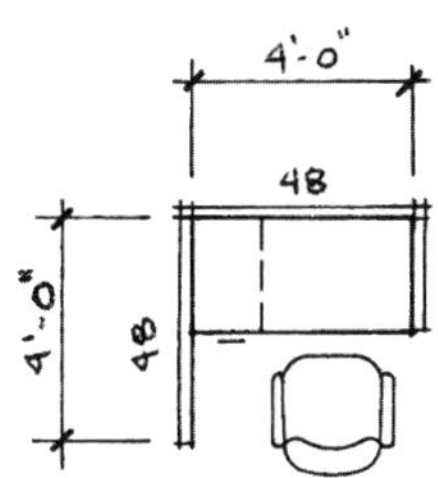

a. 小工作隔间布局：选择A——22净平方英尺

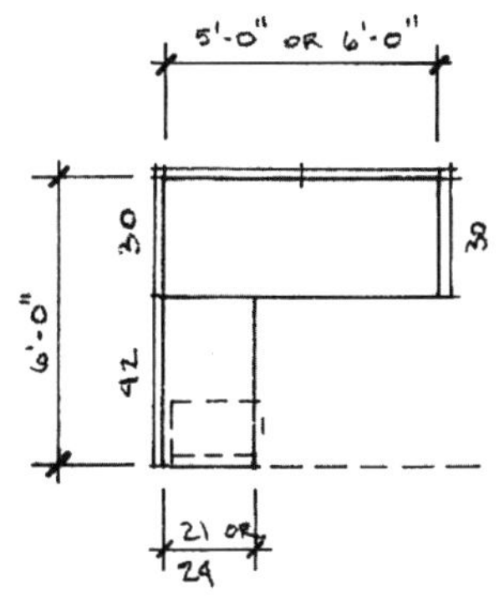

b. 基本工作隔间布局：选择B——36净平方英尺

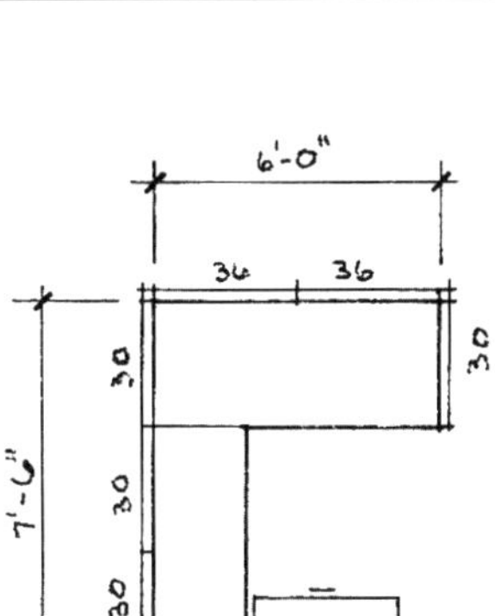

c. 基本布局：选择A，有另外的工作台面和饰面——45净平方英尺

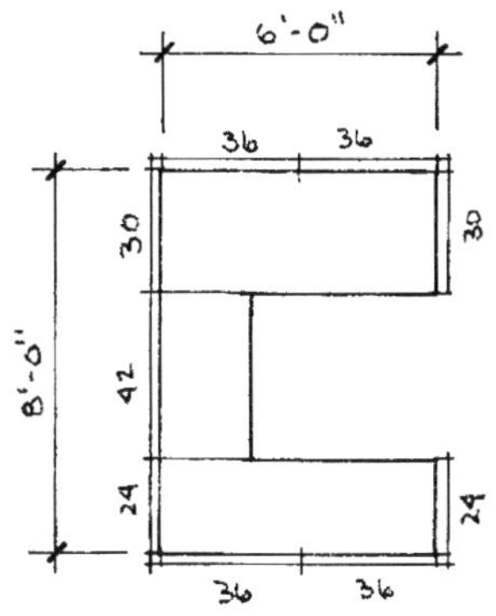

d. 基本布局：选择B，一个附件的工作台面——48净平方英尺

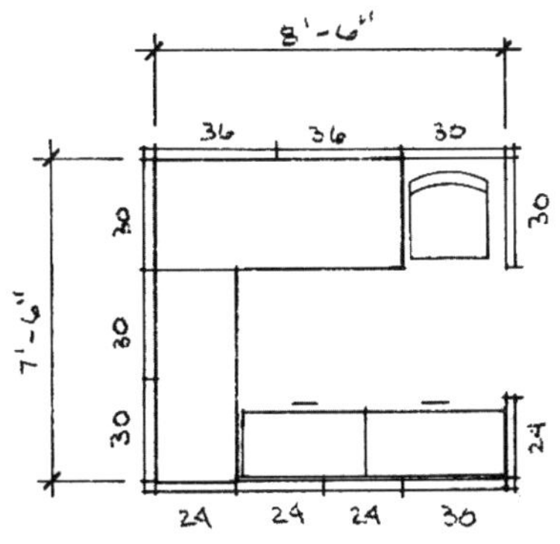

e. 基本布局：选择A，有其他的工作台面，两种饰面和客户座椅——64净平方英尺

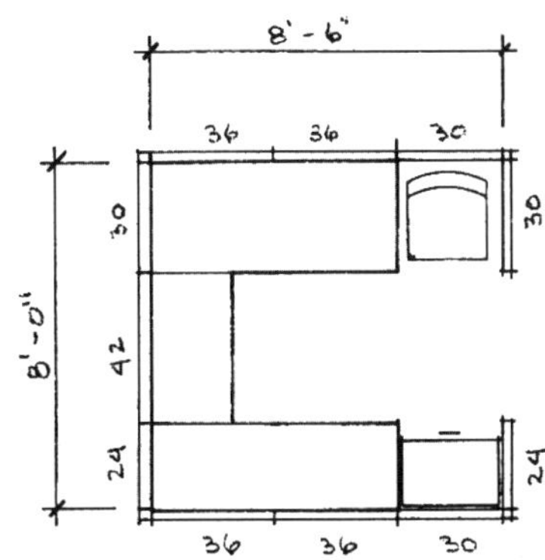

f. 基本布局：选择B，有另外的工作台面和饰面及客户座椅——68净平方英尺

图表7.3　转角工作台面布局

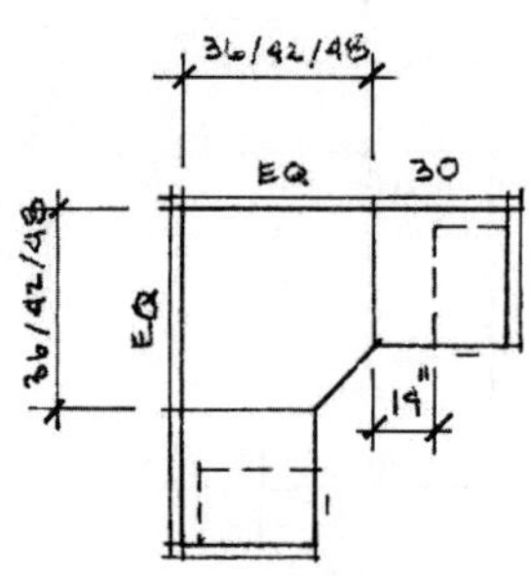

a. 较短折转的转角工作台面布局

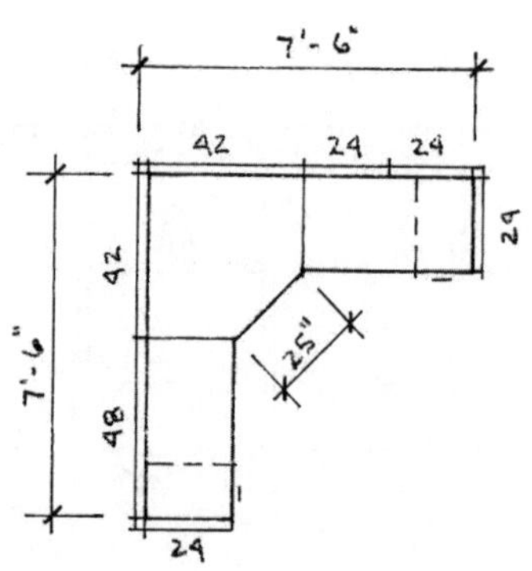

b. 等侧边折转边的转角工作台面

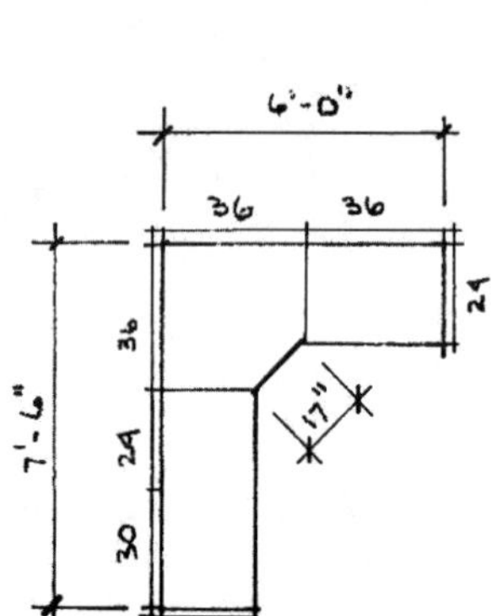

c. 不相同折转边的转角工作台面

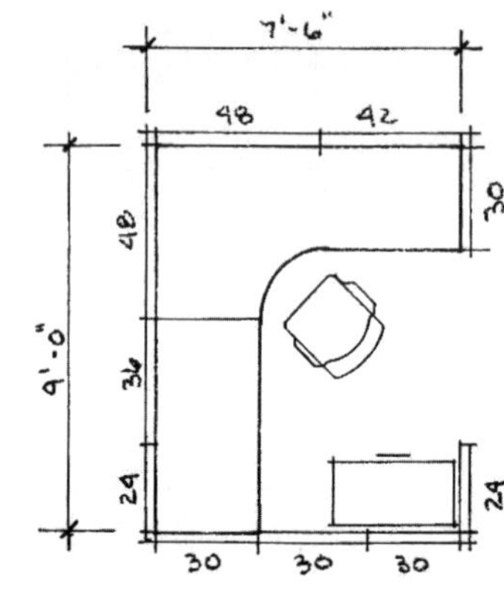

d. 有曲面工作台和附加区的转角工作隔间

标准工作隔间布局

在采访完目标客户人员，参观完现有的工作模式的设施，并充分考虑要执行的空间功能以后，设计师就可以开始准备为客户设计标准的工作空间布局了。许多工作人员在本章所提到的基本布局型工作隔间中就可以很舒服的工作，然而，设计师不应该试图在一家公司中只使用这种基本的布局，尤其是这些布局并不是满足客户日常需求的最好方案，万能的布局是不存在的。只能用这种布局来满足用户的基本需求，并不断的改变、调整和适配布局使其更加接近用户真实的需求——但肯定不会是完全合适的。必须利用隔断的高度和饰面材料的不同表面处理及变化来获得地位认知上的不同，仅改变工作面的布局和尺寸是没有用的。

哪怕设计师相信一种典型布局可以适用于某家公司的所有人员，也最好还是提供在标准隔间尺寸中再准备几种备选布局（见等角图表7.1b、f和相应的图表7.2c和图表7.3d），因为很多客户会喜欢选择和决策过程中的参与感。

传统的工作隔间布局

很多公司和组织都在传统的隔断系统中投入了大量的资金。他们也将会在未来几年当中继续使用并购买这种隔断。偶尔情况下，有些公司仍会使用有隔断环绕的独立办公桌，但在大多数情况下，这些工作隔间是由连接着工作面及组件的隔断组成的。

工作隔间规格

像其他家具类别一样，单个工作面、隔断和组件的尺寸都是用英寸登记的：36英寸隔断，24英寸×27英寸的工作台面，30英寸的储物箱等。然而，一旦这些组件配置成为一个工作隔间的布局，整个工作隔间的尺寸就要用英尺和英寸来标注了：6英尺×8英尺，7英尺6英寸×7英尺6英寸，8英尺×8英尺等。

因为我们大家都知道工作隔间的标注用的是英尺，所以通常的做法就是在口头描述的时候去掉英尺和英寸单位，直接说6×8。这些标记在输入信息的时候单位也通常忽略不记，特别是指工作隔间尺寸的时候，例如6×8，7.6×7.6，8×8等。

然而对于标准的图纸布局来说，还是习惯性的继续使用英尺和英寸来进行标注，这些标记也会显示在任何一张建筑图纸中。

工作台面布局

设计或规划工作隔间的时候一般是从挑选主要和次要工作台面开始。当空间允许或

图7.4 备用工作隔间布局

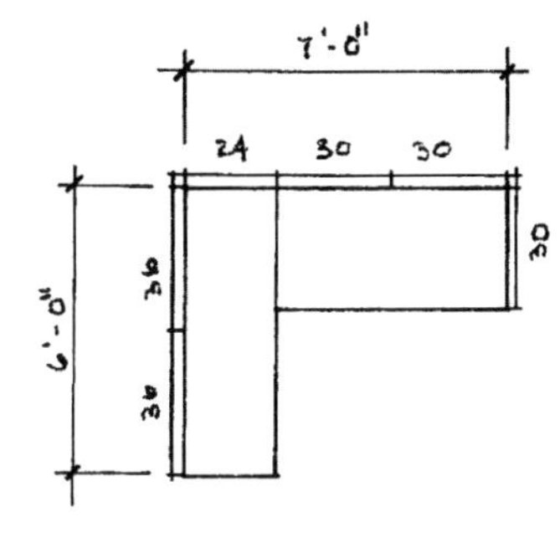

a. 备用基本工作隔间 选择C—42净平方英尺

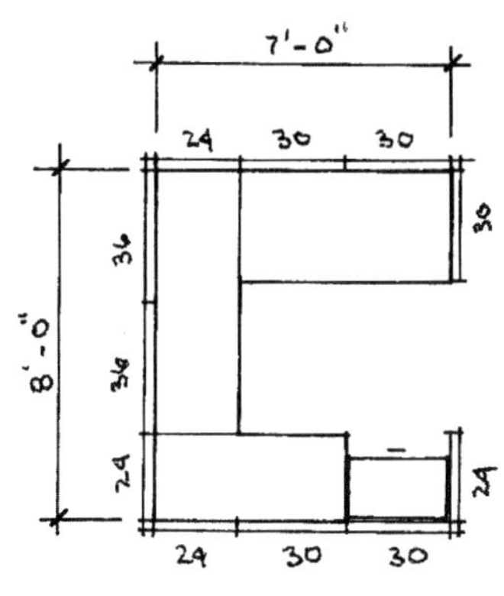

b. 备用基本工作隔间且有附加区域 选择C—54净平方英尺

者有功能需要的时候，在布局中可以包括附加的工作台面。接下来就是头顶的组件或者底部的存贮单元，它们在预算允许的情况下可以根据需要来增加。

基本布局

对有些公司来说，例如一个呼叫中心，一个典型的工作隔间可能是由一个狭窄而独立的工作面和一个较低的基座所组成的，因为许多客户服务人员对工作区域和存储空间没有更多、更高的要求。他们的日常工作内容会包括电脑的数据录入、打电话、维护一打活跃而棘手的文件，以及对会议进行监视、跟踪等，因此对于这部分员工来说，他们需要的是一个坐着可以打电话的空间，而这种空间一般就是服务于小众市场的微型工作隔间（图表7.2a）。

很多公司，为他们的一般员工提供L形或者U形工作隔间布局，类似于一张办公桌加一个转角或者一张桌子，或者折转一下再加一个书柜等，用的是相同的基本尺寸的标准书桌和折转。在一个L形的布局里，在低于主面72英寸宽，侧面21或24英寸的情况下，很容易安装一个基座，但是办公桌用于容纳工作人员腿部的空间要在60英寸左右。所以，许多公司更倾向于选择72英寸的工作台面而非60英寸的。在两种主副桌的组合情况下，副桌通常是被考虑包含在工作隔间中的，因为多数员工需要一个工作台面来同时放置一台台式电脑或者笔记本电脑以及一个写字空间。如果员工对其他的例如存贮、归档或工作区等功能上没有其他要求，那么工作隔间的平面布置工作现在就已经完成了。最小的隔间布局一般是基于一个6×6或36净平方英尺（NSF）的工作隔间（图表7.2b）来进行的。

有附加组件的基本布局

一个6×6英尺的工作隔间是不需要提供太多存储空间的。当需要额外的存档空间及工作台面时，这些添加项可以一起加入基本布局中，隔间的尺寸就会增加到6×7.6（45净平方英尺）或者6×8（48净平方英尺）。再根据特订制造商或选择的系统，基本工作隔间布局中的一些工作台面和面板的尺寸和宽度可能会需要一些修改，以满足总体要求和功能的最大发挥（图表7.2c，d）。

附加工作台面可以加入到基本的工作隔间布局里面，同样可以随意根据需要来增加存贮的单元或者客户座椅。所有增加的这些附件，将会要求调整工作隔间的立方英尺数据和配置选项，并且会使得这样的隔间空间尺寸变为8.6×7.6（64净平方英尺）或者8.6×8（68净平方英尺）。工作台面和其他组件可以随意增加或减少，但会导致工作隔间布局的重新排列和尺寸改变（图表7.2e，f）。

基本布局的替补

对于布局的考虑到目前为止，主要和附属的工作台面布置是基于的传统的办公桌及其转角副桌的布局，这种布局的副桌桌面的一端是紧靠着主桌面的面宽或主立面方向的一端垂直向放置的。虽然这种布局方式对于办公桌及其转角副桌的组合不是太好用，但是可以将它视为是用隔断系统将副桌、主桌各个端头围合起来的另一种布局（图7.4a）。

刚刚讨论的第一个基本布局中，相同附加组件的概念也可以应用到这种布局。最先开始是由两个桌面创建一个7英尺×6英尺的工作隔间布局，以此为基础则可以增加到7英尺×8英尺的工作隔间或任何所需的尺寸（图7.4b）。

转角工作台面

在工作中如果使用显示器，许多人喜欢有角度的或弧形角工作台面。虽然这不是强制性的，但是在转角工作台面单元的两侧再增加一块工作面是比较典型的做法。而侧面的应该足够宽，可以容纳一个底座并留出放置腿部的空间位置。一个30英寸宽的侧面，在底座、电脑和空余不大的工作空间中间，只可以提供一个净宽为14英寸的空间来容纳腿部。这种布局比较适合使用重型计算机的工作者，因为对于这样一个侧面宽度的工作台来说并不适合做纸面的工作（图表7.3a）。

当电脑操作和纸面文案工作共同成为日常工作的主要内容时，工作台的进深尺寸应当最少增加到36英寸宽，并且最好是42英寸、48英寸或54英寸宽，这样就可以留出更多的空间来容纳腿部了。工作台边上的副桌长度可以与主工作台面相同或不同。使用转角桌单元的布局方式和使用直桌布局方式是一样的。设计师从转角桌开始规划，然后再增加其他的工作台面、存贮柜以及其他所需空间。

转角单元组件的隔间和直线工作台面隔间相比最大的劣势是人们通常是背部朝向过道坐着的。当然这也并不一定就是缺点，但是坐在这种位置的隔间里的员工可能看不到也意识不到有人进入到他们的隔间里。所以在隔间的一面或者多个面上考虑使用玻璃或者较矮一些的挡板或许是非常明智的选择（图表7.1c，f）。

办公风格的工作隔间

迄今为止我们讨论的工作隔间指的是大量办公室人员使用的隔间，但今天越来越多的工作隔间也将设计和规划为中上层的管理者所使用（见第2章）。这些雇员可能会接受家具系统的逻辑，但是反过来讲相对于标准的员工他们还是想要更多具有私人特色的办公室风格布局。他们想要或者说他们需要有私人空间并以此来提升他们的地位。

使用尺寸较高的隔断的工作隔间可以被布置得像一个真正的办公室那样有“办公桌和书柜”，并可以安装柜门并能上锁，剩余的空间可以放一两张或者更多客户座椅，如果还有需要的话，面板墙甚至可以一直延伸至天花板（图7.7b）。

许多管理人员的工作隔间是从隔间的里侧开始建造的，长度为9英尺到10英尺，然后用第6章提到的设置传统办公室的方法继续建造。很少有厂家做一个10英尺长的工作台面。所以，这种工作隔间里侧的后墙是由两个较短的工作台面组成或者是一个工作台面加一个存贮单元（图7.5）。一个48英寸的转折桌面或者侧边副桌会提供一种很宽敞的感觉。这也确保有充足的座椅摆放空间，因为它不可能像传统的办公室那样把“办公桌”轻轻向前推一下。

大多数制造商提供几种办公桌或者主工作台面的选择，不论是30或者36英寸深（图7.6）。这些主工作台面的一端是不需要依靠支撑物的，而另一端则需要直接连接到

图7.5　规划办公风格的工作隔间

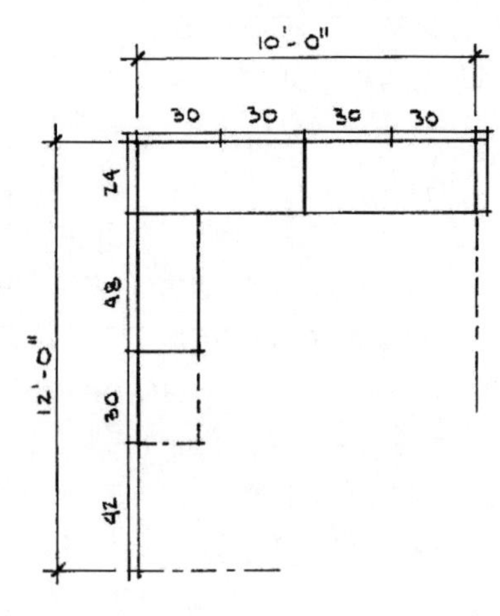

图7.6　可供选择办公桌单元的办公风格隔断系统工作隔间

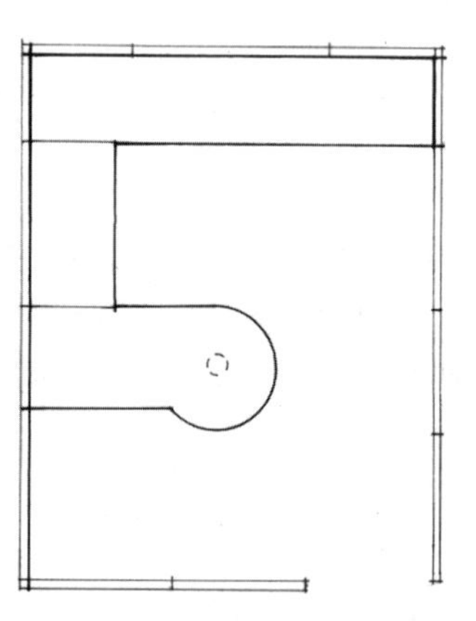
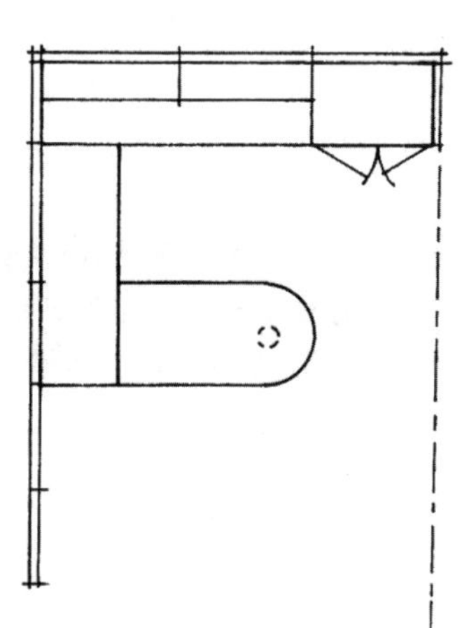
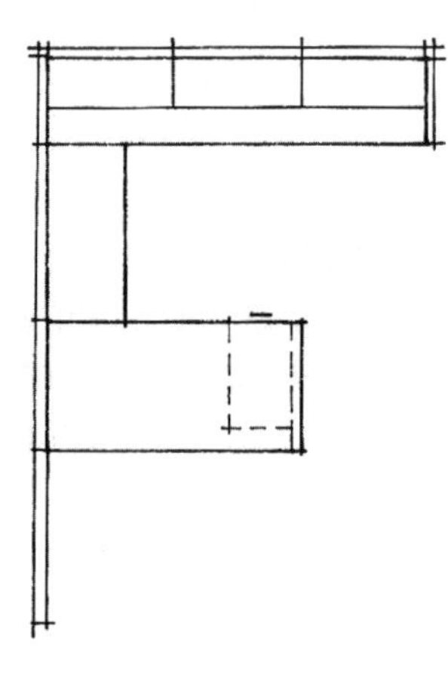

图7.7　使用隔断系统墙的办公系统

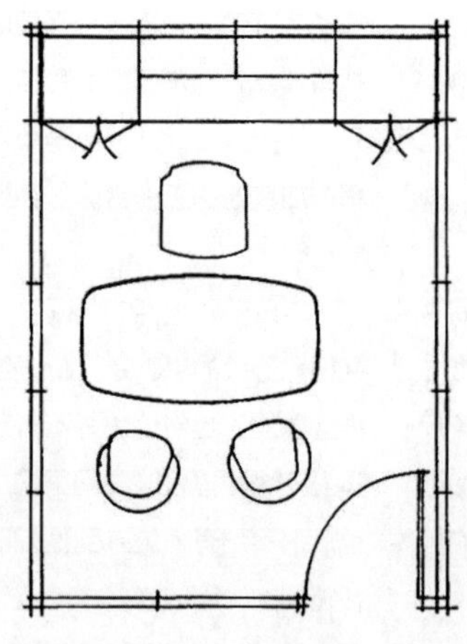

a. 平面图：独立的办公桌和主要的工作台面选择

b. 效果图：隔断系统墙往往看起来像建筑的一部分

隔断或其他工作台面。有些单元组件带有可调节的遮脚板和底座，也有一些单元组件的下面是空的，从前面看上去更像一张桌子。在某些情况下，会用一个独立的办公桌单元来替换副桌（图7.7a）。

在工作区单元的前部空间中可以为前来拜访的客户提供用椅，隔断安装在工作隔间的前面，从而形成一个较为封闭的空间或者是一个更加开放的空间。从习惯上讲，这些工作隔间四周的隔断多是84英寸高。一些厂商还提供一种可以直接装到天花板上的隔断。尽管这些布局方式还是属于隔断系统，但却给人一种非常强烈的印象，那就是这看上去和真的办公室没什么两样。事实上，在高级职员所在的管理层工作隔间还是习惯性的比带有标准尺寸办公桌和书柜的标准办公隔间要拥有更多的工作和储存空间。

顶部单元

顶部家具单元可以悬挂于任何一个或者更多的工作台面之上（图7.8a，b，另见图4.10a-c）。顶板的宽度必须和他们挂起来的隔断宽度一样。许多采用水平槽轨的隔断系统是允许把顶板家具单元沿着隔断的轨道任意安装的，并且经常横跨在链接的隔断之上（图7.8c）。谨慎地讲，设计师需要十分确定地知道所选定的隔断系统的槽轨是否有可以安装的非模块化顶部家具单元，并且在对空间进行初步规划的时候最好是假设顶部家具单元的安装必须需要隔断的槽轨组件支持。然后，当制造商和隔断系统被明确下来的时候，顶部家具单元就可以进行重新定位。

顶部家具单元被设计成沿槽轨方向安装，且单元与单元并排排列，或者是安装在垂直于面板的槽轨上。在设计顶部家具单元的组合时，不要使得单元与单元之间的组合出现转角的组合方式，这样做会使得在不同深度顶部家具单元间产生空隙或者缝隙，同样在模块化系统隔断宽度端或者非模块化系统的重叠都可以产生这样的缝隙（图7.8d）。顺便说一下，很少会在一个工作隔间中放置两个或三个以上的顶部家具单元。

当需要更多存贮柜的时候，设计师可能会考虑在一个标准工作隔间布局中再包含一个文件柜（图表7.2c）。

图7.8　顶部组件

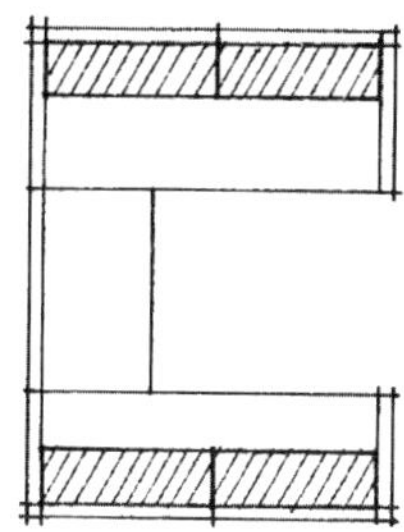

a. 在前面和背面有顶部组件的模块化面板

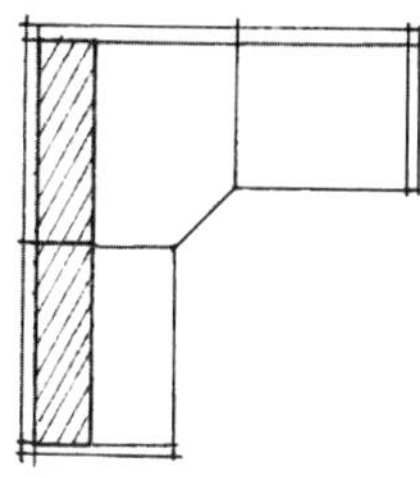

b. 在工作隔间一侧有由顶部组件的模块化隔断

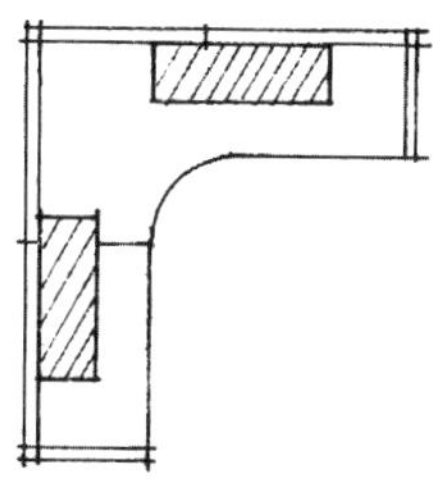

c. 有胶版印刷的顶部组件的非模块化隔断

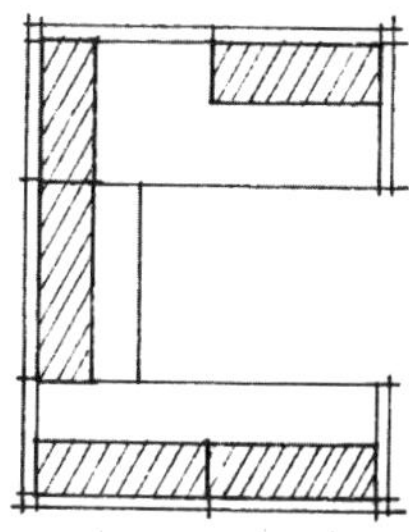

d. 当放在直角隔断系统中时，顶部组件不闭合成角

Box 7.1　LEED CI光控可调用法

室内环境质量

可控照明系统

室内环境质量信用6.1

目的：

为接待人员或者团队空间提供一个高层次的照明控制系统，并促进其生产活力，舒适度和幸福感。（如教师和会议区）

需求：

提供照明控制系统：最少90%的空间占有率，调整使其满足个人的任务需求和表演。

为所有共享空间的员工提供照明系统控制，调整使其满足团队的所有需求和喜好。

通常会在顶部家具单元下面装一个或者多个工作灯，这取决于厂商。灯具可能会被装在一个不变的位置，或者根据隔间员工的需要重新放置。无论哪种情况，灯的开关是由隔间所有者自行控制的。要注意，灯具的设计与选择是有助于项目的LEED认证实现的（Box 7.1）。

底座和底部存储柜

底座和底部存储柜的尺寸不需要符合隔断的宽度。在许多情况下，底部的存贮柜是独立的，并且可以在工作台面下方任意放置。即使底座是悬挂在工作台面上的，台面也不需要同隔断对齐。

从技术上讲，底座可以从工作台面的任意点悬挂下来，但是大多数工作台面都是用机械钻好孔，再安装在基座顶端的。预钻孔指在制造过程中用机器预先钻好孔洞，以便于家具安装人员将基座与工作台面底部安装结合好。

附件

除了极少数例子，在空间平面图中是不会绘制出附件的信息的。只有极少数的附件，例如信托盘、铅笔杯或文件夹等，有可能会绘制在1:4比例的空间布局平面图上，这也是为客户进行全面考虑的设计方法。然而，对于附件的选择一般都是设计深化阶段才开始的。

隔断围合

在规划一个标准的工作空间平面布局的时候，隔断是在工作台面设置好之后再加上去的。首先，是先将所有的工作台面以及其他一些项目例如文件柜，顾客座椅的布置布局设置好，以形成一个尺寸和大小标准的工作隔间，然后隔断围绕着整个隔间竖立起来，当然这样会相应的增加工作台面和组件尺寸。通常情况下，会有多种的隔断宽度来适用于所形成的隔间布局，但这完全要由设计师来确定选择哪种最合适的隔断宽度（图7.9a，b）。

隔断宽度标准化

大多数制造商会提供6到8种宽度的隔断。而设计师可能会选择和使用到所提供的各个隔断宽度。然而，在实践中，在任何一个项目上，将所确定的隔断宽度种类数量降到最少是件非常明智的事情，这样做是为了在将来可以便于更换隔断系统。越多的隔断宽度规格就意味着需要越多库存管理，有时减少将来更换隔断系统的选择范围或许是加大了前期的成本花费，例如窄隔断的成本花费往往跟宽隔断一样多，但却省去了工人安装所需要花费时间，因为工人们不得不花费大量的时间来整理这些不同宽度规格的隔断。在具体的项目过程中去标准化隔断宽度的种类，对设计人员来说常见的做法就是对于具体项目中客户所使用的各个标准隔间都统一为一致的隔断宽度。有时，也有必要对特定的工作隔间进行隔断宽度调整，以配合位于其隔壁的工作隔间组件组合。

隔断安装

隔断安装的时候，要在安装工作台面和其他组件之前安装好隔断。组装人员将首先把所有的隔断竖起、连接好和排好。当所有的隔断都立起来以后，它就像一个小空房间，安装人员会在这个空间里悬挂工作台面及其他组件。如果因为某些需求需要重新装配几个工作隔间，且这些变更的需求在最初设计概念完成后出现的话，那重新装配的最佳时机就是在隔断安装好工作台面之前，而不是等职员搬进隔间后再进行安装。

绘图符号

当绘制单个工作隔间的时候，多习惯使用较粗的线条来绘制工作台面，并使用较细的线条绘制隔断，正如这些插图所示。当手绘工作隔间的时候，在绘制2~3英寸厚的隔断轮廓线时，线条在交叉时要略为超出交接点。在绘制工作隔间的平面图中，当隔间共用相同隔断的时候，绘制隔断的线条粗细就无一定之规了。

标注及实际柜体尺寸

在标注和表面上的隔间尺寸和实际上的隔间尺寸是有区别的。标准的工作隔间尺寸指的是隔间内的净尺寸，一般来讲，是指工作台面整体和布局的尺寸（图7.9c）。隔断

图7.9　隔断围合

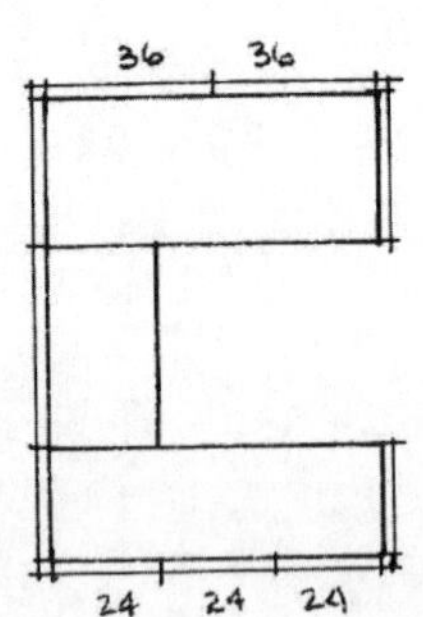

a. 选择合适的隔断宽度给工作隔间布局

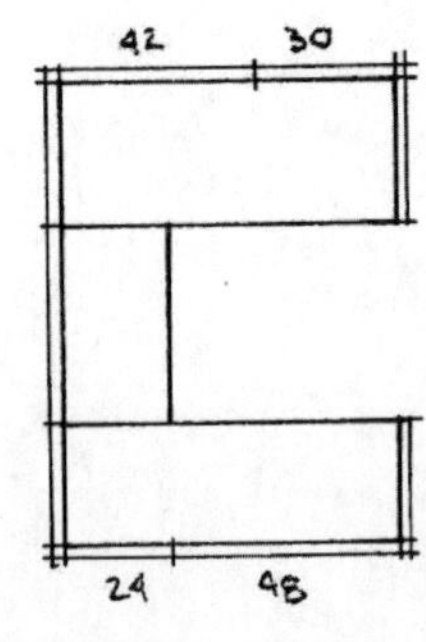

b. 隔断宽度可能相同也可能不同

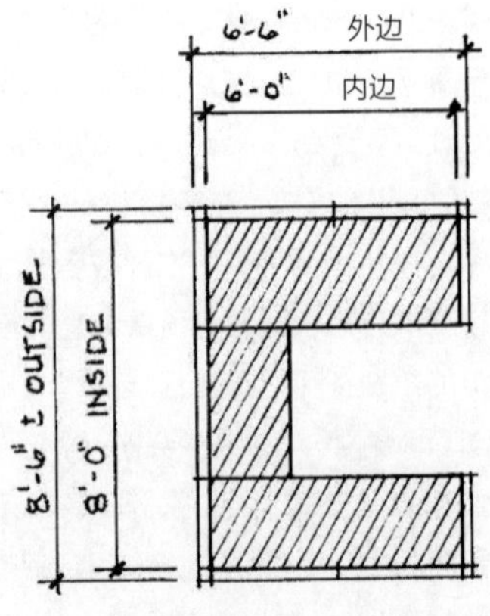

c. 6×8工作隔间的标注与实际尺寸

厚度通常不包括在工作隔间的标注尺寸中。当这些厚度被增添到工作隔间尺寸的时候，对于一个6英尺×8英尺的工作隔间的整体尺寸来说实际上是6.5+×8.5+英尺左右，这取决于选择哪家制造商，而“+”指的是一个近似的厚度和尺寸。

不把隔断的厚度纳入到工作隔间尺寸的标注中有以下几个方面的原因：

1. 在这些隔断尺寸里，无论是哪家制造商，工作台面的尺寸是保持不变的，而隔断的厚度却是每家制造商都不一样的。
2. 隔间通常会与前后左右相邻的其他隔间共享一个隔断。这导致的结果是给典型工作隔间尺寸增加了半个隔断的厚度，这些尺寸都是分数。
3. 许多人宁可处理英尺、半英尺或整数，而不是英寸和分数，结果就是如果把隔断厚度也加入工作隔间尺寸里，也就出现了分数。

规划大量工作隔间

在最终的空间平面布局中，工作隔间通常被规划成组群或行列，虽然偶尔会有一个或两个独立工作隔间。在空间的平面规划布置中，有几个概念是要牢记的。

共用隔断

系统被设计成共用隔断。如果隔断没有共用，则不必要被放置成联排式，因为这将占据更多空间，家具成本也将增加（图7.10a）。假设面板是3英寸厚，隔间是8英尺×8英尺，然后就可以排列一个17英尺×34英尺含有八个隔间的空间组群，这个组群所占的面积就会是578平方英尺（见表7.1）。

这个平面布置方式未考虑一个重要因素：隔间的组件可以结合在两侧的隔断上。在这个平面布置中，隔间之间的隔断背面空间的作用都被忽略了。隔间之间，隔断彼此平行相对而未被利用。

为了实现更有效和更经济的隔间平面布置，隔断的两侧空间都应该被积极利用起来。这将会消除所有双行的隔断，从而减少隔间空间所占的面积大小和整体的家具成本

图7.10 为多数工作隔间规划

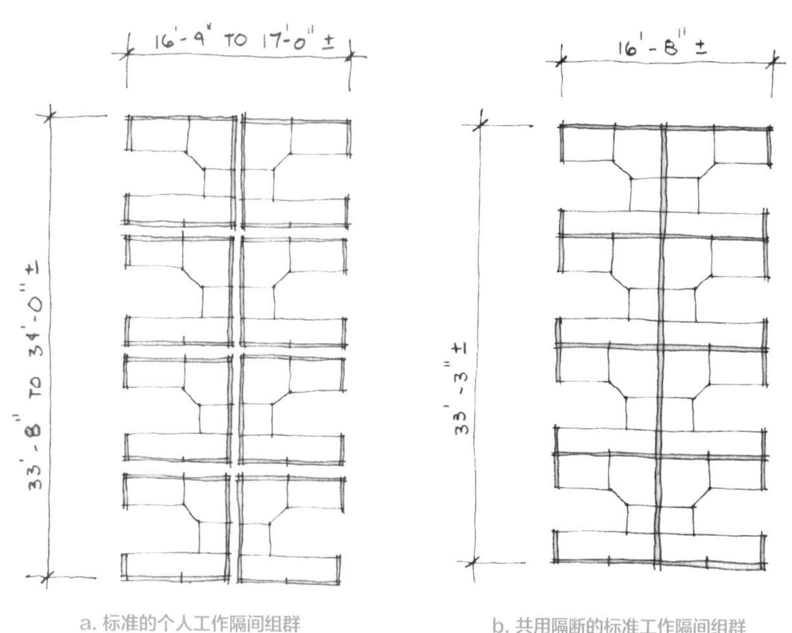

a. 标准的个人工作隔间组群　　b. 共用隔断的标准工作隔间组群

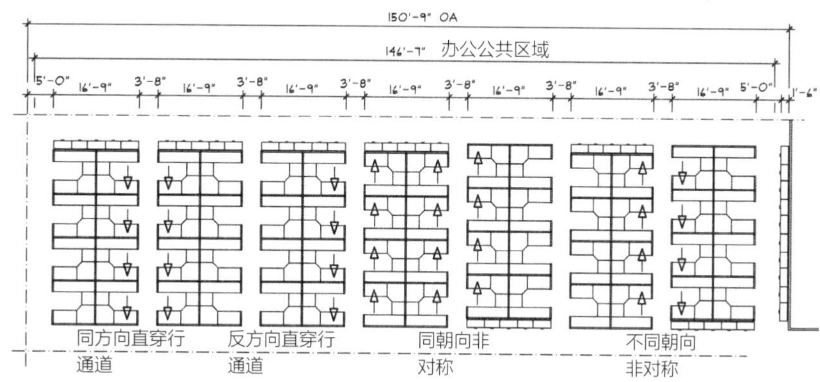

c. 多个标准工作隔间组群的平面布置图

表7.1 工作隔间

	非共用隔断的工作隔间	共用隔断的工作隔间
隔断	3英寸厚	3英寸厚
工作隔间	8英尺×8英尺	8英尺×8英尺
宽度	3英寸+8英尺+3英寸+3英寸+8英尺+3英寸=17英尺	3英寸+8英尺+3英寸+8英尺+3英寸=16英尺9英寸
长度	（3英寸+8英尺+3英寸）×4=34英尺	[（3英寸+8英尺）×4]+3英寸=33英尺3英寸
总面积	17英尺×34英尺=578平方英尺	16英尺9英寸×33英尺3英寸=557平方英尺
隔断总计	16个端头隔断+24个槽口隔断+8个前后隔断+24转角隔断=72个隔断	16个端头隔断+12个槽口隔断+8个前后隔断+12转角隔断=48个隔断

（图7.10b）。

使用相同的3英寸厚的面板和8英尺×8英尺的隔间中，使用共用隔断时，组群长宽就会是33英尺3英寸长和16英尺9英寸宽。这个组群只需要557平方英尺的占地面积,相比不共用隔断的组群来说，减少了21平方英尺并少用了24块隔断（表7.1）。

在有数百个工作隔间的大型写字楼中，尽管每英寸和每平方英尺不过只是占据一个小的位置，但是这些小尺寸加起来就会形成个很大的尺寸。试想去布置带有56个标准工作隔间的空间平面，八个工作隔间组成一个小空间组群——这可以视最终的空间平面而定，隔断厚3英寸，7列隔断的整体厚度就会达到1英尺9英寸，当工作隔间之间共用隔断时，就会节省下同样尺寸的空间面积。这些节省的空间面积对于客户来说就意味着可以减少所需租赁的办公空间和租金，或者将这些节省出来的空间面积用于其他的项目，如银行的文件储存（图7.10c）。

隔断尺寸蠕变

不像典型标准尺寸的办公区域，房间墙壁厚度变化引起标准尺寸与实际尺寸之间的尺寸微变不会过于影响家具的布局和整体的空间规划，而工作隔间中多余的尺寸所引起的这种影响就不一样了。虽然标准的工作隔间在组群规划时是按标准尺寸来布局的，但设计者必须在组织这些尺寸时要考虑到隔断尺寸的累差，即隔断的尺寸蠕变，并将这种蠕变在总体布局中加以考虑。

在最初的平面规划阶段，通常使用一个空白框或方形来代表一个标准的工作隔间，而不是一个完全绘制好的工作隔间。假如使用一个标准的8英尺×8英尺既定尺寸的工作隔间单元，八个工作隔间所形成的组群可以在平面图中建立起一个16英尺×32英尺的长方体。当隔断厚度增加时，组群的长方体尺寸就会增加至16英尺9英寸×33英尺3英寸，几乎是一个方向上增加一英尺多而在另一个方向上增加一英尺（图7.11a）。这些新增尺寸肯定会影响整体的空间平面规划。这就意味着如果未周详考虑隔断厚度就进行安装的话，在安装过程中就会遇到很大的麻烦。工作隔间运行可能就不会与预期的一致，走道可能不够宽，或者可能会没有足够的工作空间。在这个七组工作隔间组群的例子中（图7.11a），实际的整体总长是139英尺3英寸，如果设计师在设计时使用的是标准尺寸，而未有考虑尺寸蠕变的话，他就会发现实际空间的总长比原来计划的多出了5英尺3英寸。

图7.11 面板规划

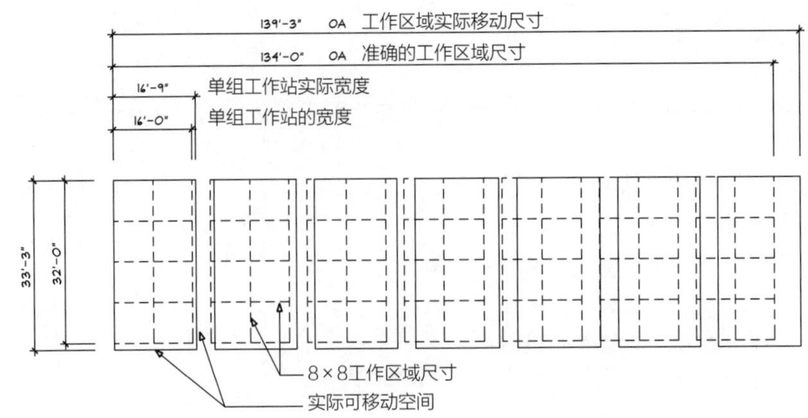

a. 由于工作隔间实际尺寸与标称尺寸差异产生的面板蠕变

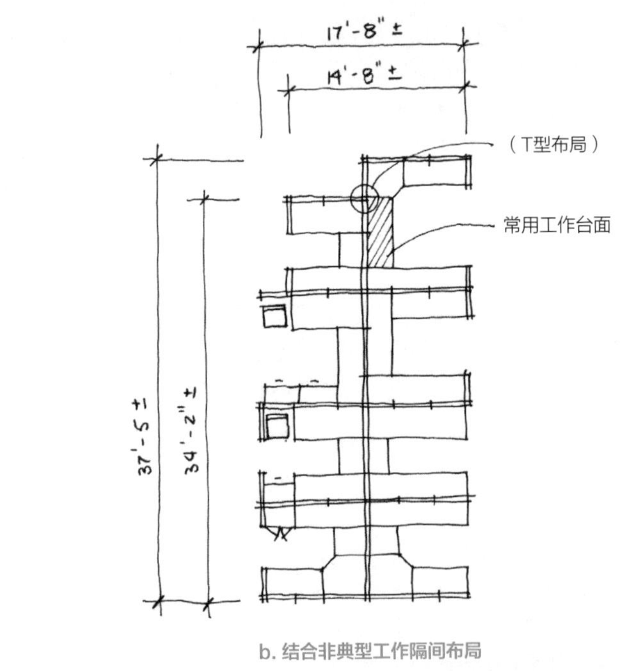

b. 结合非典型工作隔间布局

非标准工作隔间共用隔断

当隔间的布局是标准的或配置成使用相同的隔断宽度时，它们之间很容易通过左右对称或前后对称的方式来共用隔断。另一方面，当工作隔间在大小、布局或隔断宽度上存在差异时，就可能需要设计师多一点心思来考虑与设计，以便共用隔断了。多个隔断应该尽可能地共用，以便于节约空间面积和成本。但这个例子除外，这是个工作台面长度为订制的个人工作隔间，该隔间使用了T形的连接件将它与其他7个非标准尺寸的工作隔间结合为一个工作隔间组群，这些隔间中的组件尺寸都是标准的（图7.11b）。

在过道两侧的隔间干扰

在布置工作隔间、共用隔断以及整体的空间平面时，设计师还必须考虑到人的因素。假设工作中，人人都得到一个彼此相同的标准工作隔间和办公空间布局，那么所有隔间之间会是有着同样的朝向呢，还是会彼此朝向相反或是彼此平行？

换句话说，对于过道两侧的两个小隔间来说，人们会坐在彼此对面，这样的话是不是每个人的一举一动就会暴露在对面同事的眼皮底下？如果是这样，那有没有什么法子通过调整隔间的布置来尽可能减少这种对彼此的干扰（图7.10c）？

这两个问题的答案有些是取决于实际的办公空间平面布局、可利用空间状况、标准隔间的布局结构，以及隔间的组件、家具具体要求，还有反映客户所需和企业文化的整体空间布局。另一方面，决定隔间彼此排列组织关系的因素还有在工作隔间中工作所需的保密程度、静音要求、公司的经营理念以及各个隔间之间的协作、非协作工作效果。

客户现有的工作习惯和操作流程是可以在一个新搬入的办公空间中继续的，这在设计过程中也很容易地被体现出来。然而搬入新办公空间的时候也是一个实行新工作思路和建立新工作习惯的理想时间点，如果客户希望这样做的话。因此，设计师应该在进行空间平面设计阶段之前就与客户深入地讨论相关的工作理念、概念、可能的布局方式以及进行相关的案例研究。

电气和数据网点

向工作隔间提供电源是空间平面设计和规划中一个不可缺少的部分。在最初的平面规划阶段，设计者应与客户确定好用户端的电力功率要求。然后，设计师就可以在接下来的工作阶段与电气销售商代表讨论这些电力功率要求，确定电力设备的选择以及指定相关的电源系统。

工作隔间内部电源

一般来说，我们认为电源、电话插座应被放置在墙壁上，但工作隔间组群位于房间中间的时候，这样就会对使用插座造成障碍。显然，我们并不希望穿过走道的电线阻碍人们行走，但即使当工作隔间的位置是紧挨着墙边的时候，靠近地面的隔断还是常常会阻碍对墙上插座的有效利用。

通过设计好的通道或电缆管，可以提供电源和数据传输，正如大家所知的，这些管道和缆管是通过隔断的内部连接到隔断关键插座口上的。在大多数情况下，制造商在工厂里直接将经UL（美国保险商实验所）认证的电源板和插座安装在隔断上，并连接好电源板与预接线路，这样家具安装工人在安装工作现场只要将隔断与隔断彼此连接好就可以实现完成电源的供应了。

预接线面板通道和连接器节省了电工安装电线通过管道安装线路的成本，为工作隔间中的每个电源插座安装方式提供了一个简洁的解决方案，并提供了非常方便的插座连接点。这种带有预接线面板的隔断还为未来工作隔间的重新配装提供了简便的方法。这样的话就可以首先将隔断与隔断的连接器断开，然后根据新的隔间平面布局重新排放隔断，再把连接器与连接器重新连接起来就可以了，这样的家具安装程序只要一个安装工人就可以完成。

对于大多数美国城市来说，带预接线板隔断这种技术是一种可以被接纳的设计方案。然而，由于大量法规的要求，对工作隔间安装现场的具体安装条件和目的进行核实或研究，并拟定切实的解决方案是很重要的。有些城市如芝加哥，是不允许工厂安装电源面板的，芝加哥要求隔断系统中的电器缆管要由获得执照证件的电工在工地上安装，然后通过缆管拉电线。这种严格的法规要求不会对实际的空间平面格局产生特别的改变或影响，但它的确会影响隔间家具的规格、安装的协调性、安装成本，以及未来的重新配置。

虽然电源和缆管可以添加到隔断里，也可以直接使用电插座或让电工在隔断上安装好电插座，但最好是在一开始到厂方下订单时就指定好哪块隔断需要安装供电电源。大多数隔断的电源是通过带有盖子的基础槽盒来连接的；无电源插座的隔断会带有一个带盖的空槽盒，而带电源插座的隔断则会安装带有槽轨的槽盒以便于安装电源插座、数据插座，或电话插座。许多隔断将插座安装在工作台面高度的下方或上方的中央位置。当隔断被决定要安装电源时，多是由是工厂来安装的，这将会节省在工地上安装的劳动成本。如果所需安装电气组件内容是在隔断完成以后才决定下来的话，那么相关的成本则除了组件本身还包括现场安装的额外费用。

带电源隔断

通常情况下，电力的传输位置是处于在工作隔间组群行列的中心槽轨中（图7.12）。尽管安装在隔断中的电线、面板和缆管可以在工作隔间的十字连接处实现90度的转弯连接，但这种做法很少，除非用户具有着较高的电气要求。带电源的隔断成本比不带电源的隔断高，因此，谨慎的做法是只在需要的地方安装电源。为了控制家具成本，工作隔间中的电话和工作设备位置要按照带电源隔断中输电槽轨的位置有条不紊地进行安排放置，从而可以减少在所有隔断上

图7.12　工作隔间的电力规定

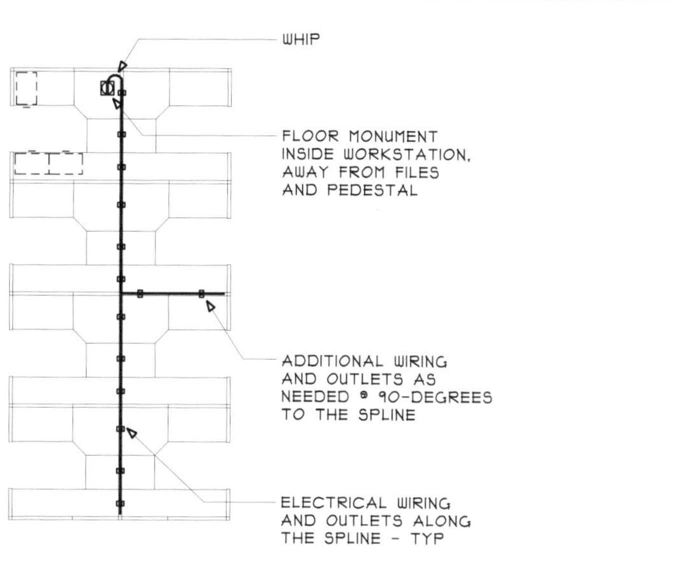

安装供电电源的需要。

电源连接到工作隔间

为工作隔间带来动力之源的方法一般有三种：通过地板，沿着墙，或从天花板向下布置。

传统上，设计师们最好把电源通过地板接线盒。接线盒通常是隐藏在工作台下面的，这样不会干扰视线（图7.12）。有时接线盒完全凹陷进楼板里，使外观整体看起来干净整洁。通常情况下，2英寸高的地面插座会被使用，是因为这种凸出与地面的插座价格低于完全凹陷的接线盒（图4.10b）。在这两种情况下，需要认真协调施工过程以确保接线盒是在工作隔间区的边角处，而不是在过道处、休息区工作椅处，或在隔断或柜子的下面。接线盒的电源通过电缆管（直径1英寸，长6英寸）与隔断中的电源相连接（图7.12）。根据隔间使用者所需要的电力使用量，每根电缆管可以为六至十个工作隔间服务。用地板接线盒连接电源这是最昂贵的选择，因为施工方将需要在地板上钻一个孔，并通过地板——这称为地板孔芯，然后从这个孔芯中安接电源线，这实际上往往是通过楼下其他租户的天花板位置来进行的。

如果工作隔间位于墙壁旁边，它就可以从墙上获得电源。这个做法比通过地板孔芯的方式便宜很多。然而，墙的连接并不总是可行的。电缆管是不能被切断的，并且从墙上向隔断连接电缆管时，它需要一个2~3英寸的平面空间距离来布置90度转弯。根据这样的线路布局要求，工作隔间就有可能需要被挪到远离墙壁的地方，以适应隔断后面的电缆管，否则就不得不沿着工作隔间行列的外部从头到尾进行布置，这样电缆管就会暴露在视线中。一些制造商已经通过提供一种非整体式隔断来解决这个问题，这种隔断在工作台面以下的表面中间部分是空的（电缆管可以穿行其中），而在工作台面上的隔断表面材料可以是瓷砖的（图表7.1c）。

因为建筑面积往往很紧张，所以设计师要确定要接往的地面接线盒的电缆管地面穿孔位置，以便于各个工作隔间组群（包括那些沿着墙壁的工作隔间组群）的电源接入。这样才能提供一个更整洁的环境效果，且这种做法所需费用相较于去通过打通一两个墙面来连接电源的方式花费是相差无几的。

为工作隔间供应电源最便宜的方法是从天花板向下引入电源线路。在过去从天花板延伸到地板上的4英寸×4英寸截面的白色电缆管是解决将电源连接到工作隔间隔断的首要方法（图4.10a）。这些电缆管功能强且价格低廉，但是很不美观。近年来厂商们拿出了很多方法来改善电缆管的外观。现在电缆管有着丰富的色彩，与其他工作隔间在视觉上或混合或鲜明对比。有些电缆管有着非常高科技感的垂直造型，例如可以是带有凸角的；也有圆形的、六角形的或长方形的，甚至是透明的。电缆管可以由各种材料构造而成，包括穿孔的金属或其他饰面。电极现在作为整个一部分与整个系统集成为一体，而不是像其早期时被视作附属物而存在。在一些空间系统中，这种方式甚至被视为是高技术的象征，被设计师们有意地暴露在视野之中，在这些情况下，一些用于支持布线的悬挂带或线路托盘被有意的使用和展现。

当代的工作区域、工作场所和工作空间

今天的人们在工作上，从实际工作要求和个人满意度这两方面出发，他们的需求、期望以及对于健康工作方式的重视是不断变化的。这甚至导致了对标准工作隔间和隔间组群的描述词汇的变化，新词汇、术语已经倾向于以诸如工作区域、工作空间和工作场所这样的名称来称呼原来的标准工作隔间和隔间组群。

对于如今的许多工作，人们往往会选择在一个更开放的环境里运作，而不是在被高隔断所包围的环境中。他们希望更多地与其他员工合作，更多的眼神交流以及更多的自然采光。

在这些办公室环境中，需要一定的隐私或隔断时，分体式屏风可以被安装到工作台面的前缘（图7.13）。欧洲的公司已经使用这种类型的独立家具一段时间了，而美国的工作人员最近才开始接受这种更为现代和开放的家具风格形式。今天的制造商和设计师都已经接受了这几种新的开放办公空间理念，诸如将自然光线引入日常的工作场所以及增强人们日常工作之间的协作等。

改造现有的系统

制造商已经通过扩大、改编、重组现有

图7.13　自由组合系统家具

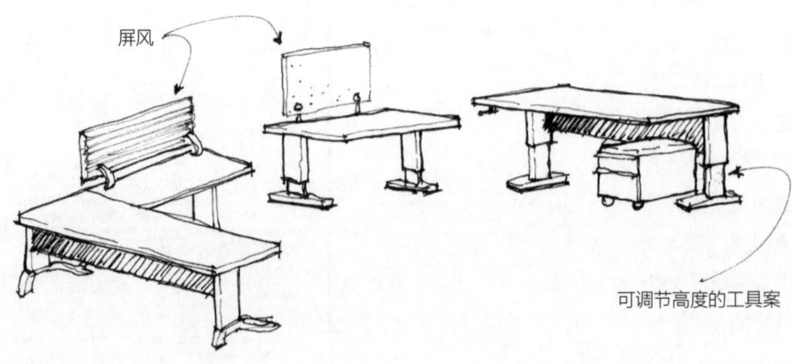

的系统，或引入可以与现有系统兼容的新系统来对这些不断变化的需求做出回应。他们还扩展了家具系统的布置与连接方式。例如，当需要存放大量的纸质文件时，是否真的有必要先在两个工作隔间树立起一个分隔隔断，然后再将文件柜摆放在隔断前？而不是相反地去用这些文件柜将空间分隔成两个隔间，这样就可以消除掉每个工作隔间的一个或多个隔断来降低家具成本（图表7.2e和图7.14）。此外，这种修改后的工作隔间平面布局中，职员人均占用面积由原来标准隔间的64平方英尺降至60平方英尺。

在其他的修改中，改进的横向挂物槽轨和模块化隔断系统（参见第4章）使得各个公司得以更为方便和灵活地去布置非标准工作隔间。工作台面可以使用T形布局方式任意放置在任何地方，而无需去订制，且隔断可以加宽以提供更为整体的外观效果，并有助于降低总体造价成本（图7.8c和图7.15a）。

最后，制造商已经更新了产品造型，以反映开放的环境概念。曾经全部树立在地板上的隔断现在被悬离地板4~6英寸以上（图7.15b）。原来在端头起结构支撑作用的隔断被重新设计，成为开放的框架结构。各种不透明的、半透明的、波纹的、有色的以及夹层的玻璃也被用于隔断中。透明玻璃可以被安装在隔断里，也可以依靠隔断顶部的彼此连接或工作台面的连接作用将玻璃整个作为隔断，这些方式既可以为工作人员提供个人隐私，也可以使得自然光渗透到各个工作区域，而这种使用自然采光的设计是可以有助于项目实现绿色建筑的LEED认证的（见Box 14.3）。

电气更新

随着更多的合作和互动，现在的员工往往有比过去更多的电力要求。人们一旦插入削笔器和计算器，所需要的电源插座的设备清单就要大大扩展：一台或多台个人电脑或笔记本电脑、显示器、打印机、台式电话机、充电器、音乐播放器以及更多。另外，这些产品往往比过去的设备更为频繁地插入、拔出，所以电源插座需要随时能被找到。

图7.14　使用家具单位，如文件，来代替隔断

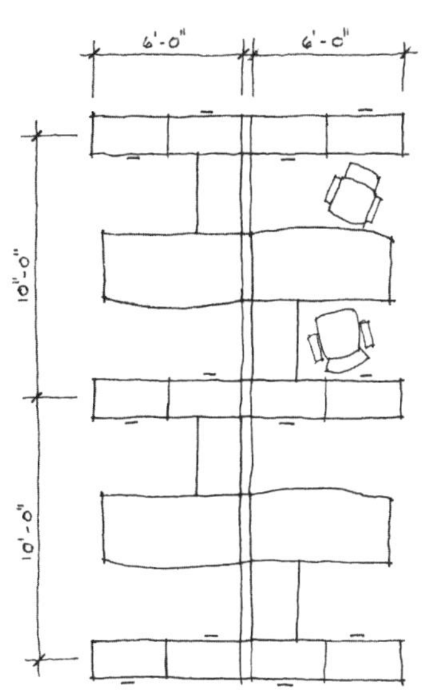

图7.15　修改现有的系统

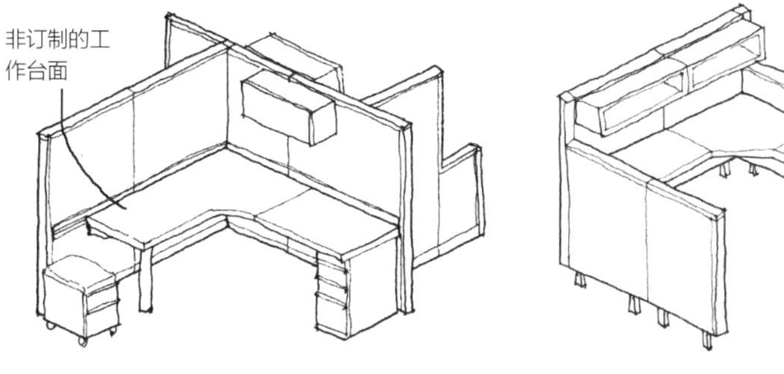

a. 模块化隔断系统和横向挂物槽轨为规划非标准布局或T形布局提供了更大的灵活性

b. 当代隔断，开放式隔断，架空的工作单元

图7.16　电线和电缆管理解决方案

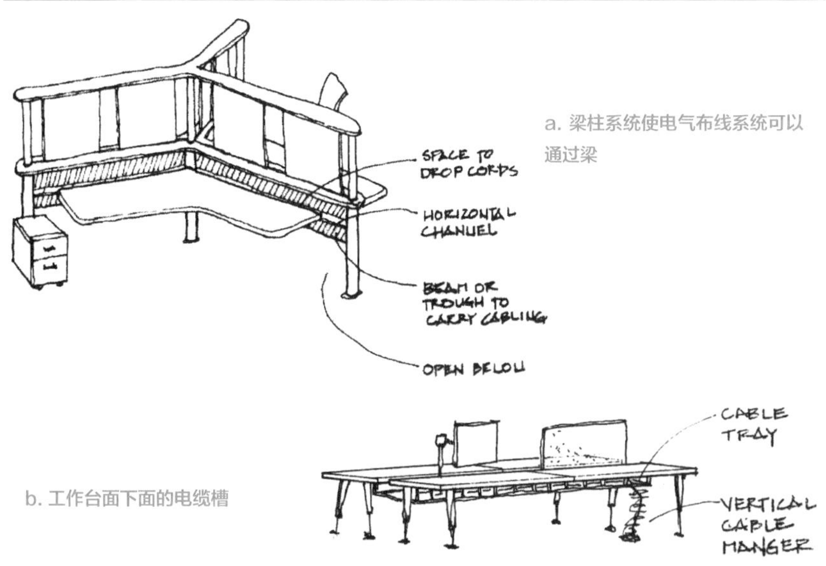

a. 梁柱系统使电气布线系统可以通过梁

b. 工作台面下面的电缆槽

多年来制造商为了适应大量的电线安装需求取得了很大的进步，他们通过增加隔断的管道或者将整个隔断内部空间简化、清空以便接入成捆的线路。但由于面临着办公空间中隔断变得越来越低，甚至将隔断取消的趋向，新的线路安装管理方案便是十分必要的。厂商们因此推出了梁柱系统，梁与柱子内部的空腔结构被设计成可以接入大量的电源线路（图7.16a），对于工作台面的支撑则通过梁的结构与隔断的水平槽轨来获得。另一种解决方案则是在工作台面下安装开放的电缆槽来安装布置电源线路（图7.16b）。

独立式和移动系统

有些客户需要他们的工作空间系统保持灵活性，这样的话，工作团队中参与者的数量可以随着项目或项目阶段的变更而增加或减少。显然，一个团队中加入的人越多，也就需要更多的工作区域或空间。反之，如果一个项目越接近尾声的话，也就意味着越多的工作人员要加入到其他项目组中去了。

虽然以往的隔断系统被设计为根据需要而重新配置，但重新配置仍然是一个工作任务，它需要时间去拆解和重新组装各种部件，这一般由家具安装工人来完成。在现实中，工作隔间总是比较固定的，它们不会被经常的、自发的去被重新组合。

对于真正需要灵活变化的工作领域，员工、企业和厂商都倾向于使用独立的和可移动的家具。而不是附加了美妙曲线的工作台面。如今的工作台面可以是分离的，无论它们带或不带脚轮。这些办公桌一般都是小于48英寸的面宽，以便于移动。桌子可以是椭圆形、圆形、矩形或梯形，并可以抵接着另一个桌子。它们可以被移动到另一个工作区以方便与其他团队协作，也可以旋转桌子的朝向以满足个人的工作习惯（图7.17a）。

在过去，对于独立式文件柜或附属工作桌的独立底柜的订制是较少的，因为它们多比较昂贵，并且相对于那种标准的双抽屉底柜，它们文件的存储量要少得多，另外它们也很少被移动。现在更多的文件柜是可移动的，并常被用在办公室中，即使这些可移动的文件柜仍然很昂贵。这些可移动的文件柜另外一个好处是可以和坐垫结合起来，成为兼供客人休息的椅子（图7.15a）。

许多隔断再次被设计成独立的或可移动的。这些隔断可以用在独立的工作区域或工作组区域以提供额外的隐私保护，这与很多

图7.17　独立式和可移动系统

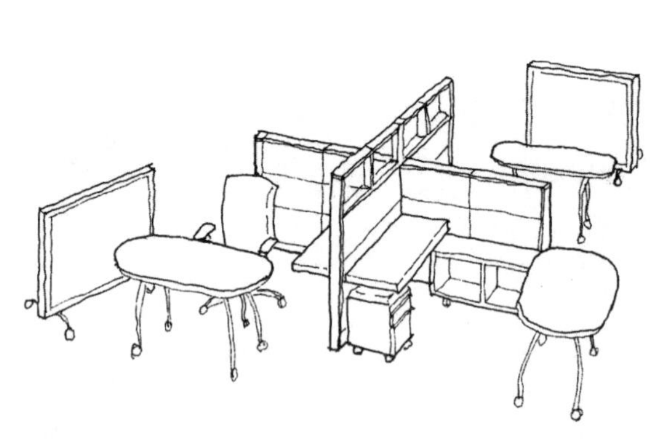

a. 等距：独立的主台面和移动隔断

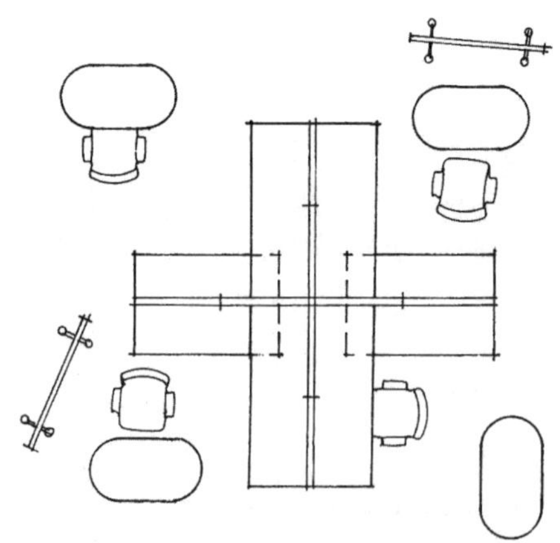

b. 平面图：运用可移动台面和隔断单元组织的典型布局

图7.18　前端隔断系统

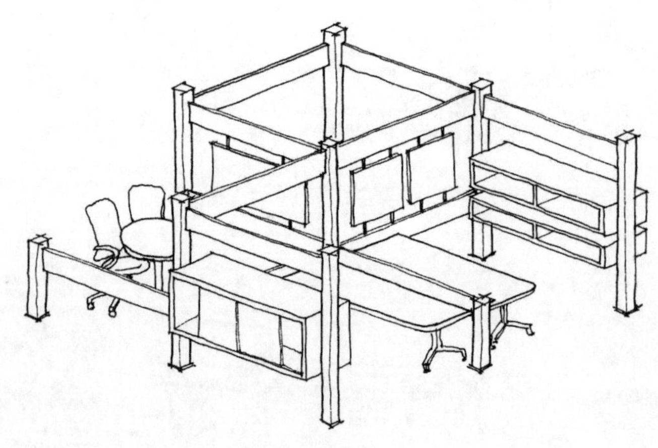

a. 等距：梁柱系统

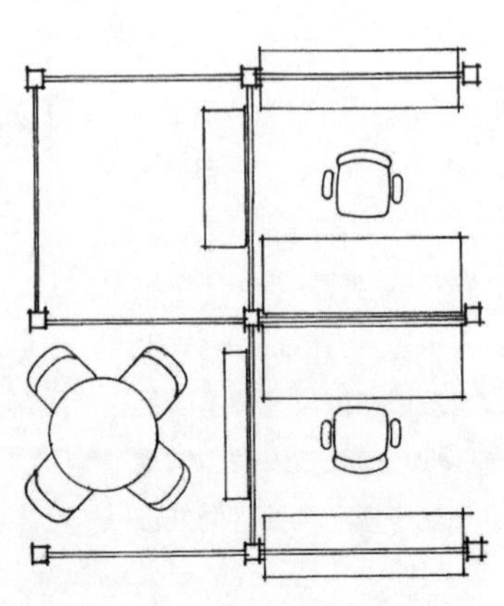

b. 平面图：使用梁柱系统的典型布局

年前使用屏风来隔离某些活动的方式是一样的（图7.17a）。

全新家具系统

每隔几年，一些制造商就会带来一些“疯狂的”家具系统，并展示在他们的陈列室中。这些家具系统通常在技术上和工作模式上具有超前意识，并远远超出目前工作空间的平均水平（图7.3和图7.18a）。

这些激进的系统一般都是由那些在行业内处于先锋位置的企业来购买和使用，特别是那些具有开拓概念的企业。这些系统常常能够激发使用公司产生新的工作模式想法，促使员工改进与同事合作的方式，拓展设计师对工作空间设计的思路。这些系统对设计师来说最重要的是促使设计师紧跟家具发展的新趋势，即使它们在实际使用中并不是太实用。

当前趋势

当一个公司搬迁到新的工作地点的时候，他们会根据自己的要求和运作模式决定购买全新的家具，并以开放工作区域和独立的家具来营造一个完全现代的办公空间。通常，公司往往喜欢开放的思想，但又会希望采取略微保守的工作方式，因此会选择一种介于传统工作隔间与以独立家具组合开放办公空间之间的方式来组织办公空间。营造具有开放性和协作性的工作区域可以通过以下几种方法：降低多数隔断的高度；在可能的情况下消除端部隔断；安排大于标准工作隔间面积2到4倍的工作区域，而非安排个人工作隔间；使用移动家具以节省空间或使其可以两用。

如果公司想重新变更现有的工作隔间格局，则可以结合一些新的办公家具产品和新的空间组织概念，并通过更换和补充一些低隔断或玻璃隔断到现有的隔断系统中的方式来实现。隔断可以消除，私人的工作隔间可以转变为团队的工作区域，而不是继续保持独立的个人工作小隔间（图7.19和图表7.1e）。

架空支柱及配件装置

使用隔断系统的一个优势是有能力提供高于工作台面的上部空间存储并且不会妨碍工作人员的进出与就座。现在，尽管今天人们可能不再需要高隔断，但他们并不会愿意放弃自己存储的方便性。

制造商开发了一种新的称为“支柱或导轨”的竖向构件，它可以连接到较低的隔

图7.19　将新概念与现有的或新的当代面板系统结合

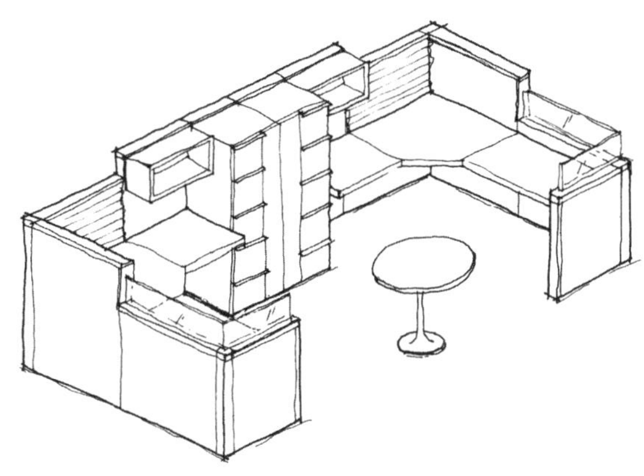

图7.20　支柱架空组件提供更大的可视性

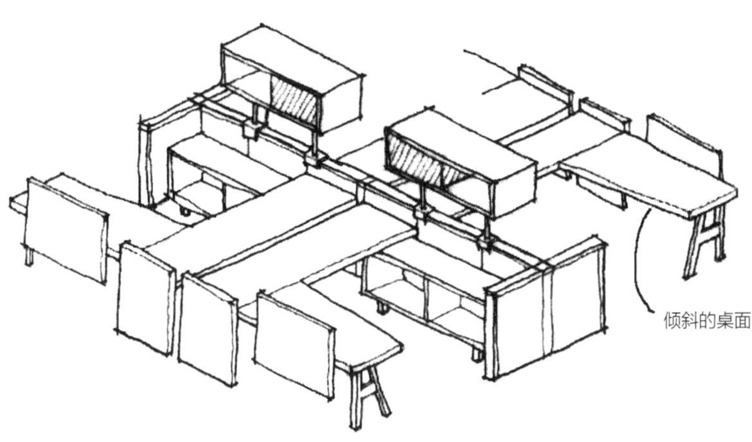

断、梁架或工作台面上。顶部的存储箱、书柜、反光板和文件柜可以安装到所需的支柱上去，并且它们一般会在底部与工作台面之间留出一些空间使得在各工作区域中工作的人们仍然可以进行沟通与交流，工作灯仍然可以安装在低于顶部存储空间之下。在这些区域中，个人电脑屏幕也可以连接到桌面单元上，但是在这些情况下，完全的开放工作空间则是不可取的（图7.20）。

规划开放式的工作区

规划开放的、独立的或半独立式办公空间系统与以传统隔断系统为基础的办公空间规划方式是一样的。首先，设计师决定工作区域的使用功能以及这些功能所需要的基本面积。然后，设计师开始制定工作台面以及根据使用者需求建立占用的空间。如果主要工作台面位置是可变动的，设计师就会在它周围留出适量的变动空间，然后以类似的方式在一个办公室添加存储空间或其他家具设施（图7.17b）。如果用到梁柱系统时，设计者应先确定梁的长度以便选择添加所需的组件（图7.18b）。如果所有的办公家具都是独立或半独立的，设计师便需要为其选择并安排一个合适的平面布局。

在大多数情况下，当代系统家具占用的空间会看起来类似于传统的工作隔间布局。这有一个主工作台面；这里是放置工作人员的椅子的区域；这里有可能是附属的工作台面；并且无论是在天花板上还是地板上会有一些不同的存储空间。大多数较新的办公家具系统组成构件、尺寸与传统系统可能是相同的，但工作台面会不一样。

工作台面

当你坐在一个直线性工作台面边上时，桌子的外侧边缘和靠近隔断的背部的边角区域都是不太方便使用的地方（图14.14b，c）。通过围绕在使用者周边的的工作台面布局则可以使这些区域变得更加方便使用。基于人体工程学，制造商提供了大量的工作台面的布局样式，使得这些工作台面显得有所不同，但用于安装工作台面的隔板、隔断两侧的直边是都符合标准尺寸的，仅仅是台面的工作区域前缘形状为弯曲，倾斜或其他角度的（图7.21）。

图7.21 当代新工作台面的形状

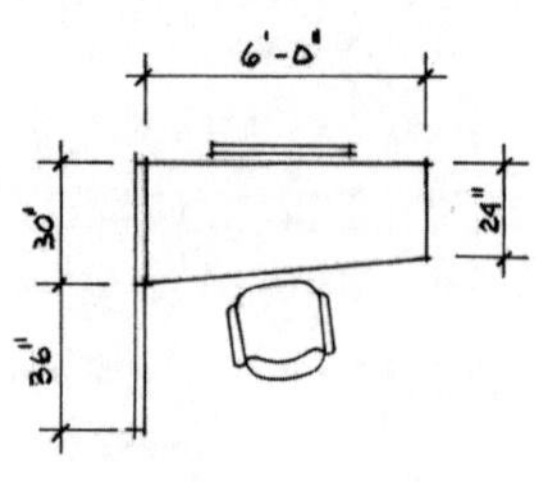

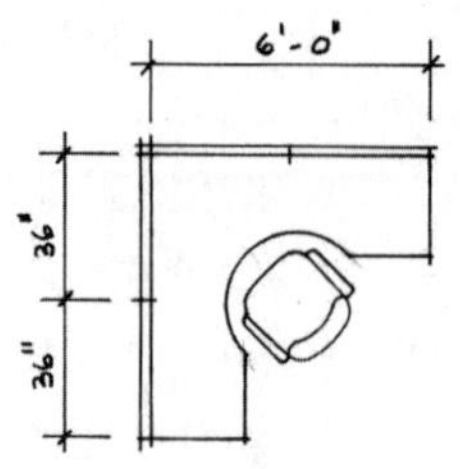

旅馆化，实时性，任意工作地点的办公方式

如今的市场上，很多员工移动性都非常强。他们来往奔波于公司办公室和客户的办事处之间。事实上，一些员工将更多的时间花费在路上或是在客户的办公室，而不是在自己的办公室。许多人依循着美国政府的变动型工作日程表工作：在郊区某个替代办公室的地方一天工作10小时，每周工作四天或每周工作一天，而不是在市中心的主要办事处工作。还有一些员工花费了大量的时间在机场、汽车上、家中、其他公司中、展览中心中、会议中心中等任何地方，除了自己的办公室和工作隔间。有时，他们甚至数天或数周都不会去自己的办公室。毕竟当你通过电话、传真、计算机网络、自动薪水存款等与外界联系时，真正能够让你去办公室的原因也就不多了！

由于员工的变动性，为了节省办公空间，公司可能会要求一些员工共用一个工作室——这不是双人工作室，而是一个单一的，未具体分配的工作室，当某个雇员不经常用到这个办公室时，其他的任何雇员都可以占用。例如，考虑到如果A只有25%的时间是在办公室，而B有35%的时间在办公室的话，他俩加起来在办公室只有60%的总占用时间，因此从理论上讲， A和B应该是能够共享使用同一个办公室的，特别是如果A是周一、周二在办公室而B是周四、周五在办公室时。此方案的关键是，这25%和35%的时间是不重叠的——A和B不会在同一天出现在办公室里。

当有少数员工或员工有60%以上的时间是在办公室时，而办公室的数量总额相对不足的话，共享隔间这个概念便很难实行。但如果有较多群体或者是整个部门在办公室的平均时间不超过35%~60%的时间，那么就可以通过对在工作间工作人员占用时间比率进行计算，使办公室在员工使用的高峰时段仍能提供足够的工作间，这样所需的工作间数量与员工的比率仍将小于每个人都占用一个办公室。

各种专业术语已经被创造或者借用以定义这种另类的共享工作区。“旅馆化”是个最经常使用的专业术语，但它不是惟一的术语。

1. **旅馆化：**每个员工都会通过“门房”提前登记预约一个工作区。这样门房将为员工指派一个工作区，并确保所有必要的物品——包括文件、纸张、电脑等——都会被放在当天指定的工作室里。这样的安排最大程度保证了指定的人在指定的一天在指定的位置工作。
2. **实时性：**实时性是旅馆化的另一种说法。实时性是一个概念，它起源于亚洲国家的零件及时交付，因为他们需要避免库存以维持成本。
3. **任意工作地点：**员工可以坐在任何他们喜欢的地方工作，先到者先得。这可以激励人们早上班，但这样也会制造混乱，因为员工实时的位置很难被确定。
4. **机场贵宾室：**这个术语其实是指两种类型的平面布局，这两种布局都是从机场俱乐部会员休息室里得到启发的。第一个布局是沿墙壁的电话站，它作为一系列的工作“着陆站”以便员工能够得到消息、回电话，并插上笔记本电脑进行工作。第二个布局是作为休息区，员工可以随便坐下以便于彼此进行讨论工

图7.22 休息区单元

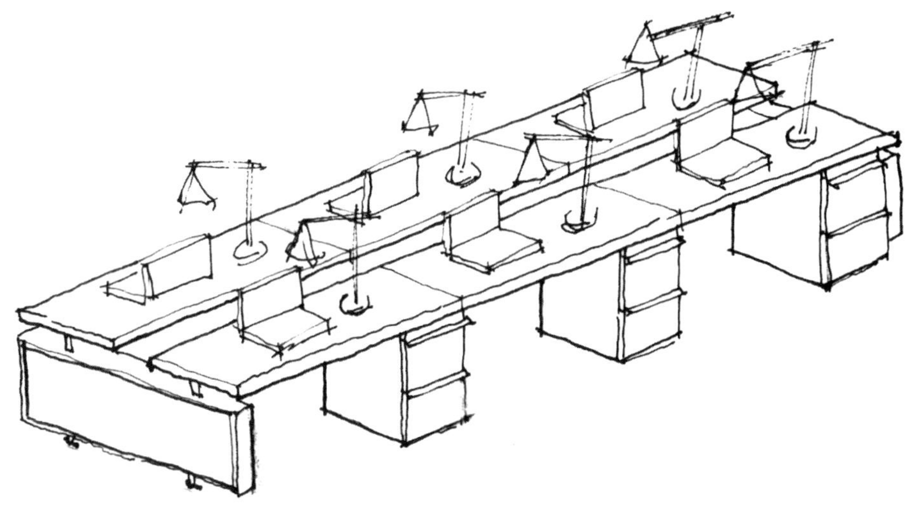

作的战略、规划和思路。

5. **休息区或着陆站：**休息区类似于电话站，有一排柜台或工作台面，任何人都可以坐下来拨打电话或插入笔记本电脑。然而，电话站一般是结构紧凑的，且靠墙的，而休息区通常较独立并与另一排休息区朝向反向。休息区可以分配在旅馆化的办公空间中，或与任意工作地点一样先到先得（图7.22）。

某些变动性工作方式概念中工作隔间所使用的类型和尺寸与标准的工作隔间是一样的，而标准的工作隔间无论其为传统样式或现代样式的，我们都已经讨论过。剩下的就是如何去缩减工作隔间的尺寸或改造工作隔间的样式，甚至完全去除工作隔间。办公空间的平面布置与传统的看起来有没有区别，这要取决于客户的需求和这种变动性工作模式的具体情况，之后客户才能决定何种办公室类型才是最适合他们公司需求的。

绘制典型的工作隔间平面布局

绘制“典型的工作隔间平面布局”的方式与绘制标准的办公室平面布局大致相同（见第6章）。设计者必须与客户讨论分配多少面积给使用工作隔间的员工。此外，要让客户明白在一个给定面积的具体空间条件中什么样的家具组件和存储空间可以被容下是十分重要的，因为客户往往在看到一两个与众不同的平面布局参考图时，会不顾实际情况去改变、扩大以及转变已经完成的工作隔间尺寸、配置和朝向（图7.2）。

项目

继续从附录A中使用相同的客户文件来设计一个标准的办公室空间，并为客户提供一个标准的个人工作隔间设计文件。

1. 图面格式应遵循绘图规范，并要以为客户提供一个与设计内容一致的演示文件（见第6章）。
2. 画出工作隔间平面布局，手画或电脑制作皆可。
3. 工作隔间尺寸确定后，提出至少两种不同的配置方案以供选择。
4. 绘出使用共用隔断的工作隔间组群平面布置方案。

8

会议室

典型的会议室在通常情况下包含四个项目：桌子、椅子、书柜或者其他家具，以及一些视听工具或用于交流的设备，比如讲台。许多会议室的周围都装有玻璃墙，但这仅在室内会议室中使用。无论是只能坐4到6人的小型会议室还是能坐下30到50人、庞大复杂的大型会议室，它们之间的不同之处都在于形式和大小。

然而，如同会议室之间的功能有所不同一样，会议室不可能真正模式化。

1. 除了那些大型多楼层而且每层楼的格局相同的公司，许多企业都拥有一个主会议室。
2. 增加2到4个不同大小的会议室以满足各种需求。
3. 除了上述四个会议室包括的基本的项目，其他项目和设施可以有较大差别，这些从一个公司的会议室和房间，甚至两个仅相差一样东西的会议室之间就能反映出来。

会议室内部的设计方案

有时，一些会议室较为特殊或者是在沙发、椅子等休息工具上表现出文化差异。美国总统办公室是一个非常著名的会议室，总统在这里接见高官和内阁成员；他们围坐在沙发和椅子上，形成一个开放式的圆形。然而，作为一般性的成规，大多数美国的会议室都有一张围着桌子的椅子和一些诸如植物、艺术品之类的人性化的元素。

普通的会议室大概能够满足一个公司多半的会议需要。其他的会议为了更加复杂的报告可能会需要额外的空间（Box 8.1）。根据会议的不同需求，每一个公司至少应该拥有一个装备了部分或者全部满足当下技术需要的会议室。但这并不意味着适用于所有公司。

Box 8.1 室内设计的物品

一般会议室的物品

- 桌椅
- 箱子、书柜、壁柜
- 画架或白色标记板
- 电话
- 艺术品
- 植物

可选的会议室物品

- DVD播放器
- 平板电视
- 可折叠平板
- 白色标记/复印板
- 扬声器
- 相机
- 电话
- 会议设备
- 视频会议设备
- 电脑和显示器
- 幻灯片、投影仪
- 架空投影屏幕
- 电控窗帘
- 演讲台
- 麦克风
- 调酒吧台
- 后备椅子
- 休息室座位
- 快速储存室

Box 8.2 每次会议的人数

- 6~8
- 8~12
- 14~18
- 20~25
- 超过25人

会议室的大小

会议室的大小是用会议室桌子来“衡量”的，或者更确切地说，是用在这个房间里坐在桌子旁的人数决定的。大多数客户并不知道他们需要的房间或桌子的实际尺寸是多少，因此设计师通常会询问在给定房间中的平均开会的人数是多少（Box 8.2）。

对于大多数公司来说，多数会议的参与人数在6到14人之间。因此，许多公司需要一大一小两个会议室，一个主会议室能坐12到18人，另一个能坐6到10人。当会议参与人数稍多于预计人数时，额外备份的椅子能带入会议室并放在会议桌周围或者靠墙放置。

除非是为了保持中立的原因，一般情况下，只有两三人参与的会议通常选在办公室或在小房间举行，在这种情况下会议可能在任何会议室中举行，无论其大小。但一种罕见的情况是，当超过25人参加会议时，人们需要站在拥挤的房间中或者会议则要在另外的地方举行。根据会议的目的和议程，主办方通常会在另外的地方租一个能开大型会议的房间，比如当地的宾馆，会议中心或者其他专门针对这种情况提供会议室的组织。另一方面，如果一个公司经常要开大型会议就应该在办公区域里设计一个足够大的房间。

桌子的尺寸

会议桌的长度或直径是基于所坐人数多少来确定的。尽管会议的平均规模表现为参与会议的人数（即8至12人），但是一张桌子周围能坐下的人数是确定的，要么是8人，要么是10人或者12人。除非有特殊要求，一般情况下会议桌不能通过拆装板块或者延长的方式在尺寸上做调整，因此，设计师必须在会议桌的尺寸和参加会议的人数上做一个明确的决定。

在大多数情况下，设计师应保证会议桌能坐下更多的人。如果人数范围是6到8人，那么就应该选择8人桌。如果范围是20到25人，那就应该选择能坐下24或者26人的桌子。如果使用圆形的桌子，能坐下的人数是奇数，但如果是方形或者矩形的桌子，通常能坐下的人数是偶数。

在某种程度上，桌子的长度或者直径在数值上等同于坐在桌子周围的人数。举例来说，10英尺长的桌子能刚好坐下10人，而一个4英尺直径的桌子能轻松坐下4人。当人数增长到12或者14人时，桌子的尺寸必须向上调整以使每个人都感到适宜（图表8.1及Box 8.3、8.4）。

设计师在选择桌子尺寸的时候，除了考虑到坐的人数，还要考虑椅子的大小（见表4.2所示）。显然，大椅子需要更多的空间，因此可能需要一个长桌子才能容下那些椅子。当房间尺寸因为建筑结构的原因被限制或者因为空间改造而小于家具尺寸时，这就需要一张比其他首选方案更小的桌子，它可能是比指定尺寸更小的椅子，以充分满足座位和人数的要求。

流通空间

当桌子和椅子的尺寸确定之后，必须在桌子周围增加流通空间。要确保在桌子周围移动椅子和行走都没有问题。应该有30英寸左右的空间放置椅子和24~36英寸的步行空间。60英寸或5英尺总体上来说是理想的，42英寸或3英尺6英寸则是最小值。当房间和桌子的尺寸增大时，流通空间也应变大以维持一个相对平衡的比例。

会议室中的其他项目

在确定会议室最终尺寸之前，设计师应该先把将会出现在会议室中的所有项目安置在设计图中，包括独立的休息座位、书柜和相关设备。这些项目的位置和尺寸确定下来将会影响房间的整体大小。举个例子，书柜能被放置在房间侧壁或者端部，这将导致两种完全不同的房间尺寸和形状（图 8.2）。当书柜放置在墙壁的末端时，房间呈矩形，尺寸大约是22' × 14'；而当书柜放在侧壁边时，房间近似方形，尺寸大约是20' × 16'。

确保每一张设计图都易于吸引客户。设计图的选择受到顾客或者设计师的个人意愿、建筑布局、总体空间规划、会议室的位置、内部或者外部相邻房间的要求所影响。当要放置两个书桌时，它们可以并排放置，这样不影响房间尺寸，特别是当它们放置在侧壁边时，因为这里有更多线性空间。另一方面，当一个书柜放置在一个端壁而另一个放置在对面的端壁或者一个侧壁时，房间的

图表8.1　平面图：会议桌

人的座位数量决定桌子的尺寸

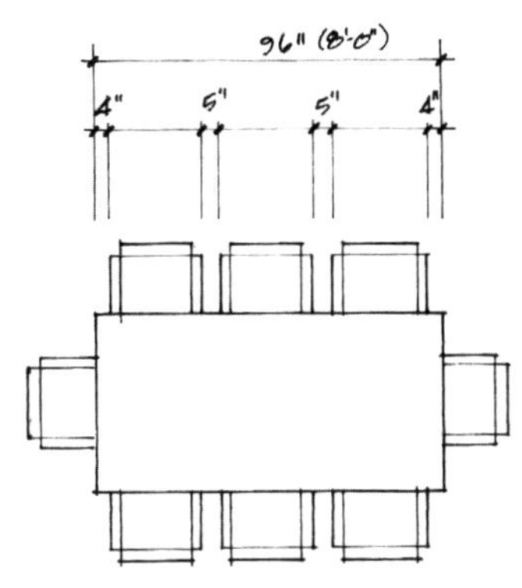

a. 一个8英尺的会议桌能容纳8个人

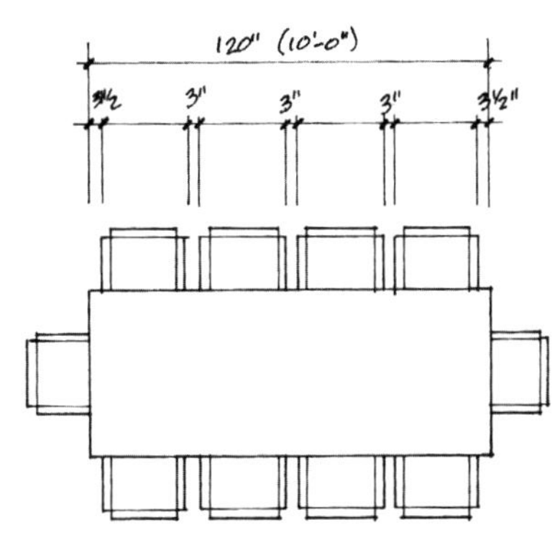

b. 一个10英尺的会议桌能容纳10个人

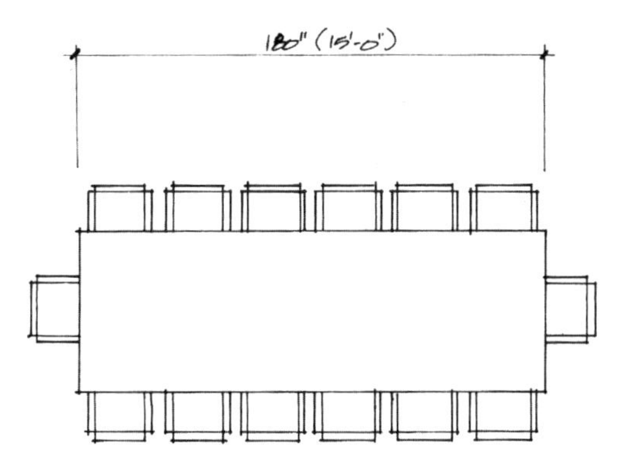

c. 1个15英尺的会议桌能容纳14个人

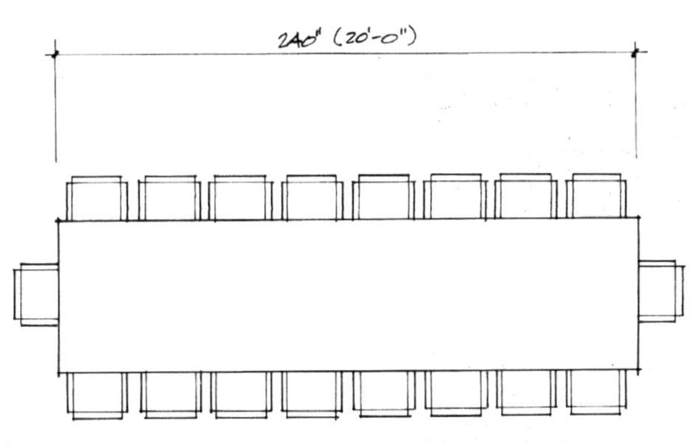

d. 一个20英尺的会议桌能容纳18个人

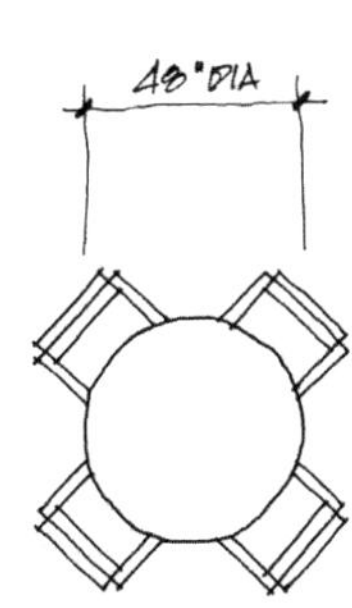

e. 一个4英尺直径的圆桌容纳4个人

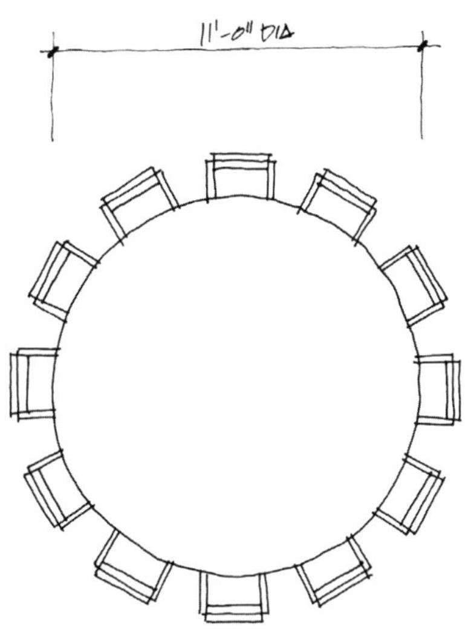

f. 一个11英尺直径的圆桌容纳12个人

Box 8.3

一般会议室的物品

- 餐桌椅
- 箱子、书柜、壁柜
- 画架或白色标记板
- 电话
- 艺术品
- 植物

可选的会议室物品

- DVD播放器
- 平板电视
- 可折叠平板
- 白色标记/复印板
- 扬声器
- 相机
- 扬声器电话
- 会议设备
- 视频会议设备
- 电脑和显示器
- 幻灯片、投影仪
- 架空投影屏幕
- 电控窗帘
- 演讲台
- 麦克风
- 调酒吧台
- 后备椅子
- 休息室座位
- 快速储存室

Box 8.4 每次会议的人数

- 6~8
- 8~12
- 14~18
- 20~25
- 超过25人

长度或宽度或者这两个都要有所增长以容下第二个书柜。

设备

会议室中的设备可能涵盖了从电话柜上的一个电话或储存单元到需要很多显示器、摄像头和电子标记板、最复杂的电视会议设备。设计师可能要建议客户在一个或者几个会议室里使用高级技术，但设计师不应选择或者指明任何设备。通常，客户会和一个单独的设备供应商或者音频/视频设计师合作，他们将和空间规划师一起协调设备和设备需求。

组合柜

作为在房间里可以根据个人意愿随意添加或移动的可选择的物品，会议室可能会看起来杂乱无章。举例来说，在一个角落可能放着黑板架，而另一个角落则放着平板电视和DVD播放器，桌上放着投影仪，而满是潦草字迹的标记板用绳子挂在墙上，并且卡片到处都是。当这些不同的项目在多个会议室之间共享或在一个特殊的房间连续被使用时，这种随意的规划可能是最好的解决方案。

但当一个房间经常会被人参观时，就要设计得比较正式，因为它可能是唯一使用设备的会议室，因此必须有一个特定的布局，设计师就要考虑在内置的壁柜里装上一些可移动的设施，类似于房间接待中心一样。大多数商业公司由设计师针对客户订制设计，然后由建筑商使用指定的建筑材料承建，比如木材、塑料层压板、花岗石、大理石和金属等。

单元尺寸

墙体单元可能表现得像一个独立的单元，但通常是由数个小单元构成的；它们被带到施工现场，然后安装到一起，看起来就像一个独立的单元。单独的单元可以在尺寸、高度、宽度和深度上有所不同，但当安装完成后，所有的单元应该作为一个统一整体而存在。

在最初的规划阶段，设计师使用24~30英寸的尺度比较好。当设计开始进展，确认具体的设备或其他用来装饰的物品在整体单元里被识别出来时，进行调整是必要的。

内置单元

当墙体单元在房间内建成之后，设计师必须习惯性地增加房间的尺寸，类似于习惯性地为书柜预留空间的方法。墙体单元可能占据一面墙的整个长度（图8.3）或部分长度，或是占据一个壁柜的尺寸（图8.4），甚至可以创建一个壁龛，让其融入室内空间。部分或全部的内置单元可能是整个墙体高度或书柜高度，它们被合页门、折叠门、滑门或伸缩门所包围；它们的形式表现为开放式书架、封闭的置物柜，或者随意的组合柜体，包括抽屉，还有在任何时候都可见或隐藏在门后的飘窗，一个可移动的壁架，等等。因为它们为由客户订制设计，因此可以根据他们的需求使用任何式样，以适应客户的需求。

隐形墙单元

尽管有些墙体单元看起来更像是接待中心，另一些或许构成了墙体结构的一部分，或封装在壁橱和隔壁的房间里。放映机、平板屏幕等设备可以放在桌子上或者临近房间的柜台上，用门或平滑板遮住房间之间共用的隔墙上的洞口（图8.5）。当设备使用时门是打开的，而在其他情况下，门要保持关闭状态以提供一个完整的会议室的视觉效果。

这种布局类型不会影响会议室房间的大小，但设计师必须记住在最后的设计中为设备间预留空间，它同样可以设置在会议室任何一个端壁旁。设备间没有确定的尺寸，通常是大约七英尺深。它可能贯穿了整个会议室墙壁的宽度或部分长度，具体根据需要而定。从会议室、走廊或是其他房间可以设计一到两个门直接进入设备间。

会议室类型

许多员工总觉得在他们公司的内部空间永远不会有足够的会议室。但多数客户除了必要之外不愿把更多的房间分配成会议室。毕竟，会议室在常态下一般都处于整天闲置的状态。因此，与客户讨论会议室的空间使用率是必不可少的，然后再是向他们提供各

图8.1 流通空间

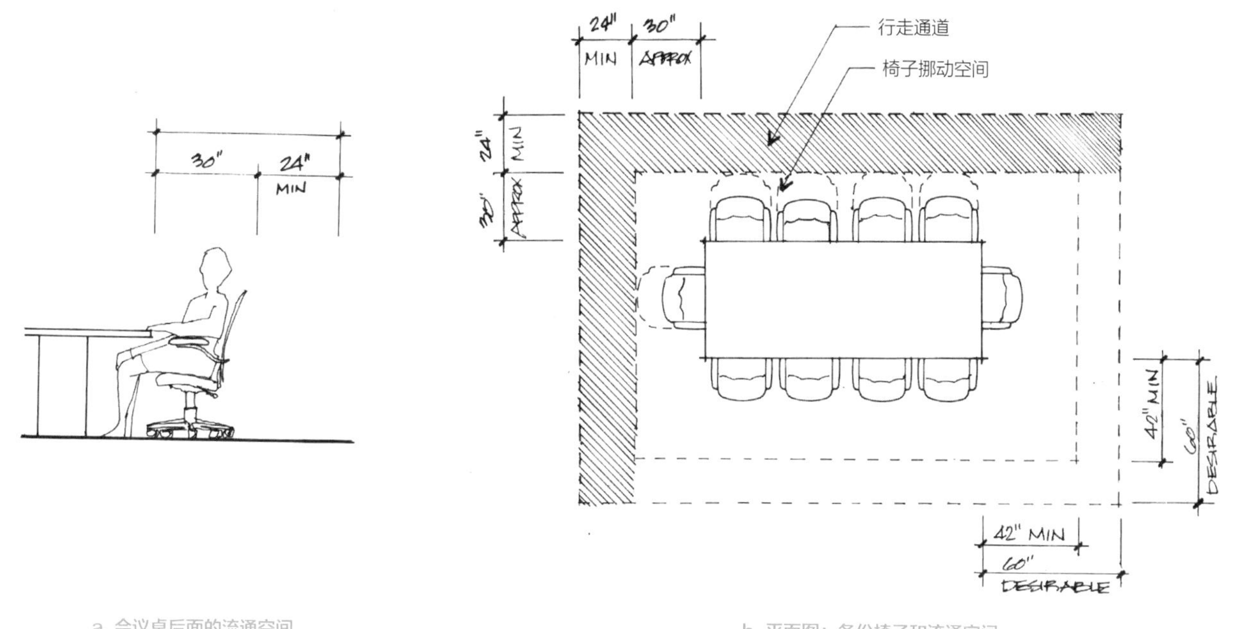

a. 会议桌后面的流通空间

b. 平面图：备份椅子和流通空间

图8.2 平面图

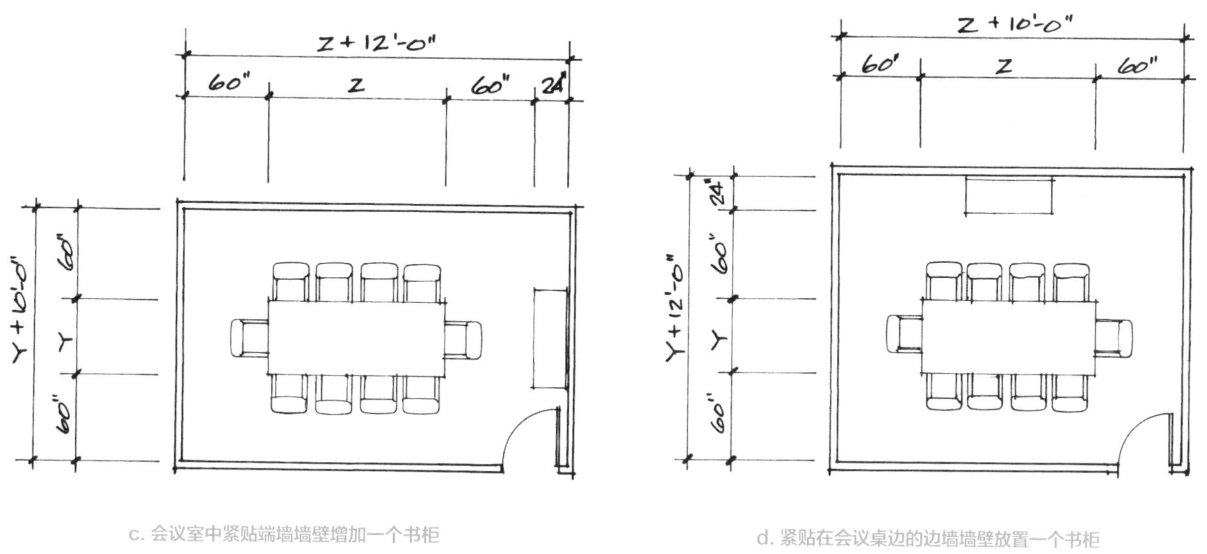

c. 会议室中紧贴端墙墙壁增加一个书柜

d. 紧贴在会议桌边的边墙墙壁放置一个书柜

BOX 8.5 桌子和房间尺寸

10英尺×4英尺的桌子和24英寸×72英寸的书柜	20英尺×4英尺的会议桌和24英寸×72英寸的书柜
A. Credenza on end wall 房间A=（Z+12英尺）×（Y+10英尺） 房间A=（10英尺+12英尺）×（14英尺+10英尺） 房间A=22英尺×14英尺	A. 书柜在端墙 房间A=（Z+12英尺）×（Y+10英尺） 房间A=（20英尺+12英尺）×（4英尺+10英尺） 房间A=32英尺×14英尺
B. Credenza on side wall 房间B=（Z+10英尺）×（Y+12英尺） 房间B=（10英尺+10英尺）×（4英尺+12英尺） 房间B=20英尺×16英尺	B. Credenza on side wall 房间B=(Z+10英尺）×（Y+12英尺） 房间B=（20英尺+10英尺）×（4英尺+12英尺） 房间B=30英尺×16英尺

图例:
Z－桌子长度
Y－桌子宽度

图8.3 平面图：会议室内的墙壁单元和凸出于隔壁房间的玻璃墙

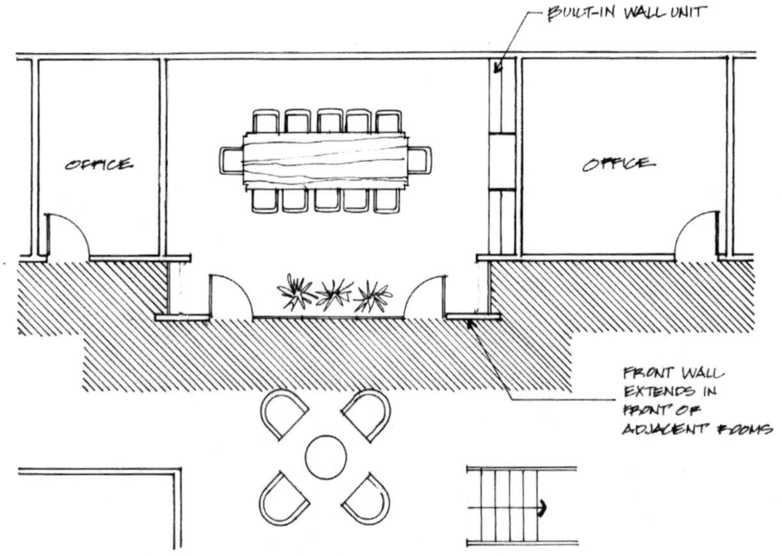

图8.4 平面图：会议室内置墙单元的详细图

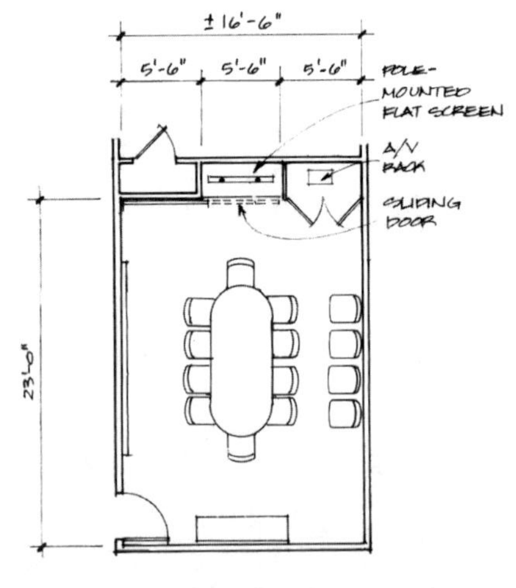

种不同类型会议室的选择。

董事会议室

大公司在他们的要求中一般包括董事会议室。一个非常大的董事会议室往往能容纳20至50人，这类会议室通常是宽敞的，它们具备合理的比例，而且设计得非常详细，甚至在这里可以找到很多供选择的设施（图8.6）。

由于公司的允许，一些必要的员工广泛地使用这个房间，而其他公司则将这个房间的使用限制得很严，只允许高层管理会议来使用，在其他时间将房子清空。当这个房间可以被广泛使用时，公司也会需要使用者先来预定，以便更为有效地维护并控制它。

主会议室

主会议室因为种种原因通常安排在接待区旁边。首先，这是个中立的地方，可以阻止其他任何组织或者部门有权利争执时破坏这间房；其次，这个地点相比要穿过办公区域来说为参观者提供了一个便捷的途径；最后，必要时前台接待人员可以作为监督者跟踪房间中的活动情况。

就像董事会议室一样，主会议室应该在设计时注重一些特殊细节。这个房间一般安排重要会议或提前做好计划的会议。在某些情况中，公司允许这间房在没有被安排会议时依需使用。

普通会议室

在普通会议室中合理地布局对于一个公司是很有利的。如果某一特定的群组或者部

图8.5

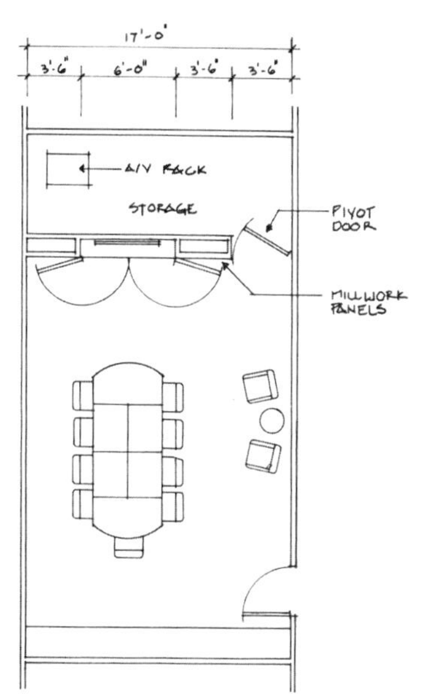

a. 平面图：隐蔽墙部分

b. 透视图：内墙，门

门有繁重会议时，这类普通会议室可以专门提供给它们，或者是可以提供给公司里的任何需要使用的人。一些公司通常要求提前预定这些房间，但通常是按照先到先得的原则使用（图 8.7）。

视频会议室

尽管在日常生活中使用电脑、摄像机、电话和其他高科技视觉共享设备十分普遍，但视频会议室在普通的办公区域仍是一个例外而不是标准。目前，在一个单独视频会议室，安装必备的平板显示器、摄像头、控制器、扬声器、空调、灯光、网线、电气线和其他终端设备与交互设备，比如复印机标记板、桌面平板电脑、平板复印机，这些合计需要花费大约30万美元。为了向客户提供他们所需要的这类房间，设计师要向他们的一个或者几个分支机构设计类似的房间。

当客户确实想要或者有意愿使用视频会议室时，设计师需要和客户选定的供应商合作以建立它。

培训室

有时候，规模较小的公司在没有专门培训室的情况下会在会议室内进行培训。根据会议室的布局，接受培训的人会坐在一张大桌子或是几张被拼起来的桌子周围（见第11章）。

图8.6　平面图

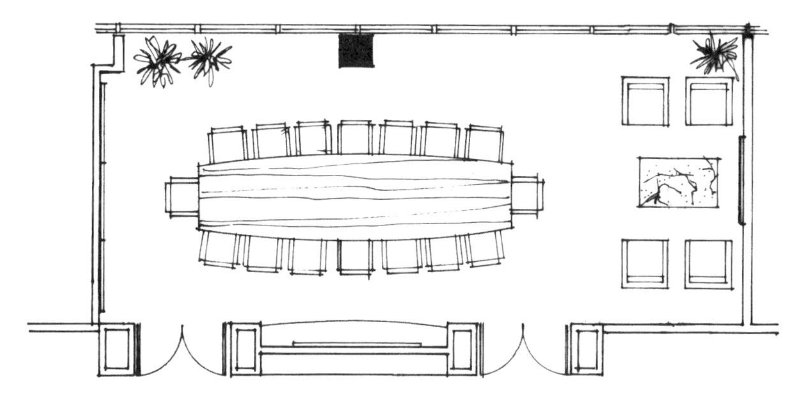

董事会会议室一般都加强高端饰面装饰

会议室的布局

如同任何一个房间、办公室或者空地一样，办公室既能布局在一个玻璃墙旁也可以是在区域空间的中央。关于布局在哪最往往具有争议性。

窗口位置

将玻璃窗设置在窗口位置就像是在“征求”进入房间的参观者的评价，哪怕是透过玻璃看到室内的时候。玻璃的作用就像磁铁一样，使人们无意间被它所吸引。员工同样也喜欢时不时地走进会议室凝视窗外。

玻璃窗提供了自然的日光，它在一个满是人的房间里或者是对于其他时候都待在室内的人来说非常受欢迎。玻璃窗同样提供了一种开放、轻松的氛围。

房间宽度

当会议室定位使用玻璃墙时，在第6章里讨论的所有相同的指导方案和限定房间外墙的情况均适用于会议室。在幕墙建筑中，基于窗框的宽度是5英尺OC时，会议室的长度或宽度将会是15、20、25英尺等。在水泥墙建筑中，会议室在整层楼的计划中可以为任何宽度。

房间深度

玻璃墙会议室的房间深度可能会同相邻的办公室深度一样（图8.7a）。这保证了从一条笔直的或过道里延伸出来的、沿着前壁的一条清洁过道。就像设计的多样性一样，设计师在有机会提供一个更好的或更有趣的布局时不必严格遵守普遍的指导原则（图8.3，8.7b）

遮光措施

会议室使用玻璃墙的一个潜在缺陷就是当举行视频会议或者使用视频、幻灯机或其他电子媒体时需将房间变暗。灯可以关掉，但是房间由于接收自然光通常不会变得很暗。用遮光窗帘或者是通过复杂的玻璃处理方式有时是可行的。有些设备可能很贵，在这种情况下，客户可能会使用普通的窗帘，这种窗帘可以遮光，但不能完全阻挡光线。在其他情况中，客户可能需要完整的遮光避光措施，这可能包括了黑线窗帘、遮光器，也包括旋转式遮光屏或遮光棚。这对于设计师来说是一个将他们的创意想法进行实践的好机会。

图8.7　会议室平面图

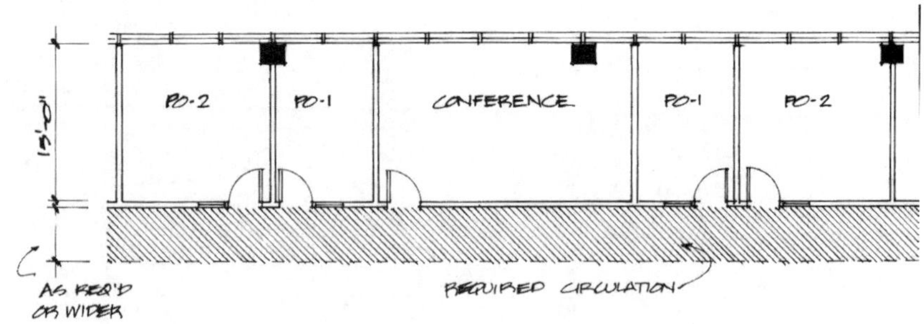

a. 相邻办公室会议室的布局

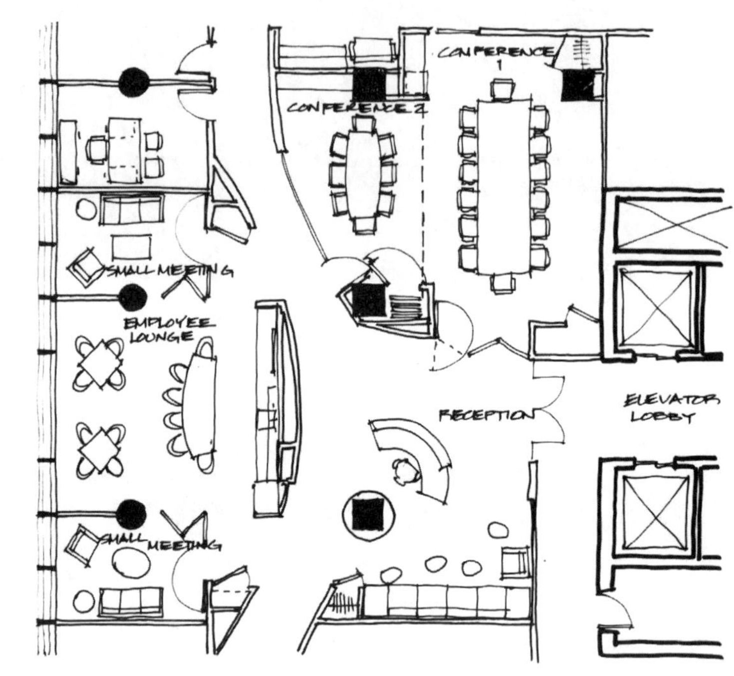

b. 非常规形状的会议室布局

室内定位

当会议室布局在室内时，它为了迎合客户的各种需求可以呈现各种尺寸和形状。当然，明显的建筑限制，比如某些建筑内柱和柱心到主要窗户的深度必须考虑到；反之，在设计时室内会议室可能要根据需要改变尺寸和位置。室内会议室的位置同样为视觉呈现提供了完整的遮光环境。

室内玻璃幕墙

不管会议室是布局在玻璃墙边还是室内，许多会议室拥有至少一面或者一部分室内玻璃幕墙。玻璃幕墙可能是透明的、磨砂的、雕刻过的、丝化过的、有边框的、无边框的、全高的、半高的，或者是由设计师设计的多种组合。这种建筑风格营造了一种易于接近和开放的气氛。另外，会议室的潜在使用者可以不用开门就了解到房间是否被占用，因为开门很有可能会打扰房间内正在进行的会议。最后，自然光线穿过玻璃进入房间位于围墙上时，可以位于室内空间的平衡位置。

总结

因为较小，6~10人的会议室通常用于非正式的或办公室之间的会议，这些房间可能会使用制造商用中低价格的材料生产的标准产品（第4章）。

由于会议室在尺寸和公众中的知名度，它们的总体外观往往是比较复杂的。室内空间也比较宽敞，并且它们的装修往往超出预期。当参观者进入接待区时，主会议室很明显，因此常被当作一个焦点（图8.7b）。超过12英尺大的桌子可能是订制的而备受关注，考虑到房间的所有细节，桌子、椅子、面料、装饰、地板、墙壁等，这为设计创意提出了一个宝贵的机会，而这也通常会成为设计师的展示项目。

起草会议室布局

对于许多人来说，会议室是整体办公空间的第二个最重要的组成部分。尽管没有真正意义上的标准会议室，而且房间的大小和布局在最后的空间布局中轻易就能被改变，但在交给顾客的典型办公室和工作站布局中经常收集一两款会议室的“经典”设计是大有裨益的（图8.8）。

图8.8　案例：一般的会议室布局

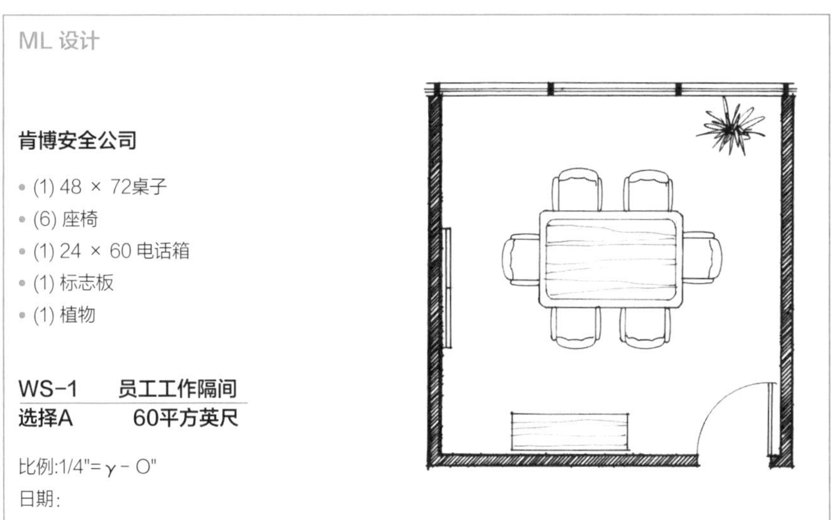

项目

应你的客户需求初步设计出两种会议室供其选择，就像附录A里所看到的一样，收集其他会议室的典型布局方案。为这些设计提供相同的信息，并且保留下来，当作另一份典型布局（见第6章中的课题任务）。

SSOCIATED GENERAL CONTRACTORS
AGC
MERICA

9

接待区与接待室

每一个接待区域都是独一无二的，它反映出公司的需求及特征。所有公司都想在新客户、一般公众和其他个人经过入口时留下深刻印象。这些公司或企业希望更多的客户成为回头客，并且想借由一个友好的接待区域提高来访者对公司的认可度及知名度。通常地，这些影响通过接待区域与接待室（特别是来访者首次访问公司）的视觉影响而建立。所以，接待区与接待室并非是“典型的”，而是需要针对不同的公司有不同的设计方案。

尽管每个接待区也许都有专门的接待员，也有其他相似的物品和家具，像桌子或柜台，客人座位或休息室座位，公司标志或艺术作品，杂志架等，但每个空间在风格、尺寸、地段、布局、设备和装饰面等各方面都有独到之处（Box 9.1）。甚至当公司一旦开始实施广泛的合作品牌时，各接待区的最后设计也可能由于建筑构造、办公所选区域、特殊地段的项目需求等诸多因素而有所不同。对于接待区的布局设计的确有一些有用的原则方针可供参考，但它们仅仅只是参考，设计更需要的是设计师运用自我的创造性思维、设计知识、工作经验来表现客户对其自身公众印象的期盼。

接待室的空间特点

公司会将来访者的需要、业务的性质、不同的想法，以及个人的金融资金评估进行分类。有的公司来访者人数很少，有的公司严格按行程时间办事（访客可能只会在接待区滞留一两分钟），对于这些公司，一个更小的接待区也许就已足够。而有的公司有较多客户或者需要较长的预约等待，其来访者可能会越聚越多，因此要求更多的席位和更大的接待区。一些公司的来访者并不会太多，但为了创造一种大气舒适的环境氛围，他们希望具备更大、更宽敞的接待区，然而这在其他公司看来不过是浪费空间和房租。

Box 9.1 接待室物品

常见的接待室物品
- 接待桌
- 座椅
- 小桌子
- 公司标志/名称
- 艺术品/塑像
- 盆景

可选的接待室物品
- 展示柜
- 书橱
- 衣柜（北方气候）
- 配饰

接待桌

对于多数办公室来说，按照常理，在主入口或接待区都必须有接待员。无论是首次来访的客户还是回头客，到达接待区后，出于礼仪都会让接待员向公司职员通告对方的造访。然后客户可以在接待区等待，直到有员工来接待他们。

依据客户的喜好，设计中的对称与均衡、空间形态、整个形态的布局模式，或者基于不同的设计理念，接待员与接待桌可能位于室内的任何地方。桌子可能直接位于入口门前（图9.1a，b）或者偏向入口门的一侧（图9.1c，d）。最终的接待桌的位置应该与整体设计相协调，且应能提供面向入口门的良好视角。

桌子风格

桌子风格可以是传统的，也可以是现代风格的。无论是选择标准品牌还是成套的家具，设计师须保证它将会与公司整体设计风格相一致，因为这往往是来访者进入办公空间后见到的第一个设计“项目”。

桌子尺寸

接待桌一般都是特大号的或者比标准办公桌要更大的尺寸，很大程度上是因为较大尺寸的桌自与宽敞的接待空间在比例上更为协调，同时也更能满足接待人员的工作需求。要知道，很多接待员同时也会兼做行政助手、电话接线员、办公经理、账务员等职位的相关工作。因此他们需要足够大的工作区。即使仅仅只是做接待员的工作，一台电脑、电话控制台、通报栏等也会占据相当大的空间。公司规模较大或者有很多客户来访时，这时就需要两个接待人员共用同一个接待桌。尽管从专业设计的角度来看接待桌的细节多变，但不同接待桌的尺寸具有相当的一致性（表格9.1）。

桌子高度

工作台面的高度是标准接待桌高（29~30英寸），但是桌子的前部和侧边按照惯例会高于工作面（约距地面42 英寸），原因如下：

1. 加高的桌子前部可以遮挡桌面上的订书机、胶带座、电话等办公物件，起到遮挡公众视线的作用。
2. 桌子边缘的加高，能够为登记来访者，放置公司名片、花束等特殊物件提供方便。

桌子轮廓

当选择接待桌时，必须考虑到以下两点：首先，当人们站立时，他们的脚趾在身体前边是突出的，因为人们是直接走到桌前的，因此沿着桌前基准应设计有合理的踢脚线或者使用持久耐用的材质（图9.2）。

第二，桌子的前部、壁架，或侧边的一

图9.1 平面图：接待室

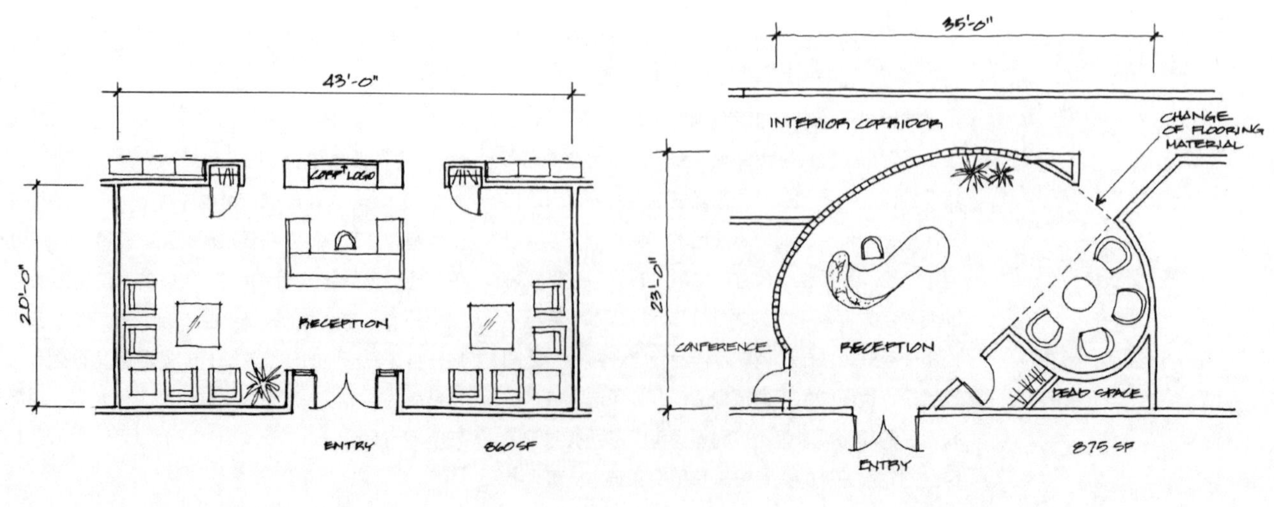

a. 对称布局的接待室

b. 特殊形状布局的接待室

部分需要降低到标准桌高（或至多不能高于34英寸），使之符合ADA条规的要求(图9.3a，b)。

材质和饰面

接待桌可使用多种材质和饰面。对于一些材质，例如金属，既可以作为结构材料，也可以用作最终饰面。而其他材质，例如纤维与皮革，大多数情况下运用在桌子底部构造。为此，设计师需要各取所长，灵活选择。受欢迎的桌子饰面和材质包括木材、金属、玻璃条、石材板、人造石、大理石、花岗岩、塑料叠合板、皮革、纤维和涂料。

制造商的标准桌

许多制造商会提供几种接待桌的风格作为其他标准桌子或者私人办公桌的搭配。书柜或U形桌也可以依布局需要添置进去。

面板系统

接待桌的另一种选择是使用面板系统。桌面可能被装饰以木质饰面、木质高等饰面和订制设计的纤维（图9.3a），或是大胆使用不锈钢底盖和透明树脂面板。

客户桌子

因为接待桌是接待室中重要的陈设，许多公司愿意花费额外的资金为办公套间订制接待桌——尽管这样的一张桌子很容易就花

表9.1　前台尺寸

进深		高		宽	
边长	9" - 14"	边长	38" - 44"	1人	8' - 10'
工作台面	28" - 30"	工作台面	29" - 30"	2人	12' - 15'
整体	36" - 42"				

图9.2　站姿时的尺寸对比

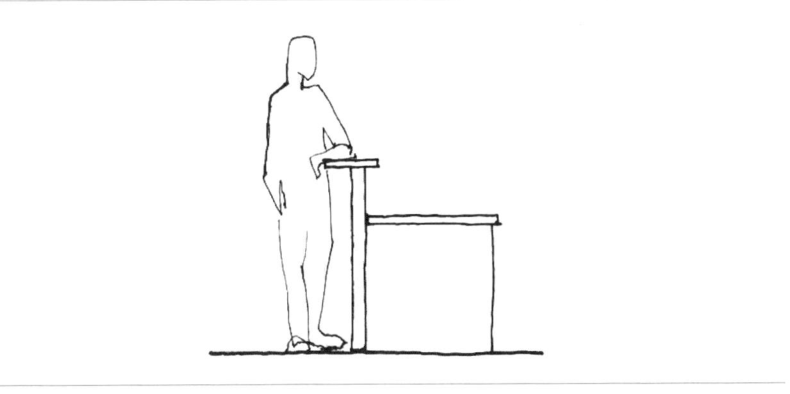

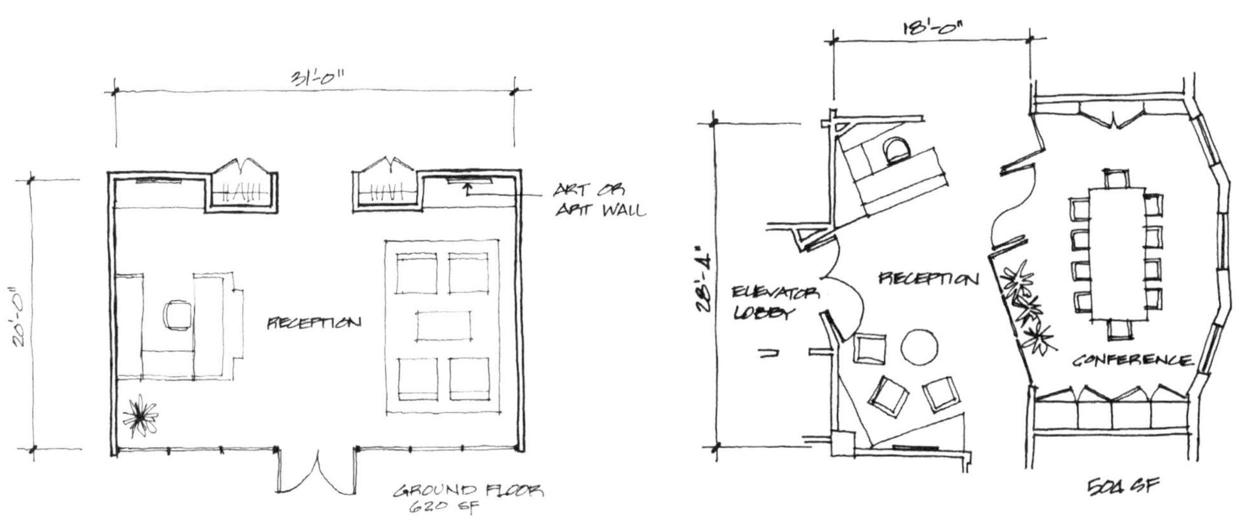

c. 一层非对称布置的接待室

d. 带斜角的接待区布置

图9.3 前台桌

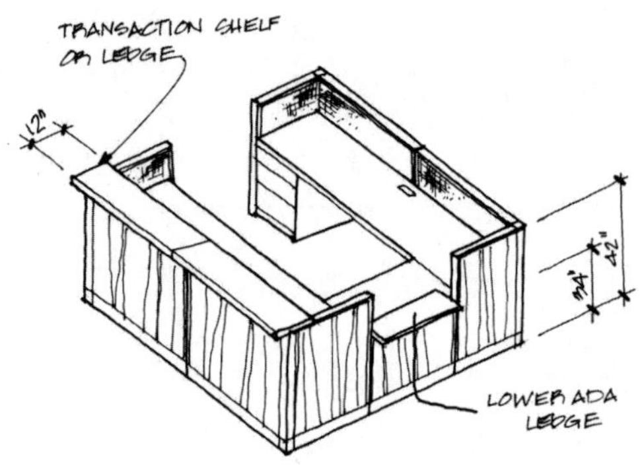

a. 前台交易区域的台面系统

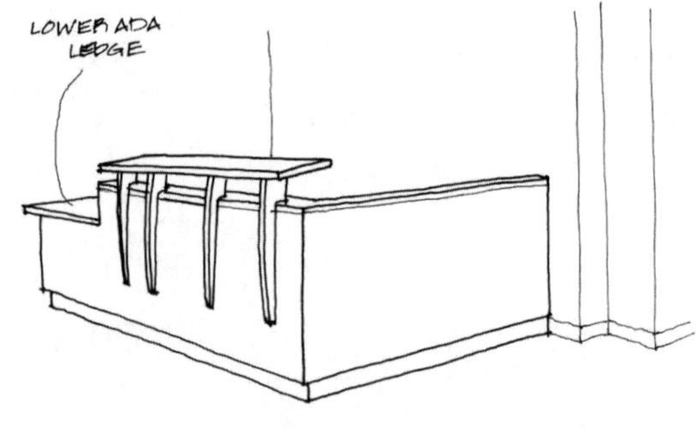

b. 订制设计的接待前台带有低高度ADA无障碍设置

费10 000美元或更多。在订制设计中，设计师可以将空间中的建筑细节元素融合到接待桌中，也可另辟蹊径，设计出独特非凡的作品（图9.3b）。

如同会议桌，当设计客户使用的桌子时，接缝、节点和尺寸是必须要考虑的。桌子可以交由加工车间或家具制造商制作，再放置在接待室。有时桌子会固定在地面，就如同是建筑的一部分，而更多情况下桌子是独立式的，就像其他家具一样可以随意移动。有时，不同于将已经组装好的成品直接摆放进来，我们会在接待室内现场组装接待桌：先使用干式墙或玻璃条作为支撑构造，然后安装工作面及饰面，最后组装其他配件。

根据总体设计理念，桌子前面的抬高和横截面可以选用不同的结构。四种主要横截面包括：

1. 水平面：壁架悬挂和臂悬完全越过工作面。没有踢脚线，所以允许桌子前端是相对地板垂直下去。这具有一种现代时髦的外观（如表9.1a所述）。
2. 伸出面：壁架横跨桌子直角面的两边，一部分位于工作面之上，一部分从桌子前端伸出。一个伸出面壁架产生了合理（尽管有所抬高）的踢脚线（如表 9.1b所述）。
3. 踢脚线：一个独特的踢脚线可以与桌子相匹配，就类似于橱柜下面的踢脚线一样。壁架可以与桌面或内部边缘持平，也可横跨直角面的支撑。这种特殊轮廓的优势是可通过孔洞去接电丝线（如表9.1c所述）。
4. 壁龛面：壁龛面轮廓相当于桌子凹面。它要求有最大的深度以便在工作面前安置一个带悬臂的壁架（如图表 9.1d所述）。

桌子平面图

在平面图上，许多桌子的外轮廓看起来一样，但主要不同之处还是在于实际上的进深或桌型（如表9.1e-h所述）。在最初的平面图中，对于订制的桌子，在图上可以绘制成一般桌子的尺寸、形状（如尺寸36×96），然而，一旦接待桌的设计已经完成且得到了客户认可，就应将其实际尺寸形状绘制于图上以确保其与实际空间相合。

接待柜台

有时，公司需要格外长的接待柜台，例如在办理许可证的办公室中，不同的办事窗口会沿着同一张桌或柜台划分为不同的独立的部分。此时，前文讨论的任何一种接待桌均可按实际需要进行扩大或加长处理（见图9.4a，b）。有些公司喜好纯粹的嵌入式柜台或纯粹的面板系统，有的公司则二者兼而有之。

座位

座位兼具实用价值及审美价值，它们是否同等重要或是一方甚于另一方取决于公司业务的性质。公共服务组织，例如办理许可证业务的办公室，会倾向于选择耐用材料和装饰面料，同时会希望整个接待室的布置能实现容纳人数的最大化。与之相反的是，许多私人机构会更关注座位的审美价值，希望其与公司的整体氛围相匹配。

席位的选择

在第4章节我们有讨论到，沙发在商业空间设计中可以多种多样。与之相反，具有普遍尺寸的多功能椅子或者超大尺寸的休息椅则常为接待区指定。可供选择的座椅式样有多种。有些休息椅的设计式样已成为经典，著名的设计师有柯布西耶、密斯凡德罗和埃姆斯。自然而然，这种式样的座椅在价格上会更加昂贵，但它们对于多数的买家而言可望而不可即，因此近几年市场上出现了价格较低的仿制品。是选择原创新颖的风格还是经典的式样，设计师及公司需要在充分考虑实际情况、设计的纯正性及预算后才能做出决定。

除了经典式样及其仿制品外，接待区的座位有各种其他的风格选择。多数情况下，座椅的风格需与空间环境相配；有时，座椅的选择先于空间设计，其风格反而会影响到整体的空间布局和氛围。

多功能座位布局

在多功能座位布局下，座椅整齐地沿墙排放以高效地利用空间。规划空间尺寸和椅子数量有如下两种方式：

图表9.1 订制设计的接待桌

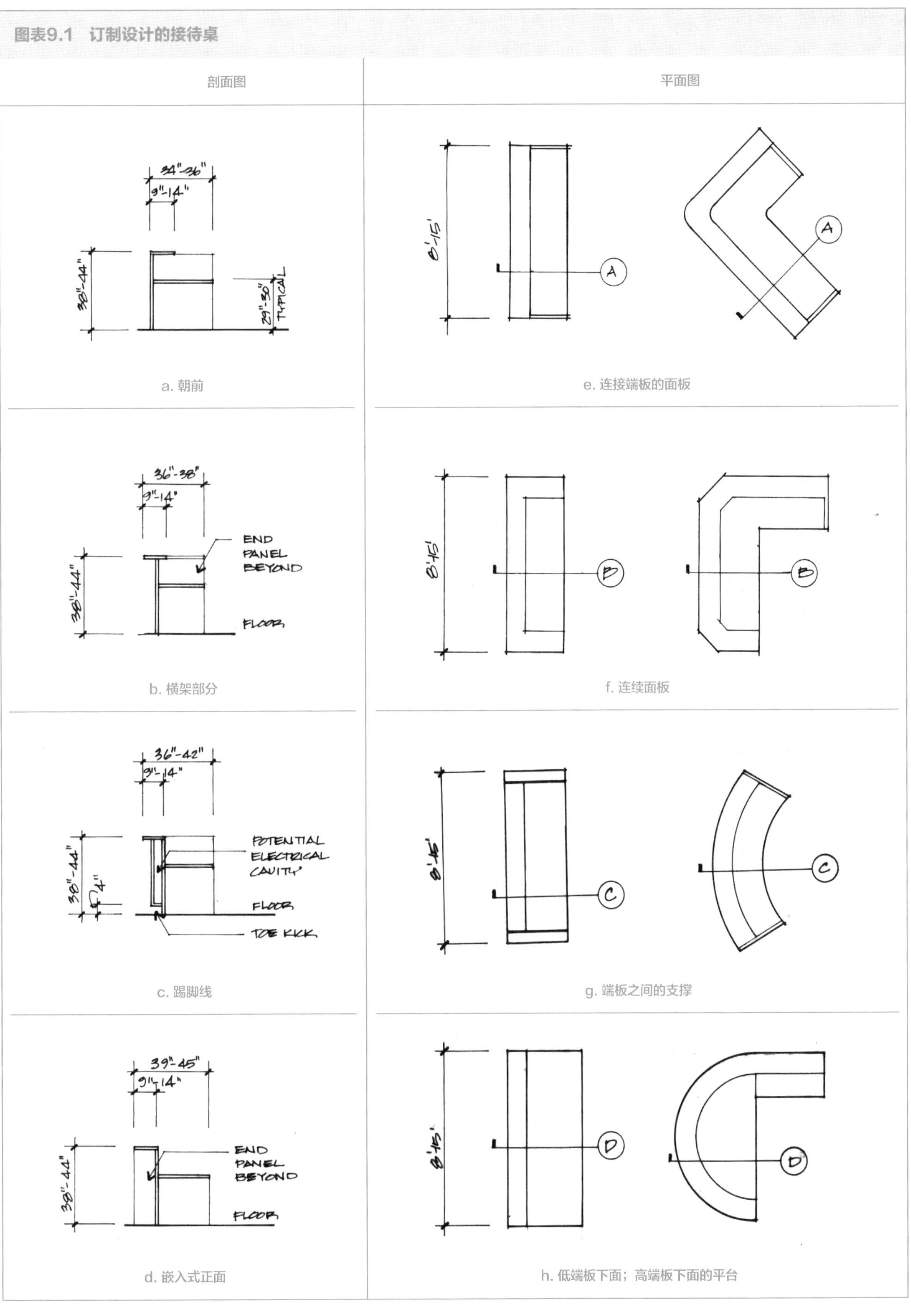

图9.4　俯视图：多座位布局

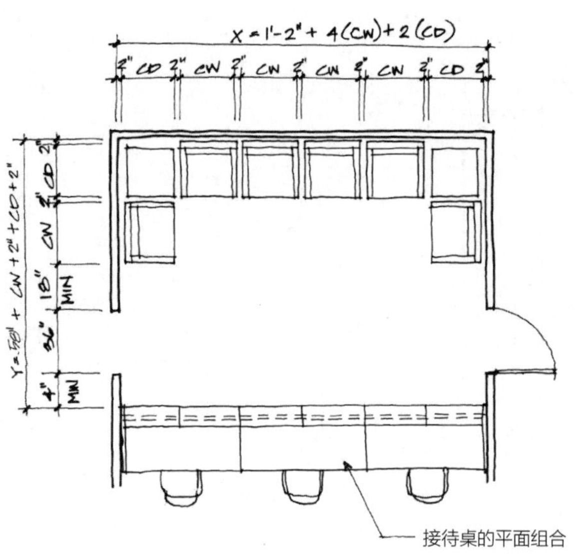

a. 椅子的数量和大小决定会议室大小

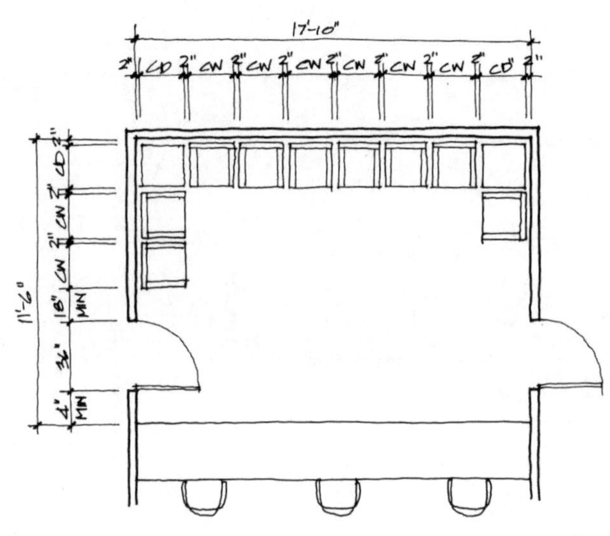

b. 房间尺寸决定椅子的数量和大小

1. 椅子的比例和数量将决定空间大小。
2. 一个已存在的空间大小将决定椅子的比例和数量。

一旦席位的数量和类型已定，设计师能够为家具总体布局绘制出简单的草图，然后再在设备周围画出墙和门的位置，就像会议室一样。当然，一旦有更多椅子或者椅子的需求量更大，空间就要更大，反之亦然（图9.4a和表9.2）。

对于已存在的空间，布置的椅量要依据椅子的尺寸决定。显然，一旦大尺寸的椅子被用到，那么空间中的椅量较少（图9.4b）。不同的布局是基于不同的顾客个人需求的（表9.3）。

公司接待席位布局

除非公司和接待空间很大，多数公司的接待空间都只会有两到六把椅子。席位的摆放可以是在接待空间的任何位置。一种常见的布局是两张席位两两相对，中间再放置一个咖啡桌（图 9.5a）。另外一种常见的布局是L形，此时，咖啡桌可能会省略（图9.5b）。使用“X”形布局及圆形咖啡桌可以达到缓和布局的目的（图9.5c）。需要注意的是，尽管在本文插图中上述三种布局选用了不同的座椅式样，但实际上每种式样并不局限于某一布局。

这些席位的布局或分组，通常要求其周围有充裕的开放空间（图9.1c）。分组可能会适合于某个角落或沿墙的地方，局部效果可能不错，但设计师还必须考虑到其与房间整体比例的相配及局部在整体中的协调性。要知道，一间令人感到充斥着设备的接待室并不会赢得客户的好感。接待室是办公套间中少数的公司愿意分配额外空间的房间，这额外的空间也为设计师的设计创意提供机遇。

当接待室供席位布置的空间较小时，椅子可能需要分成更小的组，例如以一对靠背椅及一张茶几为一组（图9.5d）。最后，虽然大休息椅为多数设计师所喜爱，但它们并不是必然的选择。有时使用小一些的休息椅或边椅或许会更好。大、小休息座椅可独立使用亦可混搭（图9.5e）。

其他家具和设备

有时也会在接待室添置一些其他设备，这包括桌子的所有种类：咖啡桌、角桌或者沙发桌；也包括小柜、餐柜、书柜、展示柜、壁橱、售货亭等。这些设备在尺寸、饰面、颜色、材质和样式方面各种各样。它们的布置应与总体设计、房间规模和整体布局相合。

近年来，一种单体大电视屏幕，或者一组多功能但更小尺寸的电视屏幕的配置在许多接待区迅速发展成一种标准。屏幕本身可以简单的悬挂在墙上。然而为了整体设计上的协调感，最好将其安置在墙上的壁龛，悬挂的横木，抑或是框架平衡的系统中，有自己独立的外框，或是为单体屏幕特别设计的搁板。

公司标志和名称

大多公司会在入口处或接待区会展示他们的名字或标志。一般而言，设计师不能对公司名称或标志的风格进行变更，但通过对其布置，设计师能改变接待区或入口处的整体视觉效果。名称或标志可以（但并不限于）安置于下列地方：

- 入口门的左/右侧
- 建筑物外的广告牌
- 室外窗口
- 室内玻璃窗
- 电梯厅
- 接待房间的墙壁
- 接待桌后

表9.2 基于椅子尺寸的房间尺度

CW=椅宽
CD=椅深
QW=通道数量
QD=楼梯数量
SP=椅子与墙之间的空间
NSP=空间数量

多个座位的椅子：数量
参见第4章，图表4.9d
房间宽= (CW × QW) + (CD × QD) + (SP × NSP)
房间进深=通道宽度/门间隙+CW + CD + (SP × NSP)

Chair A:
大休息室: 34-1/2"w × 31"d
17'-10" (214") = (34-1/2 × 4) + (31 × 2) + (2 × 7)
10'-9-1/2" (129-1/2") = 4" MIN + 36" + 18" MIN + 34-1/2 + 31 + (2 × 2)

房间尺度: 17'-10"w ¥ 10'-9 1/2"d MIN

Chair B:
小休息室: 24"w × 26"d
162″ = 13′-6″ = (24 × 4) + (26 × 2) + (2 × 7)
114″ = 9′-6″ = 4″ MIN + 36″ + 18″ MIN + 24 + 26 + (2 × 2)

房间尺度: 13'-6"w ¥ 9'-6"d MIN

表9.3 基于餐椅尺寸的座位数量

房间尺度 （17'-10"）×（11'-6"）

Chair A:
大休息室: （34-1/2"w）× 31"d

数量:6

Chair B:
小休息室: 24"w × 26"d

数量:8

图9.5 俯视图：休闲座椅

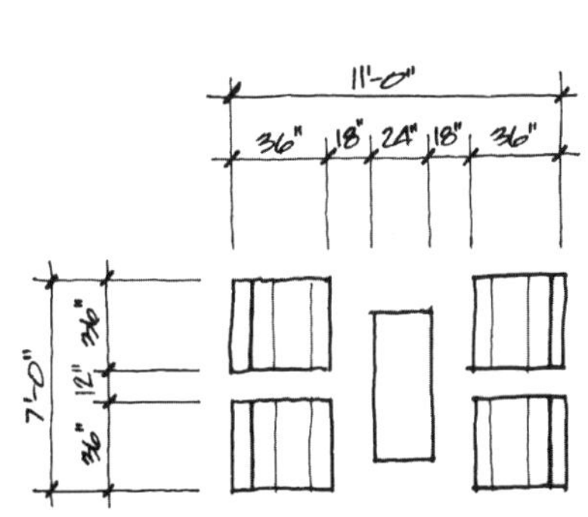

a. 两对休息椅相对布局

c. X形布局休息椅

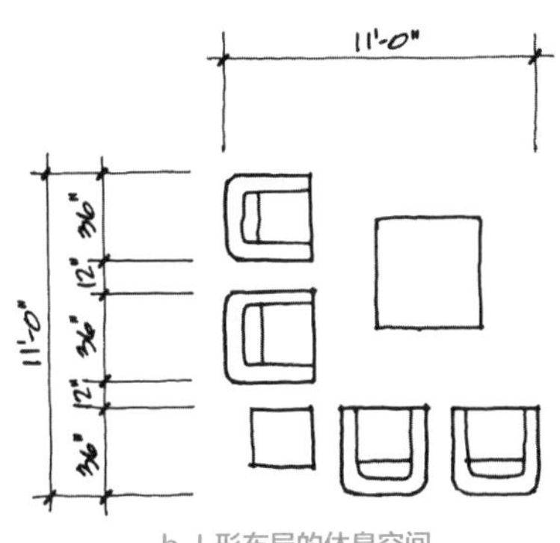

b. L形布局的休息空间

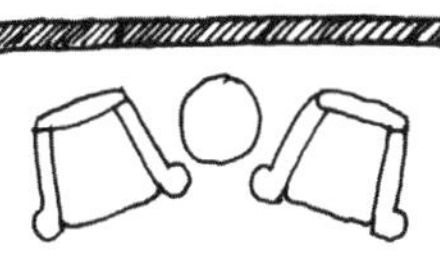
d. 两张大沙发

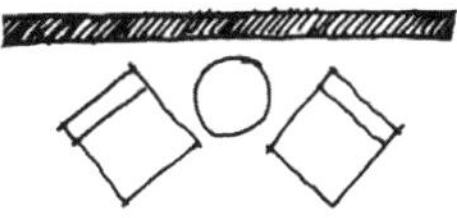
e. 两张小沙发

- 可移动的隔断
- 地板材质部分

客户支持

当在设计中涉及公司名称或标志的相关问题时，设计师必须要了解公司的标准和使用这些项目的规则。大多数公司都会有特别的标准。

在使用公司名称或标志时，设计师必须考虑周到，灵活处理，一旦其使用放置、相关设计经过细致的讨论修订后得到了公司的认可，设计师就应要求准备照相的艺术作品作为最终的作品。

材质和饰面

前文所提及的材质、饰面均可用于公司名称或Logo的制造。金属、涂料、丝罩、风化玻璃、乙烯贴、大理石、花岗石、塑胶、人造石、木材、地毯、瓷砖和乙烯地板等材质既能作为饰面的展示，又能服务于底面。

衣柜

是否在接待区域配置衣柜取决于公司的地理位置。在芝加哥工作几年后，我搬到了洛杉矶，那儿的一些设计师就取笑我为本地客户所设计的最初的空间图纸。他们不知道接待室中的多出来的东西是什么。当我解释那是一个衣柜时，他们更为不解：在阳光充裕气候温暖的加利福尼亚南方，谁会使用衣柜呢？

在另一次设计中，我负责某公司的洛杉矶支部设计。我认为，需要定期从芝加哥总部造访洛杉矶支部的公司职员并不会在意他是否是唯一使用办公衣柜的人，他在芝加哥已经习惯了使用衣柜，他会希望当他来到洛杉矶时也能找到一处衣物悬挂处，因此，洛杉矶固然阳光充裕气候温暖，但在支部的接待室安置衣柜亦是合理的。

在设计过程中，设计师都应充分了解当地的气候环境、风俗习惯并意识到不同地域环境对设计细节上可能产生的不同影响，当设计师面对陌生的环境时尤应如此。

衣柜深度

一些公司更喜欢可进入的衣柜，但大多衣柜是朝向房间的（图9.6a）。外套的竖直悬挂需要有2英尺的进深。对于在衣柜位置的门要求的深度是，整体的尺寸进深从面对衣柜的墙到面对衣柜的端墙最大值为2~6英尺。

衣柜宽度

衣柜的宽度取决于房间的布局和预期来访客户的数量，也取决于是否只是来访者独有或是它们与公司职员共用及地理气候对外套薄厚的影响。在厚大衣盛行的北方，每一英尺长可挂3至4件外套，那么一件6英尺宽的衣柜可挂18至24件；在气候温和的南方，每一英尺长可挂4至6件外套，6英尺宽的衣柜可挂24至36件。

衣柜门

两褶门在商业办公中用得很少，实心门在过去也是如此。然而实心门的硬件和软件的安装已有了巨大的改变和改善，所以现在许多设计师会设计实心门来保护空间地板。

单扇或双扇的折叠门打开后能让人对衣柜内一目了然。衣柜的门宽并无固定的标准数值，但单扇门将控制在21~36英寸宽。小一些的衣柜安装一扇近3英尺宽的单门即可；对于宽于3英尺的衣柜，门需要成对安装（有时会有落单的情况）（图9.6a）。

一旦柜子超过6英尺宽，那么就需要更多双扇门，门的款式也从折叠门（图9.6b）转换为旋转门。较之于折叠门，旋转门允许两扇门不通过立式支座进行连接（图9.6c）。

中心轴或者小头针，都会安置在高处和门的末端边缘，替代沿门边的转折点。中心轴是安在门顶部的侧柱和地板，使得门旋转或沿中心轴转动。安放在门高端和离门近的顶部侧柱的小磁铁和衔接柱可保持旋转门的

图9.6　衣柜

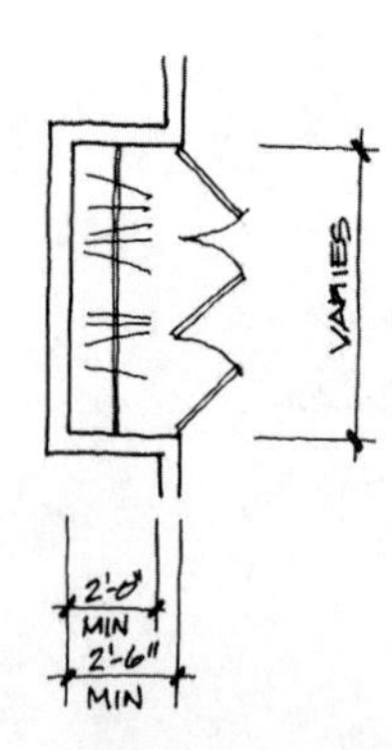

a. 平面图：三开门的衣柜

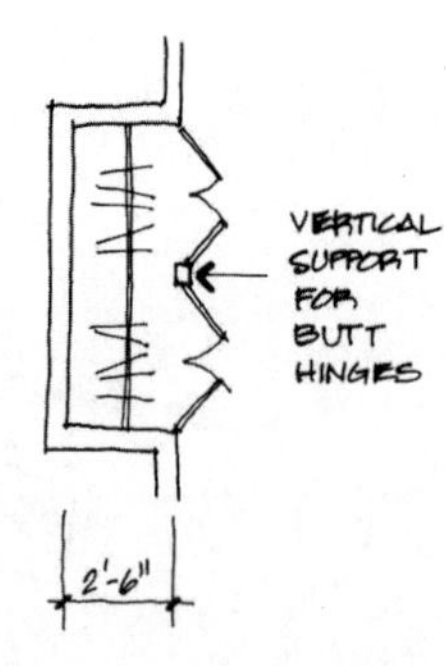

b. 平面图：对双开衣柜两铰链门

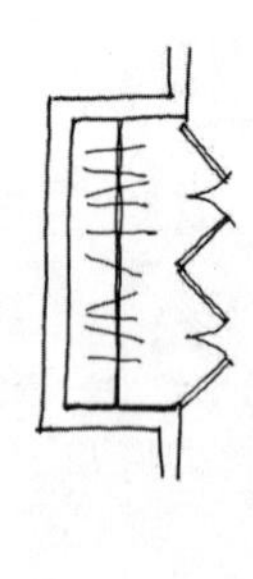

c. 平面图：带枢轴的两对双开门衣柜

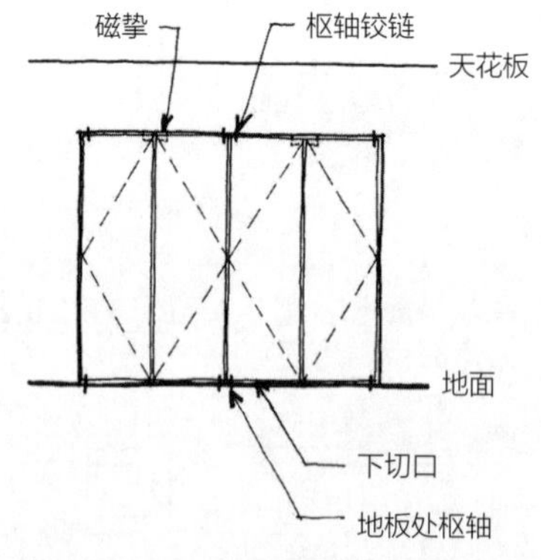

d. 立面图：带枢轴的两对双开门衣柜

闭合（图9.6c）。

绘制挂衣架草图

在平面上绘出衣架可以很好地表现出衣柜。注意不要把衣架绘制成与悬挂的2英尺宽的外套一样，前者会短一些。

- 金属衣架：16英寸宽
- 木质衣架：17英寸宽

商业办公室衣柜内的衣架一般不会像民宅中的一样拥挤，故不必绘制过多衣架。此外，没有谁会整齐如一地放置衣架，故绘制时可随意一些，让衣架以不同角度倾斜。

绘制衣架时，先在大衣拉杆的某一边绘出距杆7英寸长的准线（熟练后可目测该距离），再利用直尺，约每6英尺绘制6个衣架（图9.6b，c）。在1/4英寸比例的视图上可以绘出帽架，在1/8比例视图上则通常不绘出。

艺术品、植物和配饰

在第4章我们曾讨论到，最初的设计合同并不会包括设计师对艺术品、植物和配饰的实际选择。然而，设计师通常会为地段项目做出图纸（特别是在接待空间的设计中）并将其显示在图面上，以此来保证整体设计的一致性。随后，客户会就其与相关顾问或供应商就购置事宜进行商议。

接待空间的布局

由于接待空间的布局，空间尺寸或者形状并非典型，所以设计师可以尽其所能，使室内布置最大程度满足公司的需求，融合建筑空间的整体规划。大约一半的接待空间属于室内空间，其余一半则带有玻璃幕墙。

空间定位

作为入口的关键点，接待空间的位置应方便来访客户及公司职员的进出，其具体位置取决于其所在空间是否位于第一楼层，上面层或是街道旁，以及是否是单间或是位于客房层（见第13章）。楼层的位置或建筑的类型同样会影响到接待空间是否为室内空间或是带有玻璃幕墙。最后要注意的是，接待

图9.7 俯视图：接待厅

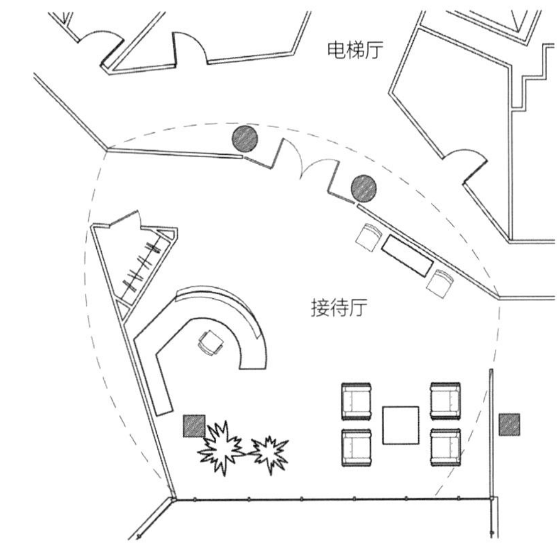

a. 形状丰富的接待室

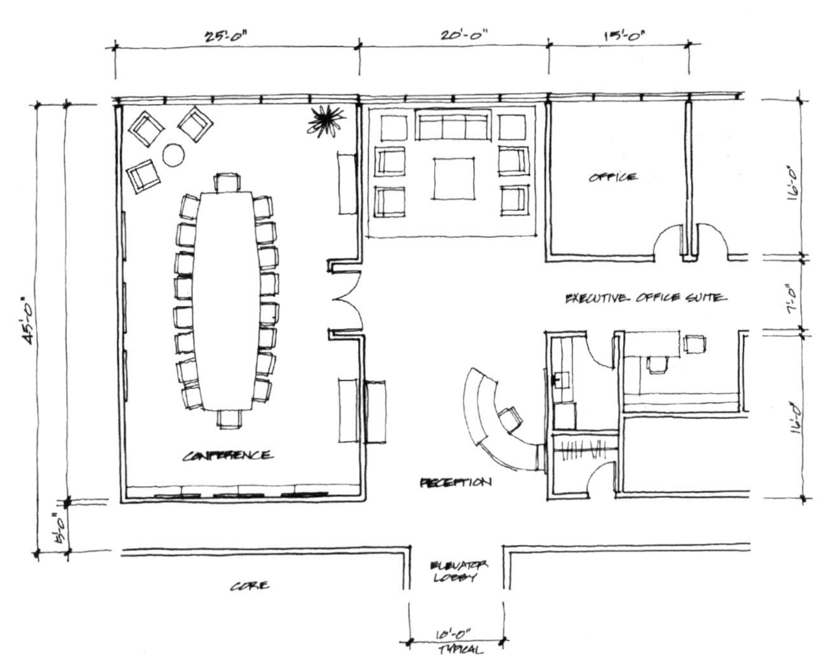

b. 矩形建筑带高墙的大型接待室

室最好能位于办公区内的中心区域，以便照顾到处于不同位置的不同办公部门。

室内定位

在大城市地区，许多企业都选择在高楼或多层建筑。接待区通过建筑内部、电梯以及公共走廊进入。在这情况下，接待空间一般是一个不带幕墙的室内空间。

室内空间中的接待空间可能是不规则形状的。对此类接待空间进行布局设计时，不必费神考虑窗棂的安置空间，但设计师可能需要对建筑内柱的相关问题进行处理（见第8章，图8.7b）。

幕墙定位

位于底层、街道前或不规则形建筑的办公室通常会带有玻璃幕墙的接待空间（图9.1c和9.7a）。即使是在高层建筑内，有的公司也会希望将接待室延展到一面幕墙（图9.7b）。设计带有幕墙的接待空间对设计师而言既是机遇也是挑战。幕墙提供了充足的自然光及宽阔的视野，同时也将室内的情况展示给外人。如果幕墙从地面一直延伸到天花板的高度，其近处的设备安置一定要格外小心（图9.1c）。若建筑是窗帘墙构造，接待空间的尺寸须适应窗框的环境。

接待室的位置定下来后，设计师就可以勾画出草图，再绘制出已选的设备。草图的大小、位置可以适时调整。正如席位，在入口和桌旁，大的流通量是需要计划的。没有这种额外的空间，室内可能会看上去十分拥挤，当一些来访客户同时在室内等待时尤甚。

房间大小

接待室的大小一般为500至1000平方英尺或更大。当因建筑房间布局、租赁空间有限或其他空间规划要求等因素使接待室最终比预期的要小时，家具的数量或尺寸也要按一定比例进行相应调整。此时，玻璃墙，打孔金属及其他半透明材质的运用能有效地使整个房间看上去更大。

房间形状

接待室或餐厅或许是最易被灵活设计成不规则形状的房间了，它可以是六边形、圆形或任何适合于整体空间规划的形状（图9.1b，d）。在平面图上，不规则形状或许会比传统形状更易让人眼前一亮，但设计师需要尽量避免其可能的使人产生方向感错乱及空间中的无用死角（图9.1b）。

由于大多数人更习惯于房间中的直线而非曲线，加之直线围合的空间比曲线空间更易放置更多的物件，故接待室常常由直线围合。此时，设计师可通过在房间尺寸、窗户视野、结构材料等方面下功夫创造出吸引人眼球的作品。

平衡

设计中的“平衡”原则经常用于接待室的布局中。正如墙面的“平衡”可以通过对称或不对称两种方式来实现，房间布局亦是如此。

对称

在对称布局中，房间布局对称分布（图9.1a），从而产生一种正式、有序的氛围。对称布局较为简单，但并不会适用于所有情况，设计师必须确保房间布局符合公司的需要及整体的空间规划。

不对称

当房间较多时，完全对称的布局很难实现。多方面权衡后，使用不对称布局（图9.1c）也能创造具有整体平衡感的房间。尽管不对称布局比对称布局看上去更为“非传统”，在其中亦可依具体情况安置传统式样的设备使其具有传统风格的效果。

入口门

走进一家公司时，入口门通常是第一眼所见，因此其往往比办公区内的其他门更大。为突出其特殊性，入口门大致上有如下选择：

- 双扇门
- 大扇门
- 玻璃侧灯门
- 玻璃侧灯双扇门
- 玻璃门
- 金属门
- 活板门

原则上来说，入口门必须是外开式，与建筑规范相适应的一个开门方向（见表13.10）。在一些情形下，一般来说，当办公室整体占地比规范所要求的少时，出口门向房间打开，当然首先取决于本地工程项目管辖权和规范（见第3章）。设计师必须足够了解或对于设计研究确定要求所用规范来确保主入口正好与之相宜。总而言之，设计师必须要了解当地的规范要求以确保主入口门符合相关规定。

安全选择

安保措施是公司关心的一个大问题，其包括公司职员及来访者的人身安全保障、公司的财产及记录的安全保障等。根据业务性质及具体的安全需要，公司必须确定接待室入口门及办公区内的门的安全等级。相关措施如下：

- 标准锁和钥匙
- 保安
- 释放或警器系统
- 安全卡通道系统
- 加强的安全系统

标准门锁是多数私人办公室及一般储物室的最基本的安全保护，提供最低等级的安全措施。有的公司会以保卫人员替代接待员（特别是在门厅中），并使其备有接待员的配置。有的公司还会选用摄像头、监视器、语音/指纹/虹膜识别设备、对讲机等更高级别的安全系统。上述系统的选择在客户及供应商达成一致后，安全设备的相关信息及安置位置将交由设计师绘制在建筑图样中。

便捷系统或蜂鸣器系统

带有便捷按钮的入口门多数时候是锁上的，只有按下按钮，门才会暂时解锁。这种安全系统要求接待员能方便观察到进出的人员以便随时为其开门。该系统下的入口门可以是玻璃门或是玻璃侧灯门，或是接待空间从办公空间开设的小型窗口，例如记录办公室的窗口。公司内没有接待室或接待员时，可用音频或内部通话系统替代便捷系统。在上述两种系统中，门在开启一段时间后或重新闭上时又会自动上锁。其相关电力设施的配置须在建筑图样上绘出。

安全卡通道系统

在有卡系统下，持卡者可通过在读卡器上刷卡方便地进出。读卡器通常安装于距门不远处的墙上。在设计的过程中，设计师应预先规划出读卡器的安装位置以免与门的旋转发生冲突。其相关电力设施的配置须在建筑图样上绘出。

与有卡系统类似的另一个安全系统是密码锁，它需要在门把手旁安装一个按键区。进门者无需刷卡，但需输入开锁密码。

上述两种安全系统能实现公司职员的方便进出。它们通常适用于办公室的后门，有更高安全需求的办公区域，多租户建筑内的公共休息室，多楼层的办公室等，很少用于接待室入口。

绘样接待区

通常，设计师对整体空间布局进行设计时才会绘制出接待室，因为这样更易使设计师将接待室视为“整体中的一部分”而非“孤立的个体”进行设计，从而保证整体空间设计的一致性。整体空间规划完成后，接待室的图纸可以单独以更大比例绘出用于向公司展示或是进一步设计（图9.8和图15.4）。

接待空间的重要性

设计师经常在接待室设计中投入大量的时间和精力。公司愿意在接待室的设备上耗费大量金钱，为其订制昂贵的陈设，为其分配足够的空间。即使是在开销上很小心谨慎的公司也可能会在接待室选用昂贵上等的装饰和设备。设计师可通过阅读室内设计杂志及实地考察两方面扩充接待室设计的知识及创意。

报刊照片

接待室常常是拍照的对象。旅游杂志或旅游手册上随处可见各种风格、大小和布局的接待室照片，且常常附带其平面图。利用它们，设计师可以在脑海中构想出接待室的二维平面图及三维实景。观察平面图及实景照片上的设计细节，问问自己：平面图与实景照片传达的信息是否一致？是接待桌的设计细节迎合了建筑空间还是空间被设计成了一件艺术品的背景？席位的风格是否与整体空间风格一致？席位的尺寸是多少？席位的设计是如何与室内的其他陈设相互联系相互作用的？接待室间有何异同？

实地考察

当然，能进行实地考察当然是再好不过。尽可能多地亲自考察，博采众长。许多公司会愿意接纳设计师的造访。

图9.8　平面图：展示给客户的建筑入口的空间设计平面图与顶部图（设计过程）

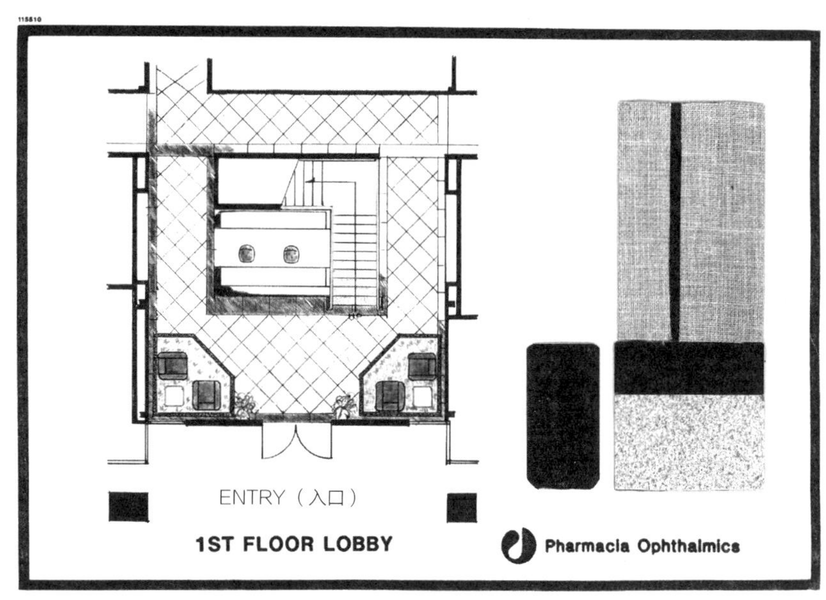

项目

本章的课题任务分为如下3部分：

1. 选取两篇关于接待室的附有照片的杂志文章，写一篇三段论讨论各个接待区给你的印象。
2. 实地考察两处公司办公空间，写一篇三段论讨论各个接待区给你的印象。
3. 针对你所选择的客户，画两张接待区蓝本图，附录A。注意要在两幅图样中包含与典型办公区图样中同样的信息(见第6章，“课题任务”），这将使图样看起来像是完整的一套。

harvest

10

咖啡室及其他餐饮间

由于意识到员工对饮食的需求，以及同事间不时的交流，抑或是为了储备精力而进行的短暂休息，大部分的公司和企业都会在其处所提供某种类型的“餐饮间”。餐饮间所提供的食物规格小到咖啡机冲泡咖啡，大到提供全套的自助餐。这种餐饮间的大小以及选址很大程度上取决于建筑位置，该企业的规模和经营理念。每一种选择自然都会有其优缺点。对于所有的设计师来说，餐饮间的最终设计方案必须考虑到客户公司的目的和要求，同时还必须要考虑到客户的财政预算。

厨房

除非是作为饭店以及自助餐厅的一部分，厨房在商业化的餐饮间设计中鲜少考虑。根据定义，厨房一般是采用炉子、大灶或者烤炉等设备并烹饪食物的场所。按照建筑条例的规定，厨房必须提供经由排气扇至建筑外部的通风设备。此外参照建筑许可条例，当地卫生部门对厨房也会有一些其他的要求。因此，在商业办公配置计划中，餐饮间通常使用其他名称来指代。

餐饮间名称

餐饮间的名称根据其大小、所提供的食物品种以及餐饮间所要达到的目的而不尽相同。尽管所有的餐饮间都必须满足一个前提，即是一个具备存储并消费食物功能的场所。但是每种不同类型的餐饮间同时也提供了其独特的功能。一般来说，客户会以其用途为目标来选择餐饮间的类型。典型的餐饮间名称包括：

- 食品室
- 咖啡室
- 贩卖室
- 午餐/休息室
- 雇员/员工休息室
- 自助式餐饮间

建筑位置

在公司中是仅需要一个简单的餐饮间，还是与之相反，需要一个精心制作的餐饮间？这与建筑所处的位置有很大关系。有的公司在市中心的办公建筑中租用房间，且其附近步行较短距离便有多处食物供应点，此时公司会倾向于提供一个与较偏远区域公司相比相对简单的餐饮间。而对于建筑位置在沿着州际公路的农村地区或者工业园区内时，则对餐饮间的需求要大得多。在这种情况下，如果附近没有其他食物供应源，那么公司可能需要计划将自助食堂或毗邻餐馆纳入综合设施的规划之中。

企业规模

正如建筑位置一样，企业规模大小对餐饮间类型的选择也有影响。同类型的企业也倾向于选用同种类型的餐饮间，并冠之以相同的称呼。

员工数少于10人的公司可能会在复印室或者信室角落中的一小块区域放置一台咖啡机。而超过500雇员的大型公司则可能在拥有一间大的午餐室之外，还有许多间咖啡室。工厂往往拥有两间独立的餐饮间。一般来说，他们会有不同的名称：白领休息室和蓝领休息室。学校以及高等教育机构偏好于要求学生与教职工分别拥有独立的餐饮间。私人经纪公司可能会提供完善的自助式餐饮间，并负担其员工在餐厅中消费的部分或者全部开支。但公共贸易公司则无论是采用何种餐饮间都不会为员工的餐饮消费埋单。

无餐饮间

有时，公司决定在其办公区间内不提供任何形式的餐饮间。当附近存在大量的咖啡厅、快餐连锁店、餐馆、快餐车以及街道小卖部时，有些公司认为占用昂贵的租用空间去修建每天仅仅只会使用一到两个小时的餐饮间是不必要的。但是，无论空间是否已经被占用，租用空间所需缴纳的租金仍然是要交的。

尽管取消餐饮间可能会节省所需的总空间以及由此产生的租金，但这种选择起码有以下两个缺点：

1. 如果员工从家或者外卖店中将午餐带到公司，他们很可能会在自己的办公桌上吃饭。此时，饮料或者食物可能会溅洒在文件或者办公设备上。
2. 如果员工去公司外喝咖啡或者吃午餐，那么他们就需要更长的午餐时间或是额外的休息时间。这会导致实际工作时间的损失。

由上可知，大部分公司不仅会依靠外源性的餐饮设施，而且在其办公场所中都会提供某种类型的餐饮间。

餐饮间的配置

尽管有不同的名称且其服务的目的各不相同，大部分的餐饮间包含以下部分或者全部元素：

- 工作台面
- 地柜
- 壁橱
- 水池
- 洗碗机
- 咖啡机
- 微波炉
- 冰箱
- 过滤水
- 垃圾箱
- 可回收垃圾箱
- 自动售货机
- 桌椅
- 其他物品

工作台面

尽管可以将一个独立柜台作为主柜台，但根据惯例咖啡柜台的设计与家用厨房柜台相似。

尺寸

柜台宽度随着要求以及空间大小而改变，典型的为26英寸（图10.1a）。同时，所有的柜台高均为36英寸（图10.1b）；但是美国残疾人法案条例（ADA）规定水槽高度必须不大于34英寸（表格10.1）。因此，对于水槽可采用以下两种方法：所有的柜台均低于34英寸（图10.4a），其他部位保持36英寸，而水槽区域降低到34英寸（图10.8b）。

在自来水供应处，一般来说会沿着其附近柜台的背部以及侧边的墙体（图10.1b）设置4英寸的挡板以防止从柜台台面到壁橱下部（图10.4b）因液体飞溅而产生污渍。

图10.1　餐饮间柜台尺寸

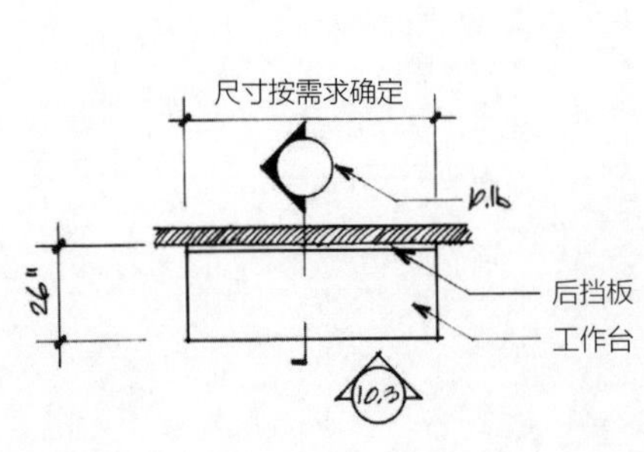

a. 平面图：柜台宽度

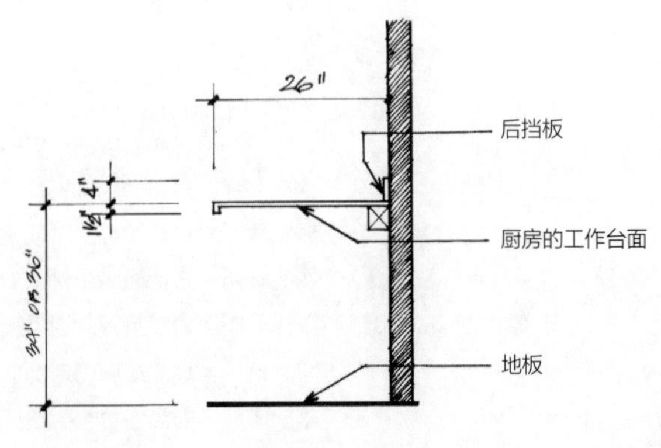

b. 剖面部分：柜台高度

Box 10.1 ADA水槽高度及公差

4.24.2 高度：水槽应该与工作台面齐高，或者与装修好之后的地面之间高度相差不超过34in（865mm）

4.24.3 膝盖容差。在水槽下部的膝盖容差至少应有27in（685mm）高，30in（760mm）宽，以及19in（485mm）深

图10.2 细节：柜子边角

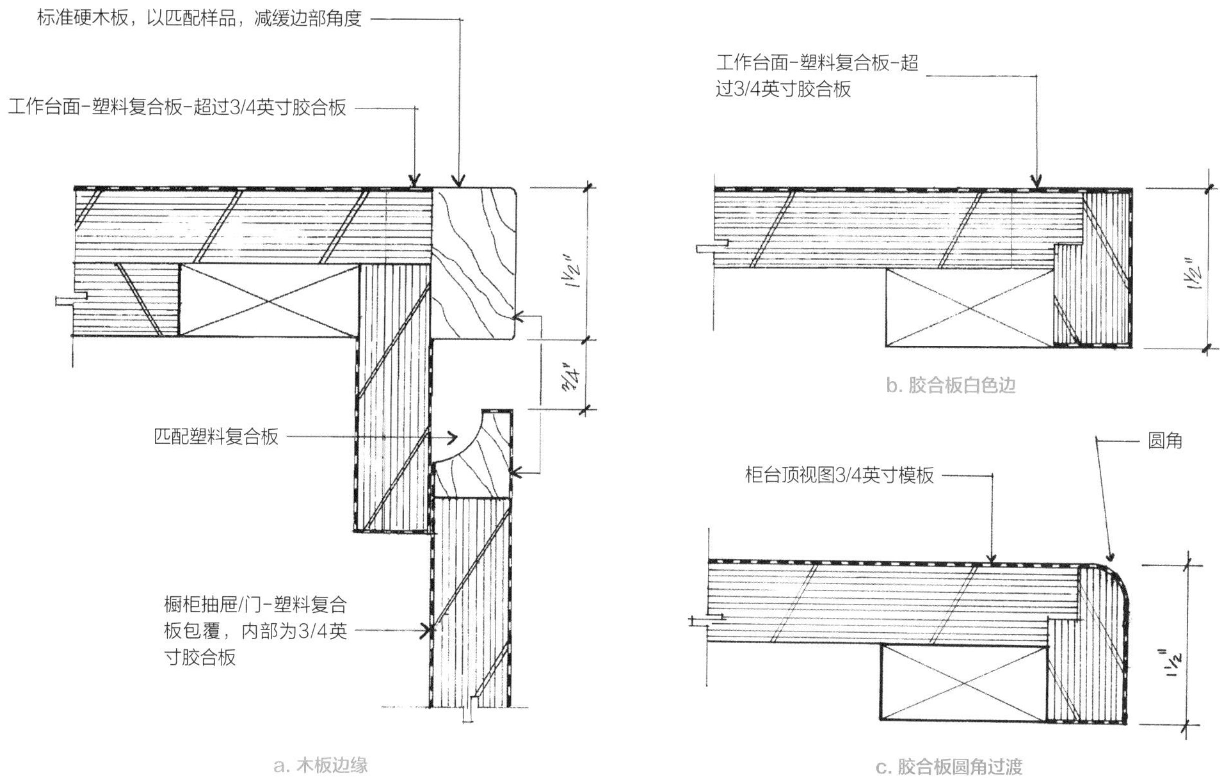

a. 木板边缘

b. 胶合板白色边

c. 胶合板圆角过渡

装饰材料

厚度大于0.75英寸的塑料胶合板（PL）是最常用的柜台制作材料。其他制作材料包括：人造石、花岗岩、木板、陶瓷和不锈钢。采用不同的建造材料会营造不同的设计氛围且所需要的成本也有所差别。设计师在进行最终的选择之前必须同时考虑制品以及客户金额预算的问题。

边缘细节

根据所使用的材料的不同，柜台的边缘细节也有所不同。采用人造石以及花岗岩时，柜台边部形状可以与插图4.7a中柜台边部形状类似。而对于常用于厨房的不锈钢材料其边缘部位则可以采用圆角包边或者是自包边的工艺。

塑料胶合板柜台一般使用自包边或者木质包边（图10.2a，b）。PL边的四分之一圆角过渡仅在为了特定功能所采用的设计中被使用（图10.2c）。

地柜

有时，公司所提供的柜台下面没有任何其他设施，但在柜台下设置一些带门的地柜以及抽屉则较为常见。为了能在布置时更好的与柜台下面的空间相匹配，这些地柜一般都是绘制好蓝图后在作坊特别订做的，而不是购置由工厂生产的批量产品。尽管是订做的，其与工厂制作的标准产品看起来可能会很相似。但订做产品与工厂标准化产品相比仍然有所差别。与标准化产品相比较，订做品是为了满足特定项目所制作的，其大小尺寸与标准品相比会有一定差异。近年来，随着许多新的且具有更好质量的地柜产品出现在市场上，许多设计师现在会将当地商店出售的标准落地柜（表10.1）列入考虑之中。

框架结构

地柜结构有两种，一种是框架结构，一种是无框架结构。框架结构一般主要用在住宅厨房中（图10.3a）。在这种结构中，框架围绕在地柜的四周空间，起着抽屉以及柜门止位块和柜门铰链基础的作用。铰链从橱柜的正前方是可见的。抽屉和地柜门位于框架之前，因此抽屉和柜门会突出柜台表面。

表10.1　地柜以及壁柜		
	地柜	壁柜
柜体	24" or 25" d	14" d
门	15" - 21" w 22" or 28" h for 34" h counters 24" or 30" h for 36" h counters	15" - 21" w 30" - 42" h
抽屉	15" - 21" w 6", 9", 12" h ±	
	脚线：　3" d x 4" h 水槽嵌板：6" h ±	安装于 工作台上方20英寸处 咖啡机上方24英寸处 水槽上方30英寸处 冰箱AFF68英寸处

图10.3　标高：地柜

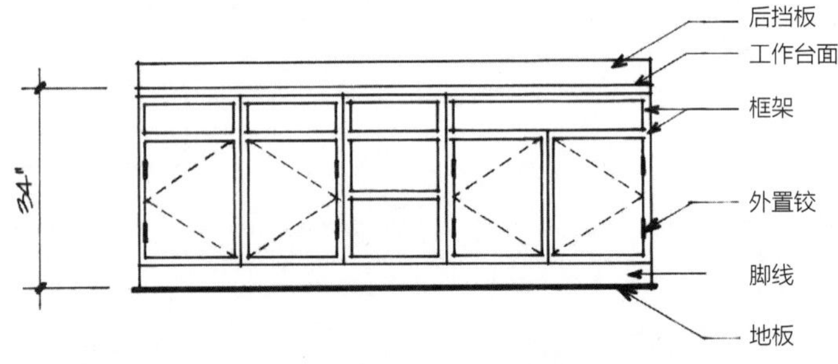

a. 柜体所用的框架结构

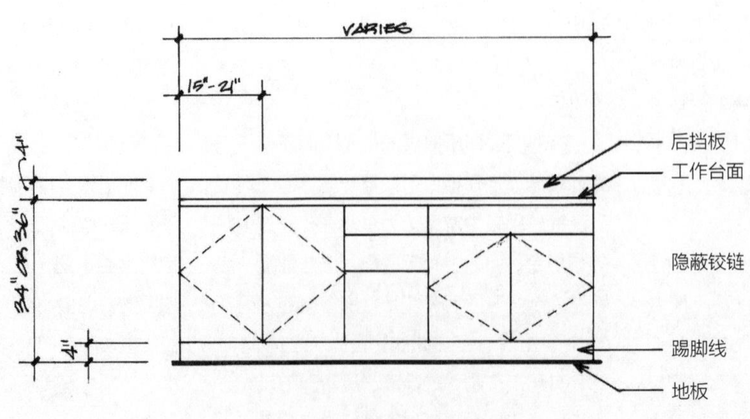

b. 无框结构的柜子

尽管上述例子中绘制出了铰链，但在正视图中铰链一般是不会画出的。

无框架结构

无框架结构在商用地柜以及高档住宅厨房用的地柜中运用得更为广泛。由于不存在框架，因此铰链设置在柜门的背部并安装在落地柜内部的柜壁上。所以除非将柜门打开，否则铰链是看不见的。这种结构允许柜门和抽屉采用最短的连接线（图 10.3b）。

规格

不管是框架式地柜或是无框架式地柜都可以采用任意的尺寸以及宽度，但是框架式落地柜更倾向于按既定的预设尺寸间隔如15英寸、18英寸、21英寸等来生产制作。而无框架式地柜则可以有更多的宽度变化，可更好的与所给空间匹配。同时，无框架结构设计也更昂贵。

橱柜生产厂家可提供以上两种造型的地柜，且一般会常备有不同的抽屉以及柜门样式以供选择。设计师也可要求小作坊店按照说明书订制这两种类型的地柜，但交付周期可能会长达12周。

饰面材料

与柜台一样，厚度大于0.75英寸的塑料胶合板也是地柜最常使用的饰面材料。此外，木材、金属或者自选的饰面材料等以及五金器具等材料也需要选择。为了减少花销，橱柜的内部可以使用较薄的复合板以及较为便宜的材料。

壁橱

尽管壁橱在住宅厨房中是常见的标准配置，但其却很少在办公环境之中使用到。这是因为在办公环境中几乎没有需要贮藏的物品。大部分的公司会提供一些餐具甚至少量的咖啡杯。但是很少会提供整套的餐具以及玻璃器具。此外壶、盆、碗以及其他餐具在公司中是很少用到的。壁橱造价高昂，因此在落地柜空间充足的情况下，公司很可能会尽量不会考虑壁橱。

当确定采用壁橱时，其宽度、建筑方法、制作材料一般来说都应与其地柜相匹配。应确保壁柜的安放高度足够高以使柜台上有足够的空间放置物品，这一点很重要。

就视觉的角度来说，壁橱与落地柜尺寸保持一致比较符合审美要求（图10.4a）。在绘制正视图时，应辅以截面图来对其进行说明（图10.4b）。基本壁橱的图例详细阐述了这些讨论过的问题。为了选择并指定设计细节，设计师应参考设计手册以及细节来源。

水池

一些客户或是建筑经理会将水池作为一项待选元素。水池需要水管以及排水设施，这会额外的增加建设成本。但当公司不提供水池时，员工会将水由休息室穿过办公区域带到咖啡机摆放的位置。半满的杯子会随着一天中工作时间的增加而在办公环境中到处摆放。在一天结束的时候，必须有人带着这些杯子以及咖啡壶到水源处进行清洗。在这种情况下，设计师必须对相对于预先支付一定花费来配置一个水池来说这种长距离运动的好处以及优点进行论证。

将水池以及咖啡室位置与建筑水源位置设计得尽量靠近可以使开销最小化。在建筑中应至少要有一条干净的饮用水管由低层垂直贯穿至顶层。水管一般紧靠立柱并被称为“湿”柱（图13.6a）。

尺寸

假设柜台有足够的宽度，采用双口水槽具有明显的优点。两个水池可以使清洗与漂洗分开。但是如果已经决定采用单口水池，则最好选择尺寸较大的，因为小尺寸的水池非常小。双口水池要求落地柜宽度为36英寸，这样以便于安装（图10.4a），而单口水池则可以安装在宽度为36或者33英寸的地柜上（表10.2）。

水池地柜

为了遵守ADA的相关规定，水池下的地柜并不是一个真正意义上的橱柜而是一个有门的开放空间。这是因为没有基础平台，而仅仅只有地板。将门打开，内中有一个辅助轮以调整水池高度（见表格10.1）。踢脚线可以是一个开放空间(见图10.4c) 也可以是黏附在柜门上的仿制品（图 10.4b）。

表10.2 水槽的水池

单槽	15" w x 18" f-b x 6" d 30" w x 18" f-b x 7" d
双槽	33" w x 22" f-b x 7" d

f-b: 由水槽正前方边部至正后方尺寸
表中尺寸及常用的行业标准尺寸
这些尺寸会因制造厂商的不同而略有差异

水池材料

水池主要采用两种材料，不锈钢和陶瓷。不锈钢水池一般可立即交付使用。与陶瓷水槽相比不锈钢花费更少，在商业工程中的应用也更为广泛。陶瓷水池一般采用白色，此外在较短的交付时间内还可提供多种颜色选择。即使深色陶瓷可能与所选择的设计方案在美学上更为匹配，但浅色陶瓷还是更为普遍。这是因为如黑色、海军蓝等深色类陶瓷更易于显出水渍。

洗碗机

是否安装洗碗机主要取决于公司所提供的以及使用的碟盘和玻璃盘数量。当公司并不提供这类物品时，或者仅有少量脏杯子时，安装洗碗机是不必要的。如果公司提供碗碟或者有大量客户需要招待，那么洗碗机则是一个很重要的设备。洗碗机最好尽量安装在紧靠水池的位置。所有品牌的洗碗机都需要宽度与深度为24英寸的地柜空间（图10.4a）。

咖啡机

最好安排一个商用咖啡机而不是家用的咖啡机。许多商用咖啡机有两到三个保温罐。当人们在使用某一个咖啡罐时，另一个则冲泡咖啡。许多咖啡机同时也提供用于泡茶的即时热水、汤，或者热可可。在近几年，许多组织机构开始使用大型独立式单杯鲜饮机。这种设备可以满足各种不同需求，包括普通咖啡，不含咖啡因的咖啡，淡、浓咖啡，同时也可提供茶、热可可等。

尺寸

咖啡机，包括卡布奇诺机，有各种不同的款式与尺寸。最好要求客户去咨询当地的咖啡服务提供商以选择满足他们需要的泡制器款式。由于服务商也可能会被委托提供每月所需要消耗的咖啡，因此客户与提供商相处融洽很是重要。一旦做好决定，客户应该将所选择的咖啡机的说明书交给设计师以进行设计。

图10.4　组合柜

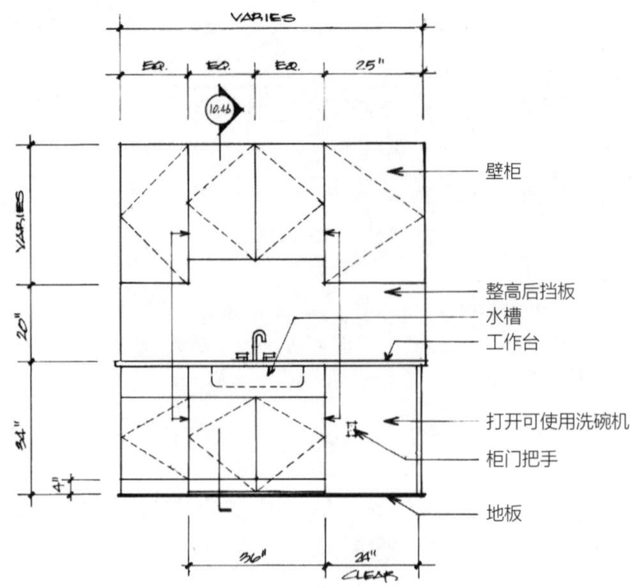

a. 标高：壁柜与落地柜

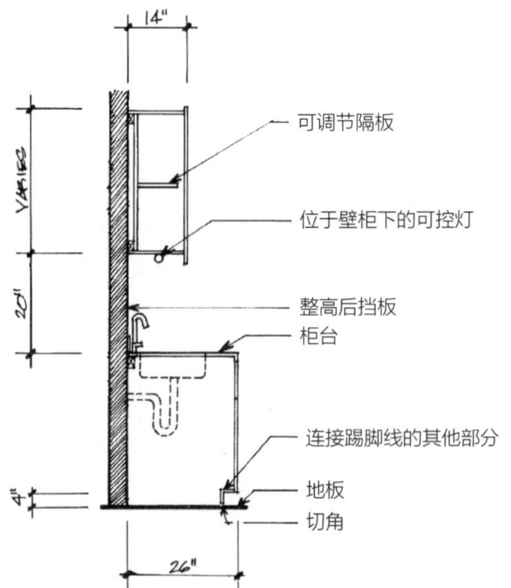

b. 剖面：壁柜和落地柜

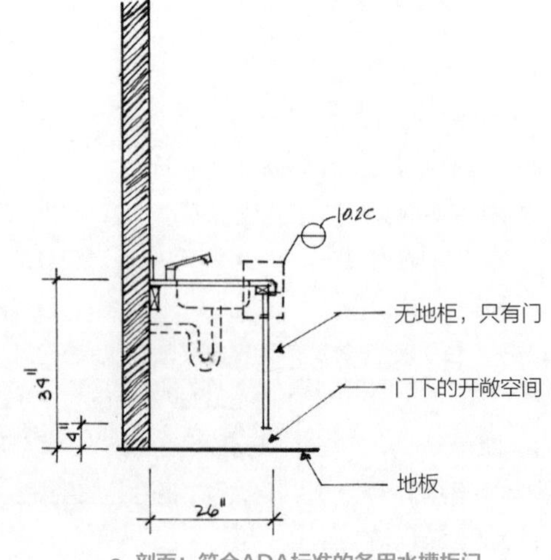

c. 剖面：符合ADA标准的备用水槽柜门

图10.5 标高：柜台和壁柜

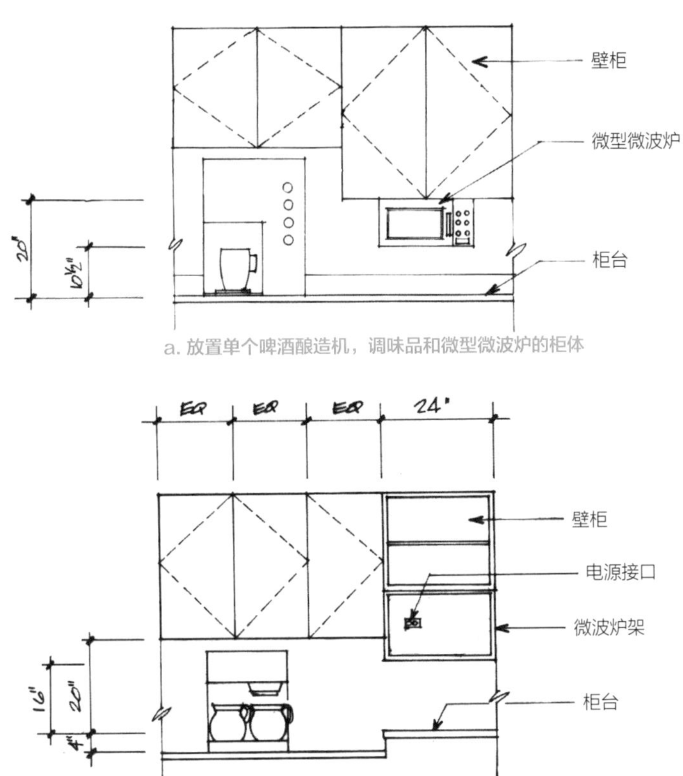

a. 放置单个啤酒酿造机，调味品和微型微波炉的柜体

b. 放置咖啡机货架和中型微波的柜体

材质

由于大部分的咖啡机是棕色、胡桃黄或者黑色，因此一般来说对于咖啡机没有什么太多可供选择的颜色。

设计指导

咖啡机一般摆放在柜台顶部。如果安装了壁柜，那么对咖啡机位置的摆放应引起重视。一般来说需要有比柜台与壁柜之间的更高的间距来摆放咖啡机。所有的橱柜都必须轻微抬高或者仅仅将咖啡机上方的壁柜位置抬高（图10.5a）。此外还可以降低咖啡机下方的地柜（图10.5b）。

将水注入咖啡机有两种可供选择的方法：将咖啡壶在水池中装满水，然后将水注入咖啡机中或者将水自动分配至咖啡机中。没有人愿意把水倒入咖啡机，况且这种方法经常会将水洒到柜台上。用一根小的水管将水导入咖啡机，通过咖啡机上的控制按钮来自动将水导入，这种方法则更为方便整洁。直通式连接方式在图纸备注中增加如下形式的说明进行规范：

备注：承包人将a 1/4"的铜管安装在咖啡机上。

咖啡配件与调味品

设计师必须充分计划好柜台与橱柜空间，以便摆放冲泡咖啡所需要的各种配件设施。储物空间必须满足摆放日常所需使用物品以及备用物品的空间要求。这里所指的物品一般包括：普通咖啡以及低咖啡因咖啡、过滤器、糖、人工增甜剂、奶精、搅拌棒、餐巾纸和杯子。此外许多公司还提供诸如茶、热可可、盐、胡椒粉以及汤等饮品。

柜台与橱柜的空间大小主要考虑客户的意见，即客户认为有多少物品可以作为常用物品摆放。咖啡杯应放置在柜台台面或是柜台之上的橱柜内。茶包和咖啡包常放置在柜台台面以便于选择，但放在地柜抽屉中也能方便地拿到。

除了这些可随便取用的物品，还应该有一些储备好的贮藏物品。这些物品要么放置在靠近餐饮间或是餐饮间之内的橱柜中，要么在一个甚至多个地柜或者壁橱中，并上锁。根据咖啡服务业主所说：即使是遇到最小占地的情况，每一个咖啡机起码要保证其有12平方英尺的预留空间。

微波炉

微波炉有三种基本尺寸以及许多不同功率的组合。相对于咖啡机而言，购置一台适合其办公场所需求的微波炉是一个不错的选择（表10.3）。

在办公配置中，微波炉主要被用于重新加热单份的食物而不是烹煮所有的菜品。因此，除非客户指定要求大号尺寸，最好选用中等大小且功率也为中等的型号，这样更为

表10.3 微波炉

大型	30" w x 13" d x 16" h
中型	23" w x 12" d x 11" h
小型	18" w x 12" d x 10" h

表格中所示尺寸为标准行业尺寸。不同生产厂家中，尺寸会微有变化

节省空间。为了进一步利用空间，可以将中型微波炉放置在位于壁橱中设计好的搁板上（图 10.5b）。务必在最终确定搁板设计方案时核查微波炉尺寸。

大部分小型微波炉一般都会悬挂在壁柜下部，且在柜台和微波炉之间会留下足够的空间来摆放调味品等其他物品（图 10.5a）。这种尺寸的微波炉最大的优点就是节省柜台空间。但是应该告知客户小型的微波炉最多只能加热三明治或者一杯饮料大小的食物。

设计指导

微波炉最好摆放在冰箱附近，因为需要加热或者重新加热的食物一般都存储或者冷冻在冰箱中。微波炉附近的柜台空间则用来放置即将加热和已经加热好了的食物。因为大部分微波炉门向左开，所以一般在微波炉的右边保留较多的空间。

颜色

微波炉一般只有几种基本颜色可供选择。包括黑色、白色、灰白、不锈钢色，或者这几种颜色的组合。

功率选择

选购微波炉时，应该告知客户微波炉的输入功率起码应有1kW，也就是可以使用微波炉制作爆米花的最小功率。微波炉需要专用的电源插头，设计师必须在电路设计时对此予以注明。

冰箱

有三种基本类型的冰箱：台下式、直立式、紧凑型（如表10.1所示）。台下式冰箱的尺寸有限制，而其他两种冰箱则有许多种尺寸以及组合方式：带制冰机或者饮水机，有冷藏以及冷冻室或者仅仅只有冷藏，有底部或顶部的门以及双开门。因此，了解客户的每一项需求对选择正确的冰箱是很重要的。比如，如果客户已经添置了饮水机，那么在冰箱上附加饮水机功能就是不必要的。另一方面来说，冰箱附加的饮水机与独立的饮水机相比可以为地板或者柜台节省空间。

台下式冰箱

台下式冰箱很小，用途受到限制。其有几种样式：冷藏、冷冻以及同时拥有冷藏以及冷冻功能。以上几种样式的冰箱在设计布局时均要满足独立放置或者置于柜台下时与其他柜台高度保持一致的要求。当计划采用台下式冰箱时，必须考虑到柜台以及冰箱之间高度的匹配问题。

直立式冰箱

在商用餐饮间中最流行的冰箱是传统的直立式冰箱。这种冰箱其顶部带有一个冷冻室，且其存储空间为16~26立方英尺不等。对于30到70个雇员的公司来说，存储空间为18~22立方英尺的中型冰箱可以满足日常自带午餐或者偶尔聚会时所需菜品的存储。

紧凑型冰箱

紧凑型冰箱仅突出柜台正前方的几英寸。正因为如此，许多设计师以及客户偏好这种可以与地柜前端平齐的冰箱。但是，紧凑式冰箱与直立式冰箱相比更为昂贵且更大。在设计时，应确定客户是否真正想要这种冰箱。

尺寸

图表10.1g中显示了初始设计时的基本尺寸。在空间设计以及图纸绘制完成前，设计师应该指定好新的模型或者核实已有冰箱的具体尺寸以供再使用。客户常常将冰箱从其以前的办公场所带到其新的办公场所中来。如果客户没有自带冰箱，工程项目承包人一般会按照设计师的要求来选购冰箱。台下式冰箱以及直立式冰箱其三面箱壁均要求1到1.5英寸的容差，以保证空气的流通，同时留出间隙空间给后面的电线等。紧凑式冰箱其本身便被设计为与周围环境严格匹配，因此无需在侧面以及后部保留间隙。

制作材料

传统直立式冰箱一般为白色。其他可选颜色则与选购时电气用具的流行色相关。例如，在20世纪70年代除了白色以外，可选颜色有橄榄色、锈红色、金黄色。在90年代，除了白色还有杏仁色以及黑色。到21世纪，金属色泽成为了最流行的表面材料颜色。客户一般喜欢自己指定颜色。

某些台下式冰箱是白色的。但在过去的30年内棕色以及黑胡桃色一直是主流颜色。紧凑式冰箱一般被设计成为在门的表面附有塑料胶合板或者木板，因此这种冰箱的表面材料可以与自定义的橱柜的表面材质完全匹配。

过滤水

许多公司利用冷冻机或冰箱饮水机提供某种类型的过滤水。一般是通过冷冻冰箱分配器，冷冻冷藏集装箱，个别冷水瓶，或独立的分配器进行操作。

在大多数情况下，从冷冻室通过的水并不是真正意义上的过滤水，而是冷却后的自来水。如果客户想选择这种装置，那么与咖啡泡制器上的输水管类似，设计师必须在蓝图上注明必须有a¼英寸的铜管连接到冷冻室中。该装置也应包括在冷冻机或冰箱的说明书上。

当一个按钮控制的水箱安放在冰箱中的搁板上时，为了确保有足够的空间放置水箱、自带午餐以及其他一些需要存储在冰箱中的物品，应选用大尺寸的冰箱。对于用于一般情况下的独立瓶装水，上述要求也应满足。尽管随着绿色环保意识的提升这项要求已经逐渐变得过时了。

在水池中提供过滤水可以采用一种或者两种方法。要么在龙头上附加一个小型的滤水装置，要么在水池底部安装一个带独立接口的完整滤水系统。两种方法既经济也节省了地面空间。如果安装了其他物件，如垃圾处理装置或者废物收集装置，那么在安装水池底部滤水系统时则需格外小心。此外，为了冷却用水，可以安装加冷容器。如果没有加冷设备，那么过滤水仅仅只是被过滤，但不会变冷。

独立式饮水或制冷机既可以对水进行过滤同时还可以对水进行制冷。该设备大约需要1平方英尺的地面面积且其四周还需要保留3~4英寸的间隙（附录E，图E.33）。当纸杯杯托相互靠得太紧时，应该在杯托方向再增加4英寸左右的空间。饮水机旁的垃圾篓所需要的空间也应该在设计时有所考虑。为了安装冷却器，必须在其附近给所有空的以及满的水瓶提供存储空间。这些水瓶直立或者横着放置都可以。

垃圾箱

尽管客户一般会为大部分的房间购置废

图表10.1

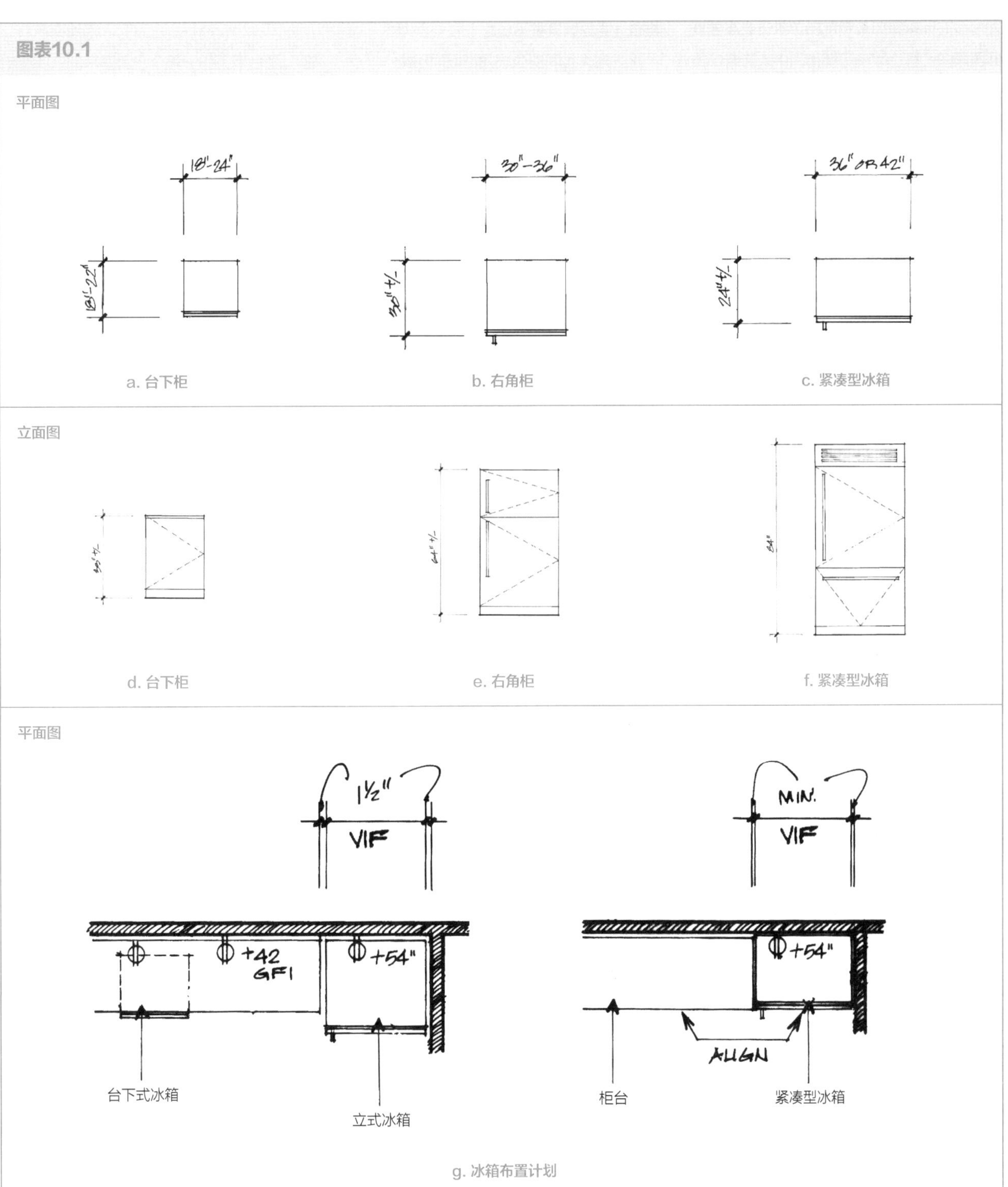
平面图
18"-24"
18"-22"
30"-36"
30"+/-
36" OR 42"
24"+/-
a. 台下柜
b. 右角柜
c. 紧凑型冰箱
立面图
d. 台下柜
e. 右角柜
f. 紧凑型冰箱
平面图
1½"
VIF
MIN.
VIF
+42
GFI
+54"
+54"
ALIGN
台下式冰箱
立式冰箱
柜台
紧凑型冰箱
g. 冰箱布置计划

物篓或者垃圾桶（第4章），但对于餐饮间来说设计师最好在计划时设计好垃圾箱的摆放位置并指定好垃圾箱的尺寸。

将垃圾箱安放在咖啡机附近很重要。当人们在倒咖啡渣时，由于常常忘记在咖啡壶漏斗下方放盖子，因此不可避免地会将水或咖啡洒到地板、柜台或者其他物件上。

另一个需要考虑的问题是垃圾箱的可见性。垃圾箱的边缘会随着食物、垃圾以及其他杂物而逐渐变脏变黏。考虑到此，应该选用尺寸较大的垃圾箱或者在设计时为垃圾箱安排足够的空间以放置两到三个垃圾箱。在大多数垃圾箱上应该增加一个可移动或者可以翻开的盖子。但是这样的话也会使垃圾箱更为脏乱且需要更频繁的清理。因为被丢弃的食物以及饮料的残渣会溅洒或者留在盖子上。

垃圾箱的安放位置有两种选择：一种与快餐店的清理站类似，将其安放在一个带有可打开的门的柜子内，或者安放在一个足够高且可拉出的靠地的抽屉中。这些垃圾柜一般来说其内部都被粉刷成黑色。其既可以是主地柜的一部分（图10.8b），也可以单独设置，或者作为附加地柜。正如上文增加垃圾箱盖时所说的一样，对垃圾柜柜门以及垃圾柜内部食物容易由垃圾箱中掉至地面的部位应该进行定期清洁。当垃圾箱作为橱柜的一部分时，垃圾箱的基座，翻转门或者打开位置以及高度都必须设计好。这些尺寸位置的确定都必须以确保已选择的垃圾箱可以很好的与橱柜匹配为原则。

垃圾回收桶

建筑经理以及他们的租户（客户）处于某种立场，常会提供几个不同的垃圾箱，或是在垃圾箱中提供分类的隔断以鼓励员工在工作中对物品进行循环利用。垃圾回收桶可以类似的按照垃圾箱的布置以及管理方法来设计和管理。回收桶以及垃圾箱可以沿着任意形式的房间的墙进行排布（见图10.7a和图10.11b，或者放置在橱柜中，见图10.8c）。所有的回收桶应该用标签清楚的标出其回收的物品，如金属罐、瓶子、报刊等。

对于考虑到能源与环境设计认证中居于领导地位的客户，为回收桶提供必要的预留空间是在材料与资源需求下的必备因素。回收桶所需要的地面空间既可能由建筑经理提供也可能由客户所有空间来提供（表格10.2）。

自动售货机

自动售货机有许多种不同尺寸以及许多不同的功能式样供选择。分配食物的类型包括但不限于冷饮和苏打水、饼干和棒棒糖，还可以包括冷藏食品如乳酪和三明治，以及薯条和咸饼干。

对于最基本的计划目标，可以采用39英寸×27英寸的矩形空间，但有些售货机其尺寸小到24英寸×18英寸，或者大到42英寸×30英寸。在更深入的计划制定之前，客户最好与自动售货机代理商进行沟通以指定所需要的售货机类型。一旦客户选择好了售货机，代理商应该将该款售货机的具体尺寸以及公差要求全部提供出来。一些客户还喜欢在自动售货机附近加设一台ATM机。

到底应该由客户还是小贩来管理自动售货机呢？剩余货品应该保存在现场还是当小贩为售货机进行补货时再带过来？需要额外设置一个房间来贮藏库存货物吗？设计师必须与客户商讨所有这些问题并在楼层设计中进行说明。

桌椅

不同公司甚至同一个公司的不同部门对桌椅的需求差别都很大。对于某些公司或者某个公司部门什么时候以及为什么要选择提供桌椅，而其他公司或者公司部门却不提供，这个问题的答案往往没有一致性。这些物品的提供实质上取决于空间、设计师的计划或者该项目的预算金额。当桌椅包含在布局中时，必须有足够的空间来保证循环路线的畅通（图10.6a,b）。

其他物品

在餐饮间可能还会增添一些除上述以外的物品，例如垃圾处理机、废纸粉碎机、电动开罐器、纸巾分配器、拖把、制冰机以及烤面包机。客户可能对他们的餐饮间还有许多各种各样的要求。正如先前所提到的，电影院营业处会要求柜台为贩卖爆米花保留空

Box 10.2 LEED CI垃圾的回收程序

可回收的材料及资源的存储与收集

材料与资源的必要条件1

目的

To facilitate the reduction of waste generated by building occupants that is hauled to and disposed of in landfills.

要求

提供一个或多个易于到达的专门区域，以收集并存储住户的可回收垃圾。这些可回收垃圾至少包括纸张、纸板、玻璃、塑料以及金属

间且还需要足够的抽屉空间用来存储制作爆米花的玉米粒。每一项物品的选择都应该按与之前已经讨论过的各种物品类似的方式进行考虑与计划。

电气设备

餐饮间的电气设备应该重点考虑。许多设备，包括冰箱、微波炉以及咖啡机，要么指定了其特定的插座，要么是220V/20A的插座接口。这比标准的商用电源接口功率要高。某些自动售货机，如供应热/冷饮和冷藏食物的自动售货机则需要标准的120V/15A的电源接口。

为了遵守电气规程，餐饮间的电源插座一般按照高于装修完成时的地面15~18英寸的标准进行安装。但如果已经指出需要遵守美国残疾人协会的要求时，为了便于坐在轮椅上的残疾人，其高度则需重新考虑。当绘制电气分布图时，设计师一般会将标准的电源插座的高度在说明栏注明并且将插座符号标注在所有需要安装插座的位置。此时电源插座与其临近物体的高度差无需标注。对于那些高度并非标准或者安装在柜台上面的电源插座，设计师必须在图纸中的插座标志旁注明其高度（表10.1g）。

一般来说，在大多数立面图中插座板是不画出的。但是，当插座高度变化多样或者其位置较为特殊时，插座板可以在立面图中采用虚线形式的矩形线框绘制并用标签标明（图10.4a，10.5b）。所有在潮湿环境中的插座尤其是沿着沉台的插座需要安装地面故障断路器（GFCI）。

尽管设计师无需对电路布线负责，但在建筑说明中的电力设计中绘制出所有的插头却是他们的责任。而该设计信息中的背景设计则交由设计电力加载以及布线的电工来完成。此外，设计师必须向电工提供大样图和其他指定信息，包括电器种类、型号以及质量的清单。

餐饮间布局

餐饮间与其他办公区间相比可能是客户提出要求最少的区域。客户仅仅想要可以得到一个可以喝咖啡、吃午餐或者是花上一到两分钟时间来与可能在同一时间经过餐饮间的同事交谈的场所。这便留给设计师许多的自主权对其可提供的最好食物、位置、尺寸大小以及装修材料进行设计。并没有所谓标准的餐饮间样板，每一个餐饮间都应该是独一无二的。

图10.6 俯视图：桌椅布置图

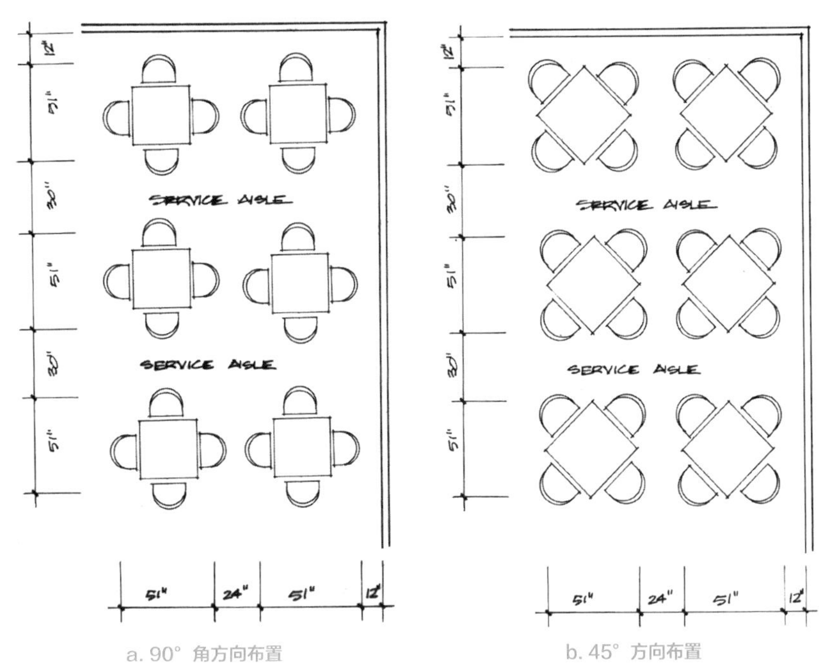

a. 90° 角方向布置　　b. 45° 方向布置

房间选址以及形状

当桌椅在合并状态时，沿着玻璃墙的餐饮间实际可以充分地利用自然光。房间大小、形状和分区位置常基于建筑围墙（见第6章）。

因为玻璃墙在建筑预算中需要额外的费用，因此餐饮间常常设计在内部房间。这为设计师提供了一个塑造餐饮间形状尺寸以容纳许多便利设施或为其注入某些设计风格的机会。尽管本章中的布局实例中规中矩，但餐饮间其实可以采用更为变化多端的造型。桌椅可以简单地摆放在角落里，沿着斜墙，沿着弯曲的路径，紧靠在一起或者远远的分散开，可以采用多样的尺寸以匹配该空间，也可以在计划允许的范围内相互结合。一般来说，设计直立式的柜台是个好主意，但是也可以设计成有角度以及带弧度的柜台以与设计相匹配。

尺寸

正如会议室一样，独立物品诸如电器、柜台、桌椅的数量和布局决定了餐饮间的总体尺寸。例如，当客户仅要求房间拥有一个台下式冰箱和咖啡机时，设计师与其设计相对较小的房间，不如设计一个有全尺寸的冰箱、苏打水机和水池的大餐饮间作为餐饮间。

装修

尽管餐饮间被习惯性地认为是功能型房间，但是它依然为设计师提供了一些花费额外精力的机会。许多时候，公司希望餐饮间可以让员工在日常的辛苦工作中得到一丝放松，使其成为员工休息以及放松发条的处所。设计师则应该尽最大可能的利用这个机会。

咖啡室

尽管许多人更喜欢其他的饮料，咖啡室已经实实在在的作为一个术语来定义大部分的办公场所的基本餐饮间了。咖啡室至少应有以下物品：

- 水池
- 柜台
- 地柜
- 咖啡机
- 微波炉
- 冰箱
- 垃圾箱

房间布局

设计师应该从沿着墙排布柜台开始布局，然后有逻辑的将其他物品增加至计划中（图10.7a）。当冰箱采用的是新买的直立式冰箱时，可以将其布置在柜台的任意末端；设计师应记得指明冰箱门的打开方向是朝左还是朝右。如果是再利用已有的冰箱，那么设计师应该检查在新位置时冰箱门打开的方向。设计师可将冰箱的位置安排在可使冰箱门朝远离柜台的方向打开的柜台末端（图10.7a）。

设计师应该考虑在设计的正视图中的布局是否与所有的物品匹配（图10.7b）。一旦基本计划完成，如愿地增加其他物品就很简单了(图 10.8a－c)。

复制咖啡室

正如一位咖啡商所说“作为一项指导原则，当提供的是分散的咖啡区时，每个工作区最多只能有50名员工”。

当在空间中计划了多个咖啡室时，将所有咖啡室在尺寸与配置上均采用相似的设计以减小不同部门之间的偏袒和嫉妒是明智的做法。所有的员工应该都被给予他们的团队与其他团队一样重要的归属感。但如果两个团队在公司中的工作性质完全不同或者其在公司中的位置截然不同，那么这项指导原则也是可以改变的，如：

- 行政区VS普通员工区
- 特殊区VS一般工作区
- 工厂蓝领工人区VS工厂白领办公区

食品贮藏间

特殊区域如招待室以及主会议室可能需要食品贮藏间。当有来访者时，在他们等待约会时给他们提供一杯咖啡或者苏打水是很常见的事。许多讨论会议，尤其是早间会议，常常提供咖啡甚至面包圈。占用了午餐时间的会议以及午后的聚会则可能会提供用餐或者点心。

若在接待处或者会议室有小型的咖啡室或者食物贮藏室，可以防止大队人马为了进入主咖啡室而穿过办公区域。通过采用更小尺寸的物品，一个紧凑的餐饮间可以被设计出来以服务该区域。而这片区域的一小群人会发现相比于主咖啡室，这个食品贮藏室更

图10.7 咖啡间和柜台

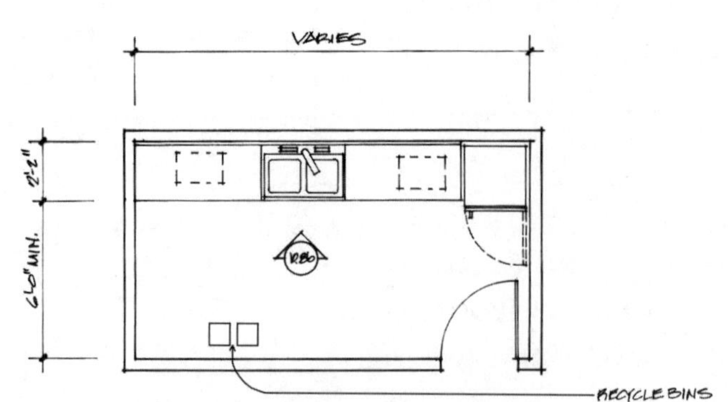

a. 俯视图：带有落地水槽柜的咖啡间

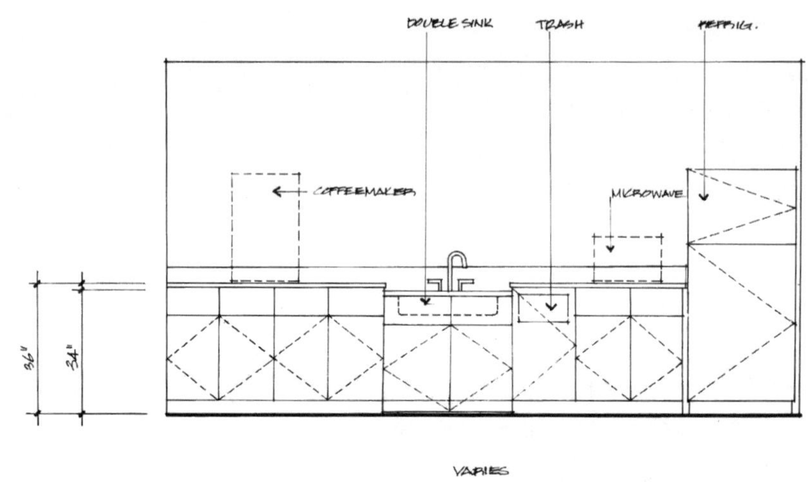

b. 标高：ADA标准中，标高数值为34"~36"的落地柜

图10.8 咖啡间

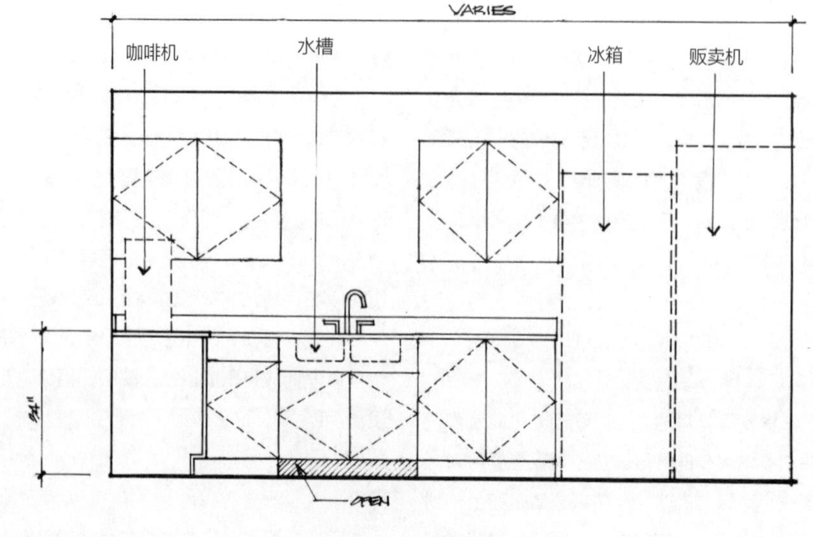

a. ADA标准中34"的连体壁柜

加方便（图10.9a，b）。

贩卖区/室

有时这是一种更为简单便捷，且更为整洁的提供已包装好的货品的方法。几乎所有种类的食物都可以被包装好后经由销售渠道进行贩卖。这些自助式的机器对维护要求很少。这种食物供应方式在诸如主题公园、博物馆、火车站以及医院等公众场合具有很多优点。同时其在工作设施尤其是在那些不方便人们自带每日午餐或者去当地餐馆的地点也很有用处。

可以将一块区域划定为贩卖区，也可沿着主要通道或者走廊设置贩卖区（图10.10）。当计划沿着走道布置贩卖区时，设计师必须记得在走道的最小宽度之外还应设计好机器前的额外的站立区（见第5章）。在总体的考虑最小的循环路径需求以及站立区域后，走道宽度会有所增加。此外，也可采用嵌壁式的设计，将贩卖机与其前的站立区域均考虑到潜入深度中去。在必要时，这可以保证最小的走道宽度。

粗略估计在每台机器周围应保留2~3英寸的空余空间，这样可便于空气流通，同时对向前移动机器以为维护机器提供方便。在顶部可以设计一个拱腹或者招牌，但是必须保留一定的空间或者间隙以利于空气流通。对于大多数的自动售货机来说都需要使用到插座。其插座应该在电力设计中标明。如果有可能，在售货机附近安排一个储藏室是明智的。

图10.9　茶水间

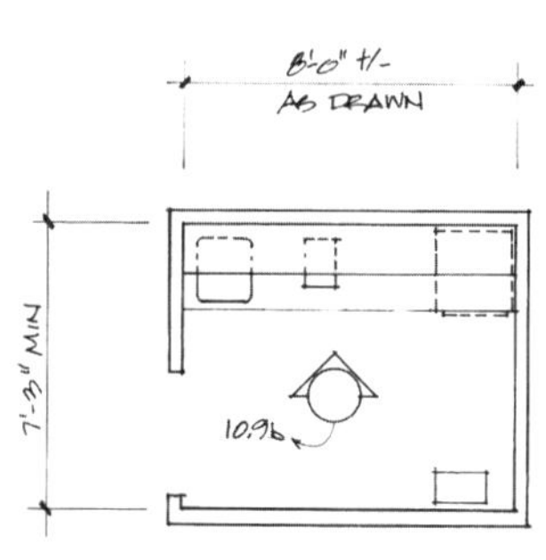

a. 俯视图：茶水区域

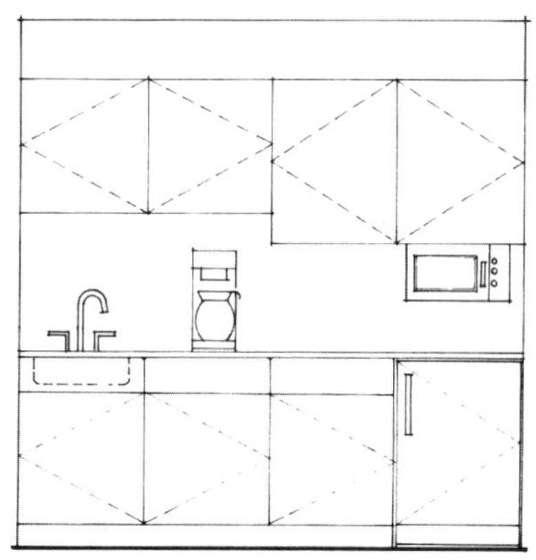

d. 立面：茶水区域

图10.8　咖啡间

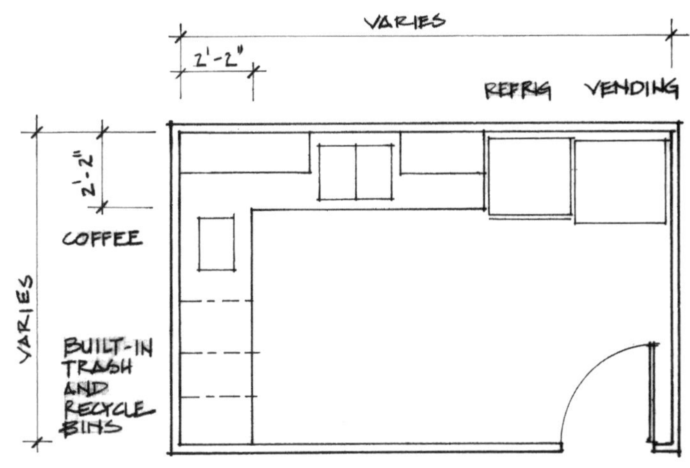

b. 俯视图：咖啡间

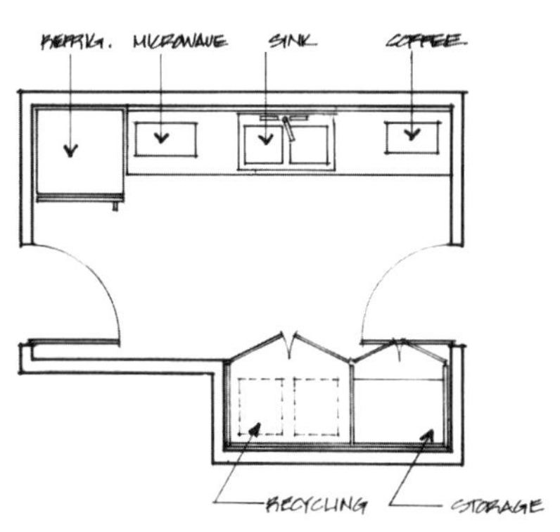

c. 俯视图：咖啡间

休息室和午餐室

如果咖啡室以及小卖部意味着“进进出出”，那么午餐室和休息室则代表着坐下，放松以及在该处吃东西。在许多的实例中，午餐室与休息室仅仅是咖啡区或者贩卖区的扩展，其通过增加咖啡室或者贩卖间的面积并在其中增加桌椅以及其他需求的便利设施来实现（图10.11a，b）。尽管没有硬性规定，但是往往习惯将有柜台以及地柜的房间称为午餐室，而将包含售货机的房间称为休息室。

雇员休息室

一个雇员休息室通俗来讲包括沙发、安乐椅、咖啡以及茶几、平板电视，或许还有储物柜和其他一些可以提供短暂休息并缓解疲劳的物品。有时，员工休息室也被叫作午餐室或者休息室，即使这些房间包含软椅。雇员休息室可能有自动售货机、咖啡罐或者仅仅只有一个冰箱。雇员休息室有可能是男女共用的一个房间，也有可能是两个分开的房间，一个用于男员工，一个用于女员工。

这种类型的餐饮间一般可在大型批发商场，工厂以及在大部分工作时间都需要站立或是在流水线上等员工无法随意离开其位置的企业中看到。雇员休息室的环境可以使员工在其规定的时间内得到充分的休息并再次充满精力。同时它也是一种经理重视员工并对员工健康和幸福表示关心的声明。

还有一些其他的企业与组织提供员工休息室。如教育机构有学生以及带设施的休息室，交通枢纽有机场VIP室和火车贵宾休息室，还有酒店中的经理休息室。

吸烟室或吸烟区

某些公司习惯于设置一个吸烟室。由于许多建筑是禁烟的，因此这种房间在逐渐消失。但是，在极少的情况下，公司自己所拥有的建筑中在有限的基础上仍然拥有吸烟室。设计师应记得吸烟室必须提供独立的通风系统以防止该房间空气与该建筑中的其他区域的空气混合形成二手烟。LEED认证不允许吸烟室的存在。它会指定一个离建筑至少50英尺远的外部区域作为吸烟区。这个主题如果被提及，在制定最终计划时设计师必须与客户进行全面的讨论。

图10.10 自动贩卖区域和客房

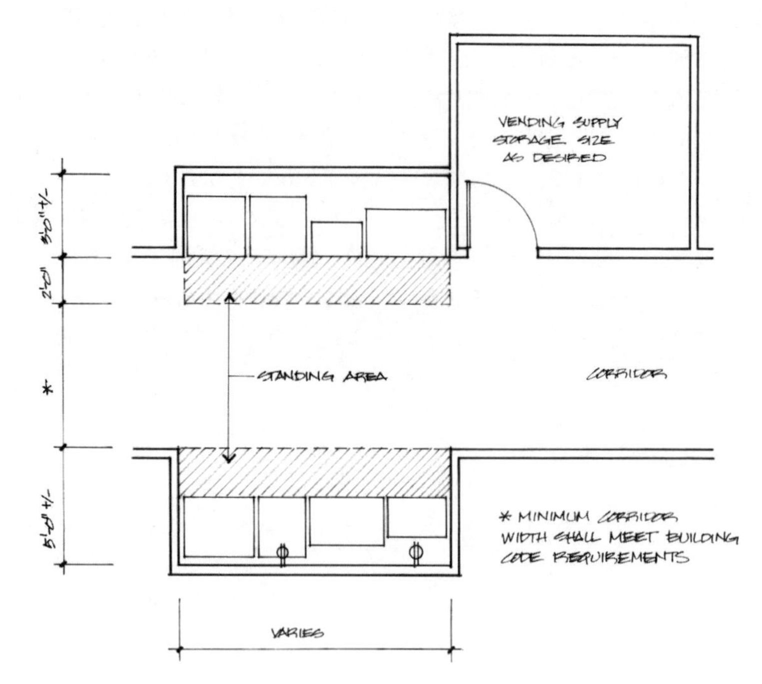

图10.11 平面图

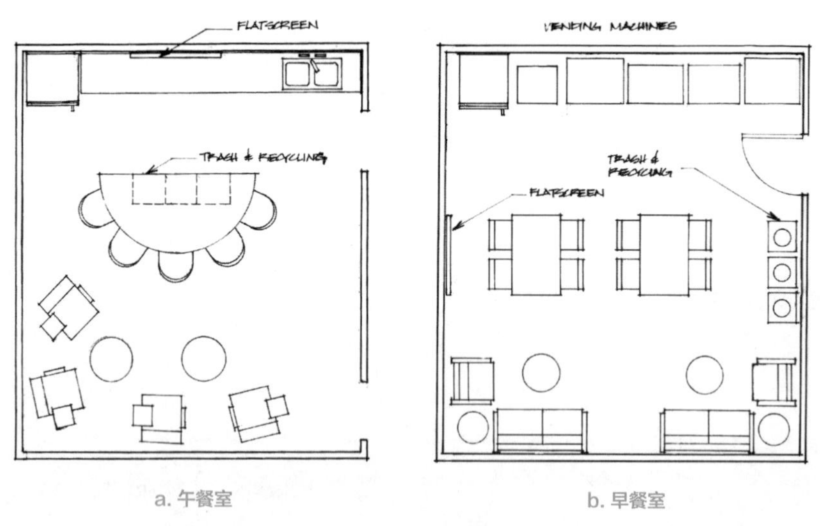

a. 午餐室　　b. 早餐室

自助餐饮间

全套的自助餐饮间看起来就像自助餐馆。员工拿着餐盘沿着服务线走动并选出其想吃的食物。热食可能是在现场制作的也有可能来自厂区以外。桌椅或者摊位座位可能摆放在同一个房间或者在一个相邻的房间。

所有的公司或企业都可以在其办公空间或是建筑中设置一个自助餐饮间。但是，设置自助餐饮间的必要性应该得到慎重考虑。容纳厨房、服务线、排队线以及桌椅需要很大的空间。要满足75~100人就坐需要1200~1500平方英尺的空间。

大量的空间需求以及建造自助餐饮间的巨大开销有可能会使客户选择上文所提到的其他餐饮间。但是，当一个公司拥有超过500名员工，其选址位于远郊或者乡村地区，拥有很高的利润，与员工外出就餐相比自助餐饮间的总成本更为合理，尤其是当员工休息时间很短且在当地缺乏食物供给场所或者工作强度很大时可以考虑这种餐饮间。

如果客户决定采用全套的自助式餐饮间，则应该雇佣一位食品营养专家或者请一位自助餐厅设计师来为这一部分进行设计。在这种方案中，即使专家设计了厨房空间以及服务线，设计师仍然要保留这个工程整体的控制权。首先是通过鉴定在平面图中画出为自助餐饮间所准备的大概区域，然后基于专家的设计划定就坐区域，最后选择配色方案。厨房的绘制交给承包该工程的设计公司。

其他可供考虑的食物

许多公司一年四季都提供餐饮服务。服务类型从百吉饼到面包圈从周五早上到月度午餐到公司年末的节假日聚会。这在这个项目阶段并不是最主要的需要考虑的事情，但也应该在某种程度上与客户进行讨论。

百吉饼和面包圈是简易食品。它们一般被放置在一个大的一次性大浅盘上，上面覆盖着透明的塑料并被放置在午餐室的桌子上。员工可以按照自己的意愿来拿取，当吃完时，大浅盘就被丢掉，清洁工作量很小。

午餐一般会将菜品设置在会议室中的书柜或者其他具有水平表面且可放置两到三道菜品的物件上。这些菜品既可有热食也可以有冷食。除了菜品还要有餐巾纸、调味料、饮料、甜点、奖品等。公司可能会要求服务公司留下来做清洁或者要求公司的内部人员来处理使用过后的物品以及剩余的食物。

节假日或者公司聚会可能每年才举办一次或者每季度举行一次。这种场合需要更加精心的准备，且服务公司必须随时在人群中待命。可以知道，服务公司需要在其中占据空间，这可以是每年才用一次的午餐用房间，也可以是用于日常事务的独立房间。在这儿，服务公司可以搭起店铺，并借此组织一次成功的聚会。

服务公司所提出的要求不一定会影响整体的空间计划安排或者个别的房间安排。需要额外增加的项目常取决于服务公司已经准备好的数量和在布局的其他区域中其物品的数量。与许多该计划中的区域一样，最好向客户说明所有的食物以及聚会需求。

绘制餐饮间布局图

根据项目工程的大小以及客户理念，可以绘制餐饮间布局图也可不单独绘出，而是作为典型房间布局图包的一部分在设计时绘出。如果在新的办公场所仅需要一个餐饮间，那么除非客户特别指定，否则餐饮间的布局或者计划一般不包括在布局图包中。此时只需要将餐饮间需要些什么告诉他们的工程师就可以了。对于大客户，当需要在好几个楼层或者部门安排多间餐饮间时，一般会将餐饮间设计图包含在布局图包中，以确保每个部门的主管感受到其与其他的部门的待遇一样。不论餐饮间布局图是否包含在布局图中，餐饮间的最后布局在尺寸以及形状上都必须以在最终的空间布局计划中其所处的位置为前提。

项目

学生必须为其所选的客户绘制两个咖啡室或者午餐室。布局图应遵循与其他典型布局图一样的规范要求。这些规范要求包括相同的信息、比例，并采用与布局图包中其他典型布局图一样的技法（见第6章“课题任务”）。

11

服务室及其功能

服务室常常位于空间靠后的区域，远离人们的视线。除了极少数情况，无论是客户还是设计师都不会将其作为优先考虑的因素。事实上，在最初的设计阶段，人们很容易完全忽略这些区域，或是将其暂且搁置一旁，待到有合适的剩余空间时再将其考虑进来。

然而，上帝却总是眷顾那些完全忽略这些区域或是将其置于一旁而没有考虑到其功能的设计师。客户若是想要发送邮件抑或是复印资料而找不到合适的地方，他们或许永远会对这个设计师感到不满和失望。因此，要制定一个成功的设计方案，设计师须在一开始就考虑到办公室所需的所有功能。

服务室功能概述

本书中服务室的空间设计比其他房间的功能更为集中。首先，要涵盖所有类型的服务室、服务区域及其功能是不可能的，因为其种类是如此众多。其次，虽然服务室在企业中很普遍，但具体反映到每张平面图时却各不相同。服务室的设计虽有其自身的标准指南，却没有典型的设计方案。最后，在综合考虑其他房间的设计之后，绝大多数设计师都有足够的能力运用其逻辑、直觉和对方案的预见设计这块区域的布局。

服务功能的定义

顾名思义，服务室或服务区涵盖了所有支持公司正常运行的工作。一些基本的服务功能，例如复印，存在于几乎所有类型的行业，包括通常意义上的办公室，以及教堂、银行、医院和学校。而其他的服务功能可能仅限于某种特定类型的行业，例如饭店的衣帽室或者银行的保险库。最后，一些公司或企业可能会要求为某种特殊功能需要而设的独立房间或区域。例如，在一个方案中，人事部经理要求一个镇静室，在这里那些刚被解雇的职员可以独自静处、发泄愤怒、哭泣、打电话、借助镜子和漱洗盆洗净脸面，总之，让这些员工直面自己的未来，而不用担心直面同事。

一个辅助功能有时需要一整个房间，因而命名为某某室；有时候却可以只占用大房间的一个小角落或者位于在公共区域，因而命名为某某处。例如，大的公司部门可能有一个复印室，而小的部门则只有一个复印处。档案可能被储存在一个专门的档案室，或者只是存放在在会计部门和行政部门的交界处。一个藏书处可能只是沿着走廊的壁龛，也可能是专门的藏书室。事实上，功能区域因不同的平面设计方案和客户而调整，以适应实际需要。

服务功能的重要性

在没有服务室或服务区域的情况下，如果文件要送到外面复印，时间就会延误；若是研究要在外面的实验室进行，质量监控可能就会受到影响；如果自助停车场在两个街区之外，客户的满意度也就会下降，不一而足。

许多服务区都是无人管理的，所有职员在任何时候都可以使用。然而有些服务区却有专人看管以保障安全或是提供必要的帮助。大多数的功能室有各自不同的需求，因而需占用更多的平面空间、特殊的电源插座、额外的吸气排气设备、特定的建筑、安全设施、常规流水线，以及可替换的板材和灯具。若是这些房间和需求在设计开始前就能够得到确认，它们就可以被更有序地布置在平面设计上，公共区域也会更为美观。

服务功能可以划分为三类：

1. 基本功能
2. 可选功能
3. 特殊功能

基本功能

基本功能是指大多数行业所共需的功能，常常是日常所需的。通常的设计指南被用于以下这些区域的设计：

- 复印处或工作室
- 邮件收发室
- 补给室
- 公用设备
- 档案储存室
- 技术室

复印室或工作室

复印室在商业社会的日常工作中扮演着非常重要的角色，人们需要用到各种类型的复印：黑白复印、彩印；信纸大小的，法定规格大小的，或11英寸×17英寸的；散页的、装订页的、分门别类的、特殊纸张上的复印，不一而足。一些复印室可以胜任所有这些工作，其他一些却功能有限。根据每位客户选择的设备和需求的不同，复印机可以各自分布于整个设计空间，也可以几台复印机集中布置在中心区域。

在平面图上，Photocopier被缩写成copier或者copy room。在第4章中的设备回顾和附录E，以及表格E.35，提供了通常的尺寸和流通所需。除了目前的这些复印机，还要考虑其他一些设备。

校对区和柜台

复印完成后，需要有一个水平面放置复印件和原件以供分类和校对。一张桌子或一条长凳就可以满足需求，但多数情况下人们会沿墙建一个木制柜台，并在其上方和（或）下方建一个盛放东西的架子（图11.1）。

各种各样的配件包括订书机、胶带、回形针、三孔打洞器和剪刀通常都可以在校对区找到，用来制作小册子的切纸机和装订机也常常可以在这里找到。装订机实际上包括两个机器，一个打孔，一个装线。

对于普通的公司，一个 6~10英尺宽、30英寸深的柜台就可以满足其需要。此外，在无水操作的区域不需用到后挡板。

纸张

复印所需要的各类纸张是没有穷尽的。一捆500张的纸叫作令，十二令装成一箱，人们常常成箱购进纸张，因为这样比单令购买更便宜。纸张的消耗非常迅速，所以成箱购买是明智之举，但必须有足够的空间存放这些纸张。一箱信纸大小的纸张是11$^1/_2$"×17"×12"，一箱法定规格的纸是14"×17"×12"。

纸箱可以堆放在任何可用的空间，包括空余的地板，或者柜台下方的空隙，但是后者可使这片地方更整洁有序。一些公司喜欢将箱子拆开，按令堆放在纸架上，或打开几令不同类型的纸张分别取出一些分类排放以便随手使用。纸架可以是木制柜台的一部分、一个书柜、一个金属架子或是一个橱柜。

如果复印机位于空旷区，纸架最好有个门，但多数情况下纸架是没有门的，尤其当复印机是位于房间内时。没有门的纸架可以节省制作成本，使用也更方便。

回收站和垃圾箱

对于那些食物间，在设计普通的垃圾箱的同时设计一些回收纸张的垃圾箱是明智的。在复印室和工作室普通垃圾箱可以小一些，而可回收垃圾箱则应该大一些。

图11.1　工作室的柜子

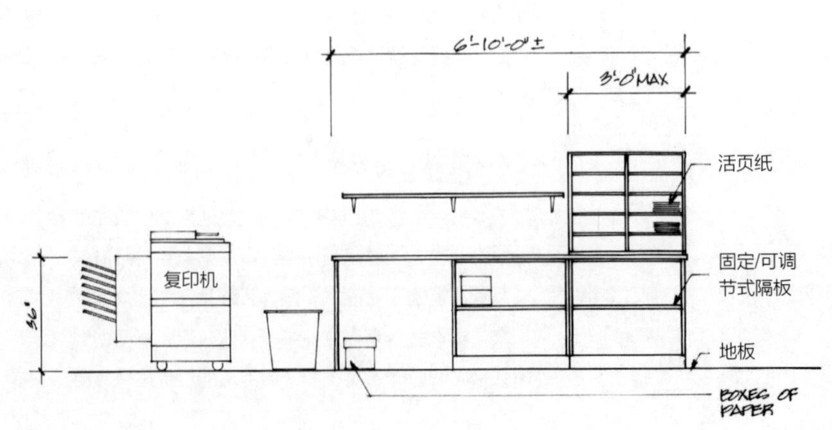

工作室

除了复印，这个房间还可能覆盖了其他一些功能，所以有时叫作工作室。通常有人在这里工作：他们制作小册子、分类、订书等。为了方便，这里常常需要一张桌子，它可以是柜台的一部分，亦可以是独立的。

房间的布局

复印室可大可小，向内或靠窗，有门或无门（即直接设一通道）。复印室最好设在中心地带，方便员工使用。每一个复印室都是为客户量身定做的（图11.2）。

机械和电力要求

复印室有特殊的机械和电力要求。首先，复印室要有一个独立的排气系统，因为复印室会产生废气；其次复印机的插头是三叉的，需要特殊的插座。这些特殊的机械和电力要求由工程师设计，但是让客户从提供设备的厂商那里获得详尽的信息则是设计师的责任，然后由设计师将这些信息反馈给工程师。

邮件收发室

虽然网络在许多人际和公司的交流中扮演着主要角色，但是邮件收发室的存在仍然是必要的。因其独特的需求，这个区域常常作为一个独立的空间来设计。在规划和设计阶段，一份指南就可以涵盖邮件室设计需考虑的主要问题：邮件室功能包括收发来自各处的邮件和包裹，并且分门别类……邮件室最理想的位置是货物升降机正对面，这是货物进出最直接的路线，对楼内人员的影响也最小。邮件室是一个吵闹的环境，因而应该远离会议室和接待室。工作流程是邮件室设计的首要考虑因素，据此将邮件室分成三块主要的区域：分类区、收件区和派发区。

- 分类区：可存放散装的邮件。
- 收件区：处理成袋成桶的过夜邮件。
- 派发区：计量邮件数目及派送邮件，包括隔夜邮件。

收发货室

邮件收发室有时也叫收发货室，因为其除了递送美国邮政服务的货物外，还派送其

图11.2 复印室

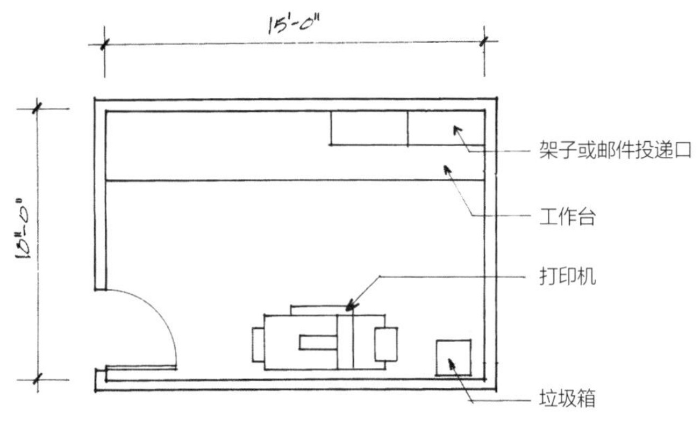

a. 小型复印室

b. 临玻璃墙的大型会议室

他所有类型的包裹，相关服务公司以及项目包括：

- 联合包裹服务（UPS）
- 全球货运公司
- 联邦快递（Fed Ex）
- 敦豪速递公司
- 当地邮件派送
- 货运卡车
- 新家具和新设备
- 餐饮服务

收发货物时，不仅包裹、箱子及其他物件需要占用空间，检验和测量的仪器也是如此。美国邮件收发需要的仪器包括一个邮票检测器和一个天平，两者有时可以放在柜台上，但在一些情况下，其中一个或两者都很大，因而需要独占一块区域。一些快递公司将其电脑置于邮件室内，并与中心区域取得关联。所有上述设备需要不同的插座及其他动力方面的要求。

其他资源

货物收发的进行还需要其他一些资源，比如各种型号的信封、箱子、包装材料、表格、胶带、剪刀等。这些配件同样需要占用

表11.1 复印机用电要求

模式	用电要求			参考信息		
	电压	电流	频率	NEMA编号	施乐公司编号	图标
所有标准 4118/M118/M20 FaxCentre F110，F116，2121，2121L，2218, 765 CC/WC/WCP 123/WCP128 CC/WC/WCP 232/238/245/255 WC5632/38/45/55 WC7328/35/45 数码终端（Fiery，Creo，Docusp，Splash）	115V	15A	60Hz单相	5-15R	600S3704	G W
4110/4590/4595 4112/4127	208~240V	15A	50~60Hz	6-15R		G
WC5665/75/87 CC/WC/WCP 265/275 **WC7655/65** DocuColor 240/250 DocuColor 242/252/260 Docutech 75 MX Wide format 510 dp	115V	20A	60Hz单相	5-20R	600S3703	G W
CC/WC/WCP 90	208~240V	20A	60Hz单相式或三相	14-20R	604K05820	G Y X W

柜台或其他地方的空间。储存空间的大小取决于公司的规模和业务类型。广告公司的复印量很大，因而需要较大空间存放纸栈板。纸栈板一般为4英尺×4英尺×4英寸。一个派送大量宣传材料和礼物的公司需要更大的邮件机以及派送或打包区域。而小公司的需求则相对较小。

垃圾箱和回收站

空间规划时应为两类垃圾箱考虑足够的空间：一种收集普通垃圾，一种回收纸张。在邮件收发室划出一片区域收集来自邮件室自身和公司其余地方的大量垃圾（比如废弃的电脑、拆碎的箱子、丢弃的设计样本等）是明智的做法。

房间要求

鉴于许多人、物品、货物车都要经过邮件收发室，因此除了要靠近升降机外，在布局方面还有以下几个注意事项：邮件室至少要有两个门，一个通向公司内部，不用时可以锁起来，另一个直接通向外部，通常是通向走廊。对于体积大或者需要大量输送的物件，最好设计两扇门或者是一扇较宽的门，比如42或48英寸宽。

如果公司较大并占据数个大楼，可能就需要在每层设置一个小的局部邮件收发处。一些公司用移动运货车将邮件送到每层的邮件收发处，另一些公司则可能要求设计一些投邮处，让每个职员或部门各自去取自己的邮件。根据公司规模，邮件室可以是复印室的一部分，也可以是一个独立的房间。

房间布局

房间里需要两个独立的柜台，一个放置邮件的相关设备，另一个用来分类信件。一个长的柜台可以同时满足上述两项功能需求，但是认为可以通过不停地移动物件而在同一个地方行使这两项功能的想法则是不符合实际的。有些公司喜欢订制木制柜台和橱柜，另一些公司则喜欢为邮件室订制金属家具（图11.3）。

图11.3　俯视图：邮件收发室

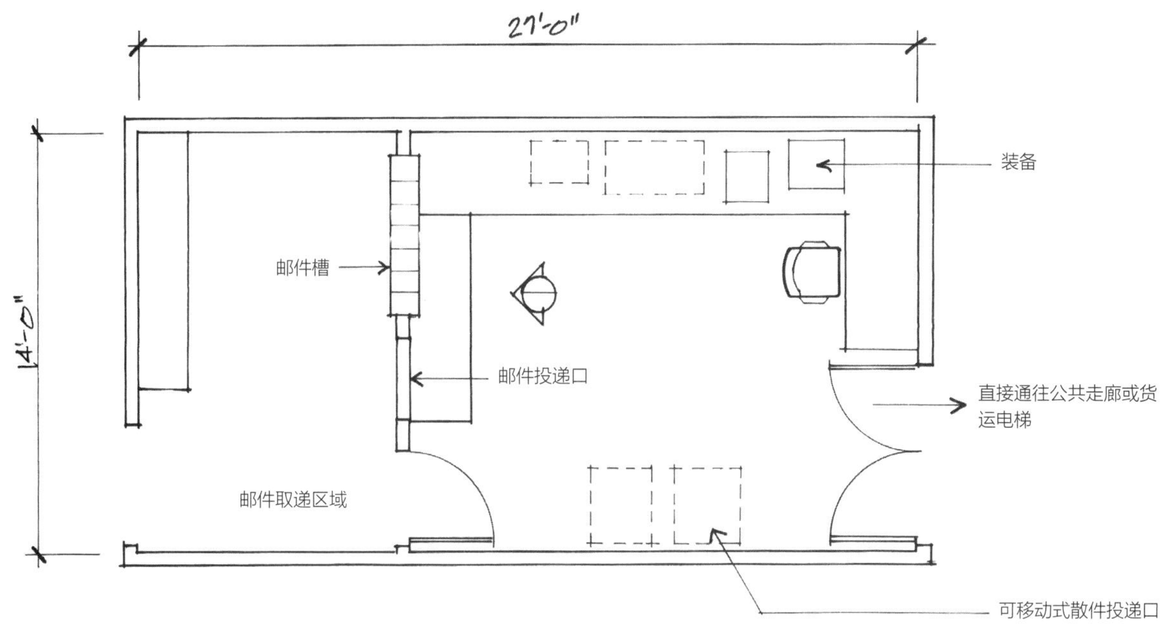

库房

库房储存着各种各样的办公所需物件。许多物件很小，比如胶带、订书钉、回形针、钢笔、铅笔、三环笔记本、标签分割器、记事手册、马尼拉文件夹等。这些物件都是定期成批购进的（12套装成一箱），用剩的工具再组装成套。有些客户或许还会储备诸如打孔器、胶带分割器、订书机等工具。有些公司甚至会储备一两张凳子、文件柜、桌子以及电脑，以便要用的时候手头上都有。

根据公司规模，这些工具可能被上锁，通过申请的方式发放，或者存放在一个普通的储藏室供所有职员随时取用。通常的情况是两者的折中，家具、电脑及量大的物件存放在一个上锁或远处的房间，而小量取用的一次性用品如钢笔、铅笔、回形针等则随所有职员任意取用。

架式储存

因为储存的物件大多很小，即使其数量很多，使用架子就足以存放这些物品。金属架可以集中到一个独立的房间存放。有时候这些物品可以储存在复印室或邮件室橱柜上方的架子上，而不用单独占用一个房间，有时也可以存放在五抽屉式横排文件柜的第五个抽屉，这个抽屉实际上是一个翻转门后面的展开式存放架。有些公司则使用常规的储物柜（见第4章）。同时也应为较大件的物品保留足够的空间。

档案室

档案可以存放在办公室的公共区域，例如放在两个工作组之间作为隔断（见图5.1b），或是沿着墙壁（见图表5.1c）；或是存放在单独用于存放档案的房间（见图11.8a和b）。三种方式各有优劣，前者通常距离较近，取用方便，在这种设计理念下，为了达到最好的视觉效果，档案通常按照颜色和类型相匹配。然而，文件柜是较贵的，一些公司不想因为增置文件柜而增加财政预算，尤其是当他们发现可以重新利用现有文件柜时。如果现有的文件柜不能匹配，一种方法是给它们上色，即便它们不属于同一种类型，其目的是使之符合新的设计方案。

如果作为隔断的文件柜是三抽屉式，习惯上会在顶部安装一个连续的薄层塑料柜台作为实用的工作平台。考虑到个人信息安全，可将文件柜加锁。锁是一项额外附加的费用。

若是将档案存放在单独的房间，就可以直接将房间上锁而不用给文件柜上锁了。而且，存放在单独房间内的不匹配文件较之存放于公共区就会不那么显眼。然而，如果职员每天都要出入档案室数次，他们可能就会抱怨每次都不得不到另一个地方取档案，或是每次进出的时候干脆懒得锁门。

流通面积

无论档案是存放在单独房间内还是公共区，都需要大块的周转空间，设计师应注意根据情况留取适当大小的空间（见图 E.7 至 E.11）。若是档案相对于整个空间来说数量很小，那么周转空间并不是很重要，但是对于规模大或者用纸量大的公司，数量庞大的档案就要求巨大的周转空间，亦即可供挪用的建筑面积。为了减少周转建筑面积，公司可能会考虑改变文件的存储方式。

举例来说，一个经纪公司的总部要求两层额外的空间用于存放横向文件以及附带产生的周转空间。为了腾出这些空间，移动架式存储被引入各个楼层，这要求每个楼层的几个工作组共用一个档案室。在这种情况下，虽然可能会引起职员们的抱怨，但是可以节省下一笔可观的开支。

图11.4　俯视图：隐藏的移动档案室的位置

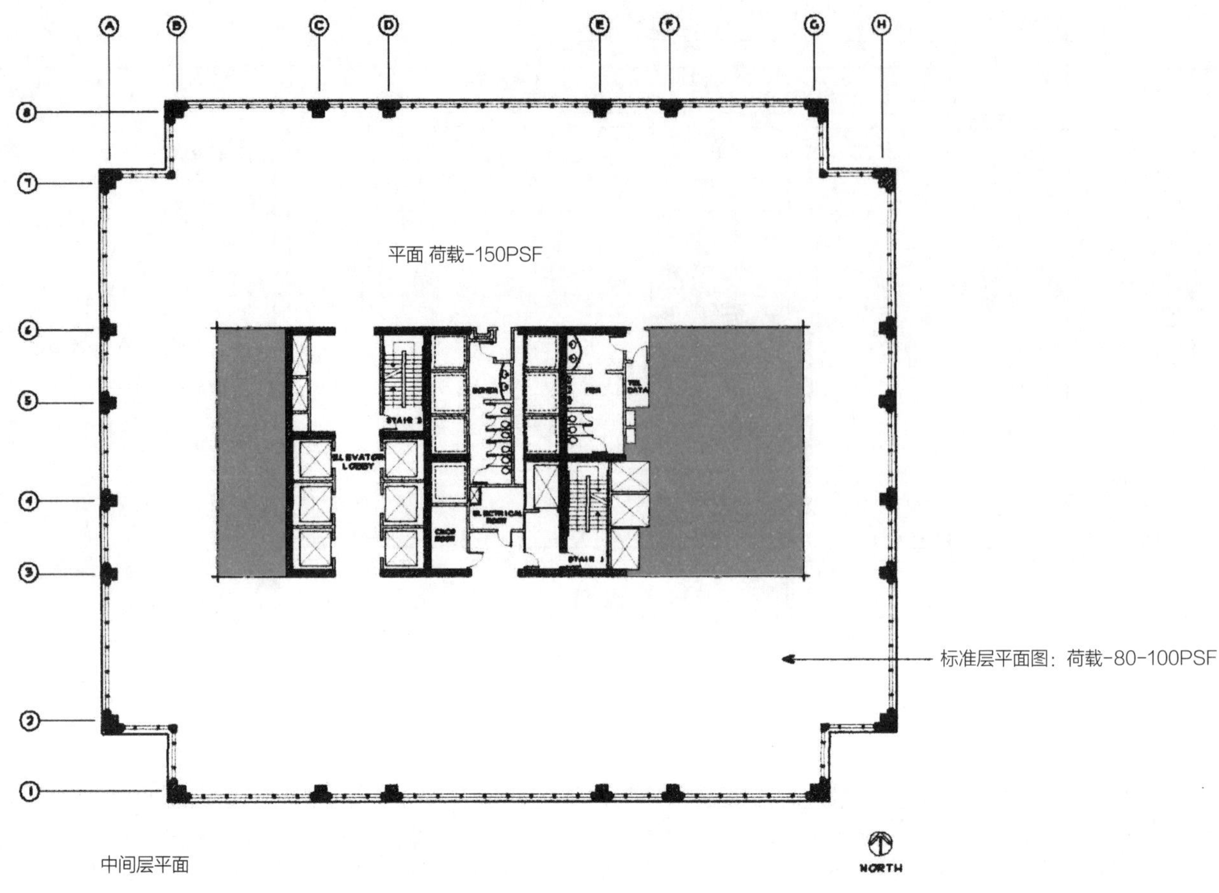

移动架式存储系统

虽然架式存储系统可以节省下相当大小的空间，但是客户不得不承认这种存储方式存在以下问题（见图表4.10d）：第一，移动架式存储甚至比传统的档案存储更昂贵；第二，公司不得不从顶标签存储系统转变成侧标签存储系统（见图4.4和4.10c）；第三，集中存放之后纸的重量很大。一个18d×42w×88h的开放式金属存储架放满档案纸后总重可达760磅，或145磅每平方英尺。

目前大多数建筑的可承受的重量即内部结构、家具、设备、人员及纸的总重。如果预计到楼层将要承受较大的重量，比如移动存储系统，那么设计师需向结构工程师咨询所选楼层具体位置可接受的承重量。有时有必要给楼层增加支持结构加固，以承受这种存储系统附加的重量。加固措施可以在楼层顶侧实施，但更通常是在楼层的底部。工程费和加固设施费均由客户承担。

对于前面提到的那家经纪公司，这家公司是幸运的，因为其新的办公楼的建筑核心的末端设计的楼层构造承重量高达150磅每平方英尺（见图11.4）。如果将移动存储室设在这些特定的位置，公司也就可以在不增加额外的楼层加固设施的情况下节省下楼层空间。

储藏室

公司时常有东西需要存储。一些公司在最初的空间设计时并未考虑到储藏室或者不想在这样一个房间上花费钱财。然而设置一些储藏室是明智的，即便它只是个小房间。鉴于储藏室可能会很凌乱，所以最好有可紧闭的门。

按照法律，许多公司需要将一些文件或记录保存数年或更久。对于这些公司，储存室通常是上锁的，并带有存放封存的文件箱的开放式金属架。银行和金融经纪商可能会赠送新开账户的顾客泰迪熊和烤箱等促销礼物，他们同样需要一个有开放存储架的房间储存这些东西。另一些公司则需要空间存放音频和视频设备、研讨会材料、节日装饰物、遗留的雨伞等。

技术室

技术室还有许多其他的名字，比如LAN室、电脑室和数据室。大多数公司将电线、电缆或光纤连到这个房间，在这里每台电脑都被连到一个本地服务器和电话端口，从而形成一个局域网（LAN）。一些公司同时将复印机、打印机、视听设备连到其网络系统中。另一个缩略词WAN（广域网）就是指用类似局域网的方式来将分公司联系起来的系统。

因为技术室有许多设备、保持清洁、电路连接和安全方面的技术要求，所以客户应

图11.5　平面图：在建筑内核的壁橱

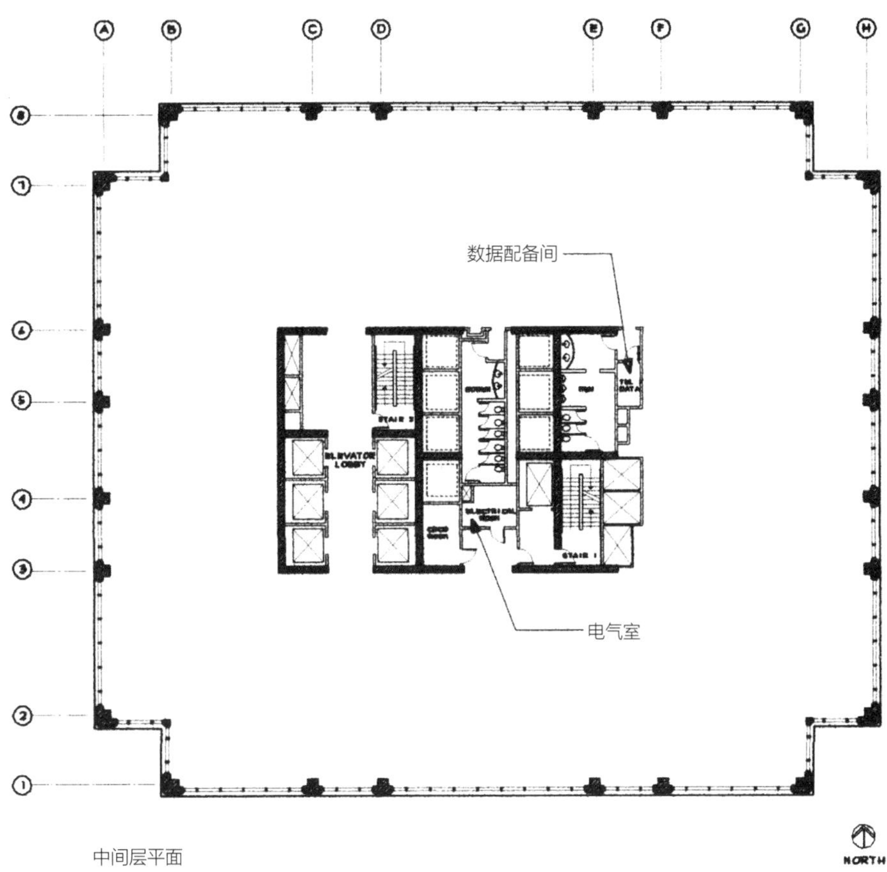

该雇佣一位外部咨询专家或者通过内部的信息技术部门来设计这个房间的尺寸、最终的布局和动力要求。在最初的设计中，无论公司规模如何，设计师都可以从10英尺×15英尺左右大小的房间开始，除非这是个贸易或科技公司，或者其他需要大量使用电脑的公司。技术室最好的位置是在办公空间的中心，因为电缆的长度有一个大约300英尺的上限。这个长度包括从设备到天花板的垂直距离、从办公区的中心到边缘的水平距离以及到设备本身的下降距离。如果楼层不止一层，那么就需要在主要的技术室正上方或正下方安排一个小房间，作为电缆垂直发散的通道。电缆就是从这个小房间出发，覆盖这一整层。

大多数技术室还另需24小时运转的空气调节系统给设备散热。有时天花板其上方的排气系统敞开，使得热空气可以经此通道垂直散出。

地板可能就是混凝土上覆盖一层乙烯基复合地板或其他硬质材料，或是用一个悬吊的平台系统。如果整个空间都是用这种平台，电缆和电线就可以布置在地板的下面，这样比沿着天花板和墙壁铺设容易。一些悬吊的平台还可将制冷的空气从下方送出。

公共设施服务

电力、电话、电缆和光缆公司通过地下或者空中的电线为每栋建筑提供服务。空中线路在郊区和农村较普遍，而地下线路在城镇较普遍。这些建筑为每个公共设施公司提供一个独立的房间，通常是地下室或是其他低楼层，如停车场楼层，将其服务引入建筑内。各种服务垂直输送到每个楼层，通常是输送到位于建筑核心的独立的小房间（见图11.5），最后所有服务再被输送到每个技术室。

共享设备

对于所有的支持功能，共享设备通常都是设在通道旁边而非室内。共享设备包括：

- 打印机
- 扫描仪
- 复印机
- 绘图机
- 传真机
- 计算机
- 打字机

一些设备设置在步行区，另一些则设置在就座区（见第5章“设计指南”部分）。在整体规划中，共享设备只占用小量空间却发挥着重要作用，因为它们的使用率很高。

每4到10个职员或许就有一台黑白打印机，但整个楼层或整个公司只有一台彩色打印机。复印机、传真机、扫描仪、打印机可能被整合成一台机器，也可以是单机。这些设备可以被放置在一起——地板上或是柜台

图11.6 平面图：培训教室

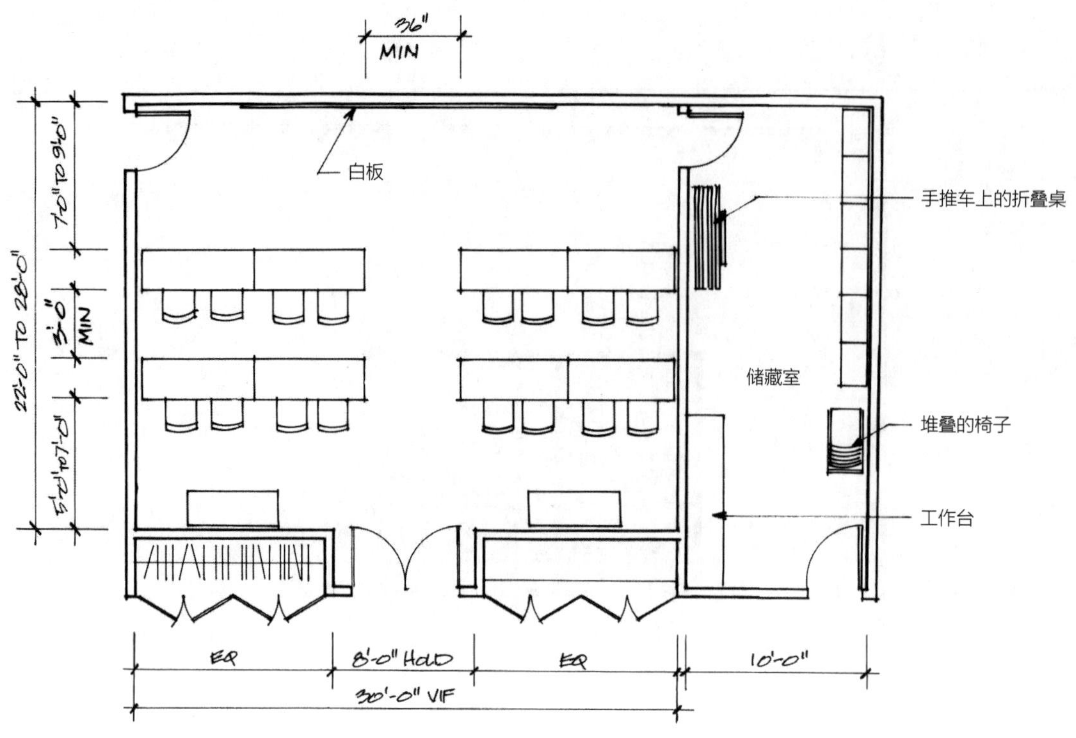

上；也可以放置在不同的地方，例如接待处附近或者复印室。有时，一个公司可能只有一份特许程序放在共享电脑里。很多公司都有一台或两台打字机用来填写表格。

当某些职员因其地位、频繁的使用需要或者工作性质需要某些设备在其办公区供其专用时，上述的设计指南同样适用。

可选功能房间

可选功能不像基础功能一样可以随意使用，通常是零星地或预订式地使用。多数公司的这些功能都类似，包括：

- 培训室
- 团队/项目室
- 藏书室
- 策划室
- 医务室
- 娱乐室
- 电话亭

培训室

学习和培训是企业的一项持续进行的工作。职员必须学习不断更新的电脑程序、经营生意和完成日常工作的新方法、新的专业知识。培训主题包括很多，例如设备培训、公众演讲、公司政策、员工向导等。

房间布局

培训室的家具包括有扶手或无扶手的单人椅（后者就像高校里的椅子）、单人办公桌椅、两人以上共用的长桌，或是可以拼接在一起供团队共用的桌子（图11.6）。如果不是特殊需要，一般不设置固定座位，配置多功能或可移动家具是个好主意，因为这样可以允许调整家具布局满足各类培训的需要。房间内可能有为每个人配置的电脑和其他设备，或者这些设备由大家共享。

房间尺寸

培训室的尺寸取决于培训的种类、家具的布局和任意时段参加培训的人数。如果培训是严格意义上的讲座，有限定的参加人数，房间可以设计得大、长而窄，并且突出演讲者的位置。如果需要，还可以设置一个讲台。

如果这个房间设有供培训者和受训者相互交流的桌子，最好要限制参加者人数，合理排布家具，以使培训者和受训者有更好的眼神交流。

附件

附件可以是可移动的，根据需要迁入和迁出培训室，也可以永久地安装在这里。这些附件包括投影幕、马克板、黑板架、讲台、麦克风、视听设备、电脑等。一定要仔细询客户对培训室的特殊要求。

后备培训室

大公司常常有专门供培训使用的一个或一套房间，但并不是所有公司都有这么奢侈的待遇。一些小型的公司即使时有培训的需要也不愿花费这笔租金。

有时候公司直接在会议室进行培训（见第8章）。培训室中的许多配套设施通常可以在会议室找到，而且会议室只是在需要的时候才使用，所以让会议室执行这两项功能是对空间的充分利用。

关于培训室，还有以下两种选择：第

图11.7　平面图：自主性交流区域，安静的会客房和临时交流区域

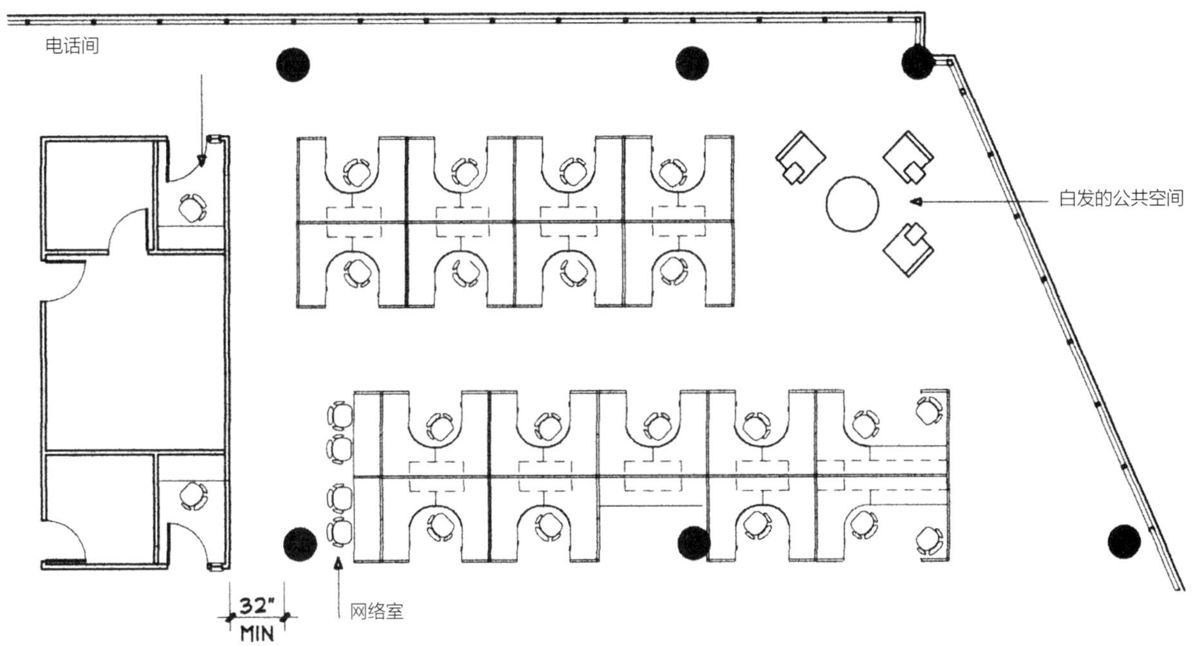

一，不必将培训者请到公司，而是让职员前往培训点接受训练。这为客户节省了空间和租金。现在，所有的培训室规划指南和要求都转而面向培训者的场所。第二，很多公司在附近宾馆租房进行临时培训。宾馆已经为这类服务创造了良好的条件。宾馆举办宴会及其他晚间社会活动需要大的空间，但是这些空间在办公时间通常是空着的。通过将这些空间租借给公司做培训，宾馆就可以从中获利，而公司从总体上看也可以省下部分租金。

照明

虽然照明在所有工作环境中都很重要，但是合适而灵活的照明对培训室尤为重要。为了使房间达到真正的灵活，灯具的选择应该包括直射光和非直射光的结合，还有普通照明、工作照明、局部照明、视觉源和非视觉源光线，以及不同灯具之间的组合。从不同的角度看，照明不仅是一门科学，而且是一门艺术。

作为一门科学，不同层面的照明可以被测定，并为各种各样的目的服务。荧光屏放映需要低层面的灯光，而房间前部的白板照明则需要直射光。使用电脑时最好用非直射光，但同时需要足够的工作照明进行文书方面的工作。

作为一门艺术，多层面的照明有利于参与者的相互交流。墙面泛光照明可以将艺术品或关键的图表呈现在侧墙上，起到放大和突出的作用，即使主光用于低位大屏幕放映时也能起到这种效果。悬垂装置如果美观可以直接展现出来，也可以只是建筑性的，隐藏在嵌线后面或在围栏下面，使原本暗淡的房间充满柔和的光线。

所有光源的调光能力和按一下能打开或关掉的灯的数量都应根据每个培训课程的需要而调整。单独的开关和预置有多场景照明层面的主控制盒都可用于控制灯具和照明水平。三点开关或四点开关很受欢迎，因为这样可以在进门的入口处开灯，在培训期间则可以在房间的前部开灯。最后，照明控制设备有助于获得LEED认证（见表7.1）。

存储

为了满足所有培训的需要，最好设计一个存储区。在两次培训课程之间，小册子和其他培训材料需要被储存，所以一个暂存区就显得尤为重要。视听设备在不使用时应该被存放在看不见的地方。重排家具时，不用的东西也需要有个储存的地方。

房间里的木制柜台、书柜或其他家具可以存放一些东西，但如果条件允许的话，设计一个独立的、可上锁的储藏室是个不错的选择，不论这个储藏室与主室（即培训室）毗邻还是在附近。如果储藏室和主室毗邻，可以开两扇门，一扇直接通向培训室，一扇通向走廊。

其他

培训的规模可以从很简单到很复杂，所以可能会用到其他一些工具。这些工具包括视频设备、带标记的复印板、声学墙面、墙面扬声器或天花板扬声器、空调和通风设备、复印处、休息室、食物室等。很明显，设计师应询问客户的特殊培训需要来指导

图11.8　平面图：文件柜及其空间

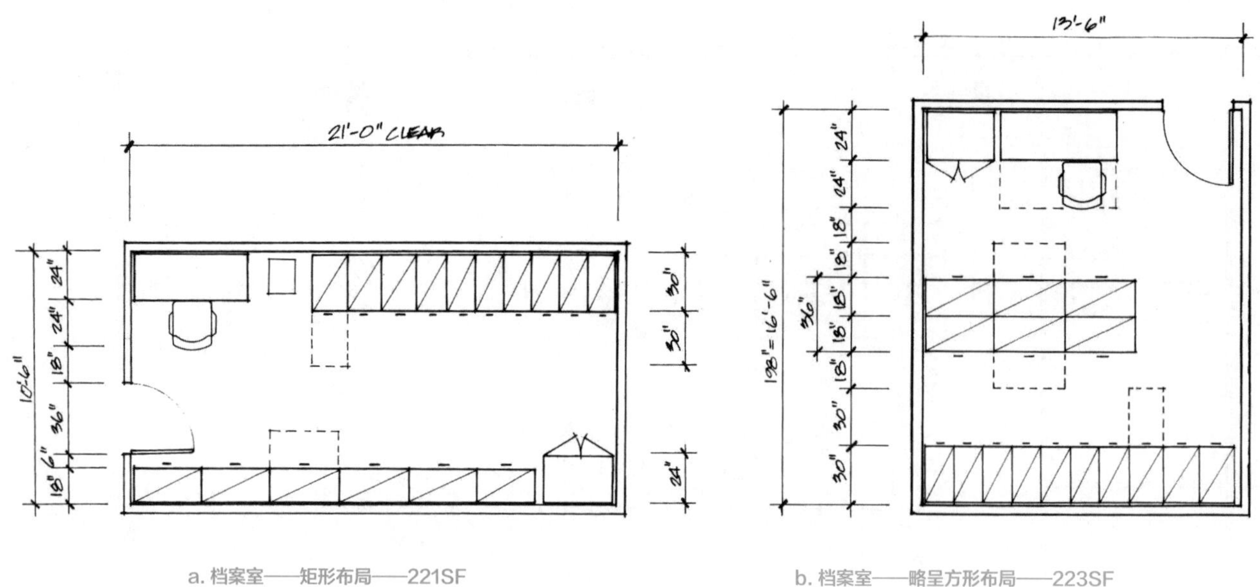

a. 档案室——矩形布局——221SF　　　b. 档案室——略呈方形布局——223SF

设计。

项目区或团队区

许多工作需要人们部分时间或全天以团队形式协作完成。团队区可能只是简单的一张沙发或休息厅的座位，人们可以舒适地坐在这里进行头脑风暴或以非正式的方式讨论想法和观念；也可能需要一张桌子展示项目材料，供检验和评判。

有时候团队区是一个密闭的房间。这样的空间可以在墙壁上用视觉方式展现想法和计划。但是团队区通常设在工作区尽头或转角处的开阔空间，可以为即兴的集会者提供更放松的环境（见图11.7）。

策划室

策划室最初用于军事上的战略指挥，是会议室和团队室的交叉。制造公司引用这个名称，代表新产品开发室。人们在这里提出自己的想法并且讨论解决，或大声或安静；或坐或站或走；或使用备用文件，或即兴发挥……作战室通常有一张大桌子，四面墙上都有许多白板和可钉大头针的墙面。有些公司仍然沿用“作战室”这个名称，但通常这些房间的功能和术语已经升级为更为严谨的“策划室”或“团队室”。

藏书室

传统上，我们认为藏书室就是一排排的书架、一堆堆的书。如果我们换个角度，将其认为是一个资料参考区域，就能理解在商业世界中有着许多种类的“藏书室”。例如设计藏书室，这里储藏着所有种类的样品如塑料薄板、织物、地毯、大理石以及木材。这里有目录、实物模型、范例和替代品。知道了这些，就很容易理解“藏书室”可能有各种各样的储物架、小抽屉、大抽屉、文件夹、木栓板、挂衣杆及其他储藏工具，而不是像传统的藏书室一样只有书架。

其他设施

因为功能需要，藏书室里常常还需要其他一些设施，这些设施包括工作区、展示区、书桌、公共空间、电话、电脑和特殊的照明。

设计指南

藏书室储物架间的走道可以设计成36英寸宽，因为在同一时间通常少于50个人在房间内。藏书室里所需物品的规划须参考典型的设计指南和流通书籍。根据公司性质的不同，藏书室可以是一个密闭的房间，也可以是沿着走廊排放的储物架，或者是设计空间内任何合适的开放空间。

医务室

医务室可以是简单的一个接待室，或是一个男或女休息室，或是一个男女通用的房间，里面有张简易床；也可以像真正的病房一样设计精巧，有一个护士负责照料。有些公司设有医务室，有些则没有。医务室的设置需花费一笔资金，所以每个公司在医务室的设置方面必须给设计师清晰的指示。

娱乐室

对于今天的劳动者，工作场所和工作本身已经成为一种生活方式。比起传统的朝九晚五，现在人们花费在工作场所的时间要多得多。过去有些公司提供小型的健身房，但是常常存在异议，因为装备房间需要一定的资金、参加锻炼的员工人数有限、需花费时间洗澡和更衣。一些公司仍然提供传统的小型锻炼区，但其他公司认为更重要的是提供一种不同类型的“逃脱室”，人们可以在停工时间、放松时间、娱乐时间到这里享受时光，即使只有5到15分钟的时间。

有许多名字被用来描述这个房间：娱乐室、减压室、消遣室。在这里员工可以进行社交、看书或者玩游戏，这些游戏包括乒乓

续图11.8 平面图：文件柜和房间

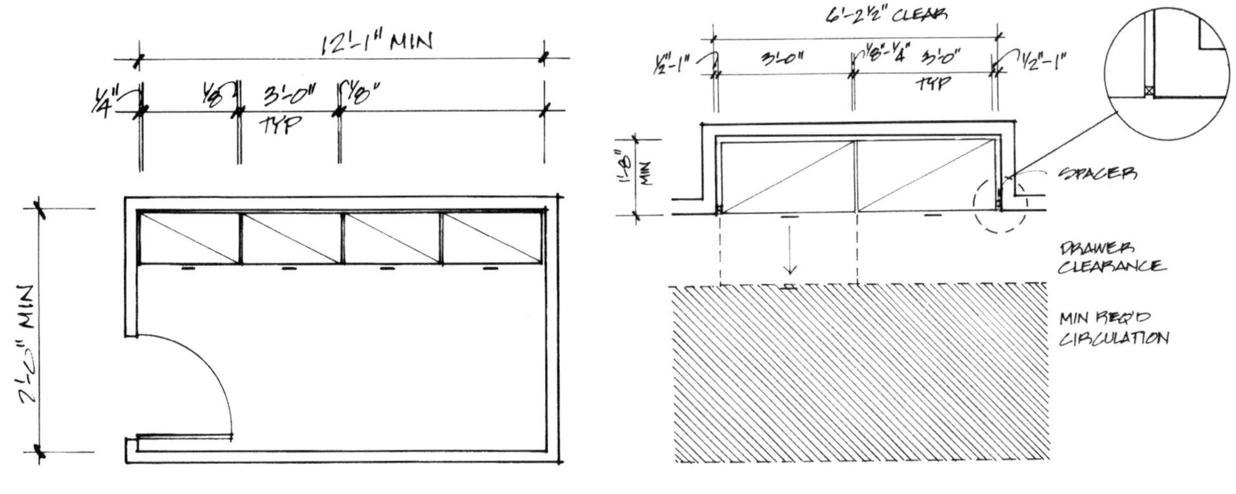

c. 尺寸适当的档案室

e、放大详图：文件柜的契合口

表11.2 档案室SF参数

QTY.	ITEM	UNIT SF	SUB-TOTAL SF
7	Letter files	8	56
3	Legal files	10	30
6	Lateral files	14	84
1	Table	28	25
1	Cabinet	14	14
1	Door	25	25
Total SF			**234 SF**

See Appendix E for specific or extrapolated SF. See Box 6.1 for door.

球、桌上足球等。这里也可能有电视、立体音响、果汁吧、咖啡机、沙发以及其他休闲设施。

和健身房一样，这些房间同样有其特殊的要求和较高的财政预算，但是和健身房不一样，这些房间可以供短暂时间的娱乐，而健身房则需要时间洗澡和更衣。因其独特性，设计时从客户那里获得相关信息显得尤为重要。

电话室

工作场所和空旷区嵌板系统很难保护通话隐私。与此同时，员工却常常需要打私人电话或私密聊天。访客和外地员工有时也需要打电话。

条件允许时，空办公室或会议室可以作为电话室，但是我们不能总奢望有这样的机会。为了解决这个问题，公司有时候会要求一或两个电话室，供职员和访客使用。一个电话室可被设置在接待处或主会议室附近，另一个可被设置在职员的工作区内。至少应有一个电话室有门。除了电话、椅子和柜台外，为便携式电脑提供电线和数据输出端是个不错的想法，最好再准备一些书写材料。

独特功能

最后要注意任何时候任何公司都可能要求一个这个公司或这个行业所独具的房间或区域，比如在本章开头讨论的镇静室，又比如银行总部可能会要求在办公区建一个拱顶。遇到这种情况时，设计师必须问许多问题。有时候设计师可能对这种房间或功能并不熟悉，尤其是当其超出设计师的专业知识范围时。有些时候，客户可能并不确切地知道自己想要的是什么，他们只是感觉自己好像需要些什么。他们可能有一些想法，或者见过某些和他们想要之物相似的东西。如果他们没有亲眼见过这样的房间，描述自己想要的房间通常是件很难的事情。

这对设计师来说是锻炼沟通技巧的好机会。设计师不仅可以问问题，还可以给客户画草图，并作分析和比较。事后设计师可以做些调查，并在下次会面时将信息反馈给顾客。设计师还可以和客户一起到和他们提到的相似的地方实地考察。最重要的是，设计师应该保持对话，不断地提问，并为客户提供建议，直到有自信已对客户的需要了然于胸。

为客户提供满意的服务是和他们发展牢固关系的基础。当客户认为设计师将他们的利益放在第一位时，他们将继续用这个设计师，而不是另请高明。

服务室布局

服务室的布局没有统一标准，所以往往取决于设计师倾听客户的诉求、不断提问，然后根据个人经验提出最好的建议，再由客户反馈。许多构造在为支持室内所有东西提供足够空间和流通方面都可以满足要求。种类繁多的布局可以产生一个近似于长方形、正方形或其他几何图形的房间，但最后的布局和房间规模取决于在平面设计上的位置、建筑的楼板，以及特定客户的其他设计要求。

房间尺寸

房间尺寸取决于服务室的类型和房间里的布置。有两种方法被用于计算房间的尺寸——根据房间布局确定；或根据建筑面积确定。

根据布局确定尺寸

和接待处及就餐室一样，确定服务室布局和尺寸的一种方法是画张草图，显示房间内所需之物如何排列。如果不需要公共区，则把墙画上。在总体规划时，可以根据这种最初的布局确定粗略的房间面积，并在随后为特定平面图进行空间设计时进行调整。

例如，客户可能会要求档案室具备：

- (7)竖式信纸文件柜
- (3)竖式法定规格纸文件柜
- (6)36英寸宽侧式文件柜
- (1)24 × 60桌椅
- (1)24 × 30供应柜

先将文件柜按线性（图11.8a）或成排排列（图11.8b）。然后围绕这些文件柜画上墙就可以获得房间的整体尺寸，如果有兴趣也可以添上一扇门。两种排列方法都使得档案室布局严谨，所需建筑面积大致相等，为221到223平方英尺。无论是布局还是尺寸，都可以根据最终计划中房间的位置进行调整。

根据建筑面积确定尺寸

另一种为规划报告计算房间尺寸而不需画草图的方法是将单个项目的占地、流通和间隙面积累计起来，在上述例子中最终结果是234平方英尺（见表11.2和图12.5）。

实际的房间尺寸会因计算方法及最终房间布局的不同而有略微差异。基于布局的计算方法可以设计一些共用的流通区，因而总的占地面积较单纯地将单项累加略小。对于特定服务室的大小，客户可能还有另外一些考虑。例如，他们可能想要某个房间如藏书室特别大，即使计算出来的占地面积不必需要这么多。这个面积可以供那些不喜欢到相对嘈杂的娱乐室的员工消遣之用。另一方面，客户也可能希望特定功能所需面积较常规少，例如炎热气候地区的衣橱。有时候设计师可以说服客户接受某项功能的实际面积较常规多或少，但最后最好还是听客户的意愿，并尽力满足他们的希望。

微调

和工作区一样，文件柜和书柜也需要微调。工作区微调是因为实际的尺寸和名义上规定的尺寸不同，与此不同，文件柜和书柜微调是因为肩靠肩或背靠背排列时两个柜子之间的间隙。在柜子之间添加1/8至1/4英寸，在一排柜子两端添加1/4至1/2英寸，就可以使这个房间完美协调（图11.8c）。如果没有这些间隙，文件柜就没办法和房间相适应，因为文件柜的总宽度正好等于房间的宽度。

另一个获得内置外观的方法是设计一个超大号的壁龛，并在每列书柜的尽头和墙壁之间设计一个隔板（图11.8d）。首先，家具安装工人将文件柜放到指定位置，然后由木工装上竖隔板，并在文件柜上方装上挡板，防止纸张或其他东西从后掉出。

位置！位置！位置！

服务室通常都是被安置在内部位置，最有价值的部分——靠窗区应该留给私人办公室，或者主会议室，抑或为了实践绿色建筑，留给办公区。内部位置为服务室提供了四堵墙供竖直存储、产品附件等。这比将东西堆放在窗前要好得多。

除了这种常规的设置，也常有些例外。有时候建筑的构造和尺寸不足以为所有的支持室提供充足的空间，有时候办公室占用不了这么多的靠窗位置，此时某个支持室如大型邮件收发室就可能被安置在靠窗的位置，这里的员工也因此有了视觉放松的机会。

当把服务室纳入规划范围内时，考虑给定的条件如典型的办公标准和位置、半典型区或客户的特殊要求，然后为服务区进行规划以达到最佳的整体布局是设计师的职责。在空间规划的过程中须考虑到许多因素，因而要不时地综合考虑单个房间和整体布局的规划。

特殊位置

虽然只要布局允许，服务室可以被安置在任何地方，以下的几个注意事项仍需记在心上：

- 邮件收发室要从供应商处接收货物以及派发货物，所以这个区域应安置在距离对外通道或货运电梯近的地方；
- 复印室、档案室和储藏室是日常所需的，所以这些区域应该设在工作区的中心；
- 藏书室通常需要安静的环境，而培训室则较为嘈杂，所以不能将两者设在一起；
- 有些功能区既可设在单独的房间内，也可以设在空旷区，所以应该和顾客商量。

有了缜密的思考和周到的考虑，设计师就能够做出一份错落有致的空间规划，除了实用外，还能让客户赏心悦目。

绘制服务室平面布局

鉴于不存在典型的支持室，供规划用的典型设计包中不包含这部分的布局。然而，有时候为客户展示特定的服务室布局是有好处的，虽然最终的布局在空间规划的过程中可能会有所改变。

有些客户可能想知道电话室是什么样的。另一些客户可能会问一个娱乐室将会占用多大的面积，建成以后又是什么样的。随着项目的扩大，决策过程将涉及更多的人。普通员工翘首期待主管这一区域的中层管理的答复和保证，中层管理期盼更高层的管理对同样的问题所做的答复：每个人都被公平对待吗？在这种情况下，画几个基本的服务室如复印室或档案室和一个可选功能室（如培训室）是个不错的主意，尤其是当这些功能区在几个楼层都要设置或几个部门都需要时。通过这种方法，每个人都能够知道其他人将享受怎样的待遇。

这些额外的“典型”不仅可以为不同部门之间提供预期的公正标准，而且还可以作为讨论的焦点。客户可能会要求一个独立的培训室，并且认为这个房间只需15英尺×15英尺即225平方英尺，等到公司规模扩大后再将其改装成办公室。根据这个尺寸画一张图能够快速地展现这样一个培训室的局限性。看过这张图后，客户就能够做出更为知情的决定：扩大尺寸、取消这个房间，或者保留这个房间，但对这样的尺寸对培训目的的限制了然于胸。

项目

虽然最终的布局可能会有所变化，但是作为整体设计包的一部分，学生们应该画出服务室的布局提供给特定的客户。运用其他一些典型的布局时所有这些指南同样应该遵守，并为布局提供同样的信息（见第6章）。

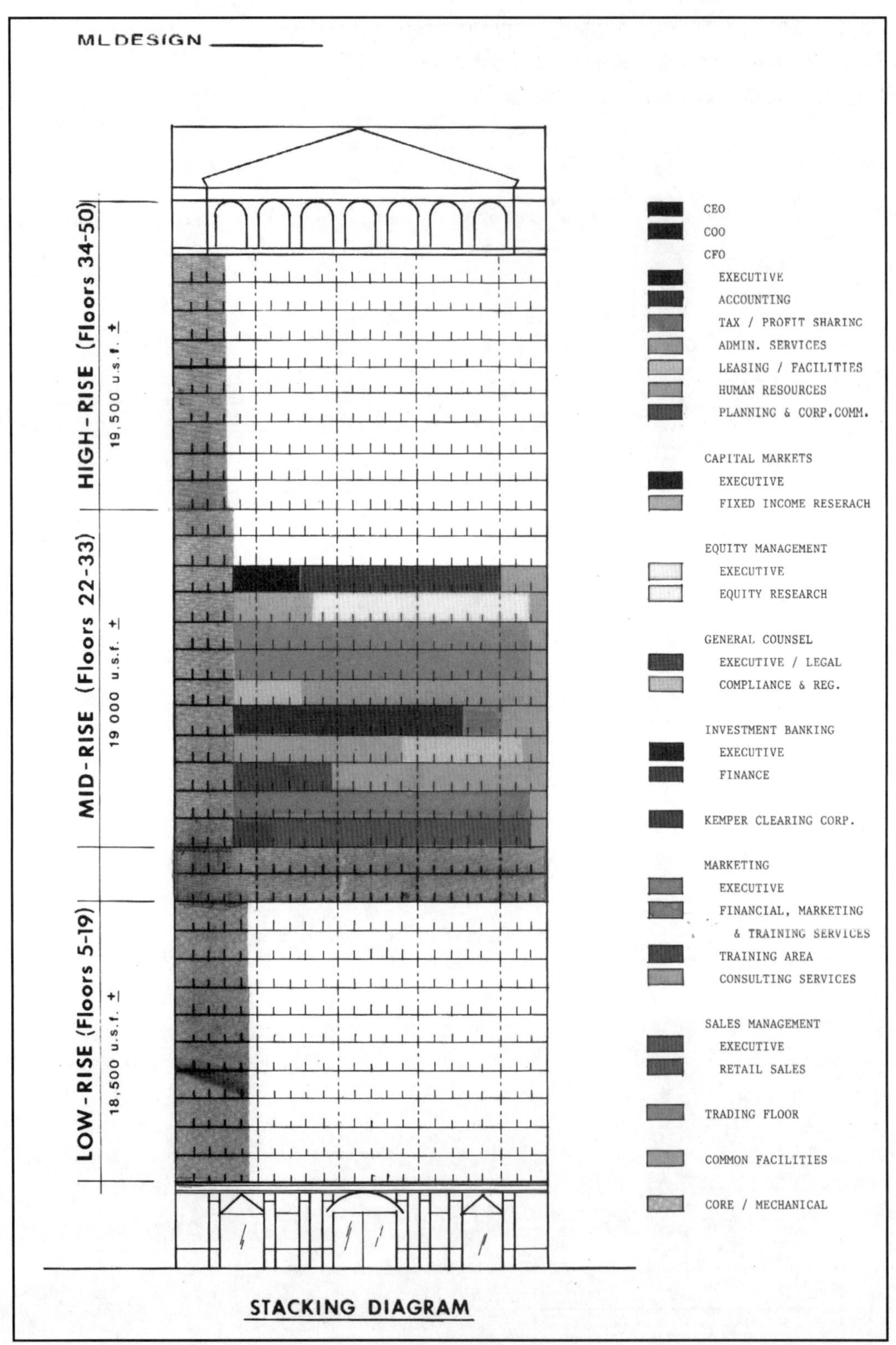

STACKING DIAGRAM

12

项目报告

一个项目报告描述：

这是一个关于客户空间需求理想化概念的图形书面总结，需求的信息基于项目编制，调查问卷以及采访（见第3章）。正如以前提到的，一经提取到调查问卷中的信息，问卷将作为备用信息存档以备设计师之需。并且调查问卷不会公之于其他组织。在一些地方，书面项目报告会被编译为应用文本、电子表格、图表、关系图解。作为官方文件发放给客户、开发者、经纪人、代理人以及其他与项目相关人士。

项目报告提供了双重目的。设计师或空间规划师以及其他直接参与到设计队伍的成员需要了解一个项目所有的限定细节，比如文件数量或是每个空间的尺度，以便于从建筑平面的基础上来设计满足客户需求的空间。另一方面，许多项目报告的收件人大体上更感兴趣于长远的信息。他们以经济性和可行性为立场进行考虑。或者说只是想要一个信息总结：总建筑面积是多少？总容纳人数是多少？平均每人占地多少平方英尺？

总而言之，项目报告中图解化和文字化的部分更能说明问题，然而在不同的方面报告和小册子有代表性地可分为八个点：

- 附录
- 摘要
- 结构组织图
- 关系连接图
- 量化的详细信息
- 经典案例
- 辅助空间
- 附加材料

附录

附录里既能够使项目汇报更加形象又有助于读者解读。附录不受限于封页、标题页、说明信以及目录。

封面和扉页

封面和扉页可以是一回事，也或许是独立分开的，这取决于项目的规模和正式程度或者书籍的风格。

这一页内容主要包括以下几个代表性方面：客户姓名，分公司名称，或者可能的话最好有分部门的名称，设计公司名称，报告日期，项目地址（如已被选定），还有标题——项目报告，或相似的说法。

引言

引言通常位于扉页之后。该说明信应被寄予主要联系的客户或项目负责人。信中要简要正式地感谢对方提供了必要信息的贡献以及合作；其中也包括表达设计公司对编辑报告信息使用权的感谢。最后，引言上要署名一个设计团队或公司的主要成员。

目录表格

目录将帮助客户直接进入报告的多个部分。同时为浏览报告章节提供快速参考。

执行摘要

以两到六页的书面摘要来整合信息和原报告段落构成中的每个部分。有些人认为与看有关图解、表格、图示和图表截然相反的方式更容易理解信息。

摘要可以均衡地涵盖每一部分，也可以集中于选定的部分章节和信息。举个例子，有的公司可能关注于职员的自身发展，而其他公司可能关注于职员所要求的工作氛围。在这种情况下，摘要可以为这些主题呈现一个深入的探讨，而不是单纯罗列原始数据。

书面摘要的其他部分包括一个开头陈述，报告目的，收集信息的方式，以及基于数据的总结。最终，摘要须标明未完待续的或不确定的信息以及今后完善这些不充分区域的措施。

结构组织图

结构组织图是规划流程的关键性部分（图12.1和图12.2）。这个图表涵盖了相互合作联系的大多数企业部门或是每个部门的具体员工岗位。图表典型地展现了公司内部的等级关系和各部门之间的相互联系。图表有益于理解公司的构成并且有助于组织项目报告中主要量化部分的数据和标准。作为一个典型的案例，公司有三到四个层级，但一个公司到下一个公司之间没有层级名称的标准化定义。一个公司可能会用“部门”这样的术语来表示内部组织中的最高阶层，另一些公司可能以同样的术语“部门”来代表组织内的第二阶层。其他阶层包括在内，但不受限制于部门、分部门、部组、分组、团队和单元。设计师应该遵循客户的使用术语来完成客户独立项目的相关文件。

许多公司已经有附属于调查问卷的图表，或者每个小组在纸上画出与调查问卷相联系的图表。

图表由典型的几个部分构成：

- 一个基础层级或最高层级的图表体现了一个公司整体的主要部分或部门。（图12.1）
- 次等级的图表是每个部分或部门。（图12.2）
- 附加图表是部分或部门中的低等级部门或小组。

即使客户提供的图表可以用于项目汇报中，设计师也要重新绘制一遍。通常来讲，最好在图表中用色码分组。不同的颜色就可一直用于表示每一组，贯穿于其他图形化的报告中，像是一些相连接相叠加的图解。

关系连接图

组织连接关系会涉及内在各部分之间的相互作用和关联。内部关系包括个体，单元和组群以及直接参考群组中的辅助功能。外部关系包括与另一科室、部门，或是遍及整个公司的特殊应用区域的相互作用。

关系包括肢体交流和书面交流但通常不包括电话交流。可以涉及也可以不涉及的要求可能也包括对确定群组中的超出空间和实际间隔的需求。实体分隔可以是内部需求，比如董事长要求执行人员区域要和人事办公

图12.1　结构组织图：公司中的高层

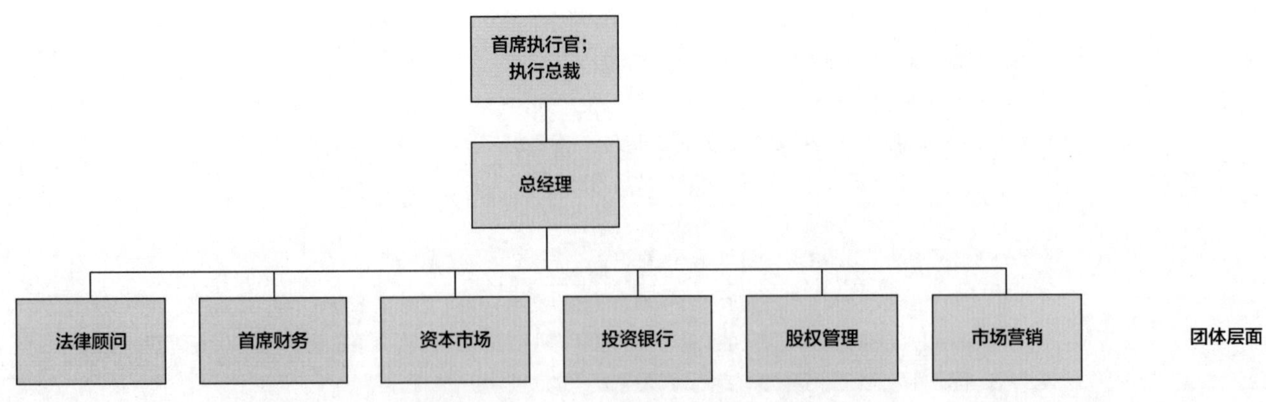

图12.1,12.2,12.3b和图12.4到12.9是以项目编制工作和“Kemper Securities股份有限公司”汇报（ML设计，芝加哥，IL，1991）为基础的。

区域分隔开，再比如一个证券交易委员会规定说明了公司里零售和确定性财政部门可以不占有共同楼层的空间。索要额外的位置和空间通常情况下源于经济状况，比如开发曾经被记录为设施较低廉的房子。

基于客户在调查问卷上的输入信息，期望达到或要求达到的关系以及相互作用可通过图形化的或关系连接图的图表方式（图12.3a，b）来描述。通常来说，大多数客户更受关系连接图的吸引，他们发现这样的图示方便阅读以理解一个公司中多样组群中的关联。

关系连接图呈现了带有大量信息的可视化工具，但是其中并不要求有大量的分析性思考。

关系连接图有三种用途，第一种，当一个客户团体占地不仅一个楼层时，大体的作用和关系名称可帮助确定一个建筑不同楼层内，哪一组被分割开。第二种，更具批判性关联的名称决定了同一楼层的组群分配。第三种，工作流程的名称有助于空间设计中每个特殊组群的布局。

关系需求

关系需求会从绝对的紧密型的空间关系变化到一种适合的紧密性，没有需求甚至没有与另一群组或辅助功能的实体分隔的紧密性。需求会产生于两个方面，也就是要求紧密和不紧密的两组，以及两者之间的结合，或者只是主体要求特定联合方式中的一个，但不是其他方式。相关要求的差异应该与每一个主体解决，在程序中面谈交流的期间或在平面布局最终确定前的附加交谈中。

图表风格

关系图可以分别创建于不同的形式中，包括表格（图12.4）或更易被接受的如许多室内设计公司使用的圆形图示。其他的形态，如矩形或椭圆形，也可取代圆形使用。

图12.3a　关系连接图：圆形图解

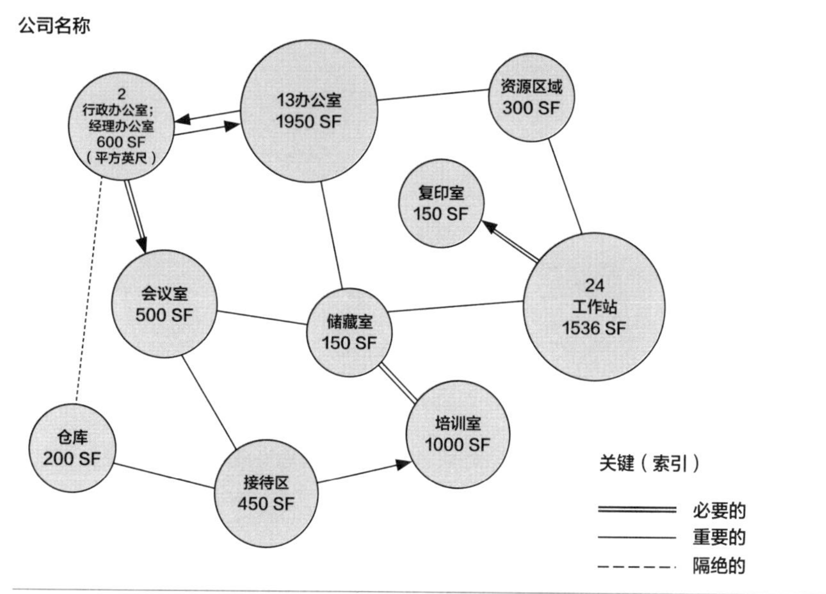

图12.2　结构组织图：次等级

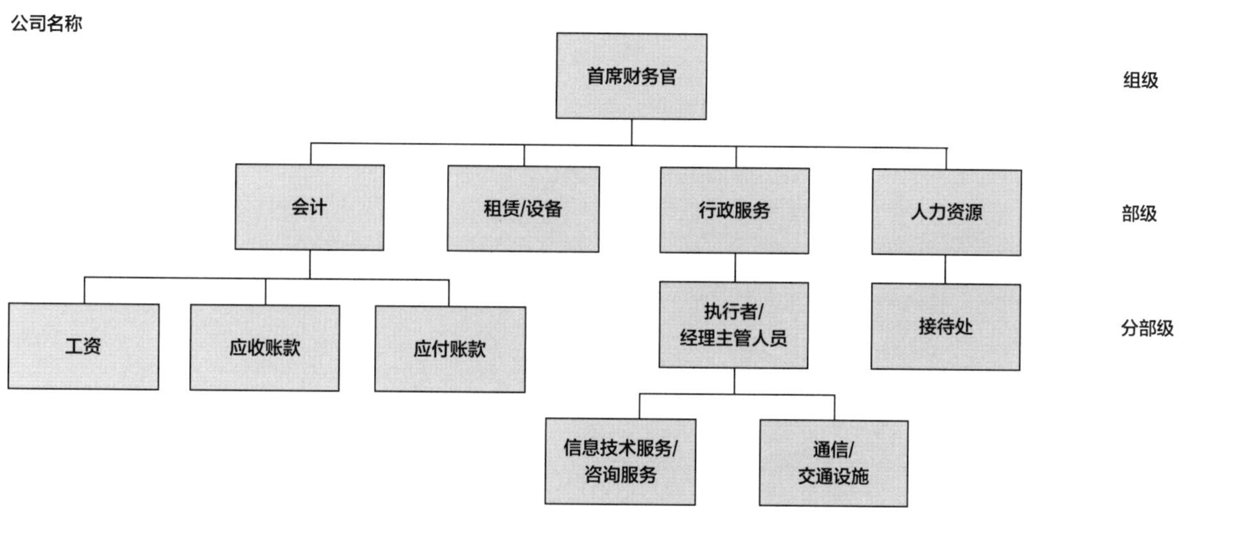

图12.3b 关系连接图：椭圆形图解

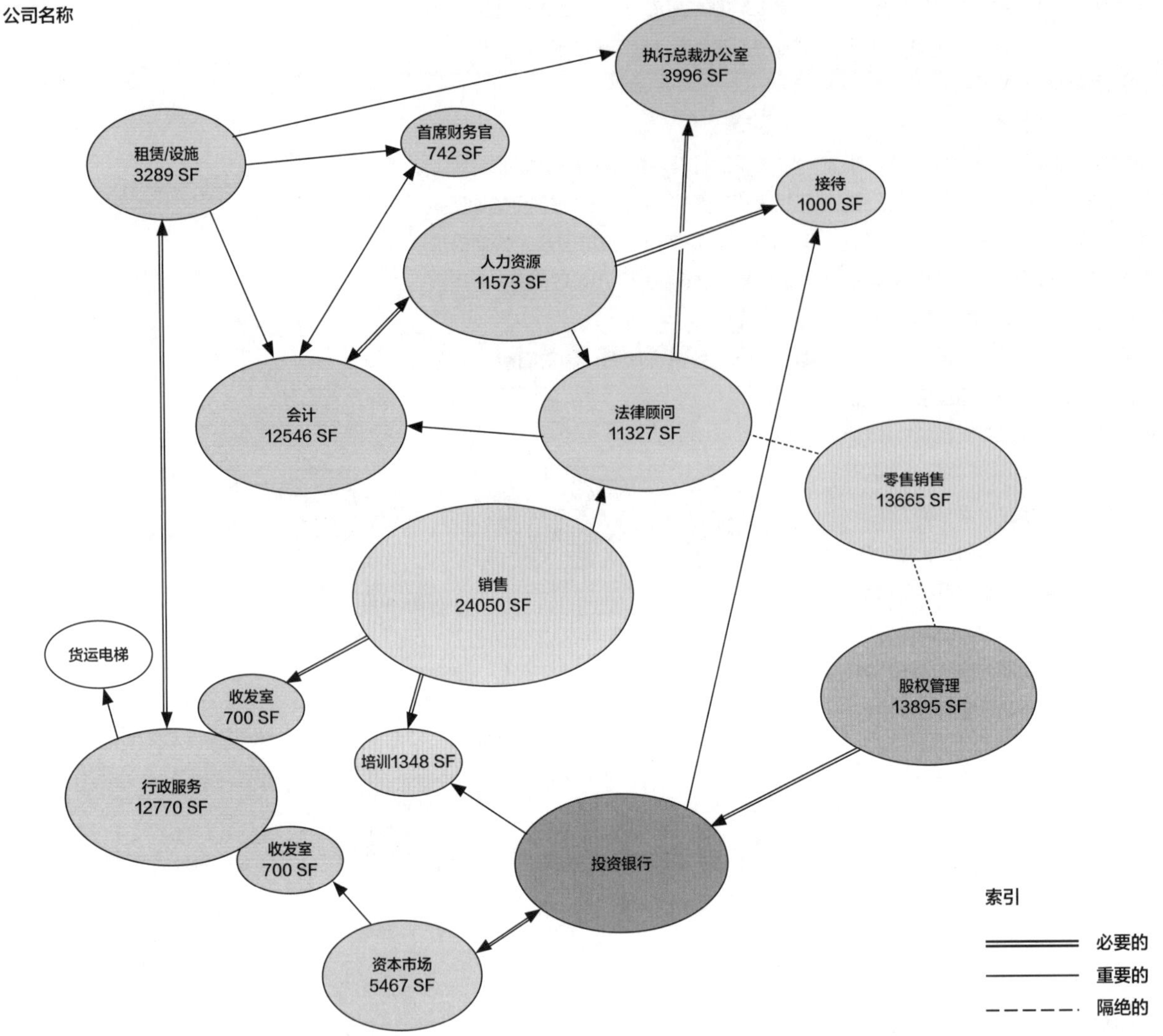

公司名称
执行总裁办公室
3996 SF
租赁/设施
3289 SF
首席财务官
742 SF
接待
1000 SF
人力资源
11573 SF
会计
12546 SF
法律顾问
11327 SF
零售销售
13665 SF
销售
24050 SF
货运电梯
收发室
700 SF
培训1348 SF
股权管理
13895 SF
行政服务
12770 SF
收发室
700 SF
投资银行
资本市场
5467 SF
索引
必要的
重要的
隔绝的

图12.4 关系连接图：网格形式

公司名称
描述；类型
执行总裁
首席财务官
会计
行政服务
租赁/设施
人力资源
法律顾问
资本市场
投资银行
股权管理
股份调查
交易大厅
销售
零售
索引
1. 必要的
2. 重要的
3. 分隔的

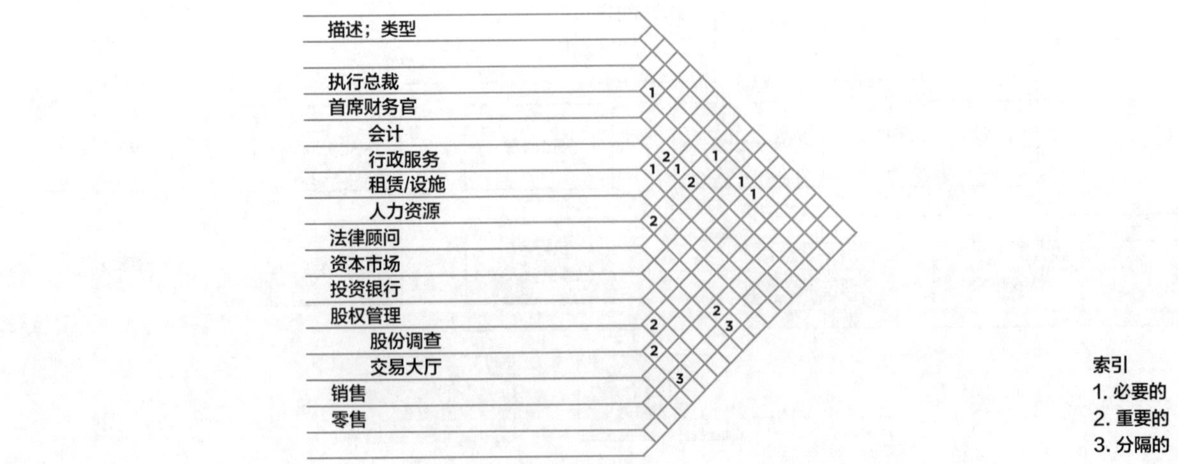

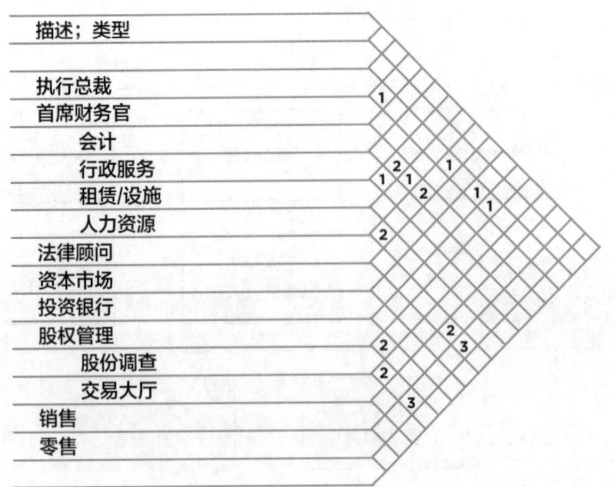

（图12.3b）

图表中应用的术语应该与调查问卷中的词汇相对应。例如，如果需要必要性词汇，并且调查问卷已经做好分层，那么这些相同的词汇可被用于图解中。诸如使用“关键的，重要的，不必要的”这样的词汇，同样应适用于图表中。

各种样式，重量，或者行数的线型归属于每个关联词，用于描述图解中的关系。箭头有助于传达每个要求的方向。

列出关系条目和指定的图线是每个图表中所必须涵盖的一部分。

关系连接图VS气泡图

尽管在设计许多民宅和其他建筑时关系连接图似乎和气泡图很相似，但它们之间仍有一些基本差别。气泡图在概念化和图形化中逐步试图按照准确的空间关系来放置其位置，随即产生最终的平面布局。关系连接图建立于项目程序设计阶段之中来表达工作流程之间的关系。

初步的气泡图可以是一些单纯的气泡，或呈现一些渴望达到的空间形态。无论是气泡形态还是空间形态，气泡图中通常是一个空间对应一个气泡，与之相反，关系连接图将其合并为一个整体在一个圆圈中。在气泡图中，箭头和双重线型用以表示门入口的方位，然而在关系连接图中箭头和线则表示对象相互之间的关联性。

设计师可以尝试布置相邻的圆圈来对应最终平面中空间关系的类型，不管怎样，由于实际占地面积可能还没有被选定，任何这样的尝试都是会引起争议的。举例来说，定位入口或接待的圆圈取决于空间占地是否在街道水平面上，在较高的地平面上，还是直接在电梯门厅位置，走廊的末端，或分隔楼层的地方。根据最终建筑或楼面尺寸，客户可以出租其中一层或多层，这意味着部分圆圈需要全部放在左边，或全部放在右边，或者在相应的圆圈上分开。因为有许多未知数，所以在图表上以真实的空间关系来定位相邻的圆圈并不简单。

圆圈数量和术语

圆圈数量取决于客户和项目规模，但为了视觉效果清晰明了最好用少量圆圈简化图表。显然，较小的项目就会有较少的要求，导致较少的循环，反之较大规模的项目就会有更多的循环关系。

一个圆圈可代表一个单独的空间，一组空间或一个整体的系统。通常有许多不同方式来使用圆圈模式。举例来说，如果有4个工作站和2个办公室，图表可为每一个工作区域对应显示一个圆圈，则是6个圆圈。或者图表把所有的工作站合并到一个圆圈中，两个办公室在另一个圆圈中一共两个圆圈。当圆圈包含了整个部分和群组时，则要谨慎精确地指出接待区域，复印室和其他挑选出来的辅助空间作为分开的单独圆圈，同时这些区域同多个群组之间有重要的联系。

圆圈的名称或条目应该对应客户调查问卷上的用语。尽量少提到人名，如果需要的话，要用员工的真实姓名。

圆圈尺度

在某种程度上，不同尺度的圆圈被用于代表或大或小的建筑面积。不同尺度的圆圈可以快速地形象地指明与接待区域以及打印室相比财政部需要更少的空间，或者自助餐厅比会议室需要更多的空间。

只用三四个不同的圆圈各自代表一些建筑面积，这应该被用于描述图表中展示的所有群组和空间。一但使用了过多的尺寸类型，图表会变得混乱无秩序。但如果圆圈太小，则很难将必要的信息定位在圆圈之内，圆圈太大（即使实际空间需求很大），会在图表中抢占主要位置。比较合适的尺寸是：1/2英寸、3/4英寸、7/8英寸和1英寸。

量化、细化信息

空间设计的主干，项目报告的关键，以及设计的具体细节取决于以建筑面积和分层级的数字被分段量化的详细信息；这些信息从调查问卷、访谈、走访以及其他渠道中编译而来。

这样做有益于设计师在每个访谈后十分快速将信息输进电脑；当每个人头脑中都保持有鲜活的信息时，后续的附加问题也可以答复。

信息直截了当的地方，比如总人数和每个员工岗位的工作区域类型，这样的数据比较容易计入。当空间尺寸需要以内置物品为基础来进行计算时，设计师则需要勾画草图并将其附于调查问卷中，以此来说明建筑面积的计算方式是个好方法。（见表11.2和图11.8a和b）可信服的方式这样的附件提供了备份信息，而且一旦占地面积将来需要再次进行确认，这会是一个很好的参照。

页面布局的排版

信息应从最低等级开始然后再由下至上进行总结概括。每一层级都应有它自己独立的电子表格或浏览页。尽管最好的方式是使用准确的可将信息分类的数据库编程，许多公司使用标准的电子表格制作程序，比如Excel。页面布局的排版制作可以像设计师选择的那样进行。

有两种类型的信息应该出现在每一层级的页面上：项目的选定和群组的详细信息。在标准页面布局上应具有的识别性要素包括（图12.5）：

- 客户姓名
- 层级名称
- 层级编码（如果适用）
- 层级信息
- 报告名称
- 设计公司名称
- 页码

详细信息

一经项目报告中的页面布局确立，每个单元规则也就确立了并需要一个计算编码；数字不应该在表格之外进行计算然后计入一个整数。很明显，在这样的规则之下，随着数据的变化每个单元将随时进行重新计算，而且一些数据还会发生变化。量化的信息条目应遵循一个非常典型的柱状模式。（图12.6）

- 员工岗位（每个结构组织图中）
- 排列或分级（如果适用）
- 典型的工作区域类型
- 辅助空间和区域
- 辅助空间类型（如果适用）
- 建筑面积分配
- 现存或当前职员总数
- 现存或当前辅助量
- 现存或当前净面积
- 项目职员总数
- 项目辅助量
- 项目净面积

排列和分级被政府和一些公司以及体系

图12.5　项目报告：低层次量化总结

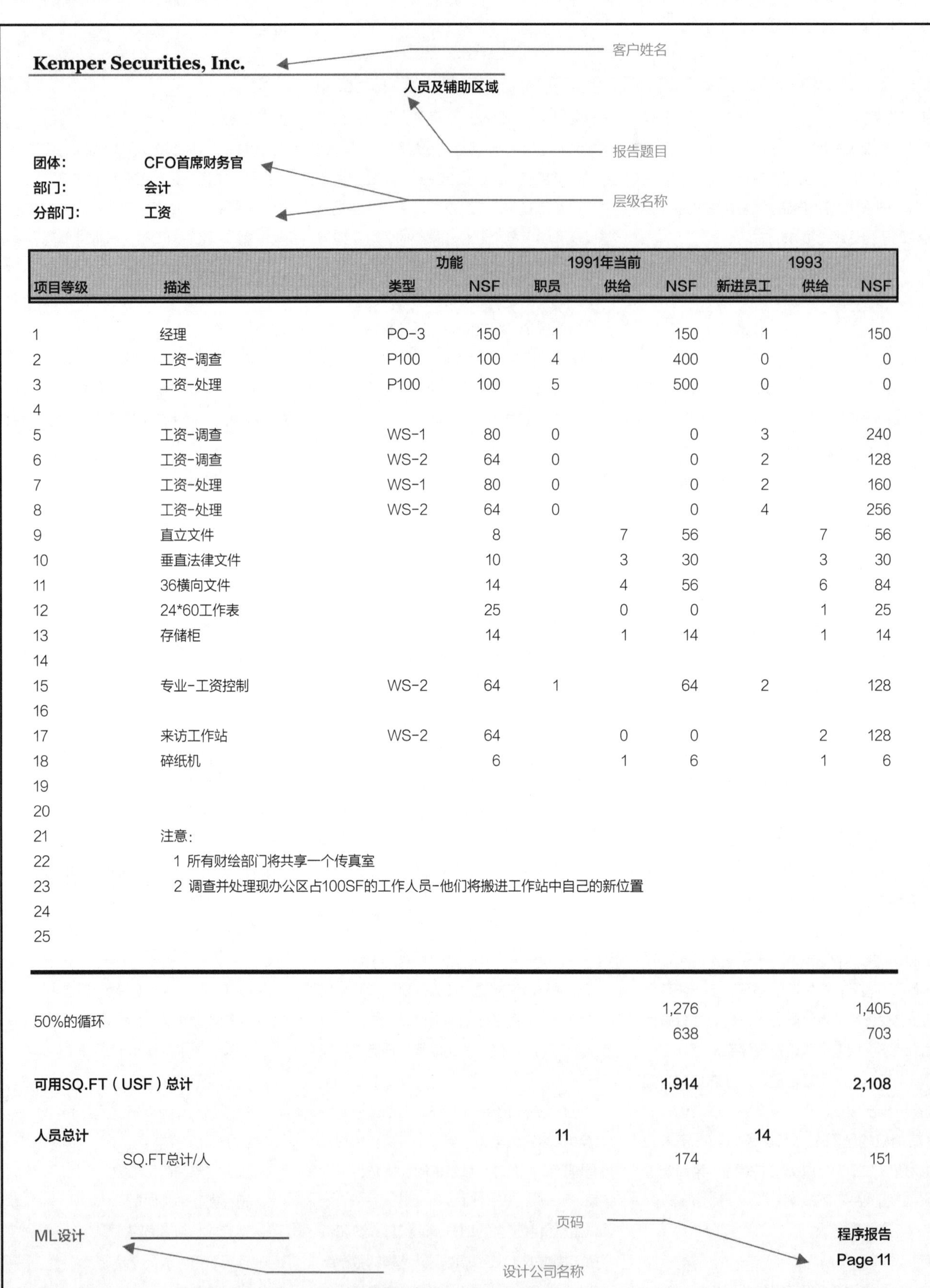

Kemper Securities, Inc.

人员及辅助区域

团体： **CFO首席财务官**
部门： **会计**
分部门： **工资**

项目等级	描述	功能 类型	功能 NSF	1991年当前 职员	1991年当前 供给	1991年当前 NSF	1993 新进员工	1993 供给	1993 NSF
1	经理	PO-3	150	1		150	1		150
2	工资-调查	P100	100	4		400	0		0
3	工资-处理	P100	100	5		500	0		0
4									
5	工资-调查	WS-1	80	0		0	3		240
6	工资-调查	WS-2	64	0		0	2		128
7	工资-处理	WS-1	80	0		0	2		160
8	工资-处理	WS-2	64	0		0	4		256
9	直立文件		8		7	56		7	56
10	垂直法律文件		10		3	30		3	30
11	36横向文件		14		4	56		6	84
12	24*60工作表		25		0	0		1	25
13	存储柜		14		1	14		1	14
14									
15	专业-工资控制	WS-2	64	1		64	2		128
16									
17	来访工作站	WS-2	64		0	0		2	128
18	碎纸机		6		1	6		1	6
19									
20									
21	注意：								
22	1 所有财绘部门将共享一个传真室								
23	2 调查并处理现办公区占100SF的工作人员-他们将搬进工作站中自己的新位置								
24									
25									

	1991 职员	1991 NSF	1993 新进员工	1993 NSF
		1,276		1,405
50%的循环		638		703
可用SQ.FT（USF）总计		**1,914**		**2,108**
人员总计	**11**		**14**	
SQ.FT总计/人		174		151

ML设计

程序报告
Page 11

图12.6 项目报告：中等层级量化总结

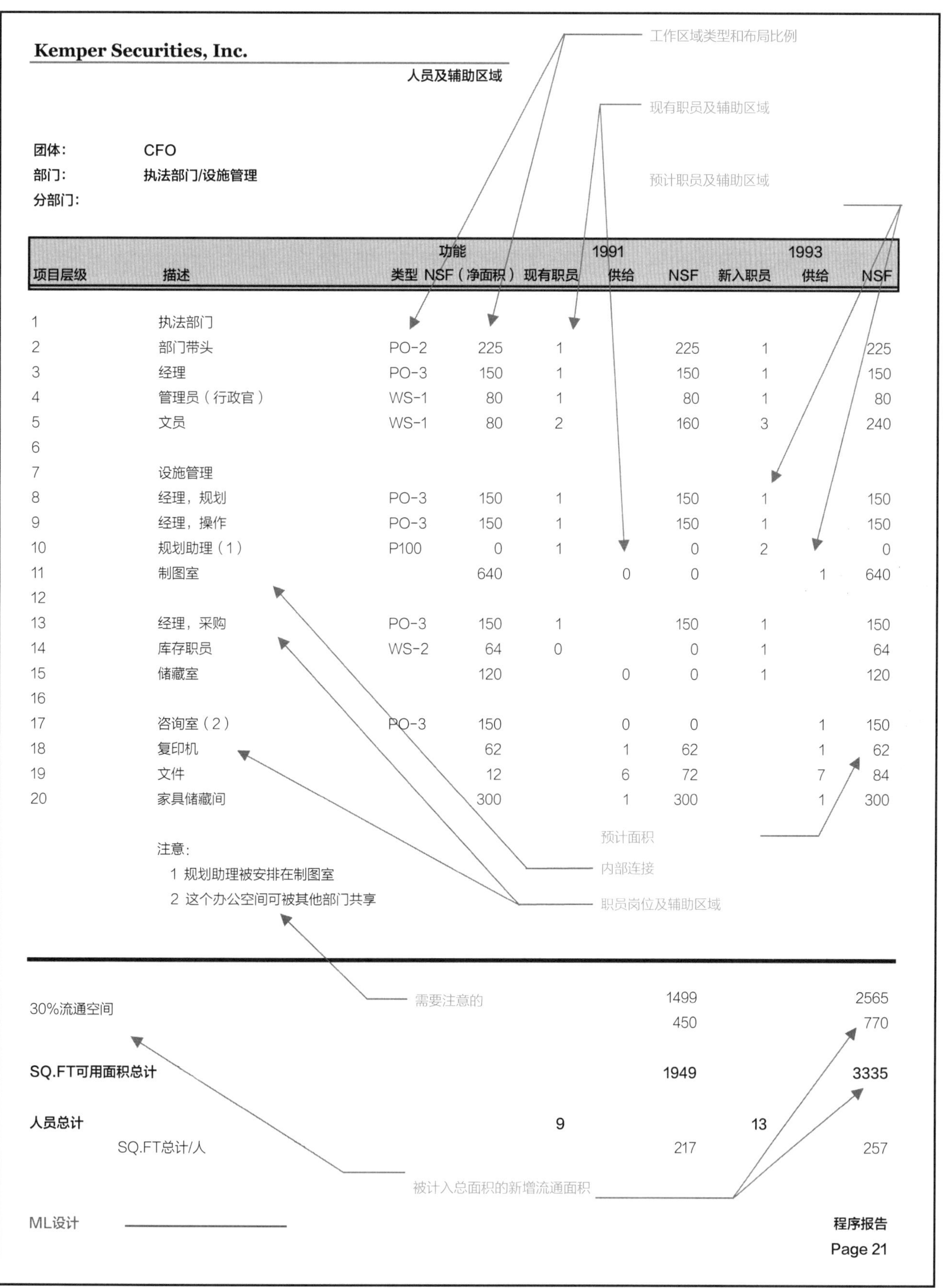

Kemper Securities, Inc.

人员及辅助区域

团体： CFO
部门： 执法部门/设施管理
分部门：

项目层级	描述	功能 类型	NSF（净面积）	现有职员	1991 供给	1991 NSF	新入职员	1993 供给	1993 NSF
1	执法部门								
2	部门带头	PO-2	225	1		225	1		225
3	经理	PO-3	150	1		150	1		150
4	管理员（行政官）	WS-1	80	1		80	1		80
5	文员	WS-1	80	2		160	3		240
6									
7	设施管理								
8	经理，规划	PO-3	150	1		150	1		150
9	经理，操作	PO-3	150	1		150	1		150
10	规划助理（1）	P100	0	1		0	2		0
11	制图室		640		0	0		1	640
12									
13	经理，采购	PO-3	150	1		150	1		150
14	库存职员	WS-2	64	0		0	1		64
15	储藏室		120		0	0	1		120
16									
17	咨询室（2）	PO-3	150		0	0		1	150
18	复印机		62		1	62		1	62
19	文件		12		6	72		7	84
20	家具储藏间		300		1	300		1	300

注意：
1 规划助理被安排在制图室
2 这个办公空间可被其他部门共享

		1991		1993
		1499		2565
30%流通空间		450		770
SQ.FT可用面积总计		**1949**		**3335**
人员总计	**9**		**13**	
SQ.FT总计/人		217		257

ML设计 ____________

程序报告
Page 21

进行使用，如果可行，经常用作一种关联方式来设定典型的工作区域和建筑面积。举个例子，15以上的所有等级可被分配300平方英尺，反之8以下的所有等级奖被分配48平方英尺，同样用于适当的工作区域类型。

相关人员和辅助区域的现存数量和预期数量都应被列于报告之中。客户了解他们现在拥有什么，而设计师要做的是为人们的今后而设计。一些甲方认为去设计一种生长模式很难,但对于他们来说有必要去理解考虑未来需求的重要性。成熟的公司很可能拥有限制性的增长模式，因此他们会尽量将增长数量维持在较低水平或尽可能的平稳状态。另一方面，一些新兴的，增长快速的公司很可能有较高的增长数量，这就需要有更多的空间来容纳所有新进成员。这种情况很吃紧，然而面对这样的增长，要从实际出发，不要去干预公司商业目标无法维持的增长。

一些设计师更喜欢先列出所有相关人员岗位，然后再列出辅助区域。有些时候，通过直接在岗位之后列出辅助区域指明内部关联需求也是可行的，这样的岗位需要建立关联，比如一个私人浴室或会议室直接设立在报告中的主管岗位之下，或者制图空间直接位于设计助理岗位之下（见图12.6）当所有的辅助区域在职员岗位之后都列全时通常要指明这些空间是职员共享空间。

必要时可加上注释和评论。然而这些应该保持在最小限度，因为报告中的这部分主要是定量分析而不是定性分析。

数据输入

使用第二层级的系统组织图（见表12.2），有三个水平的层级来解释CFO：层级1——集团；层级2——部门；层级3——组。有3个系统中有三个部门层级作为最低层级，因此要首先计入从属于每个部门层级之中的程序信息，比如工资单的部分（见表12.5）

当给出层级部门的数据全部输入完毕时，在这种情况下，工资表，应收账款，以及应付账款每个层级都会有一个自己的表单，各部门层级下，所有的部分总结完成，依此计算（见表12.7）

继续进行同一个组织系统图，租赁/设备管理系统没有部门层级。这种情况下，这是其系统中的最低层级，正因如此，不会有更低层级的信息总结被计入（图12.6）。

就像所有的部门在各自的系统中进行总结，以相似的方式所有的系统也在其上一层级中进行总结，一个组的级别也是以此方式进行。这个例子中，租赁/设施和会计同其他两个部系及他们组层级下的总结进行结合（图12.8）。组的级别被轮流依次总结，根据公司相关工作人员的总数总结，需求的总占地面积，以及人均占地面积（图12.9）。这是最高层级的总结，也许对于项目报告的大多数读者来说，第二层级或系统部门层级的总结是最吸引人的。剩余的页面和层级用来充当低层级涉及的组群确认的备份信息，然后用于设计师的空间设计中。

定量的建筑面积数据

一经概括并登入了信息，相关数据的稿件复制需要给客户复审一遍。反过来，客户可以为了他们的合作和协议，给提供输入信息的组或层级重新分配部分数据或全部数据。客户赞同阐明详细信息的重要性，因为这样的信息将用于签约谈判，空间规划，特殊结构的需求，实施安全，以及设计阶段中许多其他方面。

尽管设计师寻找支持自己观点的数据，但当客户收到一份完整的项目报告时，还是有机会去更新或校订数据。

信息总结

设计师必须要对现有的项目人员和每个群组的建筑面积做总计。这将顾及现状空间和需求空间的一个直接的比对关系。没有必要去对辅助区域进行总计，因为那种总计没什么意义，辅助区域中包括了各种各样的空间比如档案室，食品储藏室，或复印室。有时候，一个公司想要了解需要多少会议空间或无线局域网空间，在这种情况下，分开的子查询系统对于特殊信息是比较合适的。

建筑面积

到目前为止，建筑面积的罗列和论述通常都提到了净面积或者所需空间功能的精确总数，例如225平方英尺（15×15）的办公室，64平方英尺（8×8）的工作站，或者150平方英尺（10×15）的咖啡屋。除了净面积以外，人们还需要供行走和操作并贯穿于办公空间中的交通空间。一旦加入到

图表12.7 计划报告：部门定量总结

Kemper Securities, Inc.

部门汇总

团体：　CFO
部门：　会计
分部门：

职员个体和面积
总结每个团体或部门ARE

项目等级	描述	1991 现有职员	NSF	1993 新入职员	NSF
1	部门经理	5	1075	6	1075
2					
3	工资	11	1914	14	2108
4					
5	应收账款	17	3396	20	3620
6					
7	应付账款	18	3575	22	4025
8					
9	辅助区域		1075		1136
10					
11					
12					
13					
14					
15					
16					
17					
18					
19					
20					
21	注意：				
22	1 所有会计部门将共享一个传真室				
23	2 调研和程序人员现占有100平方英尺的办公空间——他们将搬进工作站的新位置。				
24					
25					
			11035		11964
5%循环			552		595
可用SQ.FT总计			**11587**		**12562**
人员总计		**51**		**62**	
	SQ.FT总计/人		227		203

横向层级或部门
由总部门来汇总

ML设计

程序报告
Page 9

图表12.8　项目报告：次层级量化总结

Kemper Securities, Inc.

团体汇总

团体：　　**CFO首席财务官**

项目层级	描述	1991 现有职员	1991 NSF	1993 新入职员	1993 NSF
1	（执行者）总经理	2	742	2	742
2					
3	会计	51	11587	62	11562
4					
5	租赁/设施管理	9	1949	13	3335
6					
7	行政服务	59	9719	72	14220
8					
9	人力资源	33	7257	40	11573
10					
11					
12					
13					
14					
15					
16					
17					
18					
19					
20					
21	注意：				
22	1				
23	2				
24					
25					
			31263		42431
4%循环			1249		1695
可用SQ.FT（USF）总计			**32512**		**44126**
人均SF		**103**		**189**	
	总SQ.FT/人		316		233

像低层级一样，横向部门由团体层级来汇总

人均SF

ML设计 ________

程序报告

Page 6

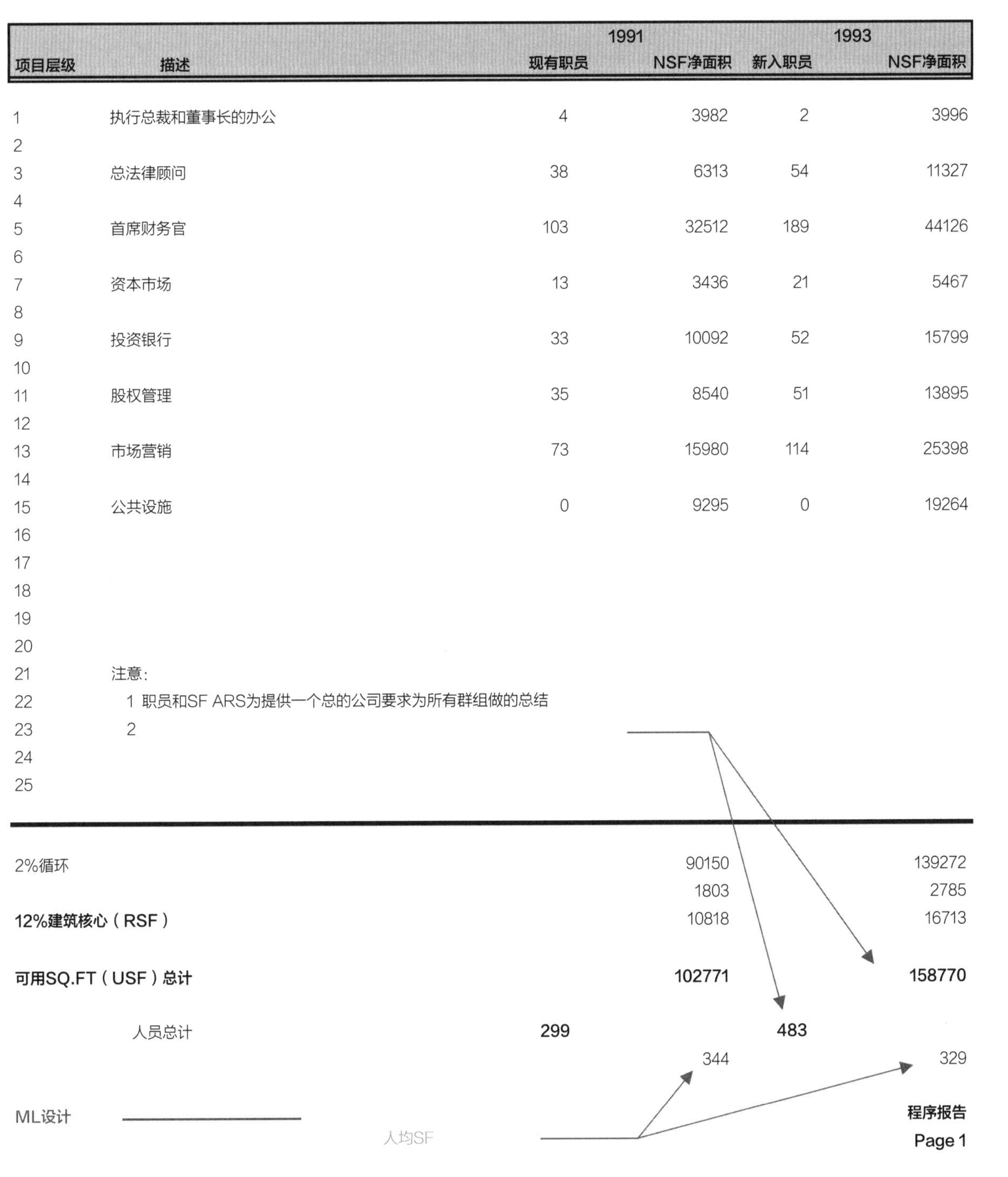

Kemper Securities, Inc.

程序汇总

团体：　　公司

项目层级	描述	1991 现有职员	1991 NSF净面积	1993 新入职员	1993 NSF净面积
1	执行总裁和董事长的办公	4	3982	2	3996
2					
3	总法律顾问	38	6313	54	11327
4					
5	首席财务官	103	32512	189	44126
6					
7	资本市场	13	3436	21	5467
8					
9	投资银行	33	10092	52	15799
10					
11	股权管理	35	8540	51	13895
12					
13	市场营销	73	15980	114	25398
14					
15	公共设施	0	9295	0	19264
16					
17					
18					
19					
20					
21	注意：				
22	1 职员和SF ARS为提供一个总的公司要求为所有群组做的总结				
23	2				
24					
25					

	1991 现有职员	1991 NSF净面积	1993 新入职员	1993 NSF净面积
2%循环		90150		139272
		1803		2785
12%建筑核心（RSF）		10818		16713
可用SQ.FT（USF）总计		**102771**		**158770**
人员总计	**299**		**483**	
人均SF		344		329

ML设计 ________

程序报告

Page 1

Box 12.1　占地面积

净面积

净面积（NSF）是私人办公室、工作站、辅助区域、特殊使用区域或其他需求空间的明确的空间面积总计。也被理解为空间分配，这不包括任何的周边的使用空间或核心项。

可用面积

可用面积（USF）包括总的净面积加上内部循环及任何办公体系中未经分配的空间面积，不包括任何建筑核心元素、基础循环或是建筑外墙。

可租用面积

可租用面积（RSF）包括可用面积加上每一楼层的公共建筑区域。包括走廊或主循环空间、休息室和电话壁橱、建筑大厅、行李装卸区以及建筑内的其他公用区域，但不包括任何垂直空间，如电梯井以及一些其他空间，像连接在建筑外墙外部、主要部分由玻璃和一个明确少于5英尺的完成高度的窗口护栏。

总面积

总面积（GSF）是建筑的总面积，包括所有的室内循环系统（楼梯、电梯、扶梯），机械空间，核心区域以及建筑辅助空间。延伸到外墙和窗的外层的区域，不包括停车场和屋顶。

建筑核心

建筑核心同时包括总面积和可租用面积两项，比如休息室、电话橱、机械橱、楼梯和电梯。也同样包括这些空间的门厅和电梯井。这些项通常被捆绑在一起，被放置在一个建筑的中心位置。

租赁要素

因为居住者会使用很多公共建筑区域，比如走廊和休息室，他们支付的租赁比率取决于租用面积，包括公共建筑区域和他们自己的使用面积。可租用面积是对单个和多个租户楼层的计算。标准规则的惯例要求将租赁要素加进总的可用面积中。如果建筑有效提供了不超出基础廊道和休息室的基本数值要求，其占有比例将在可用面积的8%~9%之间。如果一个建筑提供了许多不太占空间的设施，比如大堂和中庭，其核心因素将占可用面积的18%~22%。

一个典型的行业标准中，在设计的初始阶段，核心要素占可用面积的12%~14%。

表12.1　独立空间和区域中附加的循环

办公椅			
描述	NSF（净面积）	%	USF（可用面积）
办公室	300	1.25	375
办公室	150	1.25	188
工作站	64	1.55	99
礼堂	1 500	1.1	1 650

净面积中，更新后的总建筑面积就可以理解为可用面积【USF（可用面积），见Box 12.1】。

流通

在微观规划期间或空间设计阶段，对每个区域进行精确的数值计算是很容易的（见第5章）。但在宏观规划期间或阶段程序设计中，对所有的细节详情不够了解时，流通量将作为净面积（Box 12.2）百分比系数进行计算。历史经验表明，尽管流通要素会从一种功能类型变化为另一种功能类型，它仍然像一种功能，一样具有统一性和一贯性。例如，一个办公空间忽略了尺度，而惯例将要求在可用面积中加入25%~30%的数值比例，然而任何尺度的工作站都需要一个更高的比例：45%~60%（Box 12.3）。

通常情况下，在数据单的底部会加入NSF总计中的流通要素。特定要素会在组与组之间进行变化，组与组之间建立于对办公室、客房、独立群组需求的工作站的混合物。带有更多办公空间的系统或部门可占用较小比例，而带有更多工作站的系统或部门应占有一个更高的比例数值（图12.5和图12.6）。

有时候，客户会要求以独立空间为基础而不是总的空间为基础计算流通要素。完成这点需要在报告的NSF栏后加入另一栏。独立的空间比例将附属到每个办公室、工作站等（表12.1）。一旦这样去做，通常就不必在报告单底部列出一个独立的流通比例。

明晰流通要素

总是有许多关于流通要素的交谈。毕竟，它会有规律地在办公室、工作站以及其他辅助空间需求的最低可用面积中增加至少30%~50%的建筑面积，工作站以及其他辅助空间的最低要求的净面积。基于建筑体系、结构和尺度，一些建筑考虑到更高效的内部空间利用，因此要求较低的流通要素。其他的建筑，或是程序要求的本性，不会考虑到有效利用内部空间，因此也就需要更高的流通要素。不考虑更高要素的原因，客户支付租金时将以总的可用建筑面积而不是净建筑面积为基础。另外，由房东规定的可租用要素也被加入到总的可用建筑面积中。

建筑管理和房东要在租赁谈判中确认流通要素是很重要的。他们经常以拥有的高效流通要素来推销建筑。但是谈及流通或效率因子时阐明术语是很重要的，因为设计师和房地产商通常会用不同的语言和计算形式来定义流通要素（Box 12.4）。

人均占地面积

最终，人均占地面积将会通过按照总人数对总的可用建筑面积进行分割来计算（图12.8和图12.9）。公司管理会定期将人均占地面积作为一个标准来同其他公司进行比较或为获取新的空间（见第2章）进行租赁谈判。平均占地面积同样用于告知客户可确定的空间大小，以210 USF可用面积为参考，例如，51名员工需要在10 569平方英尺的空间中工作。

有些群组或区域像是图书馆，人均使用率较高，因为在这个空间内，几乎只有一两个人有永久性工作区域；而辅助空间很少或可用建筑面积较小的组群，他们的人均可用面积的利用率较低。拥有多办公区域的大公司比拥有集中工作站的公司有较大的人均使用面积。独立群组的可用面积是十分重要的，然而公司的人均总使用面积应在初步的基础设计中就使用。

企业理念

当比较平均占地面积时，确定将客户用作标准公司的风格和理念是很重要的。尽管两个公司可能会有相同的商业背景，在他们的合作理念中还是可以很大程度上改变人均可用面积。比如许多保险公司容纳了多数承销商和分析员的工作岗位。一个保险公司可以相信更好的产品是从净面积100平方英尺的房间里容纳的职员中获取。另一个公司会觉得同样的工作量可从员工占用的80可用面积小隔间中获取。

每人20平方英尺在总面积的分配中会产生很大的不同。在每个项目开始进行时，同客户讨论工作面积的标准是很重要的。客户应该了解每个工作面积标准是如何影响最终的空间和财务支出的。

建筑可达性

建筑的可达性同样可以影响人均占地面积。异形或成角建筑的人均占地面积比适用

Box 12.2

净面积

积（NSF）是私人办公室、工作站、辅助区域或特殊使用区域或有其他需求空间的明确的空间面积总计。也被理解为空间分配，这不包括任何的循环项或核心项。

可用面积

可用面积包括总的净面积加上内部循环和任何办公体系中未经分配的空间面积，不包括任何建筑核心元素，基础循环或是建筑外墙。

可租用面积

可租用面积包括可用面积加上每一楼层的公共建筑区域。包括走廊或主循环空间，休息室和电话壁橱，建筑大厅，装卸行李区以及建筑内的其他公用区域，但不包括任何垂直空间渗透，比如电梯井以及一些其他空间像连接在建筑外墙外部主要部分由玻璃和一个明确少于5英尺的完成高度的窗口护栏。

总面积

总面积（GSF）是建筑的总面积，包括所有的室内循环系统（楼梯，电梯，扶梯），机械空间，核心区域以及建筑辅助空间。延伸到外墙和窗的表皮的区域。不包括停车场和屋顶。

建筑核心

建筑核心同时包括总面积和可租用面积两项，比如休息室，电话橱，机械橱，楼梯和电梯。也同样包括这些空间的门厅和电梯井。这些项通常被捆绑在一起，被放置在一个建筑的中心位置。

租赁要素

因为居住者会使用很多公共建筑区域比如走廊和休息室，他们支付的租赁比率取决于租用面积，包括公共建筑区域和他们自己的使用面积。可用面积是对单个和多个租户楼层的计算。标准规则的惯例要求将租赁要素加进总的可用面积中。如果建筑有效地提供了不超出基础廊道和休息室的基本数值要求，其占有比例将在可用面积中的8%~9%之间。如果一个建筑提供了许多不太占空间的设施，比如大堂和中庭，其核心因素将占可用面积的18%~22%

一个典型的行业标准中，设计的初始阶段，核心要素占可用面积的12%~14%

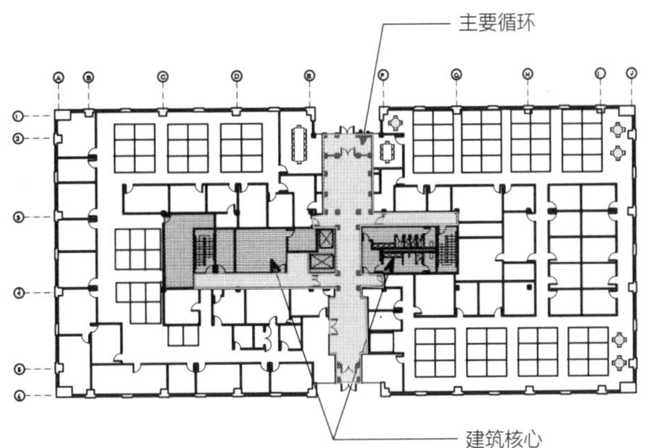

主交通循环路线

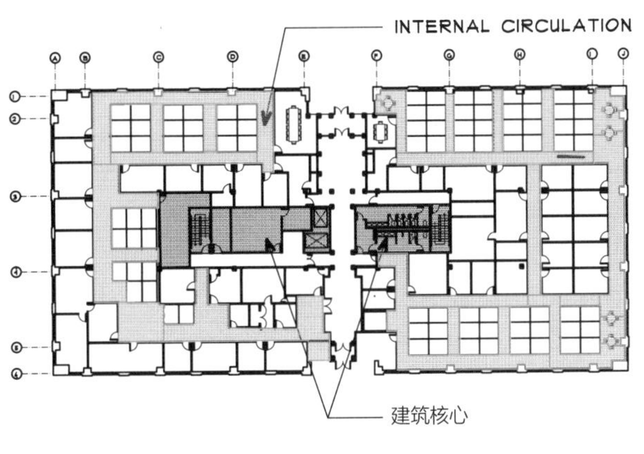

建筑交通核心

Box 12.3 内部循环计算

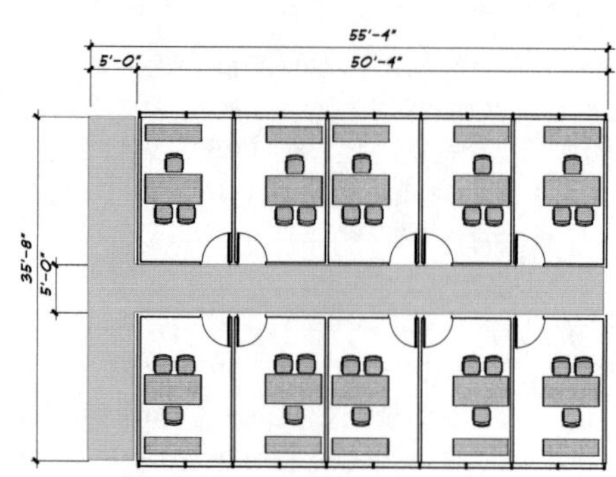

整体办公空间的流通区域

办公室—150净面积
10个私人办公室
2办公室小组
1个循环中的过道

工作区：1546 NSF
流通：430 NSF
总计可用空间：1976 可用面积USF

流通空间
31%的工作区域 NSF
或23%总可用面积

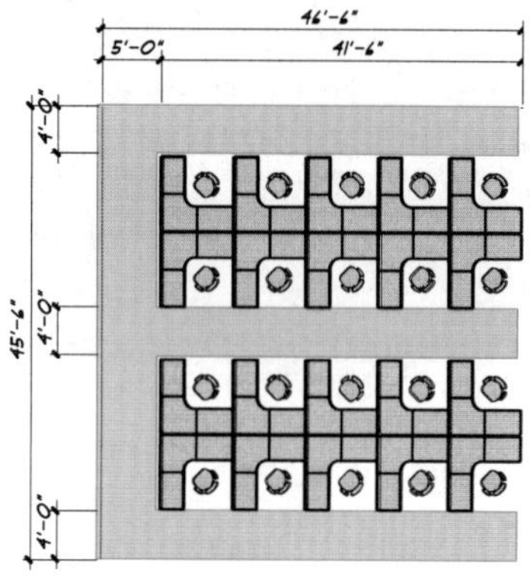

工作之间的流通空间

工作站—64 NSF
20个工作站
2个工作站中的小组
3个流通走廊

工作区：1390 NSF
流通：723 NSF
总计可用空间：2113 JSF

流通空间：
52%的工作区域 NSF
或34%的总 NSF

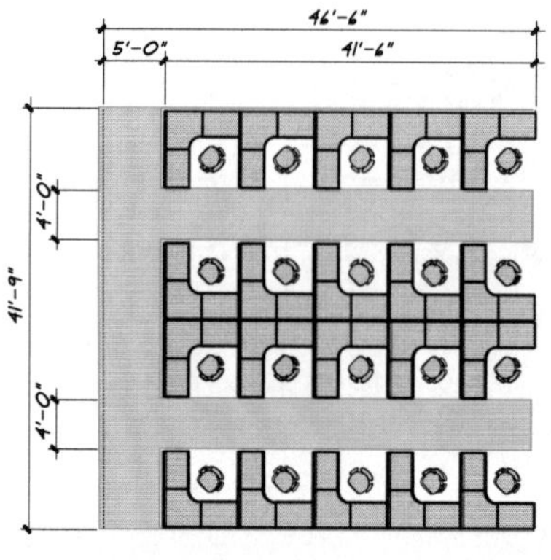

工作之间的流通空间

工作空间——6个净面积
20个工作
30个工作组合空间
2个流通空间
工作区域：1400平方英尺
流通空间：546平方英尺
NSF：单面积

性空间少，（见第5章“剩余空间”）。尽管这些在其他方面能够与众不同的空间能够比功能性建筑创造出更大的趣味性及对员工的吸引力，但这些附加空间和占地面积同样会增加人均可用面积。

基本上，以租赁谈判为基础，人均USF（可用面积）已经转变为可租用的人均占地面积。

有高核心或休闲娱乐元素的建筑、美观的印象化的建筑，都会产生较高的租费率。对于客户来说了解会影响租用率的设计要素很重要。

历史平均占地面积

在19世纪80年代末期到19世纪90年代初期，人均235USF（可用面积）一般情况下在一个典型合作中代表一个好的规划设计。自此之后，有三个原因使平均水平减少了。第一，建造支出，出租，以及新家具的增加，有许多公司在想办法来减少总占地面积。第二，大多数工作区域配备电脑，像打字员和校对员的固定位置，和他们的工作站一样，已经从职工总数中淘汰掉，因此节约了占地面积。第三，因为劳动力转变为轮流工作的方式，员工们经常通过旅馆式办公来共同工作并落实安排计划。当前的平均值在每人190和215USF（可用面积）之间，但是随着贸易的继续，平均USF将根据流行趋势的变动再次改变。

典型布局

一般人对于150或500平方英尺能由什么构成没有概念。一些人可能会设想一个10×15或20×25的空间，但是对于许多人来说，外型尺寸可能会让人感到有些混乱。因此，项目报告中最好包括典型办公室、工作站以及辅助空间布局的拷贝文件，随附在调查问卷中（见第3章）。

尽管不是每个人都能从各个方面阅读并充分理解楼层平面或典型布局，但大多数人都能够至少理解其中的某些方面。如果布局中家具被列在一旁，更会大有帮助（见表6.5、7.2和8.8）。

附加材料

有时项目报告包括附加材料以及能够帮助客户做出更好决定的项目信息。报告由这些项目和元素构成，但并不意味着被限定其中，停车需求、访谈总结、最初的分区平面以及堆叠的图表计算，现有的或未来的楼层平面、预算、术语，以及一些其他信息，设计师认为根据项目范围以及客户需求是必要的。

当附加项目被加进报告中，设计公司要了解理想化服务的适用范围，以便于合理地安排所需费用和资源。

报告小册子

因为项目报告中的数据通常包括几个部分和文件，它通常被打印编辑到小册子的表格中，而不是采用分布式的电子文档形式，针对每个部分，设计公司会有一个标准版式，或者他们会为新的项目编制新的布局。数据可从现场文件中打印出来或直接转换为PDF文件再进行打印，这取决于报告中每个部分的文件类型。各部分纸张页面要经常进行手动整理和装订。

报告将被装帧或写入三环活页装订笔记本中，并打印成黑白图、彩色图或两者的结合。不管选用哪种方法，设计师都应该谨记，报告是设计公司以及公司的工作和服务质量的体现。要注意报告转换成法律文书也是十分重要的。

报告版式

在小册子中，范例如图12.5~12.9所示，典型布局、组织图和关系图解，将出现在直式格式中。横摆格式可以很简单地应用于报告中。任何一种格式都可以。然而，不管选用哪种格式，都应该始终贯穿于报告之中。如果从直式布局的报告到横摆式布局再到直式布局，容易打破阅读的连续性。

Box 12.4 流通要素

专注于同客户、房东、中介和生产者讨论流通要素是很明智的。

关于流通空间的计算可以项目NSF（净面积）或剩余USF（可用面积）空间为基础进行。第一种模式是做加法；然而第二种模式是做减法，导致了每次计算的不同百分比。

设计和建筑公司在项目报告中将流通要素添加到NSF（净面积）中，相比主观方法，这需要更精准的要素。

75 NSF × 34%=25 SF 流通空间

75 NSF+25 SF=100 NSF

建筑管理人员和经纪人从剩余空间的USF（可用面积）中减去流通要素。

这导致了一个比附加方法低水准的要素。

100 NSF × 25%=25 SF流通空间

100 NSF−25 SF=75 NSF

使用任何一种方法，或加或减，流通的结果总数都是25SF（可用面积），然而，达成25SF（可用面积）的百分比因子是或高或低的，这取决于计算的方法。

这对于确立关于流通的讨论是否以NSF或USF为依据是具有决定性的。

报告陈述

项目报告经常在特别安排的活动会议中提出和评估。除了主要客户之外，调查问卷中的部分受访者或所有受访者都可以出席该会议。连同其他项目团队成员一起，比如经纪人、开发商或建筑管理者。每个人都应该拿到属于他自己的那份报告。当然，最好再多准备几份报告。

随着会议的开始，适当地给参与者一些时间来迅速翻阅报告，使其了解报告的组成，这是很重要的。

这也许是第一次多人参与此报告，并且可能也是他们第一次看到报告中有关自己公司部分的详细信息。

报告的表现形式可以是以下两者中的任意一种，设计师站在室内的正前方；或者是非正式的形式，设计师同其他人一样坐在桌旁。比较正常的做法是，设计师通过大声朗读书面总结来开始并转入其他各部分。设计师会指出报告的主要方向，解释说明报告的生成程序，并提及一些报告中没有提到的有待解决的问题。同时，陈述报告之后应留有足够时间供参与者进行提问。

审核及批准

在这样的会议上很少下定论。不必期待客户在这个时候对报告给出最终审批。客户更愿意选择在总结性的会议之后，有更多时间去消化全部信息。客户通过内部讨论，会做一些改变或增加一些内容，之后要求更新报告。客户的复查需要一到两周的时间。

报告发布

当客户复查完项目报告并且所有的报告更改都已经完成时，客户要在报告中确认签字和日期以形成合法文件，这一点非常重要。经纪人可以基于典型的办公配置和企业理念征求一些建筑选择权，租赁的协商将以总结页面的总建筑面积为依据。设计师将使用关系图解的方式来对一个楼层内的各群组对象进行布局。而这份报告也将作为空间规划设计的基础。

因此一个项目的推进取决于该项目项目报告的官方批准。

通常情况下，对报告的肯定并没有特定的界限和标准。虽然如此，总负责人要签字并注明日期，董事会成员或公司其他的高级官方人员应被列在册子前。

空间规划的开始

取决于项目规模和客户类型，在项目报告发布之后，空间规划可能会推迟两周到六个月。客户还是不断探寻建筑。他们可能会磋商确切的可租用建筑面积总计或者楼层定位，他们也可能会参与指导内部的研究。如果这是一个政府项目，周期需要资金支持。如果没有，一些项目将永远无法在程序上延期。

一旦空间设计开始进行，项目报告将成为设计过程中各方面的基础资料。

项目

学生应该尝试计划运用本章节中讨论的工具为客户编写一个项目报告。这里有两个方面以挑选客户：

1. 找的客户信息是从附录A中挑选出来的和其他的迄今为止的项目一样；
2. 找的客户要是第三张调查问卷中填写的那样。

不管哪种情况，学生们应该能够给每个职员分配典型的工作区域类型，计算辅助空间尺度以输入数据报表，同时估算需求的总可用建筑面积。一定要为办公室和工作站的适当混合物考虑流通要素。在报告中还要包括一个简短的摘要总结和关联图。

AMERITRADE

13

建筑占地面积和项目信息

定位！定位！定位！建筑物的定位就像接待室给人的第一印象般，传达出了公司希望让员工、访客和客户接受的第一印象。而位于芝加哥市中心标志性建筑面对密歇根湖72层的定位，给人的第一印象应该是面向“世界”、信誉良好的公司或者蒸蒸日上的新兴企业。另外，位于郊区的一个沿着州际公路的200英亩起伏丘陵地带社区的低层建筑，或是坐落在乡村的低调建筑中，则可以给任何一个工业或小公司提供轻松、稳定的定位。

每个定位都有它的便利之处。

每个定位都有它自己的个性。

每个定位都会与项目要求之间有些许差距。

每个定位都可以为空间规划提供一个形而上的哲学展望。

每个定位都会有相似或者多样化的规范要求。

每个定位都应如客户所选那样为公司服务。

每个定位都能够为不同类型的客户服务。

无论公司是将现有空间结构重组，还是在同一座建筑物内、沿着同一条街道、穿过同一个城镇来重新安置，无论是在郊区还是城市内部、越过州界甚至是跨越国界，对于这样的移动，公司通常因为成本控制而表现得较为谨慎，因为担心这样的改变对他们的商业可能并没有太大的影响。他们通常会考虑他们的客户基础、员工基础、信心和自己的营业额、租金和其他经济消耗、法人意向、贸易使命、可利用的当地便利设施以及交通运输的可达性。任何移动，甚至是非常小的改变，都可能会影响信念、花费和意向。

空间规划者能够、也应该在空间规划之初就分析所选地块和建筑的优势。空间规划者可能需要做一些符号研究，特别是当项目将会在一个他们不熟悉的地域或建筑中进行时。巡视所选的地皮或者建筑物是非常有益的。设计者能够获得越多关于所设计特定空间的信息，就越能够做出一个完善的最终空间规划。

地点位置

公司选址会基于一系列的因素，比如某种现场原材料带来的瞬间灵感、位于某个国家或国际中心的轴心位置、有同类业态的聚集或者因为位于某位所有者的故乡。选址也可能对消费者或员工基地具有重要意义并且能够提供某种愿景。并不存在什么公司迁址的黄金法则。当一个公司采用新的政策并且更新了它对未来的展望或者使命，都会产生各种对公司的新空间有影响的因素。

基地考察

为了开始公司迁址的程序，委托人和他们的经纪人一旦开始考虑要换新的办公室，经常会以现有租赁空间的面积信息作为依据来选择和考察多座建筑。当选定设计公司后，通常设计者都会被邀请加入对其他建筑的考察中。还有一些情况下，委托人会先要求设计公司提供项目服务，建立一定数量的真实需求面积数据，并且选择适合作为新办公空间的建筑。

有时候委托人在收到反馈意见或聘用一家设计公司之前已经选择了新的定位。对于一些规模较小的项目，委托人和设计公司可能只能进行一些很有限的互动和交流，因为设计公司的交流被止于建筑管理者或开发商。在这种情况下，建筑管理者或开发商成为委托人，对公司而言，空间规划更多的是一种租赁空间设计。

如果设计师没有和委托人或租户一起参与建筑之旅，设计师还是应该参观这些建筑和周围的场地，如果可能的话，要了解目前存在哪些准确信息和可能存在哪类精神意向或概念，并将它们注入空间的规划和设计。建筑物的类型或它的定位将如何影响空间规划？建筑物占地面积将如何影响这些规划？这些特定楼层将如何影响布局？

基地分析

在某些情况下，平面图将反映出建筑物的定位。许多老的城市都是在建筑临街尺寸很窄的条件下开发的，所以它们很窄，但是很深。不管为这些建筑物之一所规划的业务的类型，这些经常导致从前到后办公室和房间的阵列与在建筑中间或沿一侧的走廊相结合这样的建设平面图。新建的和郊区的建筑物往往倾向于有更宽或更长横的向建筑临街面，这些建筑临街面平素里为任何种类的平面布局打开了空间规划的可能。建筑物的位置可以让设计师在选择如何处理空间规划的时候有所作为。

另一方面，一些品牌公司，如快餐连锁店，旨在将他们的典型足迹延伸至世界各地的城市。对于这些公司来说，定位在哪里都没有什么区别。

建筑的选择

当寻找特定建筑物的时候，企业在选择过程中考虑的因素很多（见附录B）。最终转化为对以下问题的答案或建议的设计方法和开发方式：

1. 是一个如百老汇或宾夕法尼亚大道的引人注目的地址重要，还是一条平行的，也许是鲜为人知的街道的接受度较高？从设计的角度来看，众所周知的地址或建筑物，通常意味着更宽敞的环境或伴随有较高的（人流）循环频率的阵发性人流，而鲜为人知的地址则导致更标准的布局和（人流）循环频率。
2. 这栋建筑将会何去何从？是成为一栋新的、具有高出租率的昂贵建筑，还是仅仅拥有可用楼层空间的旧建筑？新建筑往往含蓄地传达了更高的设计预算和费用，而旧建筑可能意味着一个保守的预算。
3. 这栋建筑能成为一幢高层或低层建筑吗？在高层建筑中通常有较小的楼板，员工可能分布在几个楼层，导致一个潜在的或必然的分层设计。在低层建筑中，经常有较大的楼板，所有人可能位于同一楼层。
4. 有很多玻璃和钢铁的建筑就能被称为是现代的吗？或者说，更传统的石头和柱廊的建筑是一个更好的选择吗？一个现代的构建，可能意味着前卫的布局，而对称的布局在传统建筑中可能是一个更好的布局策略。
5. 让建筑物内部的租户们都拥有类似的业务，这样的做法合理吗？或者说，一栋建筑物能包含任何种类的业务类型吗？相似的业务可以意味着类似的设计方法，或者说，提供一个让客户不同于其他人的设计。

建筑物的选择经常表达空间规划和设计方法。通过了解验证建筑物选择的原因，设计人员可以将客户的愿景转化为空间规划。

项目信息

一旦建筑被选定并且项目开始，对设计师来说建筑和项目信息汇编是很重要的（如图表13.1）。这些信息可以用于确定适用的建筑法规，它被要求将许可证列在的所有提交的施工图纸集封面上。设计公司可能已经有一个标准的形式，或者设计师可能只是在一张放置在项目文件中的纸上列出这些信息。

这些基本信息在项目过程中不会改变，但它会确定空间规划和项目的许多方面。例如，根据国际建筑规范（IBC），入住集团，A-集会，群A-1在设有固定座位的培训室中，每25个席位只被要求一个轮椅的空间，而根据群A-2，有可移动桌椅的食

BOX 13.1　建筑和项目信息

建筑物的地址：________

当地政府司法管辖区：________

建筑规范及其年限：________

建筑结构类型：________

建筑物中的楼层号码：________

有无洒水系统：________

楼板设备：________

使用组：________

项目设备：________

堂，这些桌椅分配的总面积被要求可供轮椅通行。

虽然对一些规范的要求及每个项目的特殊性的理解已经成为经验丰富设计师的第二本能，但项目信息汇编对每一个新的项目而言，仍然是一个好主意。这样一来，当新成员加入设计团队，这些信息随时可供审查。

建筑物的地址

所有的信件，图纸和施工文件应显示部分或全部新项目的地址。每个人都希望和需要知道项目所在的建筑位置。

地方司法管辖区

每个司法管辖区不仅有一组特定的建筑规范（见第5章），还可能有额外的修正和特定的司法管辖区的独特要求。司法管辖区就是申请建筑许可证地区，因此，确定项目的理事管辖是非常重要的。

建筑规范及其年限

规范通常每三年更新一次。许多更新是微妙的，但作为新技术和建设安装的方法和手段进入市场（是非常）有可能会影响空间规划的主要规范更改。司法管辖区采用更新版本的规范往往会有几年的时差，所以最好验证一下项目年限与正在使用的规范年限是否同步。有可能同时有几个规范年限在同一时间、同一司法管辖区内发生更改，这取决于一个项目开始时，设计开发已经进行到何种程度，更新后的规范何时被采纳，或项目何时被批准进行许可证审查。

建筑施工类型

虽然室内设计师一般在建筑类型上没有发言权，但是为了开发最好的空间规划和最终的空间设计，了解建筑的类型是很重要的。规范将施工类型分为不可燃、可燃、不可燃/可燃相结合的建筑类型，有几个细分，共五类。不可燃类型使用混凝土和砖石材料，这种类型是不燃烧的，因此可以作为最终室内设计的一部分暴露在外面。虽然木材易燃烧，但是大型的木梁被烧焦之前可燃烧很久。因此，重型木结构建筑构造在室内营造时也被保留，木材作为一种材料而暴露在外。

另一方面，钢框架是用于摩天大楼的主要材料，在高温下会失去强度然后融化。因此，它被认为是一种可燃材料，必须用被认可的绝缘材料进行保护，如喷涂的防火材料。因此钢框架对于室内设计来说不是一种有吸引力的材料，并且在最终设计中几乎从来没有被作为暴露在外的材料。一般来说，这种类型的建筑的墙壁和天花板被石膏板、镶板、声学瓷砖或其他材料所覆盖。

混凝土施工

尽管不易燃建筑的施工中暴露的混凝土天花板和砖墙能够为设计空间增添魅力、自然之美和一种高科技的感觉，但是由于它们的施工和材料，使得这些类型的建筑往往会有很小的楼板间距或天花板高度。低板的高度约10英尺高，是要把天花板暴露在外摆在首位的原因之一。要求留下约2英尺的间隙以适应基础设施，如HVAC（采暖、通风和空调）、管道、电气线路和灯具外壳。当吊顶安装完成，仅留下8英尺的天花板高度，在大型、开放式办公空间，这往往会让人觉得有些低。

通过露出天花板，或者说在技术上，通过上面的楼板底面设计，设计师可以让垂直空间远远高于它实际上的高度，这是常见的设计手法，即使基础设施仍占用空间封顶线（图13.1）。最初，因为没有安装实际的天花板，这可能看似节约成本。然而实际上，为了良好的外观，这种设计技术需要更好的优质材料和更好地安装基础设施，因而成本并不低。

钢框架结构

钢框架结构，通常拥有13~14英尺楼板高度。这提供了足够的分层高度为2~4英尺、9~10英尺的天花板提供了充足的空间，为了营造隆重的氛围，需要在某些地方尽可能提高天花板。钢框架通常提供了最大延伸范围的玻璃围墙，这对设计是有一定影响的。

木结构建筑

像在许多老仓库建筑中发现的重型木材和2×4或2×6木头钉，都会用于住宅和小型商业建筑。当旧仓库被转换为办公室或住所，例如，木材可以暴露在外以提供一个温馨、舒适的氛围。正是因为木材具有与某些材料相反的特征，像钢结构这种材料就很少暴露在外。

设计师在进行空间规划的时候了解建筑结构，这些信息可以被用来提升布局品质。当委托人构思办公室和工作室时，可以提出设计一个挑高的夹层或有裸露砖墙的概念。

建筑楼层数

在建筑物的高度方面有几个规范要求（框图13.2）。例如，超过四层高的建筑都要求有一个电梯。超过75英尺高（五到七层楼，因建筑结构而定）的建筑物，除其他规定外，必须要有一个自动喷水灭火系统。了解了这些信息，设计者可以将这些项目（比如喷头）纳入到设计布局中。

装有或未装灭火喷头的建筑

在今天的市场中，大多数商业楼宇会在整个大楼安装自动喷水灭火系统。当一个项目进入一个旧的、没有安装自动喷水灭火系统的建筑时，设计师将需要研究几个部分的规范，因为有一些装有或未装灭火喷头的建筑规范在要求上存在重大分歧。

大厦楼层板

建筑物底板一般是指整个建筑的空白的平面（图13.2）。显然，该建筑物或楼层板的形状有助于确定最终的空间规划和设计开发。但是更重要的是，每个楼底板占用面积的大小或量的不同以及所承载人员的类型，决定了许多特定的规范要求，例如所承载人员的负荷、出口大门的数量、出口（走廊）的宽度和出行距离的大小或量的平方英尺数。

乘员负载

换句话说，乘员的负荷是指出口的设计人数，允许在任何给定的时间内，占用空间的基础上可允许的每平方英尺的最大人数。对于办公空间，需要考虑空间的五个功能：标准的办公或业务区、组装区的固定座位或可移动的桌子和椅子、图书馆区域、平台（装配地区）、储藏室（表13.1）。在进行空间规划时，这些领域中的每一个都分配一个单独的（大部分是不同的）总额或每人净平方尺量是必须考虑的（见第2章）。

乘员的负荷与每个人的平均平方英尺（所讨论的第2章和第12章）是不一样的。公司可以给每名雇员或顾客提供他们所期望的尽可能多的（或很少）平方尺，在该空间只要它提供的是不比具有管辖权适用的规范上规定的平方尺少。但是为了外出方便，许多商业企业提供比所承载人员要求更多的平方尺数。

归纳或演绎的方法都可用于计算乘员的负荷（表13.2）。当乘员的实际数目是已知的空间所规划的，实际人数是用允许平方尺乘以客户计划所需平方尺的最低总额（见第1章）。相反，当客户为一个新的位置而考虑一个自定义的空间量时，实际允许占据这些空间的人数取决于一定量的平方尺除以允许乘员平方尺的结果。

出口大门

在一般情况下，大部分的使用人群至少需要两个出口从空间中出来，虽然在3 000~5 000平方尺的办公区可能只提供一个出口，根据使用中的规范（Box 13.3），建筑物楼层板的平方尺数和乘员负载增加的数额、出口数量和走廊宽度可能需要按规定增加或变宽。其他规范要求考虑包括常见路径的最大距离和在该空间内的任何点到出口的总行程。随着建筑楼层面积的增

Box 13.2 IBC大厦1-3楼层总数

定义

超高层建筑：占用楼面建筑与消防部门的车辆出入的最低水平以上的距离超过75英尺（22 860毫米）。

第403条超高层建筑

403.1适用性：高层建筑应符合第403.2至403.6。

[F]403.3自动喷水灭火系统：根据第903.3.1.1和903.3.5.2节要求的情况，在整个建筑物和构筑物配备二次供水的自动喷水灭火系统。

第1007出口的易可达性

1007.2.1电梯是必要的：在建筑物所需的适宜的楼层是四层或更多层的高于或低于出口排出的水平，至少有一个所需适宜的出口应该是须符合第1007.4的电梯。

图13.1　裸露管道的天花板

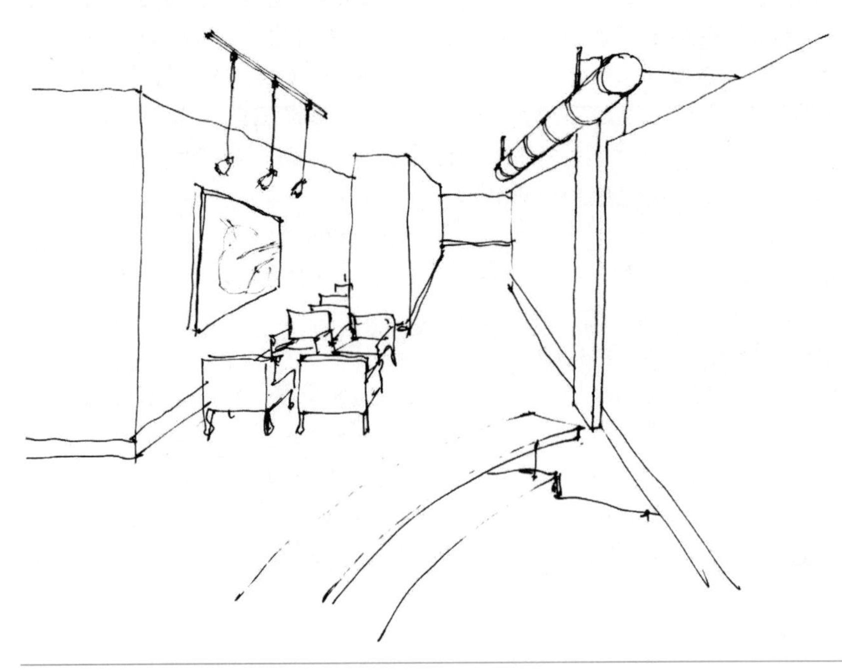

图13.2　典型的建筑承重图

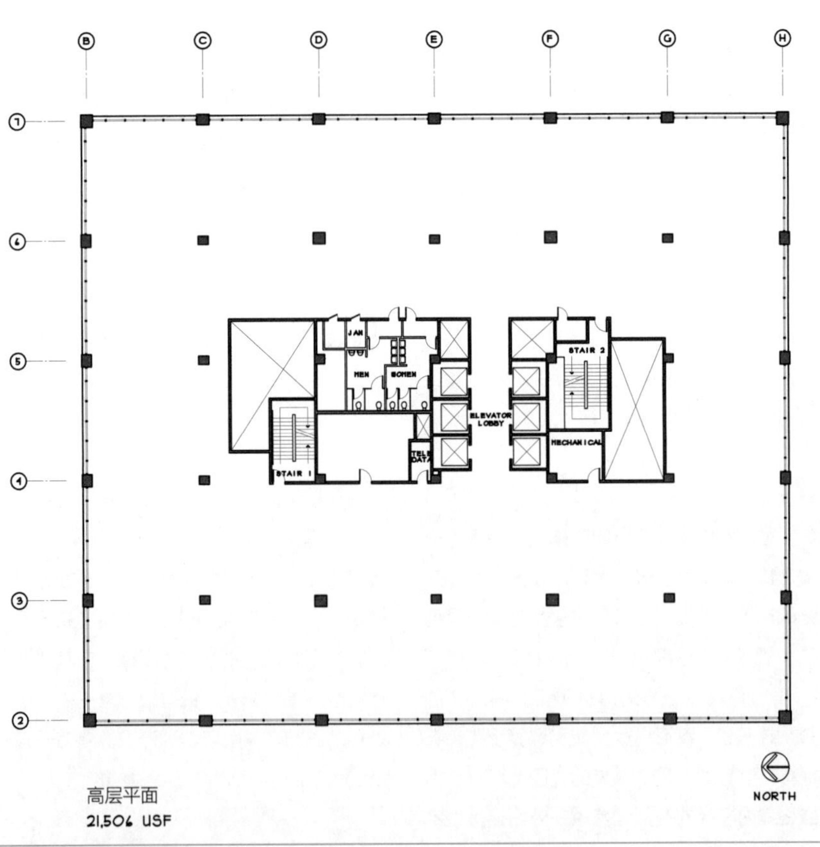

表13.1　IBC乘员负荷4

表1004.1.1　每名居住者的最大面积津贴	
空间的功能	在SQ. FT.每名居住者的建筑面积
附属存储区，机械设备室	合计300
农业建筑	合计300
飞机库	合计500
机场航站楼 行李认领 行李搬运 中央大厅 等候区	合计20 合计300 合计100 合计15
装配 游戏楼层（基诺，槽等）	合计11
设有固定座位装配区	见第1004.7节
未设有固定座位装配区 密集区（座椅不固定） 站立空间 非密集区（桌椅）	净值7 净值5 净值15
保龄球中心，每个车道允许5人，其中包括15英尺的跑道，以及其他区域	净值7
商务区域	合计100
审判室以外的固定的休息区	净值40
日间护理	净值35
宿舍	合计50
教育的 教室面积 商店和其他职业的房间面积	净值20 净值50
练习室	合计50
H-5的制造和生产区	合计200
工业区	合计100
机构区 住院治疗区 门诊区 睡眠区	合计240 合计100 合计120
厨房，商业	合计200
图书馆 阅读室 堆栈区	净值50 合计100
更衣室	合计50
商务区 其他楼层的区域 地下室和阶梯层面积 储存、库存、航运面积	合计60 合计30 合计300
车库	合计200
住宅	合计200
溜冰场，游泳池 溜冰场和游泳池 停留平台	合计50 合计15
舞台和演讲台	净值15
货栈	合计500

大多数商业办公空间规划中的可使用功能空间

表13.2　乘员负荷计算
H-培训室（综合） 50乘员（人）×15 NSF=750 NSF空间最小
H-办公空间（业务部） 5 000 GSF÷100 GSF乘员负载= 50乘员（人）最大

加，需要额外的出口来满足出行距离，尽管因为乘员的负荷，门可能并不是必需的。

出口走廊

出口走廊规划最小宽度为44英寸（见Box 5.2），使用人群，乘员负载（Box 13.4），空间是否安装有喷水灭火装置。对于安装有喷水灭火装置的商业写字楼，44英寸宽的走廊可以作为楼板22 000平方英尺（SF）（表13.3）所用。楼底板尺寸增加，根据实际面积和乘员的负荷将需要更宽的走廊宽度。

出行距离

出行距离被定义为乘员到达出口之前，从建筑物内的空间中的任何给定的点的距离。根据使用人群，根据IBC的最大距离从75英尺到400英尺不等。对于业务B组，在没有自动喷水灭火系统的建筑内最大行驶距离为200英尺，在有自动喷水灭火系统的建筑内最大行驶距离为300英尺（见Box 13.5和图13.3）。当设计距离超过使用规范所定义的距离，需要添加额外的楼梯间到那些不止一个或有额外出口的楼宇，以便提供更短的出行距离。

出行的常见路径

在租户空间内可能会发生有到两个单独出口的路径的情况，这种情况经常发生在进

表13.3　走廊宽度计算
为了维持最低44英寸的走廊宽度 44英寸÷0.2英寸/人=220楼板上的最大乘员 220×100 SF/乘员=22000 SF最大总楼面板尺寸
较大的楼板需要更宽的走廊 30000 SF底板÷100 SF /乘员=300住户 300住户X2英寸/乘员=60最小走廊宽度

Box 13.3　IBC出口数量5

第1015节

出口和退出进入门道

第1015.1节出口或从空间进出的门道。两个出口或任何空间的进出门道应提供下列条件之一：

1. 该乘员的空间负荷超过表1015.1中的值。
2. 外出的共同路径超过1014.3节的限制。

表1015.1　IBC出口进出门口的空间

荷载	最大乘员负载
A, B, E[a], F, M, U	49
H-1, H-2, H-3	3
H-4, H-5, I-1, I-3, I-4, R	10
S	29

a.日间护理最大乘员负荷为10。

三个或更多的出口或出口门道。三个出口或出口门道须从任何空间都能提供负荷为501至1000的乘员。四个出口或进出口门应提供从任何空间乘员的负荷大于1 000的共享道路。

第1021节

出口的数量及其连续性

第1021.1节各个楼层的出口。每个楼层的所有空间应达到认可的独立出口的最低数目，就像表1021.1中基于每个楼层乘员负载所指定的数量。本章的目的，应提供占用屋顶楼层所需的出口。

表1021.1　IBC能满足乘员负载的最小的出口数量

占用负荷（每个楼层的人数）	最低退出数量（每个楼层）
1 - 500	2
501 - 1 000	3
≥1 000	4

Box 13.4　IBC 走廊宽度6

第1005节

出口的宽度

第1005.1节出口宽度的最低要求。意味着出口的宽度不得小于本部分所需要的。以英寸为单位的出口的总宽度不得小于总乘员负荷乘以3英寸（7.62毫米），每个乘员的楼梯和其他出口组件为2英寸（5.08毫米），每个乘员的出口。在规范中，宽度不应小于规定数值。

第1005.2节门被侵占。门完全打开时，扶手不得超过出口宽度减少所需的7英寸（178毫米）。门在任何位置不得减少所需宽度的二分之一以上。应允许其他非结构预测，如修剪及类似装饰等结构，在任一方向，投射到所需的宽度最大为1.5英寸（58毫米）。

Box 13.5 IBC出行距离7

第1016节

进出的运动行程

第1016.1节 出行距离限制。安全出口应位于每个楼层人流结束访问行程的最长通道尽头，从沿自然的和通畅的出行路径的楼层上最偏远的一个点到应急场地的应急出口门，或垂直出口场地的入口，或退出通道，或水平的出口，或外部出口楼梯或外部出口匝道，不得超过表1016.1中给出的距离。

表1016.1IBC退出访问的出行距离a		
负荷	没有自动喷水灭火系统（英尺）	有自动喷水灭火系统（英尺）
A, E, F-1, M, R, S-1	200	250[b]
I-1	不允许	250[c]
B	200	300[c]
F-2, S-2, U	300	400[c]
H-1	不允许	75[c]
H-2	不允许	100[c]
H-3	不允许	150[c]
H-4	不允许	175[c]
H-5	不允许	200[c]
1-2, 1-3, 1-4	不允许	200[c]

SI：1英尺=304.8毫米。

a. 请参阅以下部分修改到安全出口行进距离的要求：
第402.4节：对于商场的距离限制。
第404.9节：通过一个中庭空间的距离限制。
第407.4节：如果在与组I-2的距离限制。
第408.6.1和408.8.1节：I－3组的距离限制。
第411.4节：特殊游乐建筑物的距离限制。
第1014.2.2节：组I-2医院套房对于距离的限制。
第1015.4节：在制冷机房的距离限制。
第1015.5节：在冷冻室和空间之间的距离限制。
第1021.2节：对于一个出口的楼宇。
第1028.7节：为了提高汇编座位限制。
第1028.7节：为了提高组装效率的露天座位限制。
第3103.4节：对于临时搭建物。
第3104.9节：对于行人天桥。
b. 整个楼宇配备的自动喷水灭火系统按照第903.3.1.1或903.3.1.2节执行。请参阅第903节的入住率，自动喷水灭火系统允许根据第903.3.1.2节执行。
c. 根据第903.3.1.1节，整个楼宇配备自动喷水灭火系统。

图13.3 平面图：从指定点到租赁楼层的距离（楼层出口规划，“Musick,Peeler& Garrett LLP”）瑞尔/格日博联合公司，洛杉矶，CA，1990，玛丽·路·贝壳重新绘制的CAD图

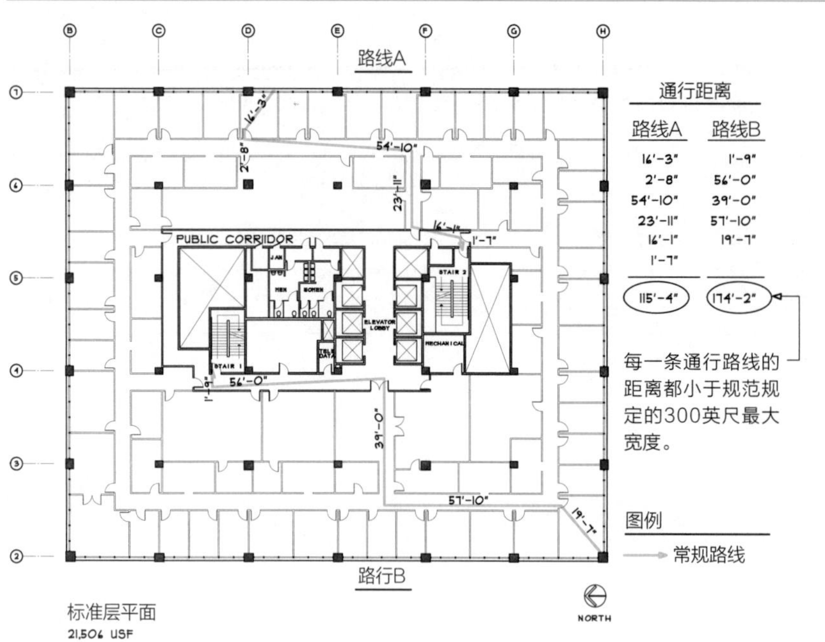

Box 13.6 IBC一般出行路径8

第1002节

释义

通往出口的公共交通路径。这部分满足居民须外出出行前要横越两个不同空间或出口的可行路径。合并的路径是常见的模式。外出出行的共同的路径距离应包含在可行的出行距离中。

第1014节

进出口

1014.3外出出行的共同路径。 在组H-1，H-2和H-3的占用以外的共同的路径不得超过75英尺（22 860毫米）。组H-1，H-2和H-3占用的出行的共同路径应不超过25英尺（7 620毫米）。对于已经有固定座位占有率分配的组团A-E组人员密集区共享的出口流线一般路径（尺度），请参阅第1028.8节。

例外：

1. 在B组外出出行的共同路径的长度，F和S占有率不得超过100英尺（30 480毫米），整个大楼配备的自动喷水灭火系统安装在根据第903.3.1.1。
2. 凡租客在B组，S和U占有率空间乘员负荷不超过30人，外出出行的共同路径的长度不得超过100英尺（30 480毫米）。

入公共走廊的地方（图13.4a）。在他们有另一个走到安全出口的选择之前，人应该用什么样的距离来穿越（Box 13.6）？

当测量出行距离和出行的常见路径时，设计者应当考虑出行的最大距离。如果常见的出行路径超过了所需的布局允许的距离，设计者必须修改空间计划以满足规范要求。在一些布局中，可能有必要在租户空间内延长公共走廊或创建额外的走廊（图13.4b）。

使用人群分类

尽管业务B组虽然没有任何亚组的分类，就像其他一些使用人群，可能还有其他的办公空间的占用范围内（见“乘员负载”，第234页和第2章）。识别并列出了使用组分级及每个项目开始时的入住率，可以帮助大家迅速地移动项目。对于设计师而言，在规划设计过程中，更容易寻找特定的规范要求。当审查图纸许可证时，规范审阅者们经常寻找这些常态元素，根据经验推测，如果这些基本要素都满足，那么就有可能也满足更晦涩难懂的规范要求。

项目的平方英尺数

像这种类型的建设，该项目的平方尺数将决定使用或需要哪种规范。正如第9章中已经介绍的，当项目足够小，进户门可向内打开，而建筑物的出口门需要向外打开。当建筑物底板是大于22 000SF，公共走廊需要超过44英寸宽，而租户的空间走廊可保持在44英寸宽，提供自己的空间是不超过22 000平方英尺。通过在这个项目开始的时候计算项目平方尺，在提供法规空间规划前节省很多时间。

楼层选择

一旦位置和定点已缩小到一个特定的建筑物或几座建筑物，客户必须考虑他们希望占据哪一层楼板。在低层建筑，一楼一般是最适宜的位置。员工和访客可以径直走入街道或从停车场径直进入建筑。在高层建筑中，较高的楼层被认为是更可取的，因为有很好的视野。

许多高层建筑把楼层捆绑成几组——独栋的、中层或低层，然后设置相应的租赁价格。在同一建筑物内租同样大小的空间会因选择的楼层不同而有每平方英尺几美元的差距。大厦管理者甚至基于视野从楼层或建筑的一侧到另一侧调整多租户楼层的出租率。

设计师理应在空间规划开始之前与客户讨论特定楼层的选择。楼层及相关的意见往往影响沿窗墙放置办事处或工作站的设计哲学及方法，以及特殊群体、部门或支援室的大致位置和进户门的位置。

楼层信息

建筑物以及这样的楼板，可以是直线的、弯曲的、有角度的、阶梯形的，或它们的组合的形状（图13.5a和b）。该建筑可以是一个单一的楼板，楼层的上方或下方都是具有不同尺寸的楼板，因为上下层突出的

图13.4　平面图：一般人流路线

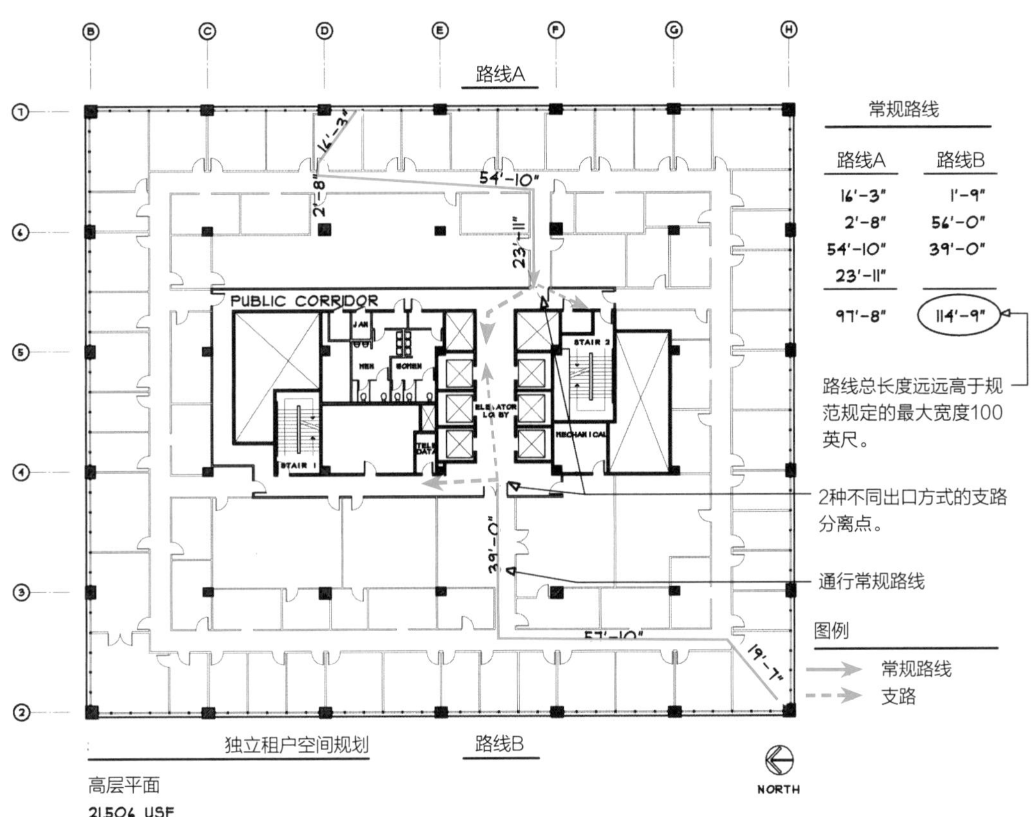

a. 基于初始平面的一般人流路线

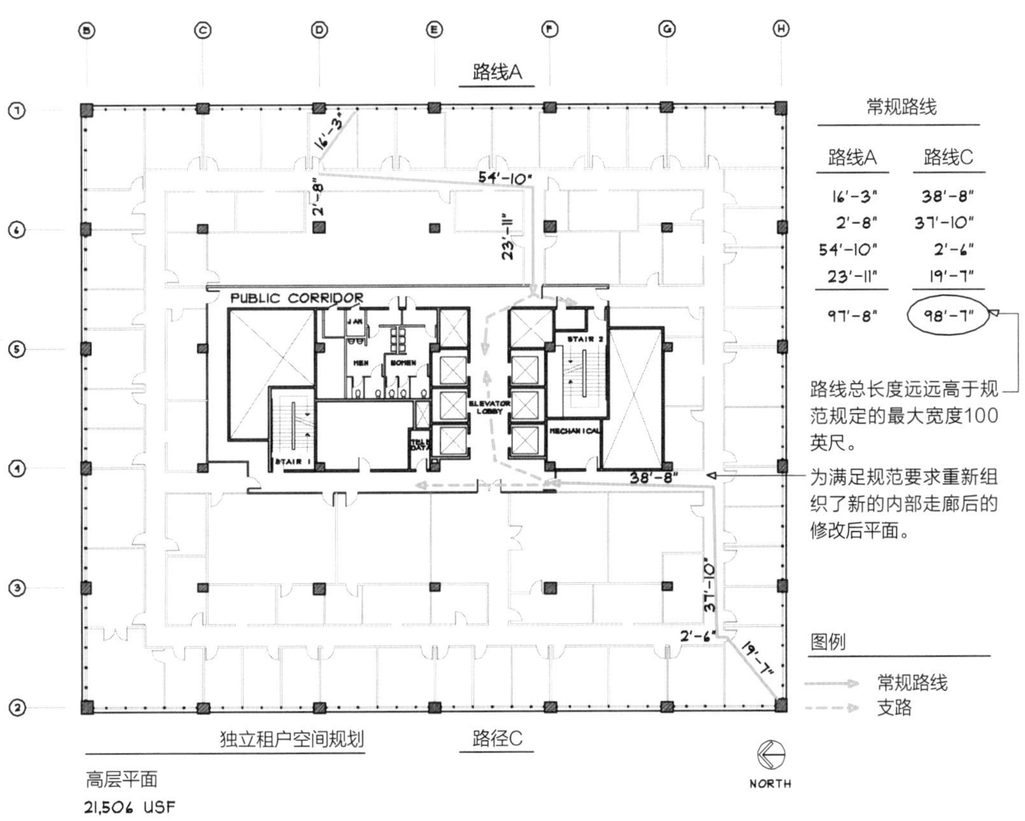

b. 按规范要求修正后的人流路线

更低或更小的楼板，或是因为他们必须根据下层楼板的外周边缘重新设置而获得多个楼层或者面积扩大的楼层。楼板可能是无柱或包含一定数量圆柱的，而且可能不是大小都不同。有可能是连续的地板到天花板的窗户或个别嵌入窗口。建筑物可以使用对流HVAC系统沿围墙或VAV（变风量）箱上面的天花板。建筑标准规定，不得有地板芯或所有的电梯都必须兼容其他楼层，即使是单租户楼层。每个建筑物都是独特的并且在开始空间规划前进行分析。

当进行一个基地考察时，记录具体的建筑元素是一个好主意。设计者也应该要求从楼宇管理处拷贝所有的建筑标准。

建筑的核心

各楼层的功能中心被称为建筑的核心（图13.6a），包括以下的房间或区域：

- 电梯轿厢
- 电梯大堂
- 厕所
- 出口楼梯
- 通风井
- 机械室
- 电话和电器壁橱
- 存储间或备用房间

所有的元素可以组合在一起作为一个组块或空间体块，或分割成两个或三个空间体块。大部分高层建筑将一半的电梯轿厢和一个出口楼梯间组成一个较小的空间块，其余的电梯轿厢、出口楼梯、平衡的客房作为一个更大的空间块，一个10平方英尺全电梯大堂分隔将空间分成两块。即使有两个空间体块，其核心筒被认为是一个完整的实体，位于楼层的（所谓）中心。

低层建筑和一些小的楼层板可能只有两个或三个电梯轿厢，在这种情况下，所有的元素与电梯口组合成一个单一的体块，通常情况下这个体块是一个在电梯轿厢前面的假想的10平方英尺空间。在这种情况下，其核心是经常沿着楼板上界墙的一边进行偏移的（图13.6b）。

真正大的40 000~50 000 SF和更大的楼层板可能需要第三甚至第四个楼梯作为出口。在这些情况下，主要的核心与典型的高层建筑的分体式核心安排非常类似。但是，在租赁空间中的第三个楼梯井常会基于适用规范中所规定的距离偏移向楼板的一侧。

图13.5 建筑平面

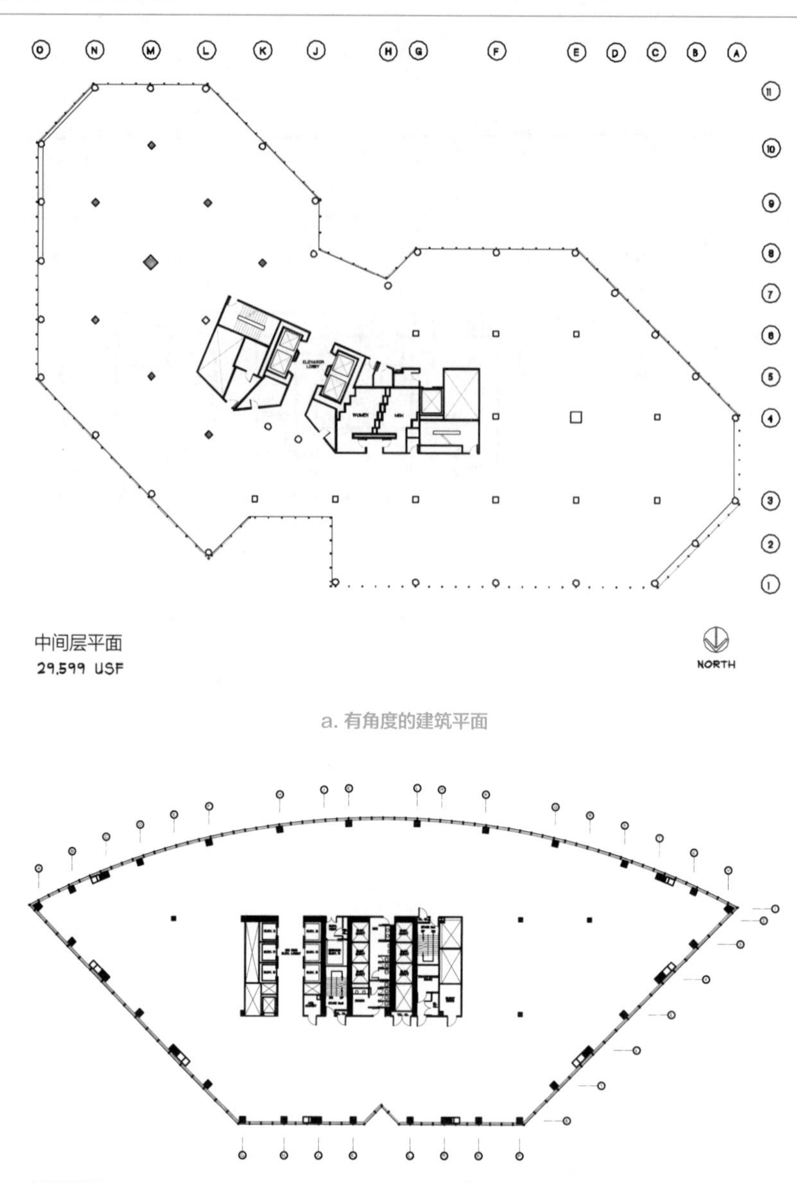

a. 有角度的建筑平面

b. 有弧度的建筑平面

核心尺寸和体积

核心形状和大小基于各楼层的平方英尺总数和每个建筑的拟使用人群、使用的机械系统的类型以及建筑分类而各不相同。比如，厕所的大小是根据固定装置的数量，这是根据在地板上的占用负荷，而这又是基于使用人群数量和楼面尺寸。由于这些元素的数量或大小的增加或减少，厕所和核心部分将变得更大或更小。

无论大小、体量或位置，核心基本上是重复和堆叠在彼此的顶部，在特定的建筑物内的楼板之间。核心部分的元素都包含在内，如通风井、管道栈和电气间。

大厦核心部分通常在最初的建筑设计阶段由建筑师规划和设置。室内设计师对核心尺寸、配置或位置很少有任何发言权，除非该建筑物是专门为客户设计或室内设计公司在这个过程中早已被选定。在这种情况下，室内设计师可能会和建筑师一起工作来确定核心元素的位置。但是总体来说，核心部分一旦被设置，设计者必须围绕核心计划内部空间。

出口楼梯间

在火灾和紧急情况的时候，电梯被关闭，留出公众走廊和楼梯作为唯一的出路。每个建筑规范都规定，在楼层上必须有一个至少可以以两种方式到达建筑的出口，不管从何种角度设置。在地面上，公共走廊直接通向一个对外的出口，而在楼上，公共走廊通常会通向出口楼梯，这反过来又通向对外的出口。

虽然通常是两个出口的楼梯井被公共走廊所连接，但是一个或多个出口的楼梯井设置于租户空间内也是可行的，这比在核心区域处或被连接到一个公共走廊的方式要好。但是，既然每个人都必须能够到达至少两个楼梯间，这就通常意味着，租住用户必须让他们的入口大门处于未锁的状态，以便于在室内提供了直达这些楼梯的路径。由于大多数租户希望确保他们的空间的安全性，因此出口的楼梯井习惯上设置为核心的一部分，并且被连接到一个公共走廊。

内部楼梯

办公空间的内置楼梯连接几个楼层的租赁者的出口设置并不完全符合规范。这些楼梯一般都设计成开放的，既满足空间展示的需求也满足功能的要求。人们可以利用这些楼梯到达建筑或楼层外。然而，如规范所要求的，除了出口楼梯间外，楼梯必须是封闭式的结构，出口楼梯的结构可以直接影响建筑外观，并至少有两小时的耐火极限。

公共走廊

公共走廊，也被称为主循环流线或出口方式，根据需要，各楼层必须设置。在多个租赁空间共存的楼层上，公共走廊除了是使空间从建筑物中分离出来的一种方式之外，还提供不用通过租户空间而进入到位于核心空间的租赁空间，如洗手间或其他类型空间以及出口楼梯井的权利（图13.7）。

现有走廊

在大多数情况下，公共走廊已经根据建

图13.6 建筑核心区平面

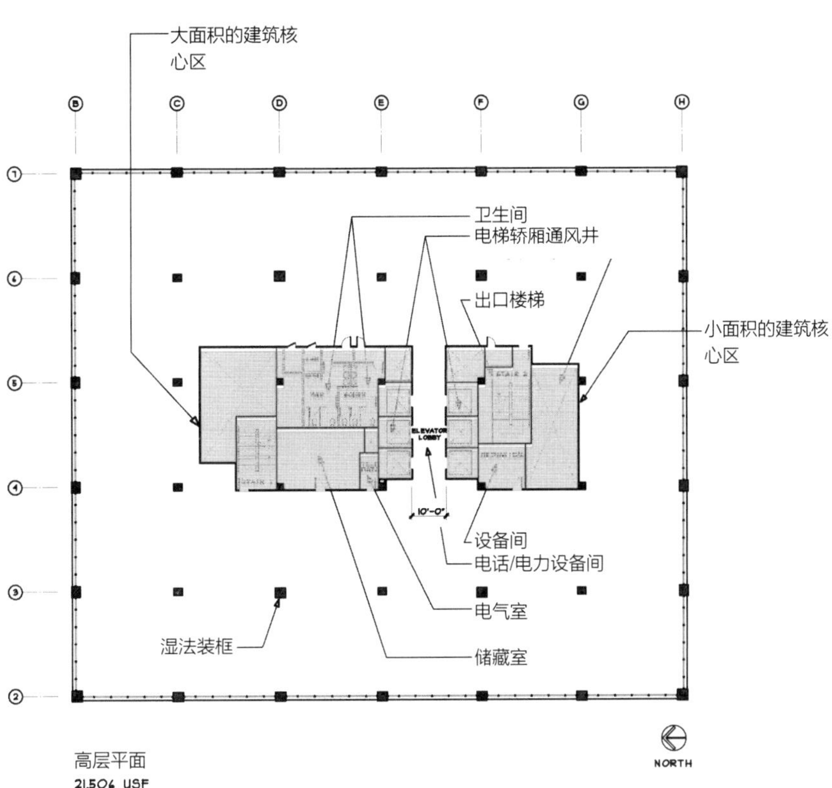

a. 典型的超高层建筑中心核心区

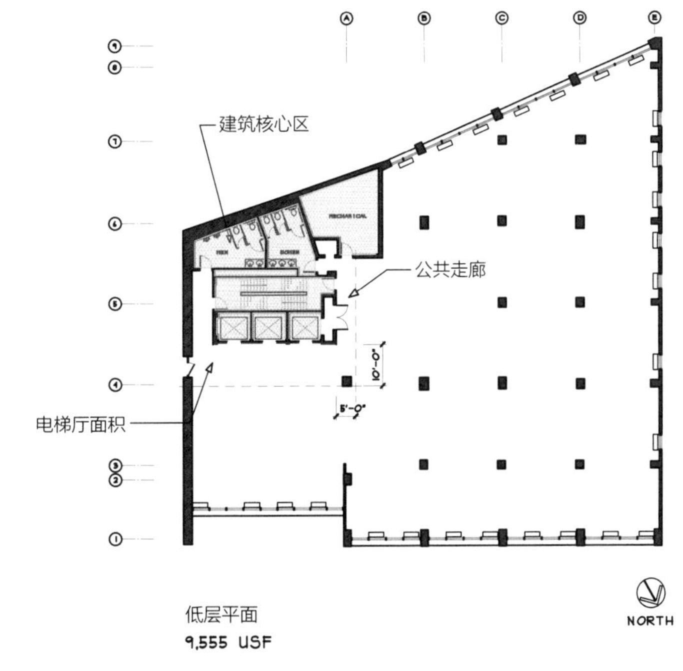

b. 非常规设置的建筑核心区

筑物已入住的租户名单设置好。设计者可以不用太多考虑公共走廊而开始规划铺设新的租户空间（图13.7）。

新的走廊

对于新建筑，或现有的地板已经完全拆卸下来的空间，设计师将要开始通过先锁定公共走廊空间规划开始设计。虽然44英寸的走廊宽度是最低要求，但是许多商业大厦会设置5英尺宽的公共走廊，有以下几个原因：

1. 除非楼板真的很大，通过对许多建筑物计算适当的宽度，5英尺宽的走廊是很有必要的（见前面出口部分）。
2. 5英尺宽的走廊已经成为行业标准。
3. 5英尺的模块比3'-8"更容易工作。
4. 开向走廊的门都有自己的一套规范要求，而44英寸宽以下的走廊往往不能满足门的尺寸。
5. 5英尺宽走廊可以让两个人并行，而44英寸的走廊则不行（见图5.2）。
6. 宽敞的5英尺宽的走廊给人留下的印象是高品质的建筑，而不是普通的建筑。

Z字形走廊

Z字形走廊通过电梯大堂提供的最短路线通常用于连接所有核心空间要素和出口的楼梯井。某些规范允许一个Z字形走廊，但一些规范则不允许。烟雾和热量通过电梯井道上升并且可以渗入到电梯口，这可能会妨碍安全出口的设置（图13.8a）。

环形的或包围型的走廊

环形走廊环绕核心的一端或两端。这是允许不通过电梯厅而到达到两个楼梯间出口的一种处理手法（图13.8b）。

当从办公室或核心区域内一个点到另一

> **Box 13.7　IBC公共走廊**
>
> **第1014进出口**
>
> 第1014.2.1 多租户。在多于一名租客占据任何一层楼的建筑物或构筑物的地方，每个租户的空间，起居单元和卧室单元应提供有可以不用通过相邻的租户空间、起居单位和卧室单位的出口。

图13.7　现存的公共走廊

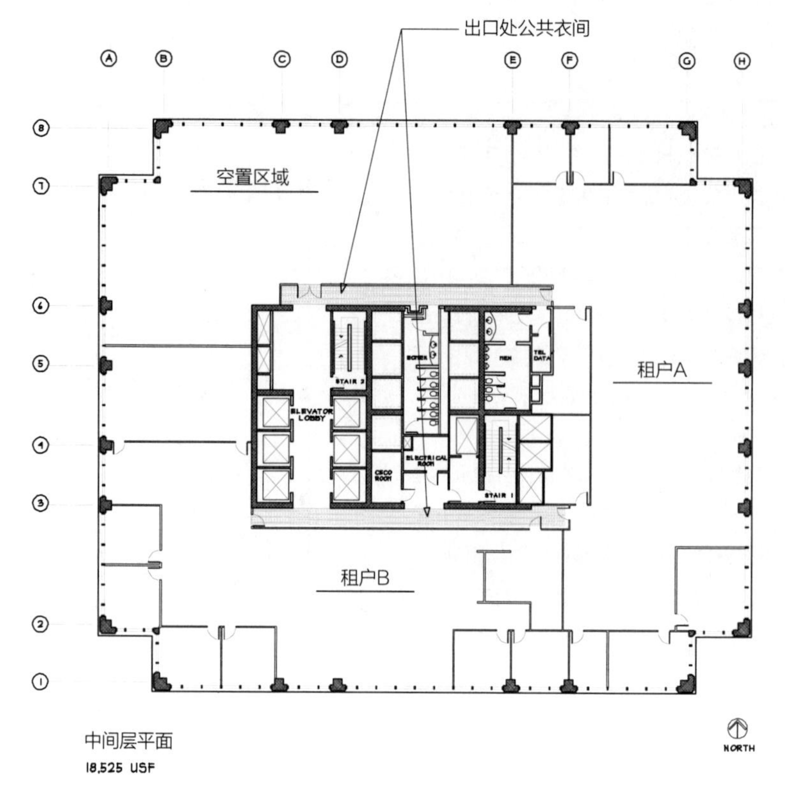

图13.8　a、b公共走廊

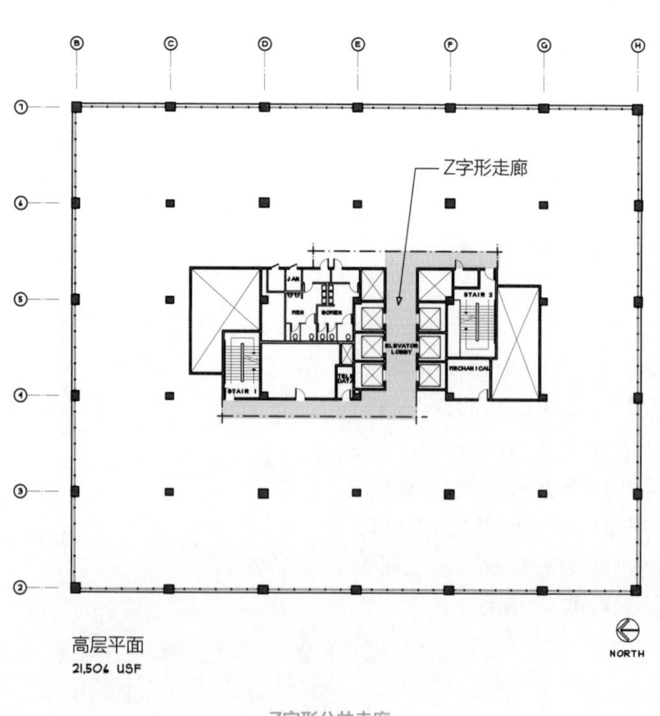

Z字形公共走廊

个点，环形走廊经常提供捷径，而不必去穿过整个办公空间或通过电梯大堂。虽然公共走廊并不是可用空间，但仍被视为可出租空间。这意味着，承租人要为这种便利支付金钱，但是却不能够以穿越走廊以外的任何方式使用这些空间。因此，在规范允许（不设置环形走廊）的空间，房东往往阻止设计环形走廊而赞成设计Z形走廊。

尽端式走廊

尽端式走廊不是通向出口的一种方式。它们可能会通向一个租户的入口或厕所等核心空间要素，但它们不会通向一个退出建筑空间的楼梯间（图13.8c和图表13.8）。

在一座没有安装喷洒灭火系统的建筑物中，尽头走廊不得超过20英尺，在安装喷洒灭火系统的建筑物中，这些走廊每IBC可拓宽达50英尺或其他符合规定的长度，这些都取决于所使用的规范。

有时候，当一个核心空间要素，如设备间位于核心的尽头，那个房间的门可能会朝向租户空间开启，以避免通过扩大公共走廊而创建一个可到达的尽端走廊。在这种情况

Box 13.8 IBC尽端走廊

1018.4 尽端走廊。需要多个进出口或者进出路径，有的超过20英尺（6 096毫米）的走廊也需要无死角。特例：从组B、E、F、I-1，M，R-1，R-2，R-4，S和U中的使用率来看，所在的建筑内配备的自动喷水灭火系统按照第903.3.1.1设置，尽头走廊的长度不得超过50英尺（15 240毫米）。

漏译

漏译

Box 13.9 IBC 11出口门的分离

第1015节 出口和出口的门道

第 1015.2.1节，两个出口或出口门道。当两个出口或出入口通道被要求链接到进出口的任何部分的时候，出口门或出入口通道应置于相隔距离不小于整个建筑物最长对角线尺寸二分之一的长度，或者出口门之间的或出口通道之间的连线面积满足配比面积要求。

例外情况

1. 凡出口处面积要提供所需的建筑出口部分，并且要符合1小时的耐火级走廊如第1018小节的要求，出口疏散面积应沿走廊内侧的最短行进线路。
2. 整个建筑物配备的自动喷水灭火系统应根据第903.3.1.1903.3.1.2中的规定，出口处或者进出口的疏散面积不得小于服务区域最大对角面积的三分之一。

1015.2.2 三个或更多的出口或出入通道。需要设置三个或更多的出口的地方，需要根据第1015.2.1节的规定至少有两个的出入口或出口通道的布置。

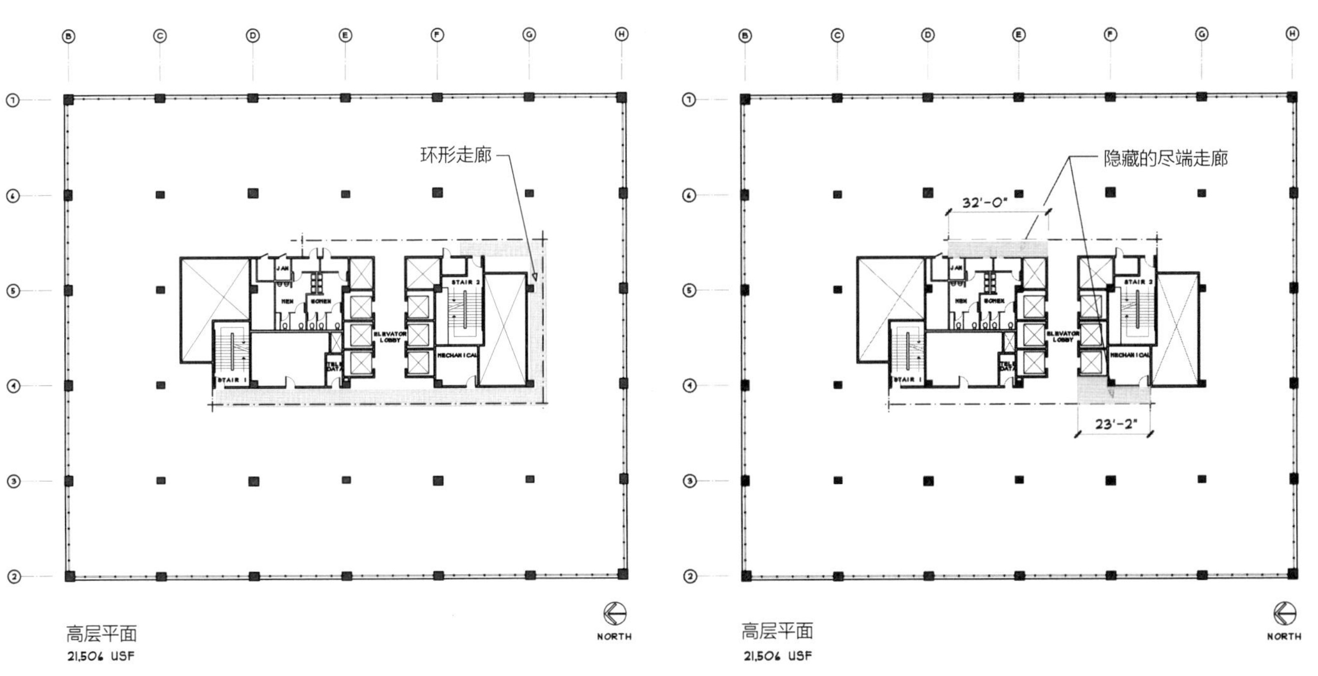

b. 环状的、包裹式的或者圆环形的公共走廊

c. 尽端式公共走廊

下，楼宇维修的人将需要通过租户空间而访问这个房间。这就需要与客户协商，并在租赁谈判时达成一致（图13.9）。

走廊的门

所需出口数量被确定之后，规划那些开向公共走廊的门时，必须考虑三个主要因素：分散密度、开门方向以及间距。

分散密度

基于约二分之一的成员从一个出口出入，其余的从另一个出口出入的假设，出口门需要分隔适当距离。如果不这样分离，如果门的位置很靠近，当人们退离时，他们会聚成一团（图13.10a）。

除了规范中规定的特例，门之间的实际距离取决于建筑物是否安装喷淋系统（Box 13.9）。在安装喷淋系统的建筑中，门的间距需要占用总距离的三分之一。在无喷淋系统的建筑物中，所需间隔要大得多，需要占用总距离的二分之一。

开门方向

所有的出口及通道门，包括通向公共走廊、楼梯间或配电间的门，必须朝向人流路线开门（图13.10）。这让人们可以把门向外推开，拉远，而不是为了开门时将大门拉向自己和身后的人们（图13.10b）。

这个规范要求仅适用于位于出口通道中的门。进入典型的办公空间和其他非配套房间的门是可以朝向房间开或是滑动式的。

净空

在一个开放的位置，出口的门不得妨碍道路交叉行程或影响到所需的最小走廊宽度（见图表13.4）。

如果客户或业主希望维持最低限度的走廊宽度（为44英寸），那么，位于出口的门将需要嵌入到租户空间内，那样的话，在门处于打开位置时，门不能伸出超过7英寸以满足最小走廊宽度要求（图13.10c）。

这种限制装置的第二部分是，当门完全打开时，门边到走廊对面墙之前的距离必须有最小走廊宽度的二分之一。最低限度的44英寸宽走廊的其中一半是22英寸，（因此）当预留36英寸宽的门，宽度为58英寸

图13.9　位于租户空间的核心部分

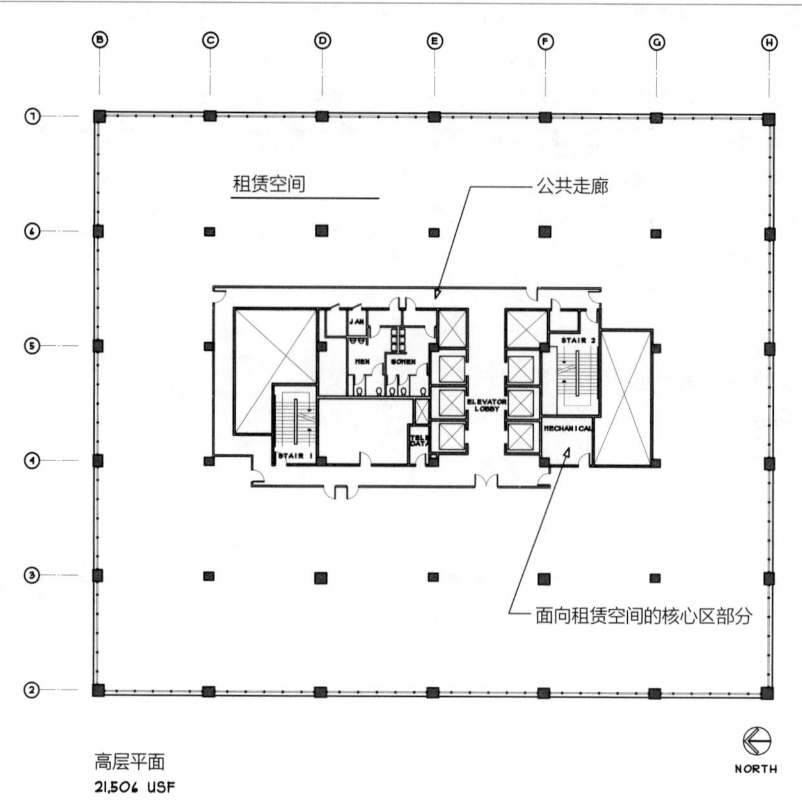

图13.10　a.安全门

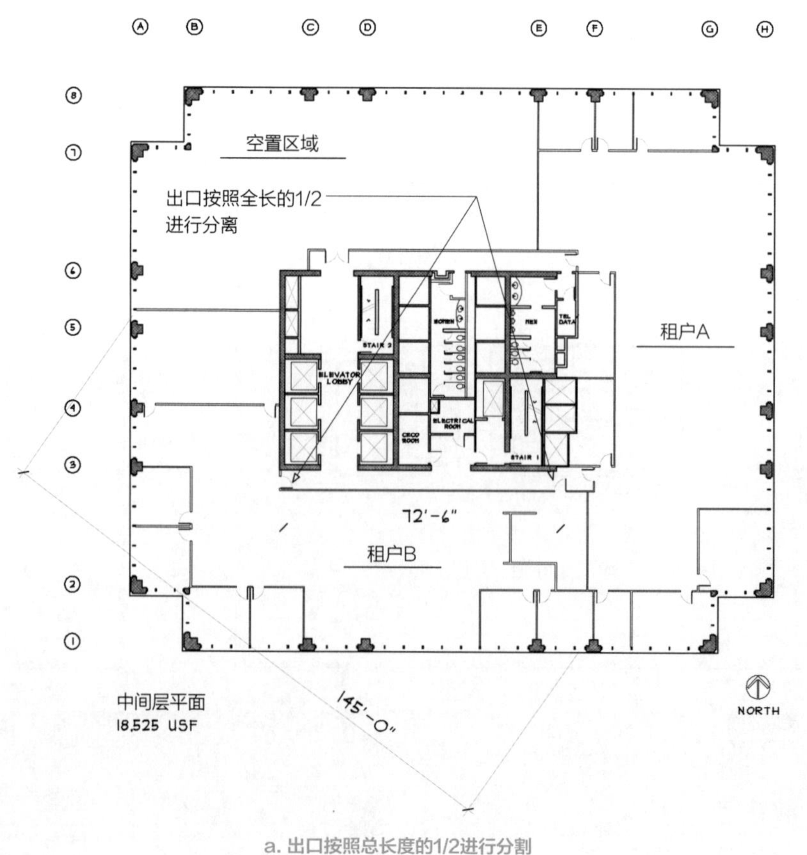

a. 出口按照总长度的1/2进行分割

或5英尺宽（60英寸）的走廊将满足此规范要求（图13.10d）。

当更宽的门被使用时，如42或48英寸的门而不是一个标准36英寸宽的门，这可能是在公共会议室或收发室的情况下，设计师从而需要规划相应的走廊和插入的门。

租户入住率

有些租户是大型企业，需要整个楼层甚至几个楼层。而其他租户是小公司，只需要一个楼层甚至仅仅是其中的一部分，在这种情况下，他们将与其他只需要部分空间的租户共享同一个楼层。这两种情况分别被称为单租户和多租户楼层。

单租户楼层

单租户一般有更多的选择来规划楼层布局。被设定的租赁空间（图13.4b）的外面，可以规划公共走廊或走廊，或者这些走廊可以被纳入整体布局作为一个开放的人行道或内部走廊（图13.11）。很明显，需要有入口到洗手间和其他核心空间要素，但进入这些房间可以通过租赁空间因为核心空间要素只为一个租户服务。

单租户空间公共走廊的主要优点是能够通过消解部分或全部的流通空间来获得实用楼面空间以及能够利用核心区域的背墙来设置房间和办公室。

对单租户来说第二个优点是接待区可以直接省略或成为电梯大堂的一部分。虽然这样的布局可能会导致接待区存在于设定的办公区外，但是它能够在电梯门打开时给来访者带来一个视觉冲击（图13.12）。

将公共走廊纳入到租户空间内或在大堂区设置招待区有两个潜在的缺点。首先，对于接待员来说缺乏安全性。其次，由于带出口的楼梯井被纳入租户空间内，租户空间必须是在任何时候都开放，允许任何人穿越过楼层到达有两个出口的楼梯间，包括那些上厕所的、晚上做清洁的人、访客，甚至是任何不小心走下电梯上错楼层的人。人们不能被困在电梯大堂或在楼面上的任何地方。

为了给接待区提供一定级别的安全保护，并防止非公司员工在下班时间在楼面上转悠，许多高层建筑在每个电梯轿厢安装钥匙卡系统，它可以以每个租户的安全要求为

Box 13.10 IBC出口门向外开

1008 门、双开门和十字转门

1008.1.2 开门方向 疏散门应为转动或侧铰链摆动型。

门应朝50或更多人或者组H入住后的出行方向摆动。

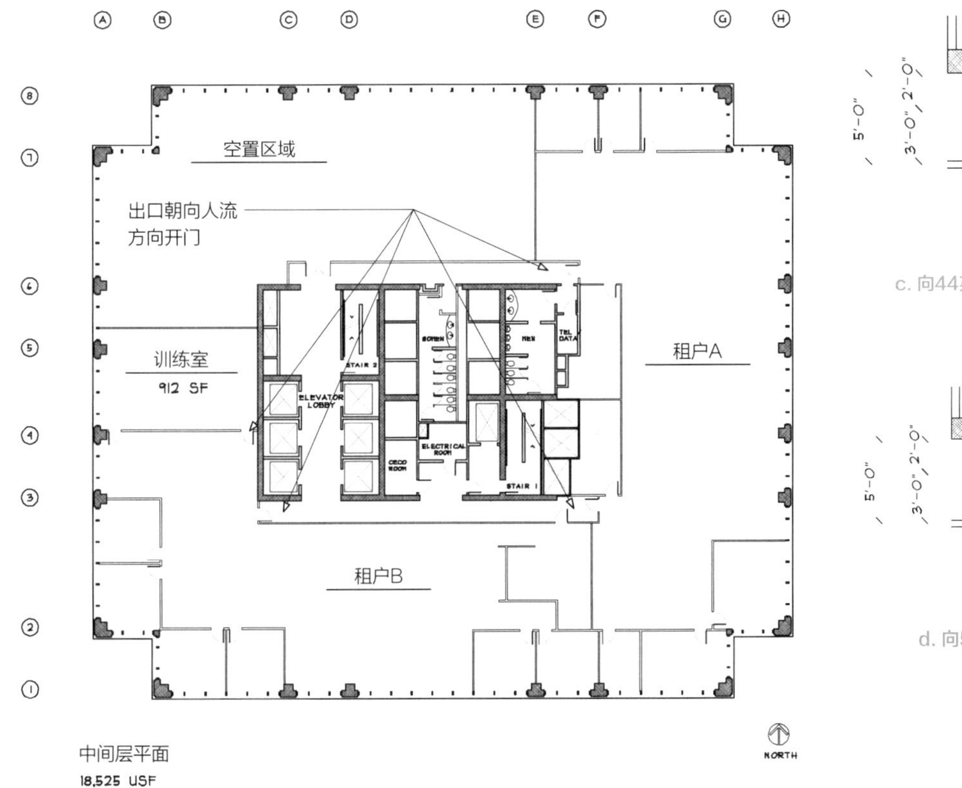

b. 安全门应该在出口轴线上左右偏移

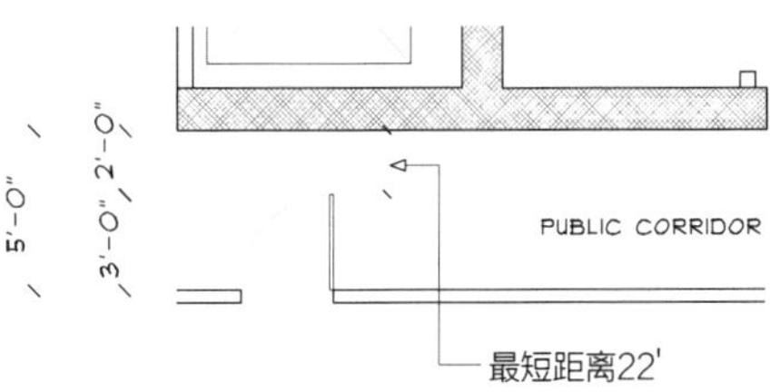

c. 向44英寸宽公共走廊开口的内置安全门

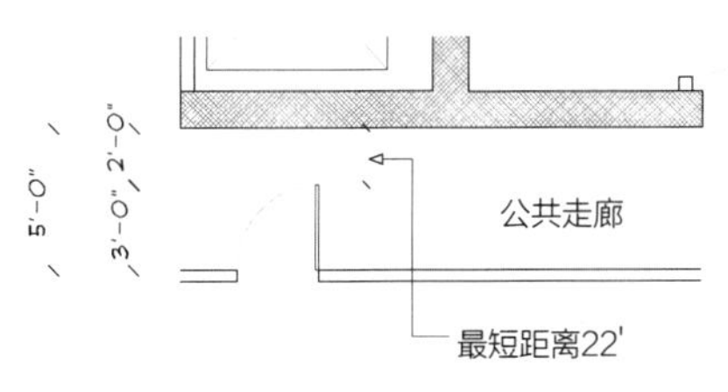

d. 向5英尺宽公共走廊开口的安全门

基础通过程序来控制在选定楼层的停留。有了这个系统，只有那些有安全认证的人能进入某一层或访客必须伴随着一个有安全认证的人才能够获得通过电梯进入楼层和接待区的权利。

多租户楼层

一个多租户楼层上租户的具体数量取决于楼板的大小和结构、各租户对面积的要求、建筑种类和建筑管理理念。尽管大多数建筑物都至少有一个多租户楼层被3 000~15 000 SF办事处占据，但是一些建筑物通常被多个数量的小型的多租户套房分割，以此满足一个特定的行业或产业需求，如医疗机构或人才中介服务机构。

所有多租户的楼层必须有一个公共走廊。在这些楼层共用走廊除了是出入的通道，设置它们最合乎逻辑的原因是让租户们有能力限定和保护他们的空间，同时还能通达所有核心空间要素，而无需通过其他租户的空间。

在一个多租户楼层上最可取的套房位置是一个允许租户的入口大门或所有的门都正对电梯大堂。这样一旦有人走下电梯能马上获得良好的视野。当这个位置无法获得时，则另一个理想的位置是尽端带入口的公共走廊，这样的话访客一旦进入走廊就能被很容易地被看到。良好的方向指示对多租户楼层来说是必需的（图13.13）。

分区隔断或隔断墙

俗称隔断分区或隔断墙的墙在设计行业（虽然这个词是没有在IBC规范书中具体使用），这些墙或隔断把租户与租户之间分开，或者，在多租户楼层上或者在一个多租户的建筑空间中把一个组团和另一个分开。在充分安装喷水灭火系统的建筑物中，租户可以使用以同样的方式建造的隔断分区以及其他成型墙。然而，当租户分为不同的组团时，无论是否在同一楼层或不同楼层，隔断分区、地板和天花板组件都必须是耐火组件。在没有安装喷淋系统的建筑物中，隔断分区之间的任何两名租户，甚至在同一个组团的租户，也需要防火分区。

图13.11　公共走廊纳入单一租户楼中租户空间

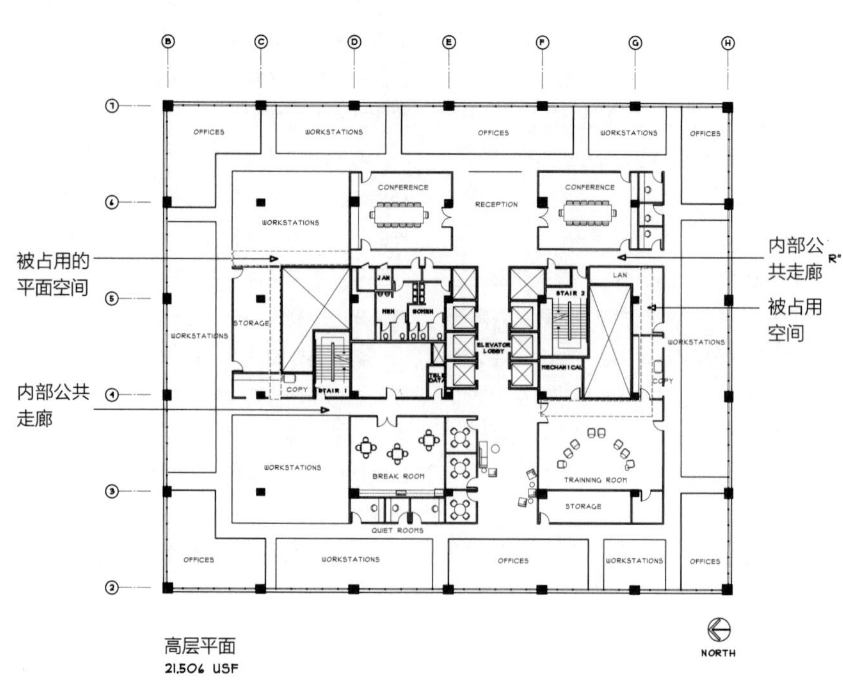

图13.12　接待区的电梯大堂中单一租户部分

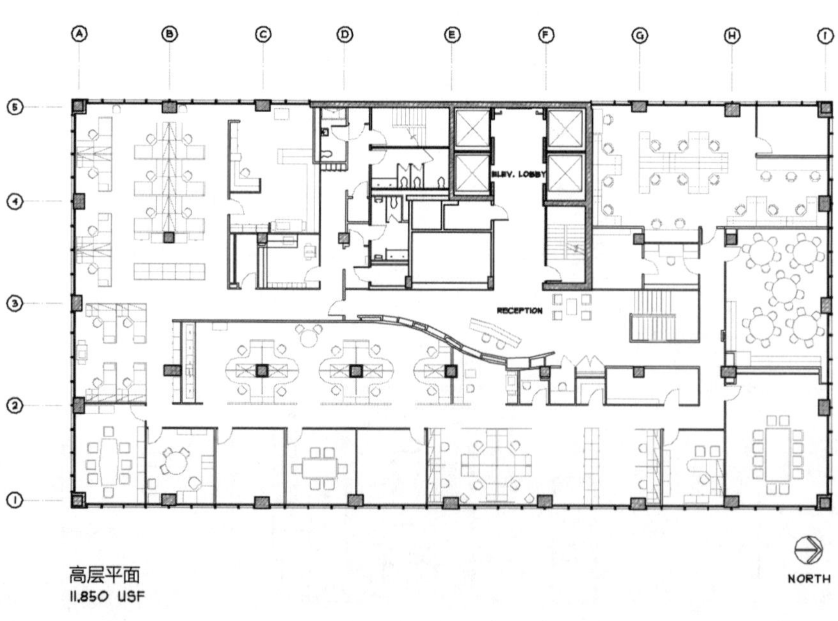

隔断墙的位置

隔断分区根据房东的意向在空间规划之初就对楼层进行了划分。通常情况下，房东和客户会对楼层的开放面积达成一个共识，然后依靠设计师的专业知识根据所需的单位面积和最终的平面规划进行隔墙定位。施工开始时，这些隔墙也是每层第一个进行的分区结构，通过这些结构从楼层的其他区域来分离和合并新的租赁空间。

当其他住户已经存在于多租户楼层，走廊和隔断墙已经就位。然而，设计师还是应该在空间规划开始之初核实这些墙的位置，

图13.13　住户入口和让位墙

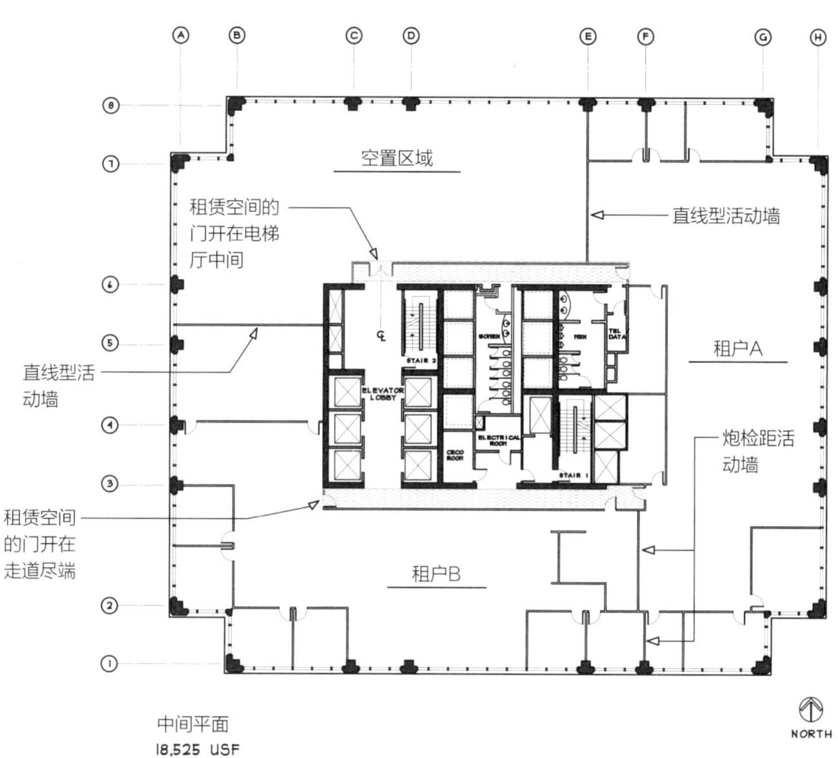

随着时间的推移，旧的平面图上显示已有的墙可能已经改变。

转折的隔断墙

从理想的观点来看，直的隔断墙是更实用的，尤其是对于那些考虑在隔墙的另一边重新规划空间的潜在租户。然而，从空间规划的角度来看，这并不是经常发生的事。许多隔断墙壁至少有一个偏移或转折。从逻辑上来说，在规划布局时一个隔断墙最好能够保证急弯和转折数最低（图13.13）。

消防装配分区

除了未安装喷淋消防系统的楼宇内的租客分区，有一些有着租赁的房间，如实验室和锅炉房，要求四周都有耐火分区。耐火分区的等级普遍为1小时、2小时、3小时、4小时，在需要耐火等级的典型办公空间中1小时的等级是最常见的。为了实现1小时耐火等级的清水墙分区，墙壁采用内置金属龙骨以及每边都安装了龙骨的X形和C形石膏板。结构墙在与上下楼板接触处填缝密封（见第6章）。

当用石膏板构建时，防火分区隔断在视觉上与分区隔断墙和普通结构墙没有区别。即便如此，设计师还是应该使用适当的术语来描述各种墙体结构。

测试适合度

一旦客户已经为新的位置选定了一个建筑，他们只需要基于可用性和租赁选项来决定租用哪个楼层。当几个建筑物同时被考虑时，代理和各个建筑的管理者可能会建议无论是按照客户的现有或预期计划的要求进行一个测试来确定适合客户的建筑物。

测试适合度的计划

适合度测试仅仅是一个快速的认识或测试客户的项目要求如何融入一个空间或一个楼层中。适合度测试是楼层规划的第一步，它不是最终的布局。最终的布局可能看起来类似测试拟合度平面或看起来完全不同。适合度测试仅仅是给客户关于有多少房间、工作站或分区可能会如何被安置在一个特定的空间或建筑物（见图14.2d）的想法。

表13.4 建筑比较概要				
中高层	建筑A	建筑B	建筑C	建筑D
15×15的办公室	11	11	12	12
10 x 15的办公室	25	22	22	22
会议室	2	4	2	2
管理用房	1	1	1	1
可移动文件存储夹	No	Yes	Yes	Yes
标准档案室	Yes	No	Yes	Yes
图书馆	Yes	Yes	Yes	Yes
单租户USF	20 714	19 347	18 621	23 419
核心/大堂SF	4 654	3 774	3 865	4 533
总RSF	**25 368**	**23 121**	**22 486**	**27 952**
租金比率	18.35%	16.32%	19.19%	16.2%
窗洞模数	2'-8"	5'-0"	5'-0"	5'-0"
天花板高度	8'-9"	9'-0"	9'-0"	9'-0"

即使两个或两个以上的建筑物可以提供大约相同数量的面积和租赁选项，实际楼层平面的外观和功能也不相同。一个建筑物可能是矩形，另一栋楼可能是正方形的。长方形的建筑可能会提供更线性的窗口空间，而方形建筑将提供更大的内部空间。另一个要考虑的因素，核心周边墙的深度对于布置高质量的工作站非常重要。

所有的规划类型（见第15章），适合度测试显示了最少的家具，也许只在餐厅、会议室、接待区里出现。房间通常根据员工的职位被标记，比如合伙人、行政助理、接待员。房间的大小，例如，10×15、12×18或平方面积，例如，150 SF、216SF经常会被标在房间名称下方。房间号码很少被标记出来。

为了分配，适合度测试一般都按⅛英寸的比例打印后分发给潜在客户、经纪人、建筑经理以及任何其他有关各方。客户可以很快地根据每栋楼计划所示看到他们的各种方案要求，并且在选择最终建筑前可以比较它们的效率。

适合度测试的规划

如果客户已经选择了设计公司，对设计公司来说对所有正在考虑的建筑物做适合度测试是明智之举。这样能够根据每一个建筑规划要求提供更具控制力和整体性的方案。在考虑各种建筑适合度测试结果的基础上，该公司可以为建筑空间准备一个矩阵比较表（见表13.4）。

当一家设计公司还未被选定，大多数楼宇有过聘请提供测试适合度或测试度设计公司的记录。无论是记录公司或客户指定的设计师，对他们来说，每一个正在提供适合度测试的公司都向需要测试的建筑管理者象征性地收取基于规划平面面积计算的费用。

适合度测试的服务

适合度测试服务一般包括初始会议和一个或两个与客户的后续会议，并且初始测试的适合计划可能会收到一个或两个小的基于后续会议讨论基础上的修改。根据每栋楼的确切平方面积，同一客户在不同建筑物中做适合度测试的费用会略有不同，但服务内容将保持不变。为一个设计项目提供所需的完整服务以外的任何收费和服务都需要在客户和设计公司之间签订合同。

最终建筑物的选择

当客户选择一个新的建筑选址和位置时要考虑的因素有很多。开始，他们必须从宏观层面上审视迁址。一般情况下，他们希望在哪定位？基本员工有哪些人？这些人会在哪里住？是否有一个他们乐意居住的具体的街道？

解决这些问题后，那么该公司可以考虑微观层面上的举动。他们需要多少空间？他们想租用哪一层？楼层将如何布局？

项目

学生应该找一个当地的建筑，里面的客户可能会搬迁或教师可以预先选择一个建筑物。然后，学生可以安排时间跟建筑管理人员讨论几个关于如何协助他们的客户前来洽谈新写字楼约4 500 SF的租赁的问题。

1. 询问租赁信息、楼层条件和建筑标准。
2. 可以肯定的是，共享潜在客户和项目经理之间的信息，可以达成最佳的租赁协议。
3. 写一份两页的摘要来为他们的客户即将推出的空间计划解决选址问题，以及如何具体建设和为他们客户即将到来的空间注入新的活力。

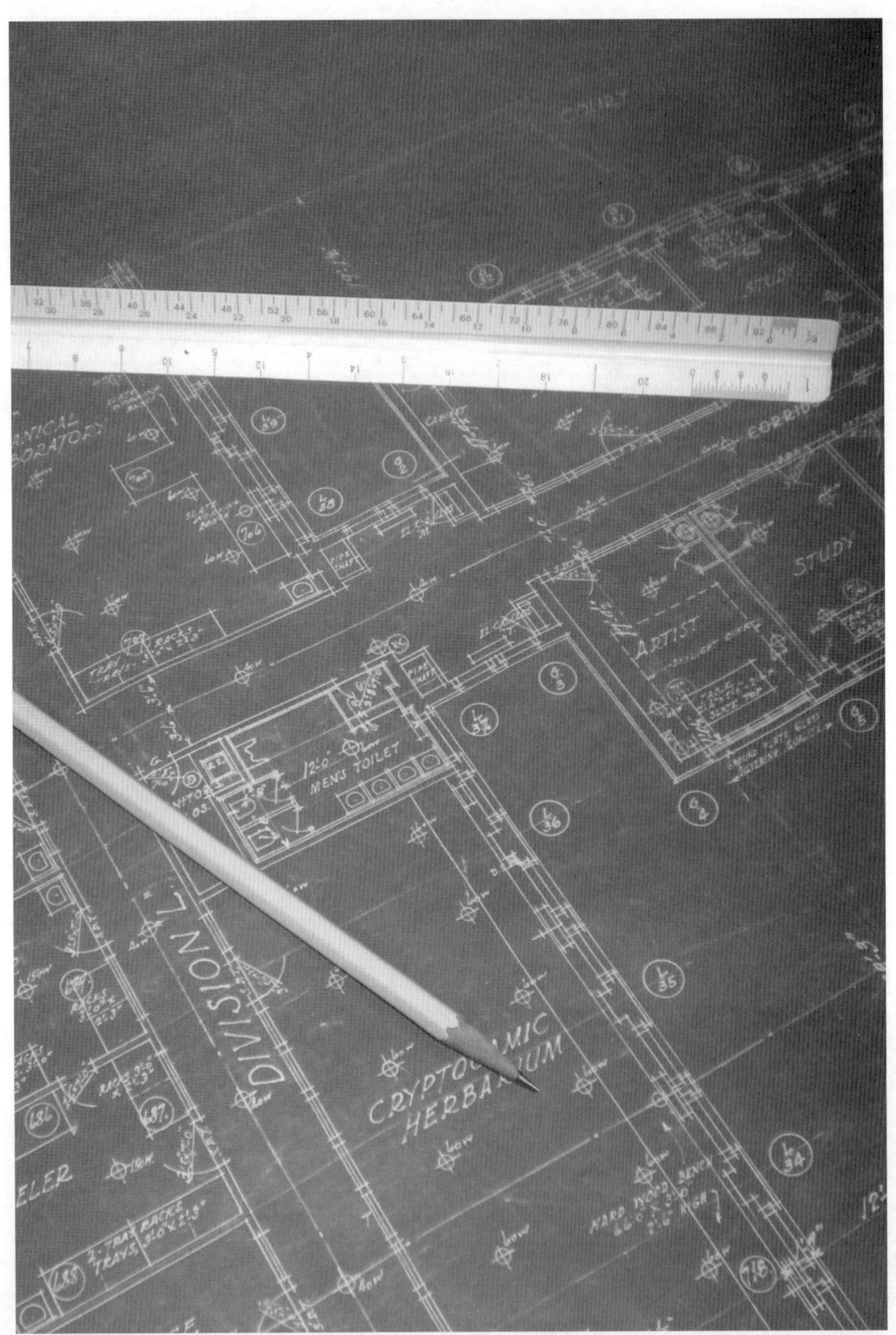
COURT
STUDY
STUDY
ARTIST
MENS TOILET
DIVISION
HARD WOOD BENCH

14

空间规划

有些人可能会把空间规划和拼一个拼图进行比较。在某种程度上，他们是正确的。在空间规划中，所有项目要求需要去适应一个已给定楼板所限定的空间范围。就像拼图游戏一样，有时项目组成部分需要搬来搬去，看了几遍才确定位置。也存在着空间边界或者房间的衔接处理的要求。空间里要有中心、有节点。并且总是有那么多看起来似乎不适合任何地方的拼接片!

不过，请记住，只有一个途径能让拼图碎片整合在一起——就是空间规划。另一方面，最终得出的空间规划结果或者平面需要设定多种限定条件。当其中的一部分不适合它第一次被放置的地方，在另一个位置它可能会运作得更好。某些部分可以被交换、旋转或改变形状以便在整个流程中更好地运作。它是由设计师来整合规划各个部分和组成来创建一个良好的空间。最难的部分可能是如何上手。一个空白的底板可能很吓人。这可能只是看起来有点吓人，一个空白的底板也是提供了一个机会，给设计师创造了一个应对挑战的机会，以展示自己将所有构成部分组合在一起的能力，最终创造一个赏心悦目和令人兴奋的空间规划，来获得客户的认可。

启动一个空间规划

为什么而设计的空间:

- 办公室
- 工作站
- 家具
- 接待区
- 配间
- 自发区域
- 创意设计
- 会议室
- 内部循环
- 进入大门
- 出口方式
- 邻接
- 会议室
- 茶水和咖啡厅
- 客户视角
- 规范要求
- 玄关
- 绿色建筑要求
- 公共走廊
- 疏散门
- 人流路线

空间规划还会受以下条件影响：

- 哲学观
- 传统的、现代的、时尚的、高科技等各种风格
- 暴露出来的建筑材质
- 建筑本身

一旦有一个规划上了图纸，无论该规划是好还是马马虎虎，都很容易更换房间及周边地区，以满足最终目标（不管是有形的还是无形的）、规范要求，以及所需的设计美学。然而，首先，空间规划必须开启规划程序，然后根据需求或需要做出调整。举一个简单的例子，考虑一个单个的办公室（图14.1a）。当设计师或客户看到规划时，很容易让他们能够迅速了解：

“哦，你为什么把门移动到墙的另一边”（图14.1b），或“把家具移动到墙的另一边，怎么样”（图14.1c），或“为什么不旋转一下家具的方向”（图14.1d），“如果门移动到中间的墙上，会产生什么样的效果”（图14.1e）。

有不少的方式来形成最终的空间规划概念。然后，方案修改会被加入到其后的空间规划之中。然而，这些修改既不能被看成不必要的，也不能持续做加法。有些客户可能真的喜欢将桌子对着门这种设计。尽管，乍一看，办公室的门会被访客的椅子所阻碍，但这个办公室的使用者可能这样解释：

访客的椅子都很少使用，当在不使用时，椅子可以推前（图14.1f）凹陷在办公桌下。

- 访客的椅子都很少使用，当在不使用时，椅子可以推向前（图14.1f）放在办公桌下。
- 可以在房间的对面角落里添加一张小桌子，也许可以省去供客人在办公桌前使用的椅子。
- 最重要的是，用户可以直接朝门外看去，隔着过道，看到他的行政助理。

一个空间规划设计师应始终牢记，当涉及空间规划布局的时候，很多事情没有绝对。其中可变的因素有：

可能性
建议
更好的建议
要求
替代项
选项
客户端的需求
可行性
创造力
逻辑顺序
现状
责任
客户视角
建设地点
大厦配置
客户理念

可以使用任意数量的名词和形容词来描述空间规划的过程。重要的是要保持开放的心态，并在空间规划定稿前考虑多种选择。

设置为启动空间规划

大多数设计师在任何给定的时间内同时进行着三至七个项目。只要这些项目是在设计过程中的不同阶段，或者至少不是全部同时开始，项目之间和每个项目阶段之间的多任务处理还是能让大多数设计师都觉得相当愉悦。

然而对于空间规划来说，所有设计师在进行多任务处理时，最好是清空每个人的思想和工作区。空间规划本身就是一个同时处理多个任务的工作。每个新的空间规划都需要考虑许多不同的部分和片段（BOX14.1）。有些部分是有形的，如沿着单一方向发展的各种建筑组团（规范），而其他部分就没有那么明确了，如客户的眼光与绿色设计认证。空间规划需要集中和突出重点，把所有的部分组织成为一个有凝聚力的整体。

建筑组团和工具

除了清空一个人的头脑和主要工作区，设计师可能要把所有有形工具和建筑组团收集起来，方便参考，因为他们将要考虑或使用这些作为设计素材最终来创造一个完善的空间规划：

1. 建设基地平面图——复印稿
2. 正在规划的楼层平面
3. 项目报告
4. 相关图表
5. 可重新使用的现有家具清单
6. 典型工作区副本
7. 适用规范册子
8. 需实施绿色或LEED认证

需要考虑和牢记在心的项目的其他工具和其他方面，不是很明确但同样重要：

1. 客户的视野
2. 客户的业务类型
3. 建筑选址
4. 建筑历史
5. 功能
6. 设计师的创意

空间规划

要真正启动一个空间规划，往往最简单的是通过将办公室或大型房间组团作为开始。无论客户是否请求部分或全部的办公室要放在沿窗或在室内的位置，具体规划的开始都是一系列连续的房间。一个新规划的草案布置有两种手段：老派的手绘草图和新式的电脑绘图。两种方法都各有优缺点。

手绘草图

虽然现在已经很少有人用绘图板绘图，设计者仍然可以徒手起草或绘制初始空间规划。设计师将复印的计算机生成的建筑平面图（见第13章），或按⅛英寸（英寸）比例打印的图纸，固定在主工作台面覆上草图纸组织平面（随意填充）。设计师很少直接在复印稿上画规划草图来进行初步规划。通过草图纸，设计人员可以记录想法，把它们扔掉，然后在新覆盖的草图纸上记录下更多的新想法。通过将新的草图纸不断的覆盖，设计人员可以同时看到几层的想法或概念，然后再继续下一个创意概念。

以附表图4中选中的建筑基础平面和法律事务所史密斯 · 琼斯联合公司（附录A）的要求为基础，我们需要规划的平面包括沿窗布置一个15×20、两个15×15和四个10×15的办公室，和四个任意位置的10×12办公室（图14.2a）。

第一轮的计算似乎并不十分正确：有四

BOX 14.1 空间规划

设计原想VS.建筑标准，设计原想VS.规范要求，项目需求VS.SF参考，手绘VS.CAD，现状VS.收集资料，现状VS.视觉效果。

图14.1 平面图：15×15私人休闲办公空间布置

原办公室平面布置

门被镜像过的办公平面布置

家具被镜像过的办公空间

家具被旋转过的办公空间

门被重新定位的办公空间

为每个客户单独调整的办公空间

个15×15和五个10×15的办公室，并没有10×12的办公室！

对于最初的手绘草图来说，没有门，没有家具，没有细节。单线条，而不是双线绘制的墙壁。我们的想法是画出和规划所有的想法。当所有部分被安排在一个不错的布局中后还会来一次详细的。当有所改变时，如放大客房，使它们更小或变动位置，设计师将继续在覆盖于基底上的草图纸上作图，习惯性地从图纸的下方沿对角线画到相对的图纸上方，标出新规划的房间或房间组的范围（图14.2B）。当草图纸上的点和线太多已经到了无法看清的程度时，或者设计师比较满意发展出来的规划，或者一个全新的概念涌上心头，那么设计师会在现有草图纸上面盖上一个新的草图纸。认同的部分可以重描，不认同部分和描画过度的部分可以略去。较下面的薄纸可能会被去除或保留，设计师继续空间规划的概念时，较下面的草图纸或被保留或被去除。设计者在得到最终的空间规划前往往要画五六张甚至一打的草图纸；根据较早生成的版本绘制、描画、修改草图，再次描画，然后开始加入其他新鲜的想法。

根据每个设计师的喜好，无论是粗的还是细的记号笔都能为每个办公室、房间或区域需要标注的地方画上近乎正确的手绘标注。新的设计师不要一开始就希望标出确切的尺寸。通过实践，经验丰富的设计师们才能够相当精确地绘制或草绘出所需的任何尺寸，1/8英寸，1/4英寸，1:2大小，以及其他适当的比例。

一旦办公室被按照需求被划分出来并（准备投入）运行，内部流线需要被细化；接待处会先被勾勒出来，然后对项目要求进行平衡后各种需求会被加入每组相邻关系的处理中（图14.2c）。当客户是一个开放式楼层的第一个入驻租客，隔断墙可能会更好地满足空间布局的需求。为了保证能给设计者（以及最终客户）一个对房间的全局透视，家具常常在绘制草图阶段就被以适合的方式填充进接待处、会议室和其他附属房

图14.2a，b，c，d　手绘：律师事务所平面图

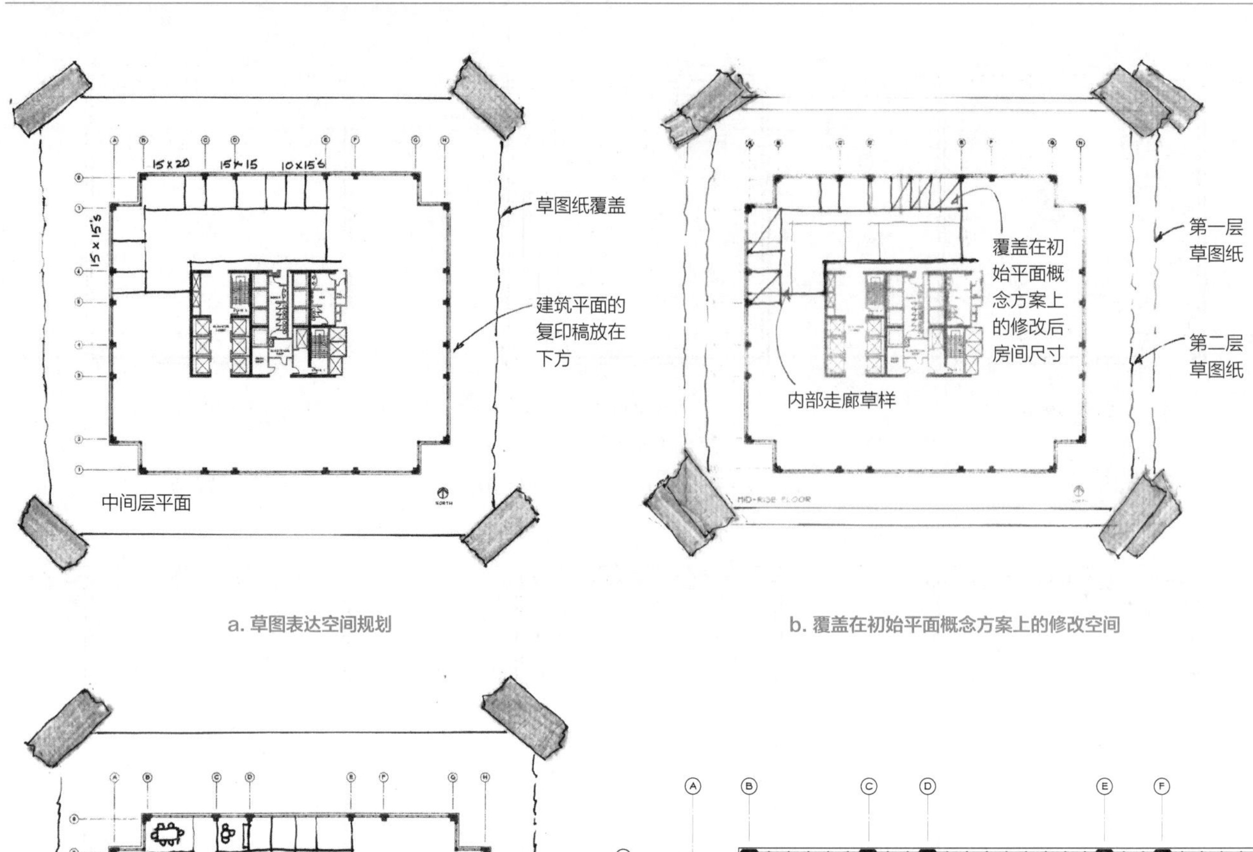

a. 草图表达空间规划

b. 覆盖在初始平面概念方案上的修改空间

c. 依据需求继续规划空间

d. 概念空间的规划，也可被看作是尝试性设计

间。一旦设计者对一个空间规划的各个方面都满意了，它就能会在计算机上被绘制并保存以备将来使用（图14.2d）。

计算机辅助设计和制图（CADD）

在电脑上直接进行空间规划和手绘草图有相似的形式。选定的建筑楼层板是通过透视叠加（参见术语表）到一个新文件中，设计师在一个新的图层开始组建办公室的墙壁。随着实际情况和想法发生变化，设计者可以切换到另一层，这样既能保存原有的设想又能根据新的思想和观念进行设计。当有一个关于更好的规划、邻接方式，或人流路线的想法升起时客房或墙线可以更改或重新布置。

根据贝利和马克会计师事务所的项目要求（附录A），以及基地平面图（附录图B4），设计师能够绘制出所设想的办公室数目，在这种情况下，由于客户关于内部办公室这个概念似乎抱有开放的态度（图14.3a）。最初，平面图上不会有门、家具和其他细节。平面需要保持流畅性直到所有需求被满足。

电脑制图和手绘草图之间的最大差异就是尺寸的精确性和双线墙的表达。因为电脑屏幕上可以放大和缩小，这就更难建立一个尺寸的可视概念。当所需的尺寸是已知的，最好是输入所需的尺寸，如5'-0"英寸的走廊宽度或15'-0"英寸的办公室墙体的进深尺度。为了最终的规划，这些尺度可能最终会被拉伸或缩小，但设计师一开始还是从已知尺寸入手的。

因为对于电脑来说绘制双线墙和绘制单线墙难度相当，所以从一开始就画双线墙是合理的。然而，在最初的规划概念中，因为墙经常移动、拉伸、旋转角度或改变，因此没有必要清理墙线的交叉口。这些都可以在规划平面完成后去清理。

空间规划调整

不管是手工或电脑的草图，规划仍应在不断演变，直到设计师认为所有的项目要求都已经用尽可能最好的方式得到满足。即便如此，设计师还是应该考虑各种条件：一些功能可以从内部空间置换到窗墙的位置，反之亦然，它们可以被封闭进一个房间或在可行的情况下安排在开放区域。

应尽一切努力提供邻接和单位面积相关要求的计划报告。但是，大多数这些要求，似乎都有点模棱两可。例如，我们的律师事务所希望餐厅位于接待区附近。这是否意味着，餐厅就应该紧挨着接待区，共享同一堵墙，甚至可能是同一个门进出？它能穿越走廊位于接待区对面吗？它可以是沿着开放接待区走廊的两扇门吗？

会计师事务所的两个组团间有22个文件柜，需要370至400平方尺（SF）这样尺度的大空间。既然这些文件既不能进入一个封闭的房间，又不能拿出来放在一个开放的区域，所以将它们在同一个地方归档是可能节约空间的。

草绘、修改、重做、移动和调整将继续直到所有的项目要求、人流路线和规范都得到满足，并放置在配套的平面图空间中，设计师不仅是对这个空间规划感到满意，还应该有一点兴奋的感觉。

同行评审

在创作一个空间规划的过程中，无论是手绘草图或在电脑上创作，设计师应该常常与合作设计师互相交流。这种合作会一会儿带来了一个关于这里的建议，一会儿指出了违反规范的地方，或给如何安排房间和区域提供了另一种思路。显然，如果是手绘图，设计师和同行将看到空间规划的复印稿。复审时新的草图纸可以覆盖在现有规划图上标上设计者设想的新思路。如果是电脑绘图，同行评审可以通过计算机屏幕进行观看，直接在文件上做更改，或拷贝打印，然后做上标记。设计师需要这种“互相干扰”。

设计师可以选择接受和应用由合作设计师提供的建议和想法。不过，在拒绝同行的意见之前，设计者应认真考虑他们的意见。毕竟，设计师已经集中这么多精力于确保一切符合规划，有时很容易忽视整个蓝图。

在与合作设计师共享规划以及明确地把整个规划展示给客户之前，设计师应该打印出电脑规划图以复印稿的形式来进行审查。在一张复印稿上能比在电脑屏幕上更容易发现缺线、双线或其他愚蠢的电脑错误。最后，经常在整个平面规划确定之前进行拼写检查，然后再打印一份给客户。

工作站主导

许多设计师都是以办公室和有固定墙的房间为依据开始设计的，但偶尔也以工作站作为规划开端的谨慎做法，特别是当工作的数量比办公室多得多时。对于最初的规划，无论是手绘起草还是在电脑上起草，设计师将会使用一个以典型工作站尺寸或面积为基础的开放长方体为示意向客户进行展示。（但）很重要的一点就是要将每个长方体四面壁板的全部厚度计算进工作站组团尺度中。当布局工作站时有几个概念要记住：

1. 办公室和房间可以调整为2英寸、1¾英寸、3¾英寸，或任何一小部分，以适应分配空间的需要，最终产生有效的平面规划。
2. 工作站可以有仅仅6英寸范围的调整增量。因为必须有足够量的空间以容纳整体工作站的大小。
3. 办公室的大小通常是界于窗框中线的距离和家具布局尺度，从而建立一个使用面积。
4. 工作站的大小通常是基于面积总量进行分配的，并且有可能改变布局形状或占地面积以满足使用者或给定的空间的需求。

有了这些概念，设计师将需要更仔细地衡量给定的楼层空间来规划工作站。继续以会计师事务所这类客户为例，首先要确定所需的集群工作站（WS）的整体长度和宽度。一个集群的4个8×8 WS，包括面板厚度，测量值为16'-9" × 16'-9"。当两个工作站被替换为两个8×10管理级工作站，新的尺寸是16'-9" × 18'-9"。为了能够通行，沿每一个工作站运行边界的长度设置一个过道（图14.3b）。每个规范都规定这些过道的最小宽度为44英寸，然而，当一个过道供应少于50名使用者，它可以减少到最小宽度为36英寸，在必要的情况下，这可以帮助节约空间（见Box 5.2）。

加上门/夹层空间的过道宽度

当有一组文件柜、搁板或工作台在最后一个工作站群的对面或者在两个工作站群之间，那么必须有足够的间隙或额外的空间被添加进通道的最小宽度，那些可能打开或移动到过道空间的任意一个抽屉、门或椅子（见第5章）。例如，打开一个横向的文件柜需要34"~36"的楼面空间（见附录表E.9-11）。当其加入到最低过道宽度，整体走道宽度就变为70"或5'-10"。在人流密集区域，增加站在打开抽屉前所需人均面积是明智的，需要提供一个总体宽度为72"~84"的走廊。

总体尺度

在所示的例子中，要在每一端布局四个工作站群和一组文件柜，楼层所需空间的整体长度或宽度是91'-6" × 18'-9"。此外，家具和墙壁之间还需要一定的空间，因为不可能完全紧挨着墙壁放置家具。还要考虑到橡胶、木材或石材等沿着墙壁设置的踢脚线或腹壁板等。墙壁可能不一定是垂直的。根据所选的家具系统，面板基座可能超出面板¼到½英寸。因此，给总体尺度保留一定的尺寸增量是不错的计划，大约½至1英寸的尺寸增量应该增加到家具布局中。

为了实现此布局，有必要把在轴线E上的隔断墙从中心转移到列的右边缘以便容纳家具。如果是不能被移动的窗墙或墙已被占用了另一侧空间的租客利用了，就需要规划一个可以在限定空间内运行的备用布局。

图14.3　a、CAD草图：会计师事务所布局

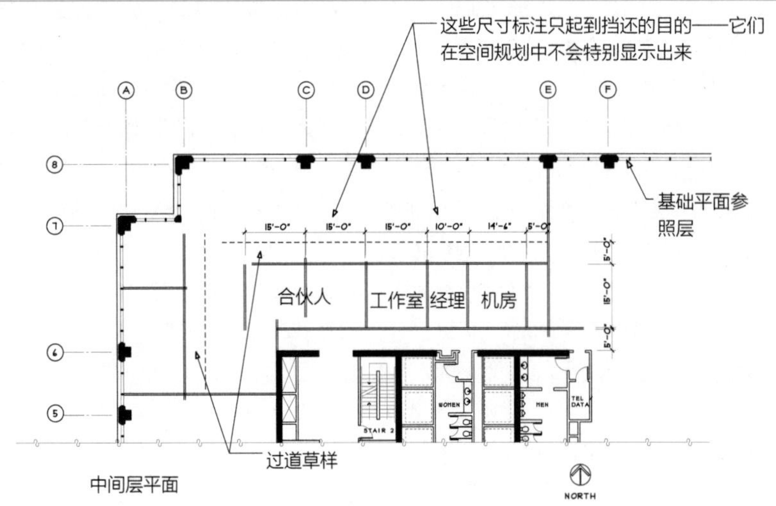

a. 通过导入一个交叉参考的基础平面并在一个新层上开始草图绘制空间

图14　b、c 最终的CAD空间规划：会计事务所布局

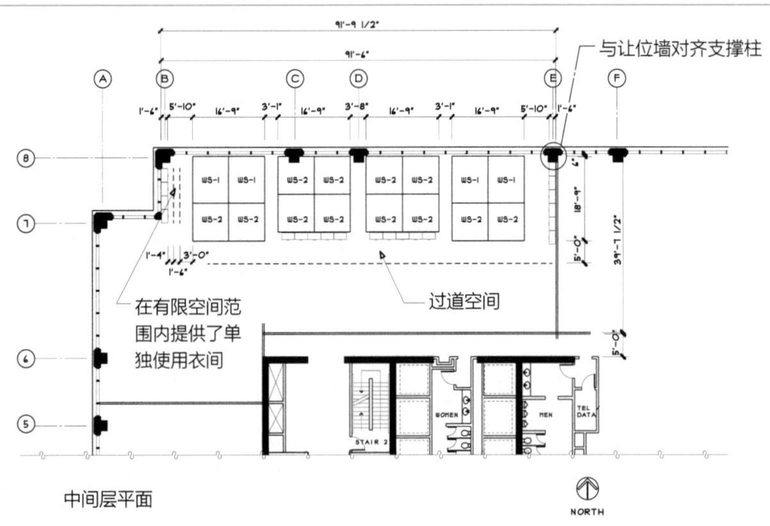

b. 通过工作站进行平面设计

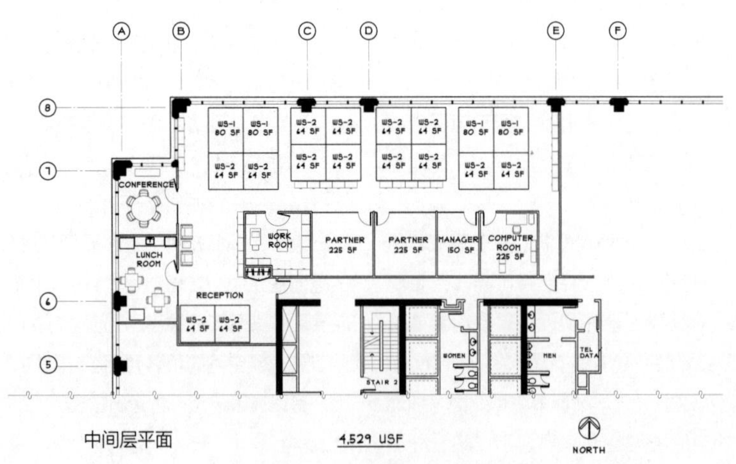

c. 进行所有房间和工作区域规划的平面图

内部流线

一旦工作站被布局好，内部流线就用和上文格局中的办公室和其他房间中一样的方式描绘出来。然后，在平面图上，硬质墙房间和办公室可以在剩余空间内被规划设计。在这个建筑物和在这种布局中，很巧的是，工作站前面的剩余空间是15'-0"，这是项目报告上列出的办公室要求的确切深度（图14.3c）。当剩余的空间小于或大于所需的尺寸，房间和办公室的尺寸一般可以稍微缩短或伸长，仍然可以根据需要摆放家具和进行布局。

创意布局

许多空间的计划，甚至可能是大部分都是直线的、90度的矩形布局。客户已经习惯这样的布局。直线融入我们的日常生活，街道和道路经常建立在一个90度的网格中，房屋和其他建筑物都习惯长方形或正方形。因为规划平行线和垂直线相对来说更容易些。

然而，并非一切都必须布局成90度角，并且事实上也不是。有呈对角线的街道和圆形交通圈、八角形建筑，甚至是著名的椭圆形办公室。这些变型给我们的生活加入创新和乐趣。

我们对前卫的布局和思路要小心谨慎。会有一些有创意的、出人意料的设计和布局比别人做得更好。鉴于其他类型的设计和布局可能会被认为是创新，选定的设计和布局可能会引起争议。回想一下越战纪念墙。当25年前首次提出（这样）完全闻所未闻的国家纪念碑和纪念馆概念——两个三角形壁与一个向下的钝角体块相连——在设计上有很大的争议，有些人接受了它，而有些人则不看好它。一旦建成，参观这堵墙的大众才能理解其简洁的形式和来自互动式纪念治愈的力量。

其他创意设计并不总是如此受欢迎，无论是最初或他们建立后。波士顿大学的前校长约翰·西尔伯已经写了一本题为《荒诞建筑》的书，阐述了“反对‘设计师’关于建筑和城市规划的空想主义者的过激行为”。他讨论了两类建筑物，一种是以荒谬的方式设想的建筑物，一种是因施工事故而成为荒谬的建筑物。他主张，如果创意是不实际的，那么对设计师来说，创意只是创意。

区域性创意

创意可以以多种方式来实现。并非所有的空间规划都将要给自己设计倾斜、弯曲或旋转的墙壁。这些异形墙概念的规划，往往需要额外的地面空间来充分容纳最低要求的流线设计，特别是在走廊区域（见图3.1）。有很多办公室和规则家具的平面规划不太容易与有角度或者曲线的墙适配。

然而有时候，倾斜或弯曲的墙壁可以方便定位围绕其周围具有使用功能的选定房间。举例来说，接待和会议室的布局往往是较灵活的，开始的空间比较开敞以便于旋转家具和有拐角或倾斜的墙壁。我们为律师事务考虑备用方案中，接待室的墙是有角度的，作为首先映入眼帘的是会议室从地板到天花板的玻璃墙和一个用休息家具组合打造的实体墙（图14.4）。这将为（塑造）有动感的第一印象和影响设置一个大背景，与此同时也与传统平面规划之间的有一个平衡。

视觉创意

有时，平面能够通过创造焦点达到视觉上的兴奋点，而不必通过设计倾斜的墙。在律师事务所的第三空间限定条件中，有一个室内玻璃墙正对着接待区，为来访者的第一眼视线提供了城市北部的天际线（见图14.5）。

图14.4　局部创造性地使用斜墙来分割区域或者房间或者是用作接待区的任何一个边界墙：律师事务所平面Ⅱ

图14.5　利用视觉焦点营造有创造性的视觉效果，例如从顶部的窗户向外看：律师事务所平面Ⅲ

具有冲击力的创意

这是怎样的一种感觉，当设计师看到、意识到、创建，或提供了机会来规划真正与众不同的形态：弧形墙壁、圆形的墙壁、倾斜的墙壁、有角度的墙壁、形状奇特的房间和空间，甚至弯曲和倾斜的家具。也许它的业务性质，或建筑物，或客户本身，就能激发一个真正的非常规空间规划概念。

从弯曲或倾斜墙开始一个规划的方法也有很多。根据客户曼德莱恩广告公司的项目要求（附录A-3），设计师可以选择一种形式作为主题，如圆形，并可以将它们扩散到整个空间（图14.6a）。这种形式可以放大到超出建筑物或指定的空间范围（图14.6b），它们可能被打破、虚化、拉伸、镜像、旋转（图14.6c）。单元形的形式可能随着天花板或地板材料的变化而变化。可以选择几组家具，以确保其能充分适合经过创意设计的房间。伴随着时间的积累、耐心、试验和错误，以及更多的草图，这些创造性的、非线性的设计将以大致相同的方式走到一起，就像线性规划那样（图14.6d）。

门和弧形墙

期望在今天的市场上看到许多弧形门是不太可能的，因为对于制造商来说，它们的成本是很昂贵的。要在弧形墙壁上安装直门，重要的是要考虑所选的门型。对于一个典型的框架，如铰链门，在墙上至少需要5'-0"的平面面积：门需要3'-0"，根据“美国残疾人法案”（ADA）规范在安装那一边必须预留出1'-6"的间隙和支撑整个框架的6"铰链（图14.7）。对于无框门、全高转门则可以想象，在门的任一侧的墙都可以是

图14.6　创造性地使用几何形带来的冲击力：广告公司平面 I

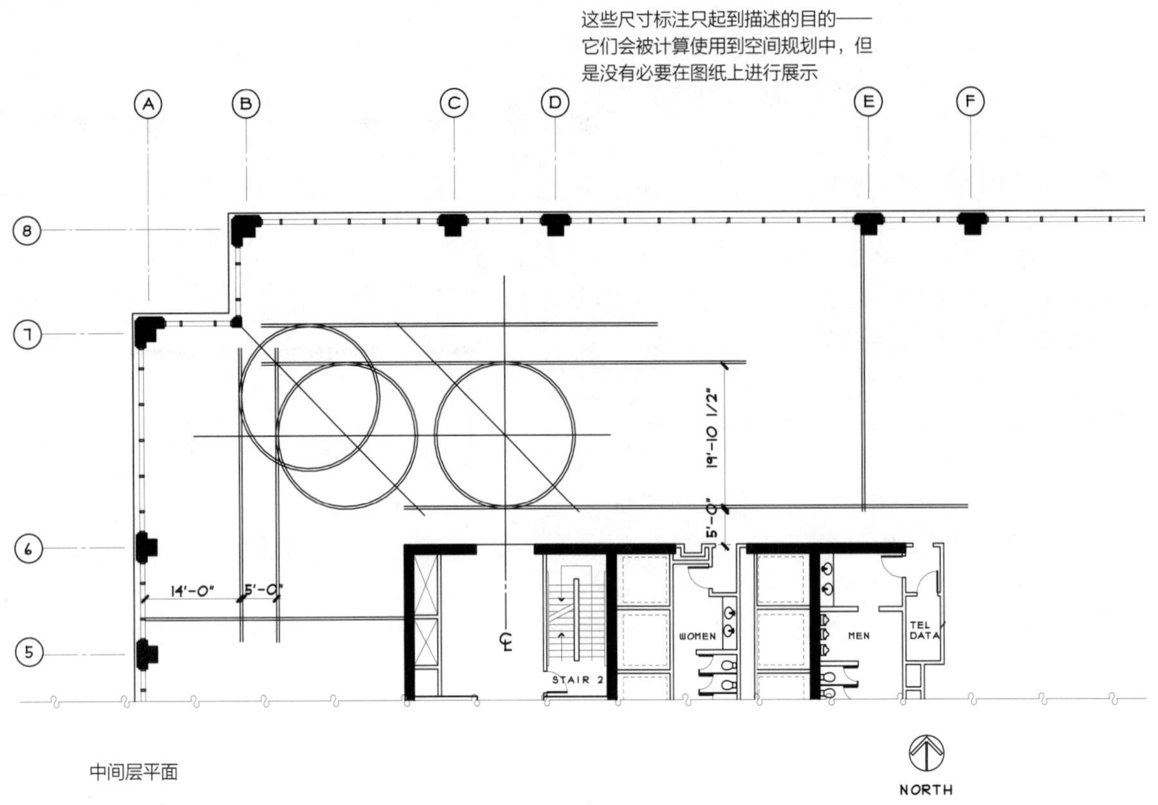

a. 从选择某种形式和尝试各种可能性开始平面规划

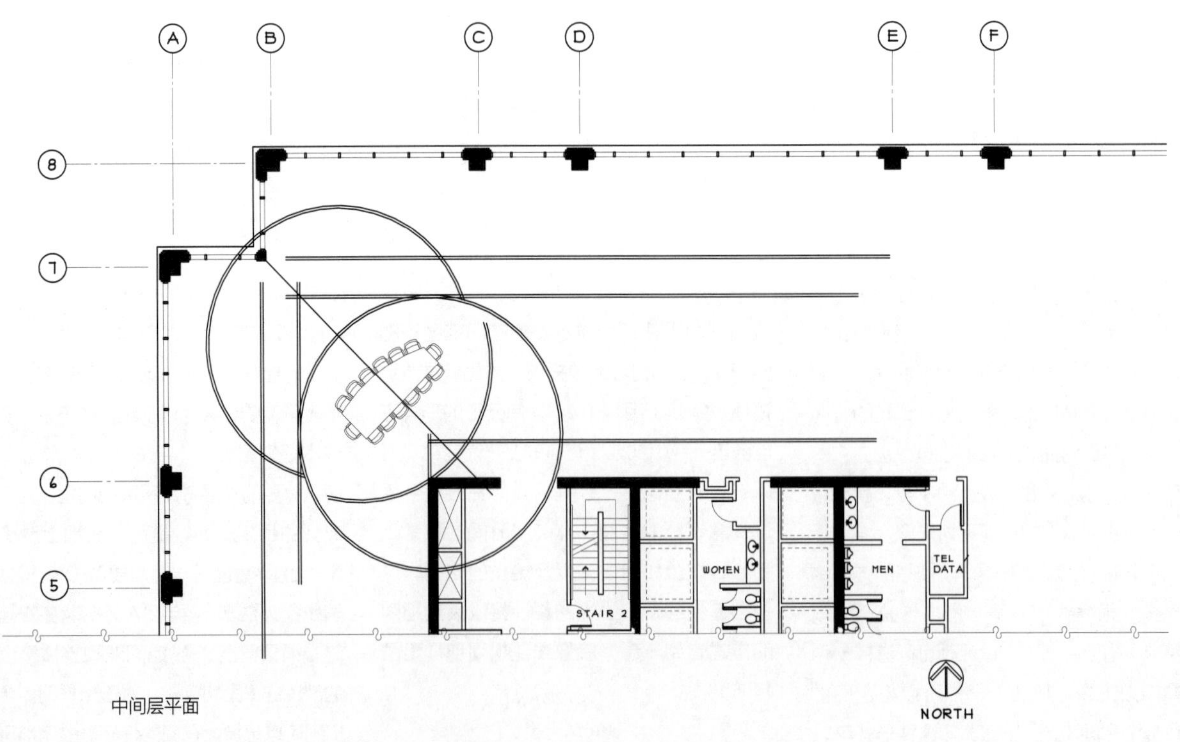

b. 空间或建筑的延展形式，整体分裂形式或完整形的局部

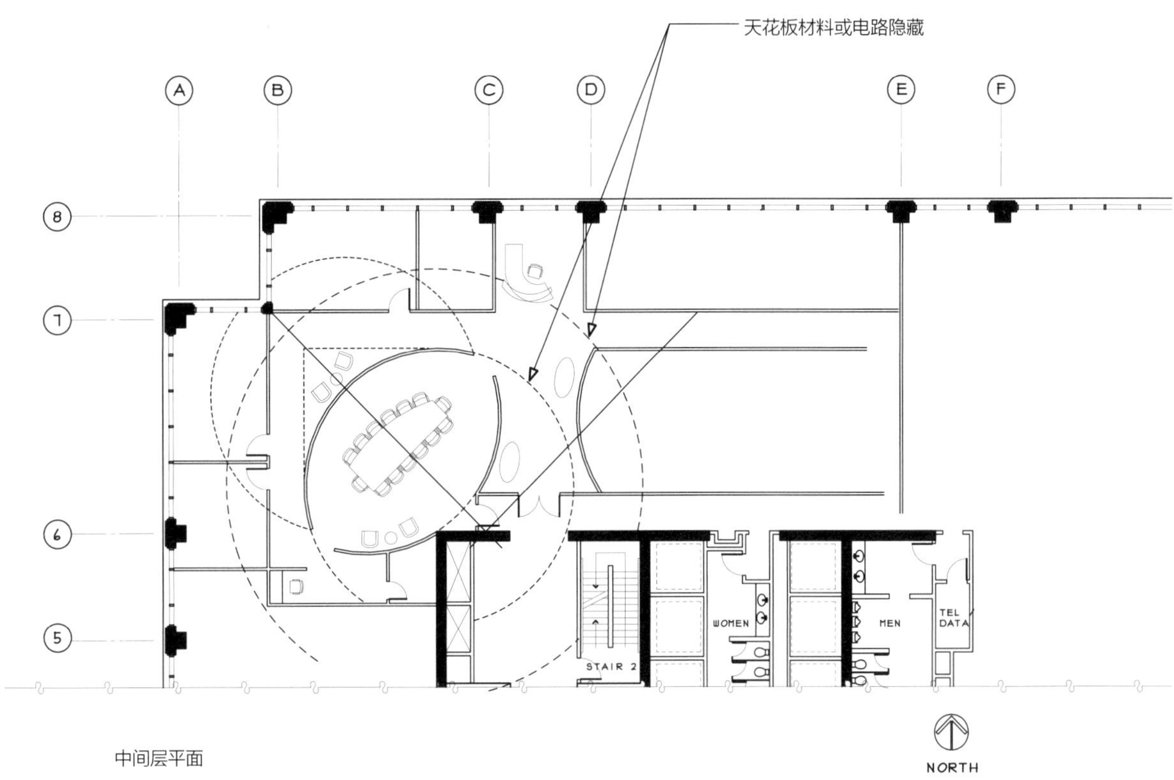

c. 打破固有形式、移动、放大、让它们能够与铺地或者天花的形式材质相呼应

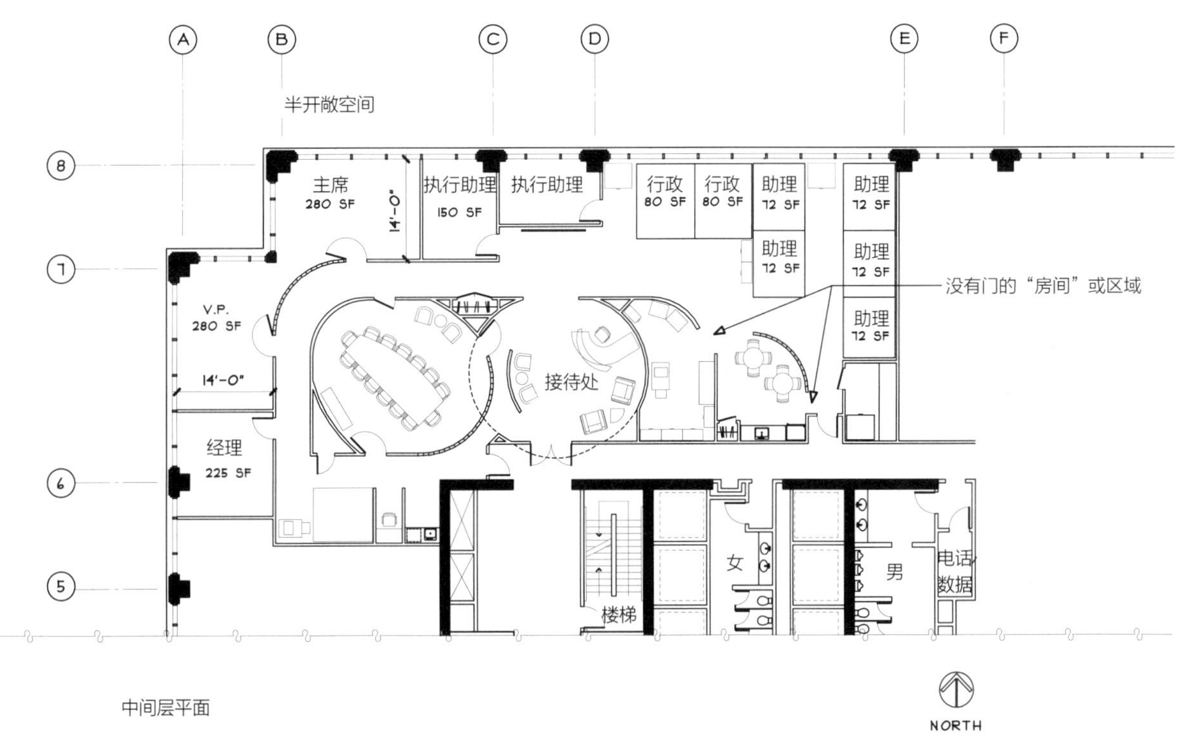

d. 写上房间名字和面积标注的最终平面

图14.7　放大平面：在曲线墙上开直的门

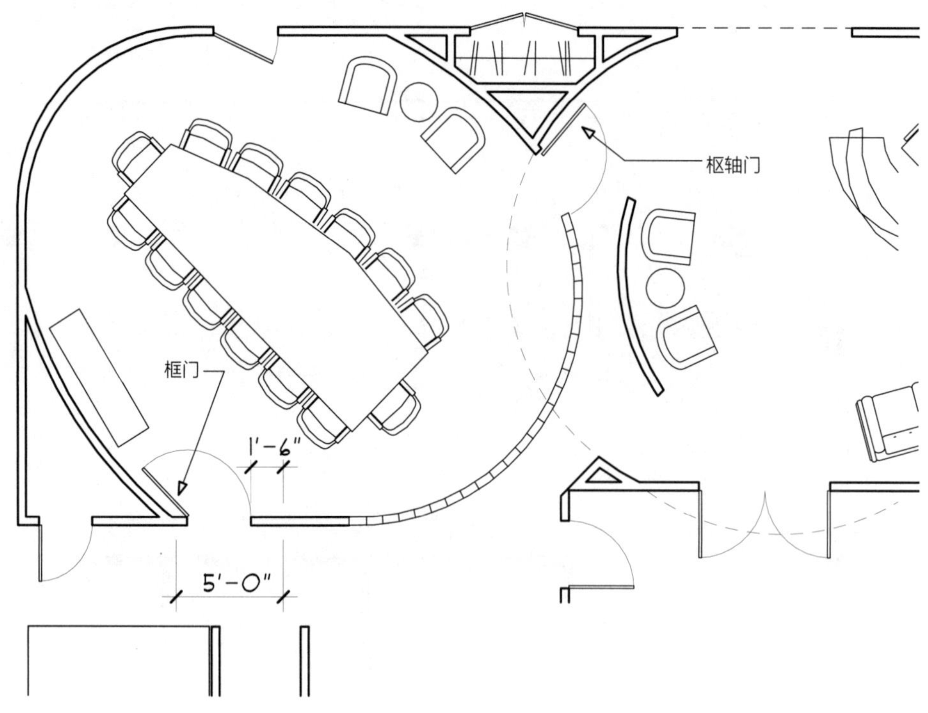

弯曲的，但该门本身是直的，因此还是会打破一条连续的曲线或圆形。根据墙的不同曲度和门的不同安装方式，门安装那一边墙上约12"到18"需要是直的，以满足ADA规范的要求。

斜角布局

将工作站设置成斜角能给平面图增加非常有趣的面（图14.8）里。非正式的会议区可以被合并进工作站运行区域。当布局带有角度时，因为小空间入口的偏移，往往能保证用户之间的小空间能具有更大的隐私。同时又可以产生视觉变化，因为视觉上对面板和隔间群组成的工作区的立面进行了“打破”处理，替代了沿着直线推进的工作隔间组立面。

空隙

当规划有斜角或弯曲的布局时，需要处理的一个重要之处就是自然包含在平面中的这些非垂直墙之间的角度。钝角创建的区域是理想的，因为它们可用于放置桌子和椅子、植物和其他项目，而锐角区域一般会变成无法使用的空间。在许多情况下，最好是填掉锐角，从而形成空隙空间。有时空隙将仅仅是空隙空间。在其他时候，这些空间能够被用来安置垂直的管线、管道系统，或重布线和电缆束。

即使空隙可以隐藏，也最好还是把它们控制在最低限度。毕竟，客户是给所有的楼层空间支付租金，他们都想能够使用尽可能多的空间。

项目差异

无论何时，房间特别是办公室和工作站，调整大小或尺寸以更好地适应空间规划并给客户指出这些差异都是一个好主意。很多人都不善于阅读平面图，因此不会自动看到平面上没有提供但是项目报告中却包含的地方。

通常情况下，这些小的差异很少或几乎没有不同，对于轻微差异进行问题分析可能不是必需的，但设计师不应该自动假设为客户不关心这个问题。对广告公司的设计而言，项目报告要求两个15 × 20的办事处。为了创建能容纳14人的会议室，主办公室从项目要求的进深15'-0"减少到最终空间规划深度14'-0"（见图14.6d）。要设置一个令人印象深刻的办公桌，书柜和客人的椅子布局有14英尺是绰绰有余的了，特别是考虑到每个房间的宽度后（见图14.11）。从这些办事处提供的冬季日落等华丽的景点，小小的一英寸的差距可能很快就会被原谅。

在其他情况下，改变项目报告中列出的要求可能不会被接受，尤其是当数量改变的时候。报告内列出的办公室或工作站必须为每个人提供空间规划。如果，有的时候减少工作区的规模是必要的，但面积必须是经过计划再来减少。当然，如果该计划允许，可以随时会有额外的办事处、工作站、文件柜，或其他在以上项目报告中所列出的要求，但是，也不能比项目要求少。

最终确定一个空间规划

最终，一切都汇总在一起。所有的程序要求和流线似乎是在一定的逻辑顺序下确定的。有一些有创意的墙壁和其他设计理念整合进了空间规划。现在是时候添加细节了：可能适合的门、植物、家具，并在计算机上

图14.8 工作站和一些带有角度的分隔墙：会计师事务所平面 II

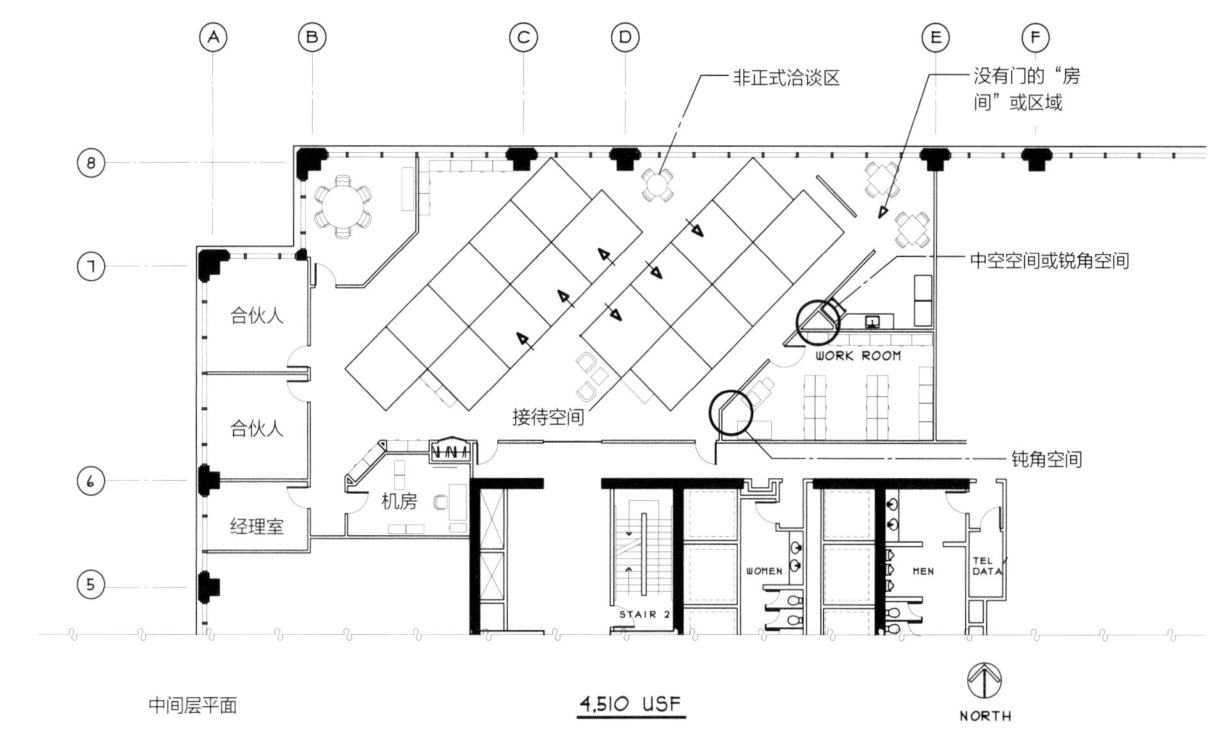

图14.9 确定的平面布置：加上了细节、边灯，门、房间名字，清除了墙线的交叉部分，诸如此类

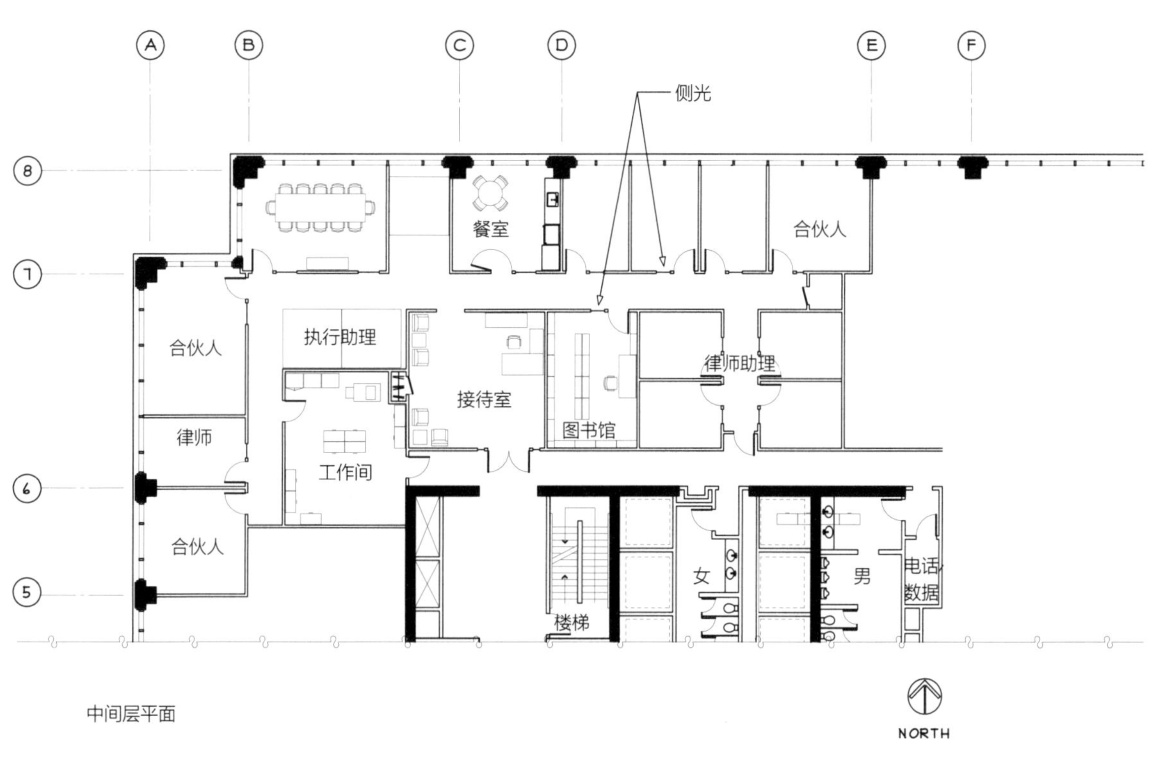

清理图纸上的墙的内置层。玻璃可以被添加到办公室及其他房间以允许自然光渗透到内部空间（图14.9）。地板或天花板设计概念演示用虚线表示（图14.6c）房间应标注出名称和大小或适当的面积。此外，设计师想将设计意图“贯穿”在整个规划过程中，然后仔细地从几个角度分析规划，以确保有没有明显的错误或遗漏。

规划程序

每个设计师应运用自己的创造力来发展他自己的空间规划方法，或者遵循一个行之有效的途径。然而，有一些基本程序是所有设计师应遵循并纳入思考的。

1. **建筑占地面积：**仔细考虑并衡量整个建筑占地面积。如何将这些尺度与该方案要求进行联系？建筑物是历史建筑、新建筑还是一个进行了功能更新的翻新建筑？要考虑哪些建筑标准？建筑所在位置与日照在一天或一年的不同时刻是什么关系？这些问题的答案可能决定空间规划平面图应从哪里开始。
2. **公共走廊：**每个规划都是以在楼层上规划出公共走廊作为开端的，不管是以前没有入住过住户的新楼层还是已经有以前入住住户修改过的走廊通道的旧楼层。
3. **办公室：**由于大部分办公室是相当典型的大小和布局，因此最容易掌控的实际空间规划往往是从办公室开始的。通过探讨办公室开窗位置或客户的内置房间来开始一项规划是一种很好的做法。
4. **接待区：**接待区入口的高能见度通常是大多数客户所期望看到的。接待区入口的位置取决于空间到底是位于更高的楼层还是底层，这通常意味着接待入口门被设置在中心电梯大堂、走廊的尽头，或建筑入口立即向左或向右的位置。接待室的最终大小可能会根据面积、形状和具体位置略作调整，这取决于整个规划如何平衡各个部分。
5. **辅助用房：**人们可能会以为辅助用房从来不会沿开窗墙布置，而只是在室内隐蔽处。毕竟，为什么让档案室接收自然光，而员工则坐在没有自然光线的在室内的房间呢？然而,可能会有一些员工有一个固定的工作区在文件室。沿开窗墙的午餐房间利用率可能只占全天的20%，不过一旦入座，自然光可以令那些坐在室内位置的员工非常振奋。所以每间辅助用房应该在平面计划上单独考虑以设置在最好的位置。
6. **工作站：**工作站一般会以典型布局（48 SF）开始，包含一个尺寸为(6 × 8)的典型平面，并且在空间规划开始时进行调整：比图调整成7×7的49 SF规格或者48.75 SF规格。由于建筑窗墙到中心的进深和宽度变化相当大，因此工作站往往根据这些差异在平面布局上进行调整，以达到空间范围允许内的利用率最大化。工作站可以被规划在围绕办公室和其他硬质墙房间周围的区域；它们可以是单一和独立的、背靠同一面墙壁呈直线或弧线放射状排布。规划工作站时有很多限定条件。设计师应该记住两个主要因素：一是将墙体厚度算入工作站整体尺寸；二是沿每个工作站设置走廊空间。
7. **衔接方式：**设计师应该确认每个房间和区域都尽可能是封闭的或者按照每一个衔接图和设计要求尽可能互相远离。
8. **流线：**过道和走廊宽度的最低要求为44英寸。不过也有例外，但最好是按照最低要求进行规划而不是创造特例。因为所有需要进入的房间、公室、隔间的家具和设备项目都需要通过一个过道或走廊。
9. **剩余空间：**没有规划能完全适合一个给定的空间容量。平面图上总是会有一定的剩余空间。这个空间可以被纳入过道和走廊、会议区或休息组、用于建造成不同的房间，如会议室或午餐室。有时剩余空间可以在一个完整规划的平面图中用作缓冲空间。
10. **布局：**矩形或相互呈90度的直线组成的房间是最常见的，能让绝大部分面积利用起来。如果是有角度的布局，45度是最常见的类型。弧形墙在平面布局上看起来很棒，但它们建造起来更困难且更昂贵。然而，当创建不寻常的空间是可行且可取时，设计应通过各种手法带来最佳的空间规划和技术可能。

空间规划分析

一旦设计人员已经完成了规划，该规划就应该被打印出来审阅。大多数商业项目以⅛英寸的比例打印，除非这个工程的面积很小。工程面积很小的情况下，图纸可以以¼英寸的比例打印。

让规划过夜这是一个好主意，这样设计师就可以清空自己的头脑并且从规划的过程中脱离出来。现在，设计师可以真正地从客观的角度分析这个空间规划，从客户的角度来看、从员工和环保的角度来看，最后，从一个规范审阅者的角度来看。

如何客观地审视

设想客户第一次看到这个规划，想象访客进入接待区。设计师闭上眼睛，这样做是有帮助的，坐在一个安静的位置考虑用户如何步行通过建成环境，不一定要完成的、已经设计好的空间（即将完成的），而仅仅是这个平面规划的三维空间。设计师要考虑身体站在入口门处或前台，环顾四周，然后继续沿着走廊，设想什么景象可能进入视线。

令人兴奋的或是别扭的景象

思考律师事务所的布局II：进入入户门有三个景点立即映入眼帘，还有另外两个作为一个引导至接待台的景点（图14.10a）。这两个景点都是预先考虑过的，甚至预设了接待员和座位。其他三个景点可能没有在空间规划过程中考虑过，但是这些景点绝对会被看到：坐在自己办公桌后面的助理律师

图14.10 令人兴奋或者让人觉得丑陋的室内视点：律师事务所平面Ⅱ

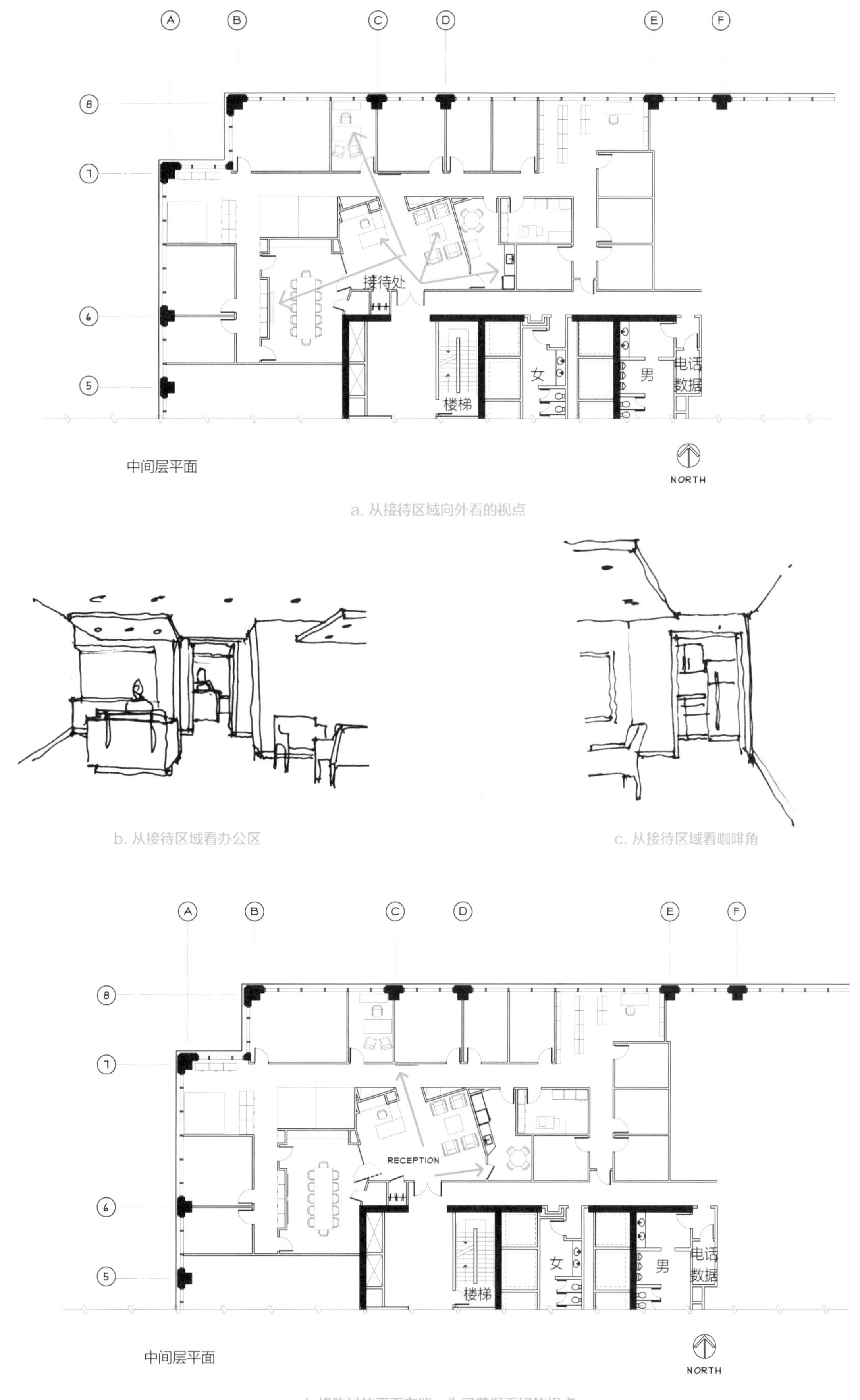

a. 从接待区域向外看的视点

b. 从接待区域看办公区

c. 从接待区域看咖啡角

d. 修改过的平面布置：为了获得更好的视点

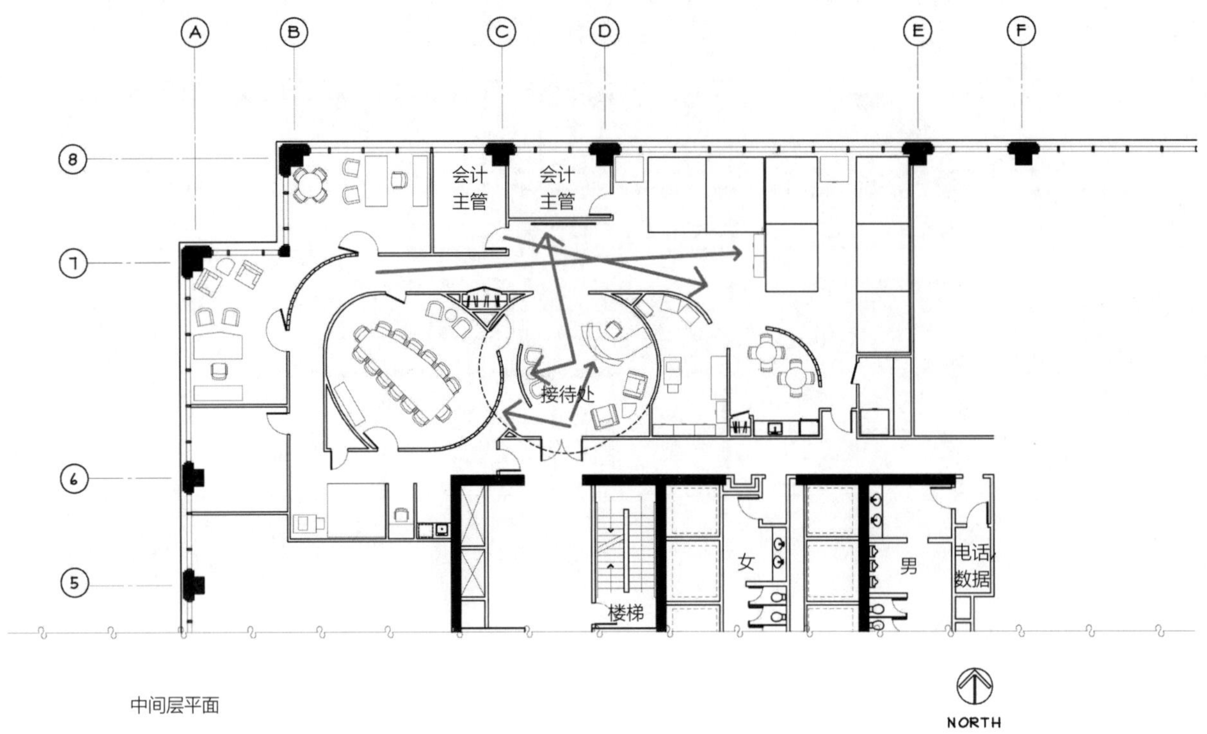

a. 从接待区域向外看的视点

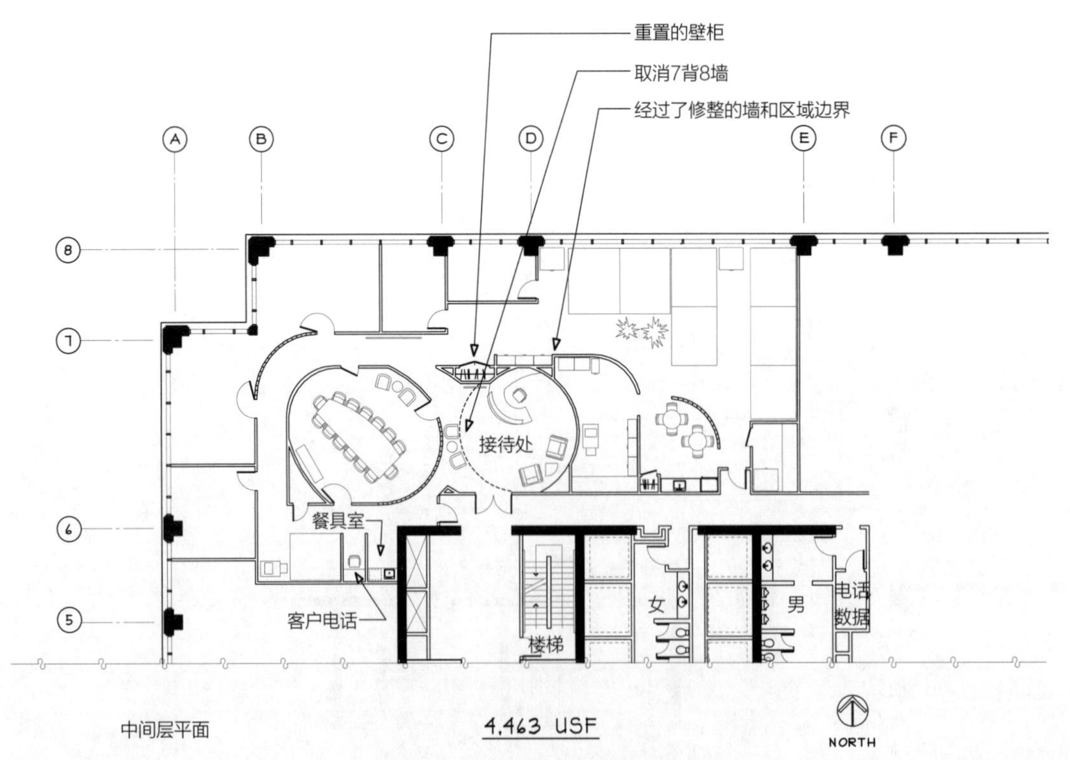

b. 为了更好地利用空间而重新修订的平面布置

图14.12　基于最小宽度设定的走廊：会计事务所Ⅲ

（图14.10b），横跨餐厅大门的咖啡柜台（图14.10c）和这面大墙后面的会议桌。

很大的可能是，设计者已经考虑过在会议室墙上放上看起来最适合的艺术品。更可能的是，这些想法是从会议室内部考虑的，而不是从房间外部透过玻璃墙看到的内部景象来考虑的。如果墙是玻璃的，从接待区首先看到的将是艺术品。那么，设计师是不是需要重新考虑这墙上的艺术品？

对律师办公室而言，为了提供最好的家具布置空间，会把门安置在圆柱的对面。如果如图所示，那么不仅来访者可以从接待区窥视到办公室，而且更可能的是，每次来访者与接待员交谈的时候律师的注意力都将被打断因为噪声的直线传播。在这种情况下，将门和家具对调可能会更好。当然，这个书柜将会从桌子上移走，那样参观者将看到一个空白的墙或艺术品，律师也不会被直接干扰（图14.10d）。

咖啡柜习惯性的混乱加上肮脏的旧杯子、咖啡包和其他杂项物品，它可能不会留下最好的第一印象。因此可以在午餐室的门上安装闭门器，每次门打开后可以自动关闭。安装闭门器的门通常认为只能部分打开，相对90度只能打开25~30度。或者，设计师也可以考虑调整周围的布局使桌子对着门，使咖啡柜在视线之外。的确，桌子也可能变得混乱，但桌子上更有可能放报纸或者其他物品而不是非常脏的杯子。一幅装裱过的海报可以挂在桌子后面的墙上以减少对桌上物品的注意力（图14.10d）。

对于设计师而言，在一个建筑被真正建造之前去看看建筑环境是很重要的。一旦建成，就要花费更高的成本去做一些改变。而且，尽管这仍然是空间规划阶段，设计的发展可以并且应该作为创意意象漂浮在设计师的脑海中以成就最佳的布局。

充分利用空间

当进入广告公司布局Ⅰ（图14.11a），有两个最基本的景点，然后另两个作为一个引导接待台的景点。直接在入口大门，透过一块看似玻璃的墙壁参观者得到了一个有趣的一瞥；接着走两步，玻璃块消失了，留下的是曲面桌和曲型墙作为主要的焦点。走入接待区，呈现出了艺术品（在远处），一个转身，也许是希望能再次看到玻璃块，但相反，看到一部分弯曲的墙，继续从接待处后面的弯曲墙看过去可以看到它是作为休闲椅的背景。起初，这看起来像是一个无可挑剔的令人兴奋的计划。但是，这真的是最好的布局吗？

进一步思考的话，这个规划就呈现出三个缺陷。在C处列柱的项目经理每一次去见安排在该规划右侧的艺术家都需要走过接待区。老板们每次从他们的办公室到接待区都会看到走廊尽头的文件柜。这样来看，这个工作室就感觉有一点紧张了。

通过稍微改进接待区，去除背景、然后将衣柜从左边搬迁到接待区和内部之间的走廊口右侧，一个令人兴奋的规划将可以实现（图14.11b）。从技术上来讲，接待区在两个布局里都是相同的大小；然而，随着背景的消失，空间会感觉变大了，受曲墙的全部影响，玻璃砖墙可能不会必然产生去围合背景的感觉。为了让桌子后面的曲型壁有连续性，设计者也可以在地板上采用两种不同的材料。

利用衣柜后面的垂直墙，现在艺术品可以直接被安置在接待区，而不仅仅是沿着走廊布置。

会议室成为独立的整体而没有附加的壁柜。此外，从接待区来的人现在直接被引导到两个老板的办公室，他们是会接待来访者并是会议室的主要使用者。壁柜的稍稍移动使人们有意识地去重新放置文件，并且导致工作室空间的扩大。通过客观分析已经完成的空间规划可以发现更多问题。

走廊宽度

尽管设计师常规性地将走廊设计成5英尺宽，这可能是可取的、谨慎的，但有时需要降低宽度以容纳项目的所有要求，或使某些房间获得额外的空间。然而，当减少走廊的宽度时，考虑到设计的所有方面是十分重要的。在会计公司的布局III中，跨越顶层平面的走廊可以减少到最低44英寸，但左边的走廊不能降低到44英寸，因为文件的抽屉打开时会占用走廊宽度（图14.12）。

这些更狭窄的走廊是否获得了更多的空间规划？很长的走廊或两边都有从地板到天花板的封闭墙的地方，住户可能会经历隧道效应，两个人不能并肩走。在这样的通道中没有空间可以让门或抽屉打开。看上去整个空间的规划使用5英尺宽的走廊相比一般规划更受限制（图14.10d）。因此，设计者在为一个最终的空间规划做决策之前仔细考虑规划的各方面是非常重要的。

客户的视角

尽管设计师对完成的空间规划感到很兴奋，甚至花时间通过做一些细微的改变使设计变得更为客观（合理），但真正的问题是：客户对这个空间规划是否也感到兴奋和高兴呢？

少一些令人兴奋的空间规划

尽管空间规划提供了一个像会计公司的布局I那样好的、干净的布局（图14.3c），但并不是所有的公司都会同意接受为老板和其他上级职位设置内部办公室。另一个规划是将工作站做45度旋转，从而产生几个角度的墙壁和有锐角及钝角角落的房间，也提供了一个干净的布局（图14.8）。第一个空间规划没有位于角落的办公室，第二个规划只为其中之一的合作者提供了一个位于角落的办公室。对大多数人来说位置非常重要，这些合作伙伴不可能用抛硬币来决定谁将占据其中的办公室。可能的做法是一个合作伙伴的办公室被调整到会议室旁边，但这些办公室的尺寸和布局都不会相同。

三分之一的空间规划为两个合作者都提供了角落的办公室（图14.13a）。然而，空间的平衡形成了走廊式的迷宫，以及在整体的规划中工作站被限制了，再加上这个规划需要4 671平方英尺，布局I的4 529平方英尺和布局II的4 510平方英尺相比较的话。当有其他的设计规划能在更少的面积范围内提供一个更激动人心的布局时，客户是否愿意为额外增加的150平方英尺的楼面空间付租费来获得两个角落办公室呢？

可替换的令人兴奋的计划

令人兴奋意味着许多事情并且能在很多方面获得兴奋感。玻璃砖和其他非典型的建筑材料可以提供大量的活力，通常与有角度的墙或弧形墙提供的活力相当甚至更多。也许客户更喜欢透明玻璃或蚀刻、夹层玻璃与玻璃块。玻璃面板通常是直的、不弯曲的，比如门。但当玻璃面板以小角度安装，一个接一个，墙壁就可以出现弯曲了（图14.13b）。

因为20英尺的弧形墙在广告公司布局I里可能太过局促而不能简单地用玻璃直板代替玻璃块以达到相同的曲率，因此要使用玻璃面板必须进行新的规划。玻璃砖宽度多在4~12英寸，6英寸是在室内工作空间中最常见的宽度。这些小尺寸要求更为严格的曲线。全高的玻璃面板，需要至少15~18英寸宽以防止扭曲。依靠两个面板的宽度和安装角的选择，决定曲率看起来是平滑的或是一个有小面组成的墙。没有一种选择是坏的、错误的或是最好的、正确的；他们只是用另一种令人振奋的方法来创造一个美妙的空间规划！

在广告公司布局II里28所使用的是中间框的无框弧形墙，以4~9度安装全高的玻璃面板，通过面板的前后组织，形成一个40英尺直径的拱。广告公司布局II似乎跟布局I一样令人兴奋。在某些方面布局II更令人兴奋。入口绝对是独一无二的，通过幕墙下的接待座位，访客被完全吸引进入这个空间。执行官或业主的区域与其余的员工完全分开，另外，接待员也可以更好地到达食品储藏室。

但布局II会比布局I多出150多平方英尺，即布局II需要4 609平方英尺，布局I只需要4 463平方英尺（图14.11b）。客户是否愿意为多出的面积付房租？

目标预算

这个规划是否已经从预算的角度考虑过？无论客户的参考价低、中或高出目标预算——总会有一个预算，而且总会有更多的项目添加到预算中。当钱在一个区域被省了下来，它往往可以被重新分配并花费在另一个区域。

在空间规划中减少成本的途径之一是去掉某些房间的门，如复印室或餐厅（图14.6、图14.8）。进入这些房间的门很少被关上；他们倾向于保持打开除非门上装有关门器。那么，为什么安装这些门呢？在可行的情况下，另一种降低成本的方法是，降低这些房间周围的墙高到1/3高，从而在建造和暖通空调的系统生命周期成本中节省更多的钱。

与客户讨论这样那样的选择是很重要的。根据空间规划中每个房间与其他房间的位置关系——客户可能实际上希望关闭那些房间的门窗以控制气味或噪声——在任何情况下，设计师都应该从客户的角度来考虑空间规划。

绿色原则

回收利用、减少浪费、降低能耗和运行成本、改善空气质量、利用可再生资源生产特定产品、维护和改善我们的健康都是走向绿色环保的举措。设计师通常在设计开发和

图14.13　隔断空间的平面图

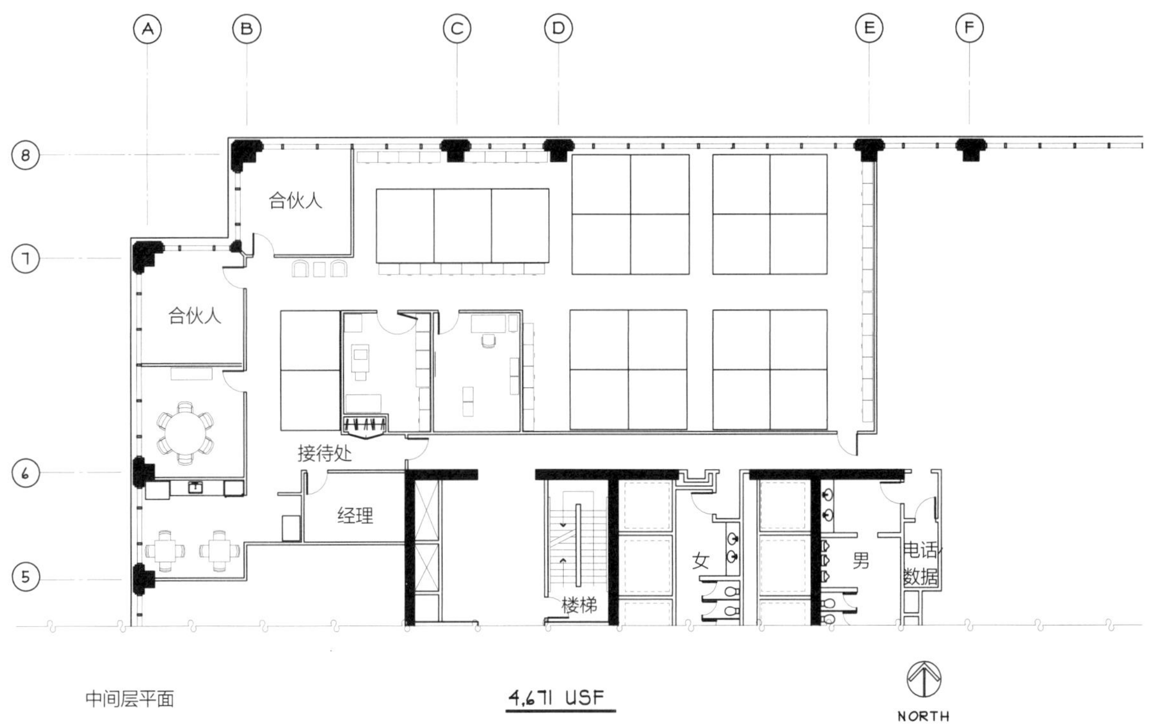

a. 有两个拐角的空间，更符合实用的布局：会计公司布局Ⅲ

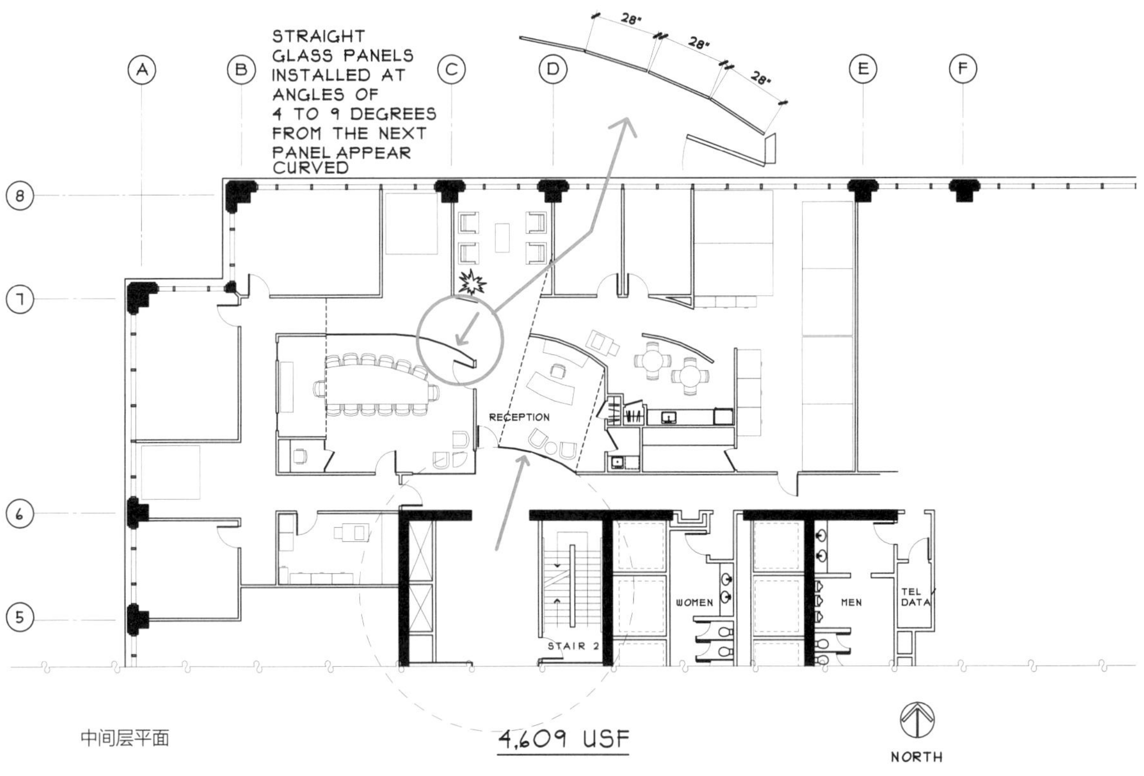

b. 令人兴奋的交替空间规划：广告公司布局Ⅱ

资料收集中通过选择能够提供绿色设施的产品来解决这些问题。实际上，绿化和关于员工健康和福祉的考虑可以在空间规划的一开始就被纳入。员工每天要在工作场所待6、8、10、12小时，长时间处在一个建筑里。根据一篇文章：

“一些证据表明，在绿色建筑中可以减少旷工和提高生产力……

例如，已经发现与自然和阳光的接触有提高情绪的功能。反过来，积极的情绪，与创造力和‘意识流’有关，能带来一种高度参与任务的状态。其他绿色建筑的特点，如室内和室外有植被和景色的休闲区，有可能提高社会交往与归属感——这两者都与组织连接有关，这是今天在组织之间有极大兴趣的一个话题。”

在能源与环境设计（LEED）的评级系统下，高达种认证可以由75%到90%的建筑空间提供的自然光和外部的风景取得（见Box 14.2）。此外，设计师可以考虑打开整个规划中的公共开放区域，来提供一个人

Box 14.2　每个人的LEED CI自然光

室内环境质量
日光和视线
IEQ 认证 8.1
意图：
通过向租户空间占据的区域引入日光和视野，为住户提供室内空间和室外的联系。

要求：
方法1.估算
方法2.精确计算
方法3.测量
方法4.组合
上述的任何一个计算方法都可以结合一般占用空间里的最小日光照明至少是75%（1点）或90%（2点）的文件。

室内环境质量
日光和视野——座位空间的视野
IEQ 认证 8.2
意图：
通过将日光和风景引入到租户空间通常被占据的区域，为居住建筑提供与室外的联系。

要求：
通过在顶层的30英寸到90英寸视域之间90%使用者的常用区域的居住者安装可视的玻璃窗来获得与户外环境的直线视线接触。

图14.14　自然光分布

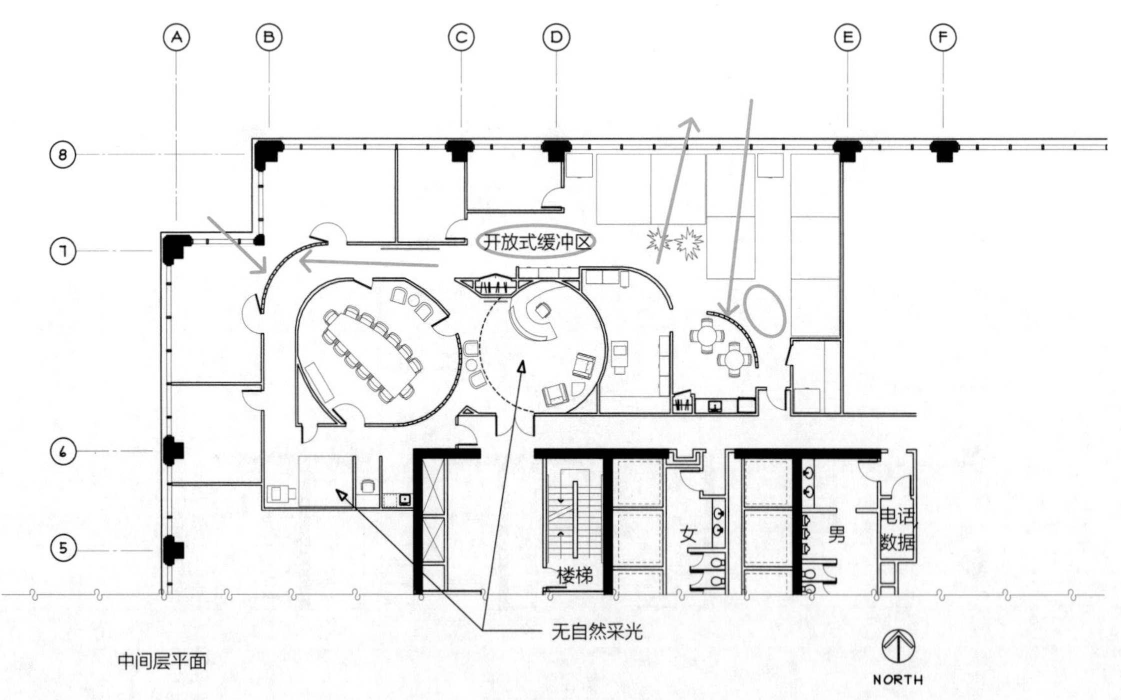

a. 对一些开放空间规划和柔光的调整：广告公司平面布局（修订版）

们可以跟同事聚集在一起交谈的自发性聚集的空间。

广告公司的布局I（图14.14a）提供了几种打开公共安全区的措施，但没有为接待员和助理提供自然光。布局II（图14.14b）为所有员工提供了自然风光和自然光，包括会议室。所有的规划都应该被检验以确保它们为员工提供了自然光，然后再进行调整或修改。

从规范评审的视角来看

所有的平面图和随附的文件必须提交规范评审以获得批准和允许。违反规定会被举红旗；审批过程慢下来是因为审稿人会把图纸送回设计师进行修正。如果校正是严格的，不仅设计师将需要花费时间和费用来纠正问题，而且可能需要复印大量的图纸增加额外的费用。因此，在设计过程的每一步都去从规范要求的角度来分析空间规划，这会是一个很好的主意。

八项规范要求（在13章讨论）简要总结如下：

- 公共走廊、尽端路和宽度
- 出口门的数量、打开方向和间距
- 流线距离和的游览的一般路径

另外两项在空间规划中应被考虑的规范要求：

- 过渡空间
- 天花板高度

走廊

假设公共走廊被安排在每个房东的方向，一些规范上的问题在这个时候需要注意。如图所示在律师事务所的布局II（图14.15）的衣橱，房东会封堵一些走廊空间作为租户空间，就像在其他的规划中一样，通过将租户的门对齐核心要素的边缘使得走廊可以更长一点（图14.14b）。规范审核人就会轻易地批准任何一个改动。

在律师事务所的布局II中，规划的左侧有一个室内的37英尺长的单向走廊。当然，走廊是通向一个办公室和会议室，所以它并没有通向出口的路径。这在一个非自动洒水的建筑中是不会被接受的，其要求单向走廊最多20英尺。如果是可自动洒水的建筑，国际高层建筑规范（IBC）要求单向走廊最多50英尺的长度，所以这个计划会被规范评审批准，因为它是一个可自动洒水的建筑（见图13.8）。

当你观察广告公司I的布局中扩大的部分（图14.16a），乍一看这短短的走廊或沿着玻璃幕墙的通道似乎降低了ADA许可规范的约束：它要满足最小宽度32英寸的要求（见BOX5.3，4.2.1点）。然而，一般不仅要考虑一系列的规范，通常还要满足一个给定规范的单独条件。

在轮椅通道的约束下，有一个关键词“在某一点”。除了最小宽度，根据明确的规范宽度可能只能是24英寸（见BOX5.3，4.13.5点）。起初，通道有28英寸长。作为一个最终规划，通道进行了修订并减少到24英寸，希望藉此通过规范的审查（图14.16b）。

续图14.14

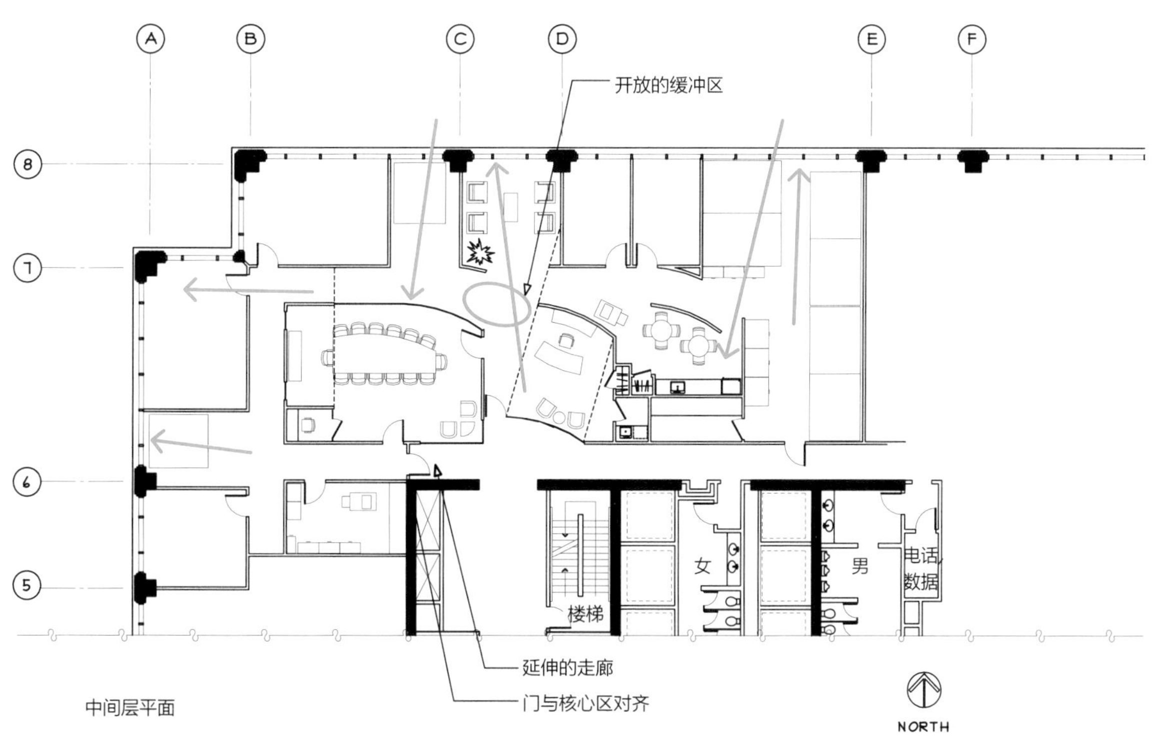

b. 对空间由柔光的规划：广告公司平面布局 II

图14.15　尽端式走廊和间隔分布的安全门：律师事务所平面Ⅱ

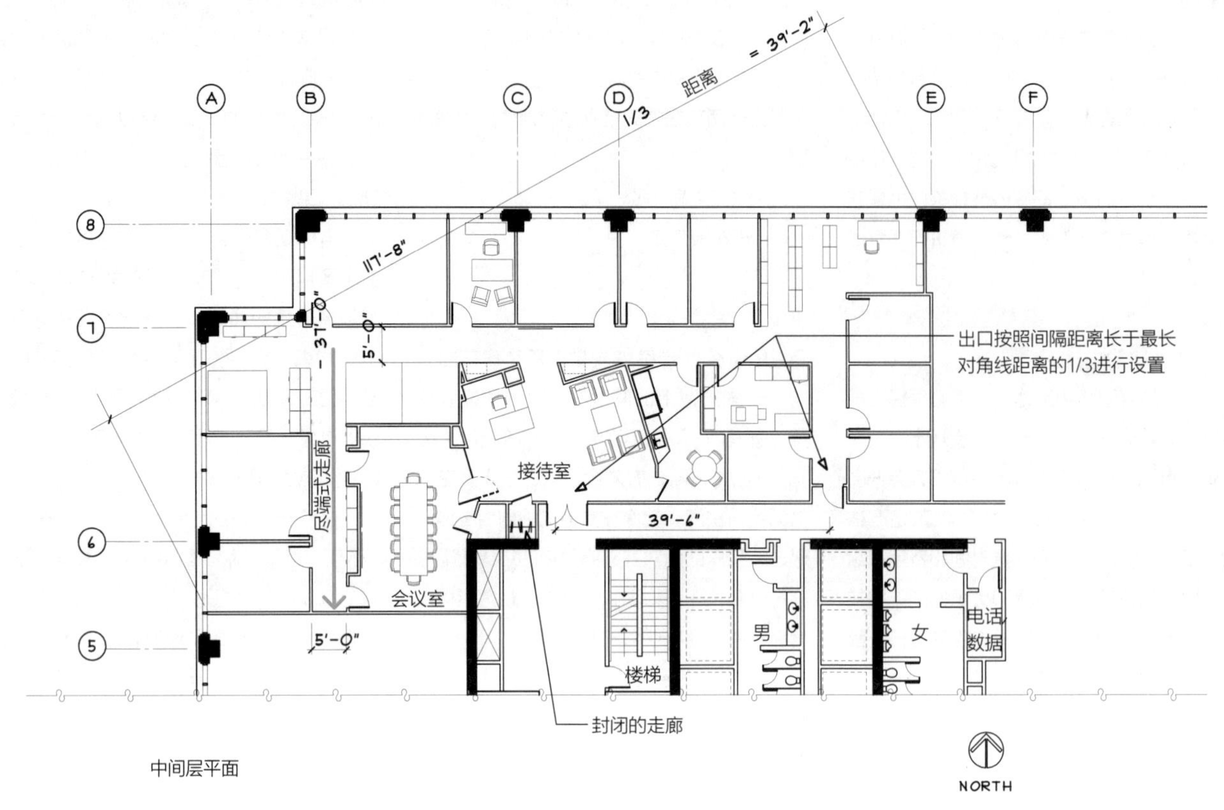

图14.16　放大的平面：通道

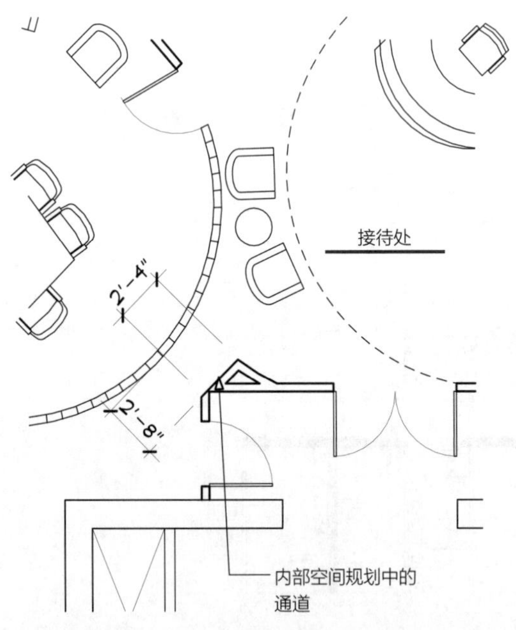

a. 最初的通道布置：通道为了减少通道宽度而超出了最小长度界限因此没能满足规范要求

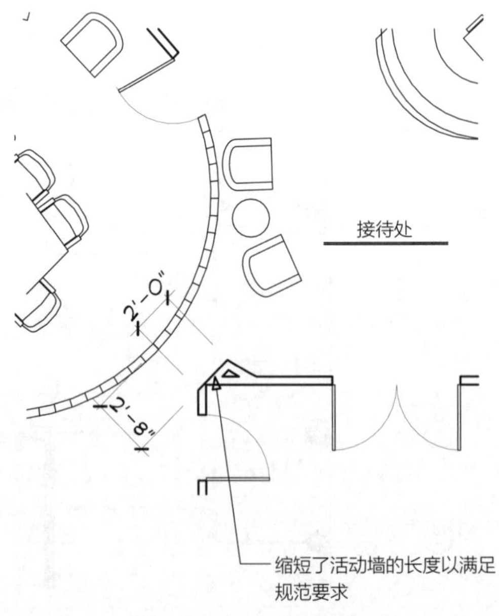

b. 符合规范要求的修正过后的通道

图14.17　安全门的间隔

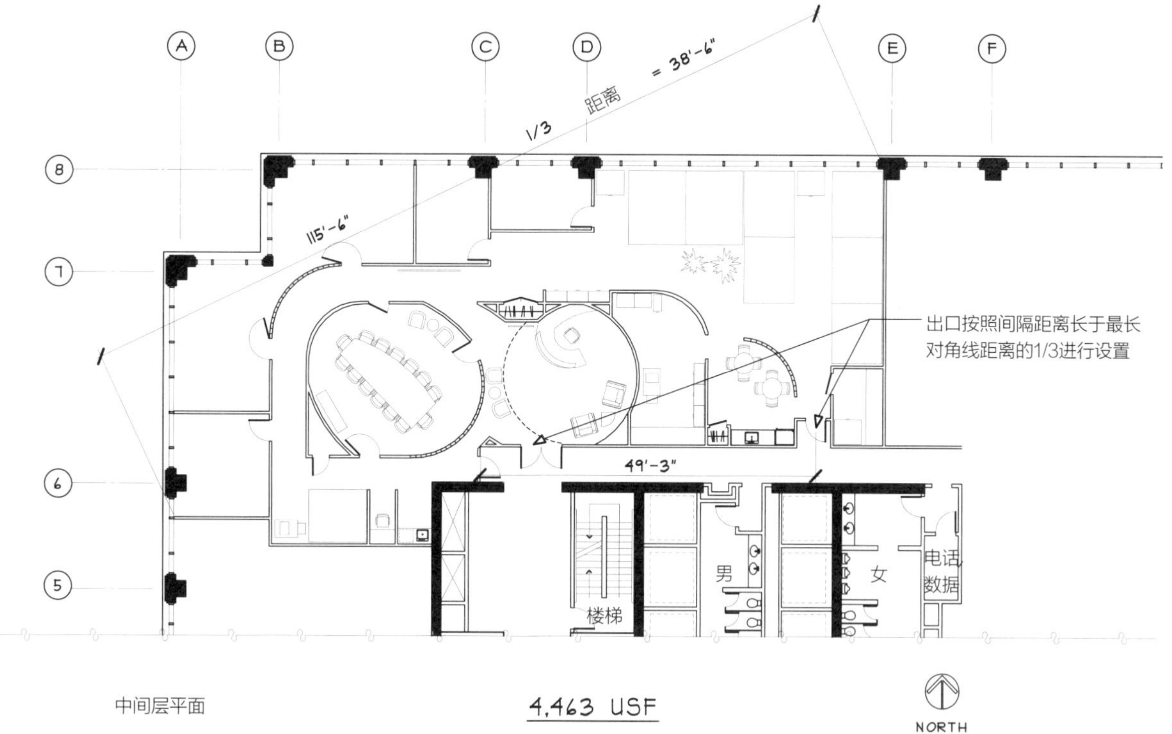

a. 安全门间隔距离满足达到对角线长度三分之一的要求:广告公司平面 I

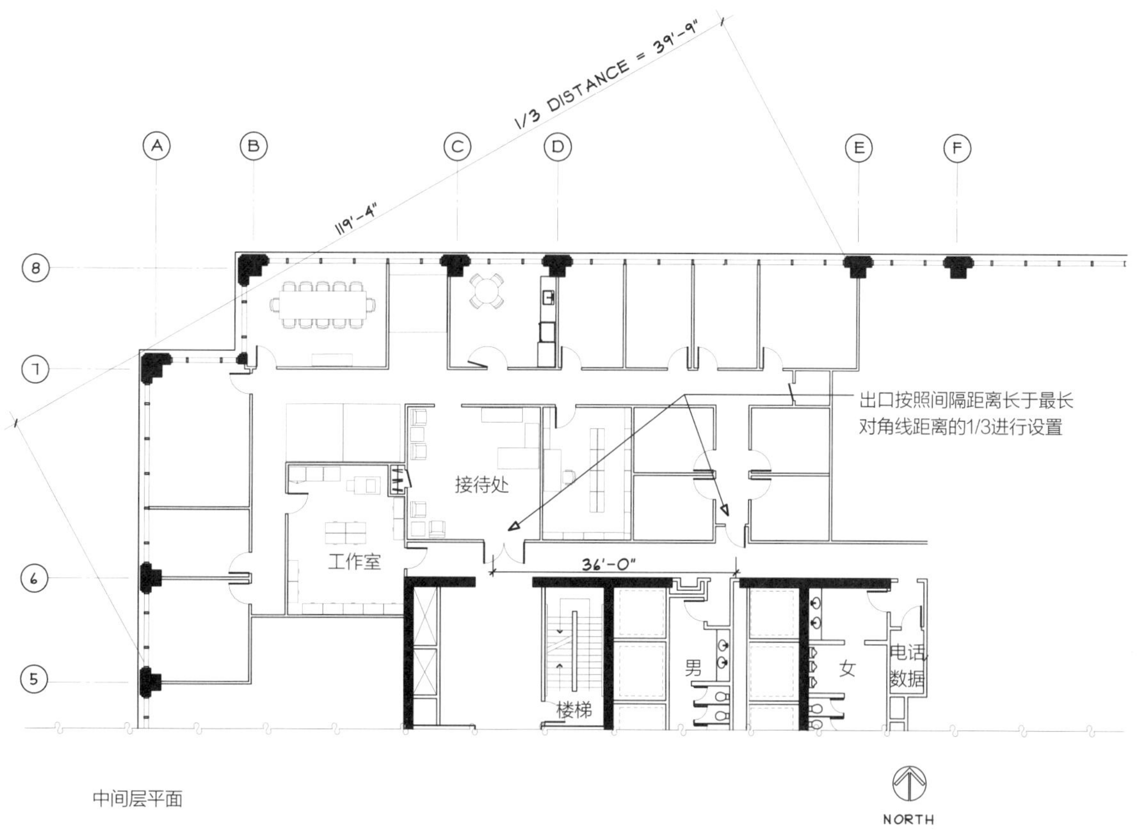

b. 安全门间隔距离不满足达到对角线长度三分之一的要求：律师事务所平面 I

图14.18　一般次流通道：会计事务所平面图2

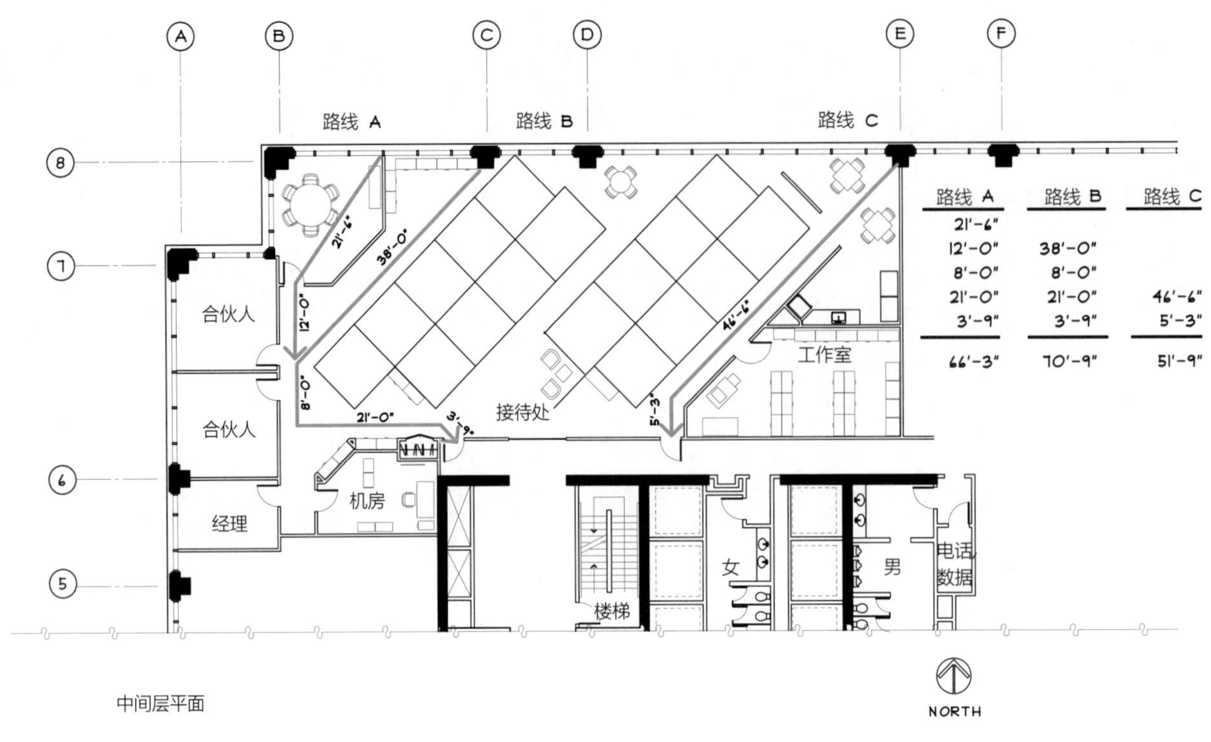

出口

大多数楼层规划要求有两个出口，除非面积大或建筑不能自动洒水，在这种情况下，将需要额外的门；或如果面积很小，在这种情况下，可能只需要一个出口。尽管布局是小于5 000平方英尺，这个尺寸可能只允许设一个出口，但他们在每个空间规划中还是设计了两个或三个门。即使只有一个出口是允许的，但在可能的情况下提供至少两个出口仍然是比较好的规划。最好是在某些情况下充分设计；没有人想因为楼层空间尽头有限出口的失误而在火灾中被困住。此外，设计中所有的门向外出行走的方向打开（见图13.10）。

最后，当要求必须有两个门时，依据最长对角线的三分之一距离的最小出口间距的要求（见BOX13.9），无论是律师事务所的布局II（图14.15）还是广告公司的布局I（图14.17a）都能够满足需求。门相距39'-6"（相对最小39'-2"）和49'-3"（相对最小38'-6"）以及各自的对角线长度117'-9"和115'-6"。

律师事务所布局I的出口（图14.17b）相隔只有36'-0"，尺寸小于所需对角线119'-4"的三分之一距离39'-9"。在IBC规范下，这个规划将不被允许（如果空间均大于5 000平方英尺）基于规范要求的三分之一最小距离。而另一方面，在建筑官方规范管理局（BOCA）规范的要求下该计划将被允许，因为其要求间距只有对角线的四分之一距离，即29'-0"。一些地区规范以BOCA为蓝本，这意味着一些地区可能仍然允许较短的距离。通常，了解这个空间规划归属于哪一套规范和管辖区域是很重要的。

人行距离和流线

在一般情况下，大部分内部空间将满足或低于允许的总的人行距离，因为这个距离必须按照建筑师设计的建筑来计算（见第13章）。不过，实地测量每层楼的人行距离始终是一个好主意。

在一个最大喷淋面积为100英尺的建筑中，一个常见的流线只有在一个空间规划制定后（参见第13章）才可以计算。一般流线可以是最大人行距离的一部分，但同时又是

Box 14.3 介入空间

第1014部分

进出口

1014.2 出口通过介入空间。出口通过介入空间应符合第1014节

1. 房间或空间的出口，不得通过毗连或干预房间区域，除了那些相邻的房间区域或作为一个或多个组团占用，并提供一个明显的疏散路径前往一个出口空间的附属空间。
2. 进出口不得穿过一个可以封闭出口的房间。
3. 住宅单位或就寝区出口方式不得是穿过其他睡眠区、卫生间的房间和浴室的。
4. 出口不得穿过厨房、储藏室、壁橱或用于类似用途的空间。

图14.19　出口通过介入空间律师事务所平面图

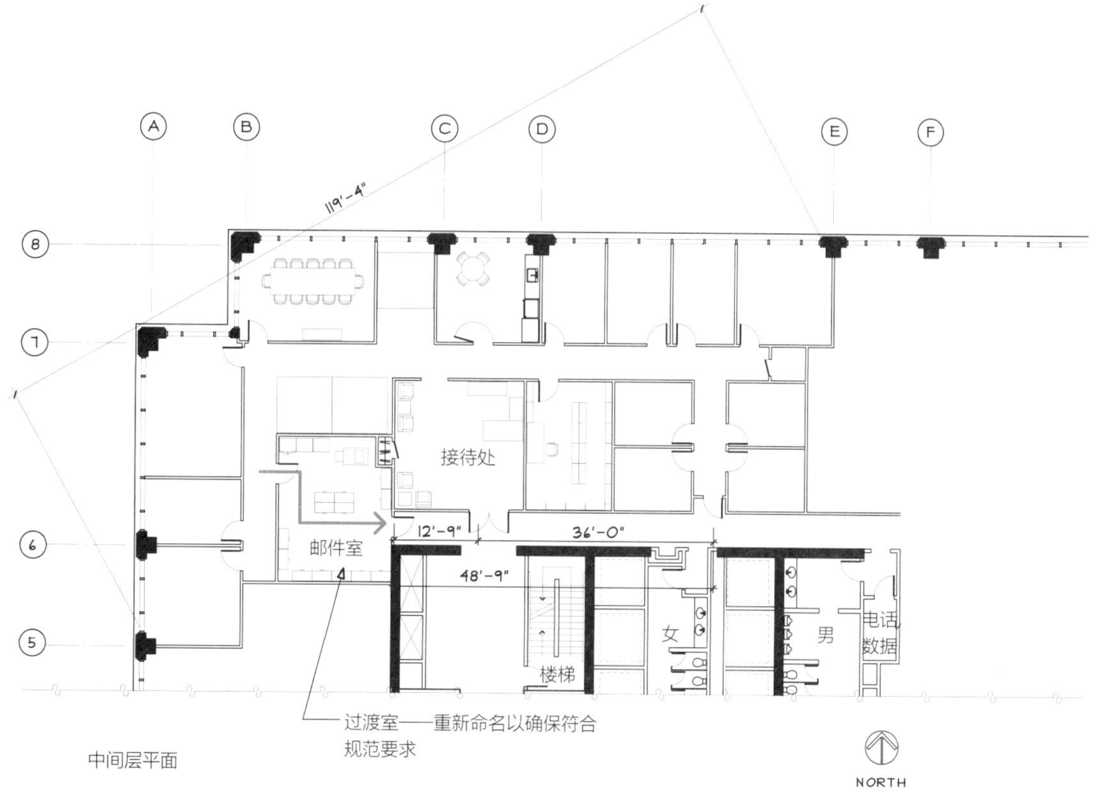

与其他用户一般流线的一部分。会计师事务所布局II的最长一般人流流线为70'-9"，是在规范的要求内的（图14.18）。

介入空间

作为一种出口的形式，接待区是最常见的形式，该形式是通过移动的路径来引导的。其他允许的介入空间取决于当时规范的使用要求（BOX14.3）。

在律师事务所布局中，我还没有见过在IBC规范的规定（图14.17b）下的门间距的要求，当一个人流流线是要穿过工作室到出口从而形成公共走廊，门间距需要增加到48'-9"才更容易满足布局优化需求（图14.19）。但问题是这种情况下，如何将规范审查者中断的房间标签为“工作室”？审查者可能会疑问，这个房间真的是一个储藏室，还是相似类型的房间？

如果审查者认为工作室和储藏室是相同或相似的术语，这意味着在IBC规范下，他们可能会发现出口的形式是可以被接受。长期档案室也可以作为储藏室的另一个术语解释。把房间作为复印室或其他术语来标签以使评审员接受的做法可能是更明智之举。

天花板高度

尽管在空间规划时考虑天花板高度看起来可能有点早，但是这是一个重要的领域，必须牢记在心上，尤其是在往往有低矮的天花板高度的混凝土建筑中（见第13章）。有时候，这些楼板的部分可能会更厚，这意味着这些底部板部分降低了，甚至低于那些已经很低的天花板的高度。每一个规范中办公区域和出口区域都对天花板高度有最低要求（Box 14.4）。

在外置的或现有的空间中，有许多电气和机械元件悬挂在板上面或暴露的天花板

Box 14.4天花板高度

1003.2 天花板高度。出口处的天花板的高度应不少于7.5英尺（2 286毫米）。

特例：

3. 允许投影，按照第1003.3节。

1003.3 突起物。突起物应符合1003.3.4~ 1003.3.1节的要求。

1003.3.1 净空。突出的物体是允许扩展低于最低天花板的高度，按照第1003.2节所要求规定的，80英寸(2032毫米) 的最小净空是可提供任何行走的表面，包括散步、走廊、过道和通道。天花板区域不超过50%的出口形式应当通过突起物来降低高度。

1208.2最低天花板高度。可占用的空间，居住空间和走廊应有不少于7.5英尺（2 286毫米）的天花板高度。浴室、洗手间、厨房、储藏室和洗衣房应有不小于7英尺（2 134毫米）的天花板的高度。

图14.20 递交评审的最终平面规划：广告公司平面Ⅱ

上。当空间被改造或如果有些现有的项目将被作为一个新的空间重新利用，在规划一个新的地板布局之前，可能会很谨慎地到现场确认现有元素的确切位置。在一些空间规划中，安置那些现有的且低于规范高度的储物室和壁橱。

规范要求

除了这些规范的要求,还有其他同样重要的需求需要解决,特别是地板和空间规划在尺寸和面积上的增加，以及项目如何进入下一个阶段。随着经验的积累，很多规范的要求在空间规划和设计开发过程中成为第二自然因素，但设计师不应该故步自封，因为规范和需求每三年就会改变和更新一次。一般来说，当一个特定的规范要求发生重大变化时，各种组织，如美国建筑师学会（AIA）或国际室内设计协会（IIDA），就会发布广告举办研讨会，帮助设计师了解最新的变化。不管是变化，还是没有变化，在每一个空间规划中能运用适当的规范需求是设计师的责任。

有时候，谨慎的做法是，要求规范审查者参加讨论，并在认证办公室里举办关于某些区域空间规划的会议。根据建筑物楼层的设计、在楼层上空间计划的位置、涉及其面积、使用的组分类、客户端的业务的性质，或任何数量的参数的性质，有时是很难去完全遵守一个或多个特定的规范要求（见第2章）。通过安排规范评审会议，这些领域都可以进行讨论。也许审查者解释规范跟设计师有点不同，但这样一来，事实上布局将会被接受。也许审查者将提供一个不被设计师所了解的选项，这个选项也将是可以接受的。有时审查者将同意一个分歧或异常规范要求允许设计师进行这次如图所示的计划。

根据设计公司及其审核机构，有几种不同的方式来处理这些评审。有些企业专有指定的只处理规范审查会议的员工。其他一些公司允许任何设计师安排和参加审核会议。一些认证办公室允许在任何时间无预约的会议，而其他办公室要求设计师安排这样的会议。

当审核会议召开，全面记录会议期间获得的所有信息是非常重要的，包括日期和与会者。毕竟，空间规划是从设计项目的开始、到完成施工文件、再到允许通过这个漫长的过程的第一个步骤。没有人愿意去走这样的路，当所有的一切经过十个月或两年都设计好就没人记得或者能够证实设计师当初的思考和假设以及所做的决定，并准备这样去通过审核和施工。

敲定空间规划

空间规划布局和绘制经常被从不同的观点进行分析。所有计划要求都已经被验证及核实。所有要求均列入计划。根绝衔接关系对关键房间的相邻或者分离进行尽可能合理的有效组织。规范要求已得到解决。一些设计建议和客户的愿景已纳入布局。所有的领域都被标出，家具也已经添加，并且用组件代替工作站模块。该计划已经打印至少一次，并已审阅了明显的错误，如缺少门、重叠线等。现在，是时候给客户提交这项计划，给他们审查和批准（图14.20）。

项目

根据选定的客户端程序的要求，通过手绘或计算机起草一个空间规划。当引发了客户的兴趣并得到认可时，平面图的视觉形式表达就成功了一半。务必使用适当线宽。将指北针放在计划书右下角的较低处。

15

规划介绍

空间规划已经完成。它看起来妙极了！

项目要求已经核对过。符号要求已经分析过并达到要求。房间、办公室和人员已经按需要邻接，或几乎尽可能邻接。至少为70%的空间提供了自然光。规划满足了客户的需求和愿景。它不仅具备功能性，还充满兴奋点和活力。

现在该向客户介绍空间规划了。

让客户理解空间规划是至关重要的，其主要部分包括：一个空间或区域与其他空间、房间、区域的流通；区域的大小或范围；规划是如何适应他们的项目要求的。之后客户一定会正式认可设计师这份规划。在客户对规划认可的基础上，多方技术人员会参与到设计团队中来：CAD操作员、整支制作团队，实习生、协调人员和其他设计者，工程师，家具供应商，外聘音箱、灯光等专业顾问，也许甚至会有总承包商。每位新成员或专业人员将规划作为背景，在上面建立他们各自的设计、产品、设计起点、成本估算等。因此，一份被认可的规划在保证不同专业间的设计的顺利衔接上起着决定性的作用。

相关规划类型

设计师可以以正式或非正式的方式运用多种媒体，来向顾客介绍规划。空间规划只是一系列项目规划中的一个环节。它是规划的关键并且是开展项目的推动力。它也是应该得到客户认可的规划。为了达到足够程度的理解和认可，作为空间规划的补充，在项目开始或临近开始时应该至少有半打规划可以呈现给客户。

概念示意性规划

概念示意性规划是客户可能会看到的第一批建筑平面图，但不是每个项目都需要它们（见第13章）。概念示意性规划，尽管它们可能看似某种类型的空间规划，却很少被这样提到。事实上，它们甚至不被叫作规划，更多时候，它们仅仅被称作“概念示意”。此外，专业术语中用“提供或做示意”而非“做空间规划示意”来代指这些平面图。

营销或投资规划

基于真实的客户及其需求不同，与概念示意性规划和空间规划相比营销或投资规划是设计师为了向潜在客户及任意客户展示建筑平面图而创造的概念类规划(图15.1)。作为一个单独的项目，开发商或建筑经营者通常需要这些规划作为他们的营销工具，以便向未来承租人展示其功能需求的安排。

可能除了接待室和工作室，房间几乎很少做上标注，因为没有实际的客户所以无法提供实际的位置或为空间贴上标签。多数房间包含整套的家具布局，这提供直观的视觉概念以代替标签。这使潜在承租者能够思考在最终搬进这样的空间后他们该如何根据自己的职员头衔来安排工作区域。

营销规划通常被导入进一个图形软件中，这样色彩、各种字体以及其他文字都可以被加入到平面或者页面图层中。页面可以转换成幻灯片，进行数字化传送或作为印刷品保存。尽管按比例绘制，大部分规划不能也从未打算以实际尺寸打印，因为许多设计是打印在8½×11的纸上，它们太小以至不能适应等比例的平面图。营销或投资规划的唯一目的正如其题中之义——营销。

展示性规划

展示性规划是经修饰润色的空间规划（图15.2a,b）。为了正式的展示，这类规划经常被打印在光滑的感光纸上，而非传统的铜版纸：它们通常晾干后被安装在泡沫夹心板中，以便在定位板或规划栏中陈列。当展示并不正式时，展示性规划有时打印在重铜版纸上。除非有特殊原因需要将这类规划以其他尺寸打印，大部分展示性规划按⅛的比例打印。

为了给这类规划增加感染力和活力，设计师通常会打通所有的墙，在办公室或接待区增加少量植物，还包括在有必要的房间，如合伙人办公室、接待区、会议室和一些档案室及特殊区域进行家具布局。除了房间标签，房间号通常在此时被加入规划以促进对房间的认定。建筑立面材料或天花板设计用虚线或细线暗示。偶尔地，色彩被用来进一步提升规划平面的（视觉）形象。

尽管展示性规划可能会在设计公司保留一段时间，按惯例这些规划会留给客户，以便在大厅或会议室展示。员工和参观者那时

图15.1　图解多方承租者的平面如何布局的营销规划

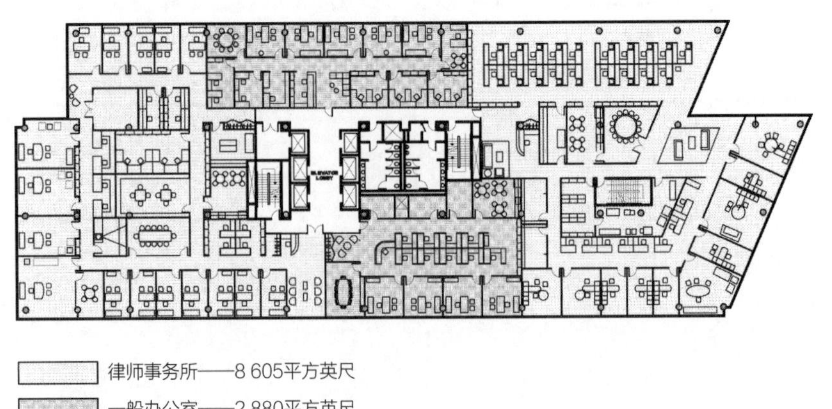

律师事务所——8 605平方英尺

一般办公室——2 880平方英尺

会计办公室——2 998平方英尺

广告顾问公司——9 134平方英尺

图15.2　展示板

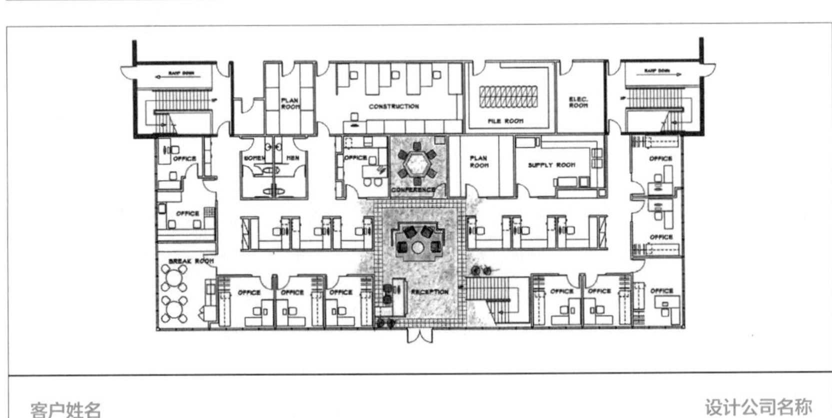

a.彩色铅笔上色的展示性规划

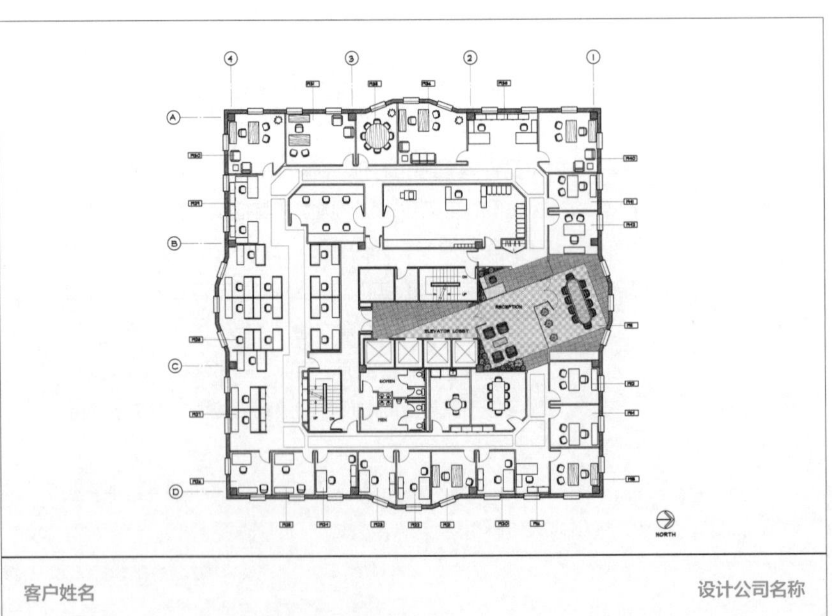

b.应用Photoshop之类电脑软件上色的展示性规划

可以观看规划，这有助于增加他们对于新空间的兴奋感并且引发对于新空间的评论。从某种意义上说，展示性规划对于设计公司和设计师来说是他们向客户出售空间规划和设计理念的营销工具。

不是所有的项目都包含展示性规划。除了为美化规划所增添的设计或制作时间以外，还有印刷和装裱成本。不是所有客户都愿意为这笔额外的费用和代价埋单；因此，评估制作展示性规划的必要性就显得很重要。

图15.3 只有墙、门和房间号码的基础或基底平面规划

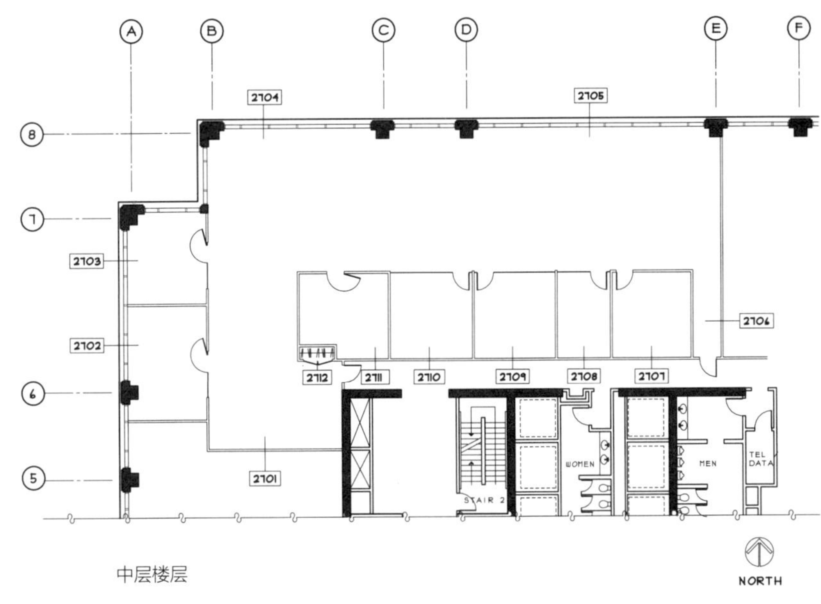

最终建筑平面

尽管在概念上客户可能会认可展示的规划，但规划也一定会有少量的改动、修正或补充。有一扇门需要这样或那样稍微移动一些。有两个房间可能要合并成一个大房间，或一个大房间要分隔成两到三个房间，墙壁可能拓展为文件柜，或用落地玻璃代替。大大小小的改动难以计数。

在启动工程文件之前调整好所有的需求和改动是很重要的。这很可能是这个规划被作为独立规划的最后一次机会。从此以后，更多的规划会被添加进来——如天花图、电图、维度规划等。从这一点上讲，对于规划的每一个更改都意味着对于所有规划的更改。设计师不仅要记得向所有相关专业人员传达修改意见并希望他们能做出所需的修改，还必须记得过程中某些决定是为何或者怎样制定的，并且有可能怎样受新的更改意见的影响。出于礼貌和应有的提醒，向客户发送调整后的规划副本以征得最终认可将是十分明智的。

基础或基底平面规划

一旦空间规划最终敲定，基础或基底平面便可以启动了。基础平面通常是空白的建筑平面图并单独用作家具规划、完整的规划方案等其他规划的基底。在CAD中，一个基础规划通常在新文件中被用作参考。以保证设计师在工程文件中的其他图层工作时不会无意间更改、删除、伸展或调整。

基础规划由许多图层组成，每个图层包含独立的结构部件、间隔、门、玻璃等。这样一个图层可以根据需要打开或关闭；比如门的图层可以在天花板图中关闭。规划中没有房间标签或尺寸、家具、植物或其他修饰，但应包含房间号码和所有基础规划和项目信息。

工程文件

工程文件（简称CD），包含获得建筑许可和将空间构建完成所需的图文。绘图包括但不限于设计师和建筑师做的维度规划、天花板反向图（RCP）、强弱电规划、完整的规划方案、立面图和剖面图；工程师做的电路和管道规划；其他视需要而做的构造适宜性规划等参考性规划。虽然你会很想在空间规划得到认可前开展工程文件制图，但等待是明智的。在对有限的几处改动心中有数的情况下，最好先敲定基础规划然后将它作为其他规划的基底。严格来说，工程文件不包括家具规划。另外，许多公司习惯上将这种规划作为参考放进来以便解释其他规划的细节。

家具规划

尽管客户也可能会认可以房间标签、尺寸和典型布局为基础的空间规划，许多客户依然希望看到一份每个房间摆放有所有家具的规划：每张书桌、每把椅子、每个文件和每张餐桌。随着工程文件的深化，设计师也希望看到一个具有完整的家具和设施的规划。这能保证插座、灯座和通风管道的精确定位。

创造一个展示包括板材、工作界面、办公桌、书柜、椅子在内的与每类典型布局相匹配的CAD模板是相对容易的。模板可以插入家具图层或规划中，可以作为一个单独实体进行复制、旋转或镜像处理。其他模板可以生成多种多样的图层，例如为一个速简餐厅配置一张餐桌和四把椅子，为一个银行配置两到三个文件、搁板架等。或者家具可以视需要作为独立的物品被画入或插入。

当一位客户已经与一位家具供应商建立了工作关系，设计师可以请那位供应商将家具放入规划，特别是当规划任务已经相当繁重时。介绍一个团队加入使得项目更接近成功。如果没有现成的关系，那么这可能成为一个与客户讨论从何处以及如何获得家具供应的机会。

绘图和规划信息

所有的规划都应该包含定义项目和规划的基础信息，从而允许规划彼此独立。另外，观看者应当有能力在规划中自我定位。信息可以被划分为两部分，项目信息和规划信息。

工程明细图表和项目信息

大部分公司建立项目明细图表，一般在图纸的右边缘，包括设计公司名称、地址和插入项目和规划信息的标准表格或图框。标志性的信息包括客户姓名、项目地址、楼层序号、范围、初稿日期和任何修正日期。预

备分发给客户或其他专业人员而打印的规划必须总是打印在这些包含所有相关信息的工程明细图表的图纸上（图15.4）。

展示性规划

在打印展示性规划时不使用右边缘的工程明细表。对于一个视觉上对称的展示性规划而言，工程明细表经常打印在规划的底部而非侧边（图15.2a,b）。另外，工程明细表依然包括相关的项目和规划信息。

规划和图纸信息

虽然图纸间项目信息保持着连贯性，一些规划或图纸信息仍会有差别。除了基础或基底规划，所有其他规划应当用一个统一的规划名称标记，如空间规划、家具规划等。其他信息可能包括房间名、灯座一览表等，均酌情增添。

抛开规划的的类型不论，所有规划应当清晰的标明指南针、柱子中心线及编号，还有房间号码。这些实物提供规划中简单的定位和参考点（图15.3）。

展示性规划中的颜色

如有可能，色彩是经常被加入展示性规划的。文章称“当（颜色）被用于介绍材料，人们——客户——阅读起来会非常容易。

有色媒体

电脑和传统媒体（胶片、彩色铅笔和记号笔）都可以用来为规划上色。有时设计师结合多媒体来实现更加戏剧化的效果。

电脑应用软件

在今天的市场上，电脑应用软件可能最经常被用来给规划上色。这使得规划可以尽可能多次地被打印，或是作为室内的信件，或是作为法定规格的散发材料，抑或是作为打印公司出品的大型展示板。色彩模式可以是固定的，亮度由浅到深，或增添效果(图15.2b)。

彩色胶片

另一种连续色彩的处理方法是有黏性的胶片，它能够应用在感光纸打印的规划选定

图15.4 公司中适用于所有施工图纸的典型标题栏

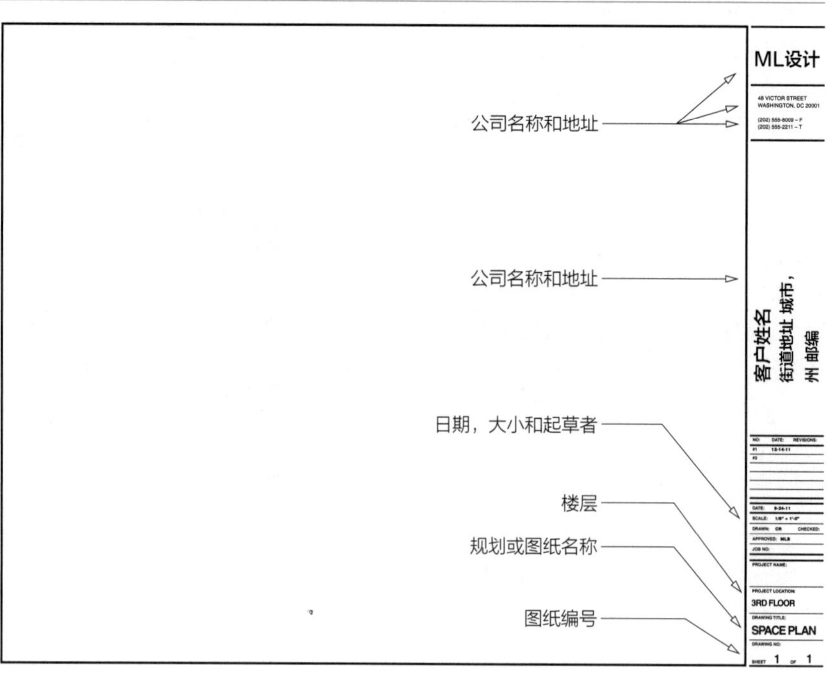

区域。胶片数量庞大且亮度级众多。尽管最终形象与电脑着色的颜色方案相似，这一媒介在设计师想要在电脑着色方案之外另出方案时使用。已上色的影印本可以被做成小的规划，但是要做成大尺寸的展示板通常比较困难。

彩色铅笔

彩铅的运用赋予规划某种艺术特质（图15.2a）。利用彩铅很容易控制渐变、设计式样和颜色深浅。它们可以被运用在铜版纸或感光纸打印的规划上，用彩铅绘图需要时间以及设计专业展示性规划的技能，所以在展示前留出足够的时间是很重要的。尽管有影印本，彩铅有时打印后比原本色彩稍浅。

标记

艺术标记为规划增添生气、强度和颜色的深度。然而，要创造好的视觉形象需要训练和技巧。说到训练，打印一份额外的规划，标准的或重铜板纸的，用来练习。

规划着色区域

对于任何一个空间规划来说，有两种基本着色方式：整体着色或部分着色。可以根据所选的特定媒介、可用时间或着色目的来选择。

总体建筑平面上色

偶尔地，设计师将整个建筑平面涂成浅色以便将规划与整块印刷体或板面的白色背景加以区分。更常见地，当整个规划上完色，区分各个区域将十分容易(图15.1)。走廊也可以是一种颜色，办公室另一种颜色，工作站或椅子增加一种颜色。或者，可能只有两种颜色的情况下，一种颜色作为流线色彩，另一种颜色用于其他所有区域。其他选择包括用颜色编码标出同一楼层各组，或用颜色编码标出多个楼层平面中的同一功能区。

部分建筑平面上色

作为整体建筑平面上色的代替，给一个选定区域上色常常是有效的，比如通向会议区域的招待区(图15.2b)。这将使观者的目光汇集于空间规划或设计的核心所在。当地板填充模式已经被概念化，运用颜色来强调这种模式而不是整个房间将会是有益的。有时上色会以规划平面中的勾勒的房间边缘的斜线或弧线为界，一侧为彩色，另一侧为黑白。

备选规划方案

尽管设计师可以设想建筑空间，但客户

通常不具备这样的能力。有时难以仅凭规划方案自身推销一种独特的概念，特别当设计被旋转或有的房间形状不规则时。客户应该在非常规的事物上多些耐心。偶尔，运用其他方法来帮助客户理解、欣赏和最终签署这样一个完美的空间规划或许是必要的。

备选设计

绘制一个备选的常规设计以便客户将更具创意的主意与较为保守的方案做比较将会是很有帮助的。这个方法的风险在于客户可能不关注前卫的方案，而只是想要那个展示的备选方案。

投影、等距线、透视

在随意涂鸦和思考的时候，许多设计师快速地画投影、等距线或透视。一旦概念在设计师头脑中成形，这些草图可以被精炼、重绘、细化或放在一边。它们可以很容易地随概念变化而调整，然后作为设计历程的一部分展示给客户（如图15.5；参见规划视野下的图9.8），设计师可以给影印稿上色以迅速地向客户展示替代方案。尽管这是一种在许多场合使用的简单工具，它并不常被用于正式展示中，除非设计师能够非常熟练地起草稿。

效果图

一个专业的外部顾问，持续处在项目连项目的状态中，通常在商定费用下完成效果图。由于效果费用高昂，他们在有限的基础上代表性地被运用。然而，当项目很高端或用来向很多人展示，这可以作为最佳方式。效果图经常被留给客户用来在其已有办公室中与展示性规划一同展示。

3D模型和虚拟漫游

借助电脑许多设计师使用3D模型来捕捉设计理念然后用其他程序来给绘画添色。方案可以经由一个单独空间或整个空间的虚拟漫游来呈现。客户似乎对这些“漫游”印象颇深。配合着渲染，这些方案经常需要相关费用，基于设计合同中标明的计时费用或作为一笔单独费用计算。

模型

图15.5 作为设计展示一部分的建筑入口轴测图

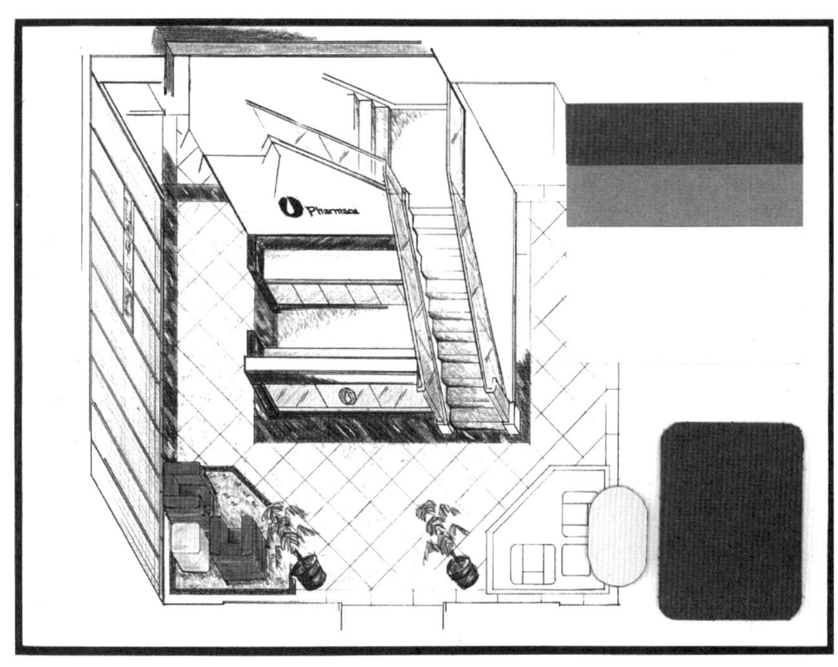

图15.6 接待区和会议室的模型

有时客户需要看到模型。许多建筑公司在设计新建筑时通常委托专业的模型建造师。这个3D工具使规划作为一个有形的实物比图形或透视图更容易解释和理解。

专业的模型价值不菲且很少用于内部空间设计。然而，当入口、接待区及会议室等其他区域被设计成特殊的形状，那就没有理由不建造模型来展示设计理念。如果一个空间具有非常高端的设计，客户会十分享受通过这个视觉辅助物来炫耀他们新的即将来临的办公空间，因而可能愿意为这样的服务埋单。

当预算有限时，如果一个设计师有设计建筑模型的技巧，设计师会想要建造一个模型来演示想象中建造的空间。在一个案例中有一位客户，当他第一次看到一个空间中20/70角度的接待区，并在该角落设计了凸窗的布局时（见图9.1d），给出了一个不太热情的回应。即使当颜色被加入空间规划（图15.2b）。客户依然对转角的设计会有些犹豫。

我知道如果想要设计成功需要一些额外的展示来说服客户接受设计策略。用轴测图来捕捉设计精髓是不容易的，而预算中没有经费来外包效果图。在我自己的时间内，我建造了一个相当好的模型来推销设计（图15.6）。理解后，客户非常高兴他支持了这个不寻常的规划。然而，需要提醒设计师建造模型在标准的设计实际中是不太常见的。

方案呈现

不同的方案有着不同的呈现方式，个人化和非个人化。所选择的呈现方式通常由待呈现的方案，观众的人数及观众的阅读能力决定。

电子传送

借助电子传送，设计师不用当面解释或老讨论方案的各部分。这要求要么规划十分清晰易懂，要么观众在阅读规划方面非常熟练。

CAD绘图文件

计算机辅助设计(CAD)文件很容易通过电子邮件在设计师、工程师、家具供应商和其他设计专业人员之间相互传送或用于借助互联网的跨专业设计。另一方面，大多数客户并不专门设立部门以接收电子绘图文件，除非他们是专门设有一个具备CAD能力的团队的大型组织。

营销规划的PDF

营销规划正常情况下以PDF格式传送。建筑经营者或其他需要营销规划的人通常能熟练读懂建筑平面图，这样他们通常不需要设计师过多直白的解释。当他们有疑问或希望做些小的调整时，这些事项可以轻易地在电子邮件或电话中讨论。修改很容易进行，然后新的PDF可以再次被电邮传送。

空间规划的PDF

空间规划的PDF通常只有在当面演示后才能被传送给客户。因为许多客户不能熟练阅读或理解规划，假如在不为客户讲解基础理论、设计理念、兴奋点、如何满足其视觉及如何一步步完成这一规划的思考过程的情况下将规划方案传送给客户将是不明智的。

在当面演示空间规划后，务必给客户发送一份规划的PDF版本，尤其是在规划被认可后。这样客户可以打印尽量多的影印本在办公室中展示，发放给员工，或者给感兴趣的团体。这时，客户可以热情而清楚地讲解规划中的内涵和技巧。

通过邮件或信使传送

对于许多规划来说，标准的传送方法是通过美国邮政系统或信使服务。然而，与电邮传送类似，设计师不能当面解释规划布局或回答问题。因此，设计师应该确保收信人熟悉如何阅读和理解规划。

概念性规划

三到五个打印的⅛等比例的概念性规划通常被递交给建筑经营者、开发商和经纪人而未经过当面演示。一般来讲,这些专业人士熟悉所有类型的规划；因此，他们几乎不需要来自设计师的帮助就能理解规划的精髓。反过来，他们也往往是带领他们未来的承租者检验整个方案的人。

空间规划

一旦客户参与了所选建筑的设计呈现并且客户理解了规划，一个⅛等比例空间或家具规划通常被主动经由邮件或信使传送给客户。通过对规划进行所需的更改和修订，最终规划业被经由邮件或信使传送给客户。

结构文件

完成的结构文件组通常被经由邮件或信使传送给客户、承包商和任何需要这些图纸的人。然而，在发送这些完成的文件之前，设计师应当认真考虑一次当面演示，以展示完成规划中所选图纸的设计方面。这样的图纸可以包括天花反向图、完成平/立面图、立面图和细节。

卷起的图纸

明显地，1/8比例规划图无论是打印在24" × 36"还是30" × 42"图纸上，都不能平展地通过邮件或信使服务来传递。除了展示板，即使当规划是当面提交给客户或其他当事人，人们不打算原样地搬运这些巨大的印刷品。这些图纸必须被卷起或折叠。

当卷起规划时，自然的倾向是将规划正面朝上，然后从一端或另一端有建筑平面的朝里开始卷起。正确的做法是将规划或平面图反过来，将空白背面朝上，然后从左侧与标题相反的一端开始卷起规划，这样规划一面朝外。规划这样卷起有两个原因。

第一，将规划朝外卷，当卷好时，标题和项目信息完整可见。在一堆规划卷轴中，通过浏览项目信息，很容易找出想要的规划。另外，当规划朝里卷时，为了寻找方便必须将图纸保持展开。

第二，当卷起的图纸存放一段时间后，当展开它们以供阅读时，它们总会倾向于朝卷起的方向堆积。这意味着，如果规划朝里卷起，当平坦放置以供阅读时它们总会保持卷起，必须按住规划各角以保持规划平展才能阅读。

规划朝外卷起的图纸，它的朝向与规划放置时的视线平面相反。整个规划或其边缘可能会有一个轻微的弯曲，但是大体上规划将会平展起来以方便阅读。

折叠的图纸

通过邮政系统和信使服务都可以传送折叠的图纸。然而，当仅有很少的图纸需要传送时，折起图纸有时是精明的，尤其是感觉到客户将会任意折叠图纸以将其放入文件夹中时。首先，将图纸平放，这次正面朝上。将图纸从右向左对折，在对折处形成明显的折痕。接下来，将第一半面朝折痕处折，这样右面的四分之一含标题栏的部分现在朝上。将另一半沿左侧对折，将整个图纸翻转，保持右半面折叠，然后将左半面反向折叠以形成一个可折叠的折痕，最后，将已折叠的图纸对折，或根据图纸尺寸而定，保持标题栏在最上端，最终折叠成9" × 12" 或10½" × 10"等更便于携带的尺寸。

非正式展示

根据项目的尺寸，出席展示会的人员数，还有出席者（每个人，包括坐在会议桌边，不论是来自设计公司还是客户现有地点的设计师）阅读空间规划的能力，接近50%~60%的展示宜采用非正式的形式。这提供了一种亲切的气氛，客户在问出“低级”问题时，不会感到尴尬或有压力。每个人都靠得够近来阅读房间标签和其他规划信息；指出问题所涉及的区域，看着他人而不必左右转身，并且畅所欲言。

非正式展示在六到十人的展示中效果最好，不然有人可能需要站立或坐在难以清晰看到规划的长桌远端。设计师应当坐在桌子的中间而非一端，客户中的主要决策者坐在正对面。图纸应当翻转或旋转以面向客户，而非设计师。这使客户能够从易于阅读的视角观看图纸，而设计师则从上下颠倒的视角观看图纸。

上下颠倒和向后

从上下颠倒的视角观看一幅图画将有奇怪的感觉，特别是在很多个小时以正常、便于阅读的视角对着规划工作之后。如果对于设计师来说这很可笑，那么试想客户事先从未见过规划而努力上下颠倒地阅读时的样子。因此，为了方便客户尽情阅读和学习他们被提议的新空间，将规划以正常的视角摆放在他们面前。为了使他们自己习惯于这种新的视角，设计师在展示前应该花时间以上下颠倒的视角温习规划。

设计和起草工具

作为必经过程，设计师必须亲临所有充分准备和布置的展示会和会议。对于与规划有关的任何一个展示会或会议，携带有代表性的设计工具将是明智的。代表性工具包括：比例尺、草稿纸、记号笔、红色钢笔、绘图胶带或点、直角边缘，卷尺和计算器。

在展示进行过程中，评论、笔记、增添、修改、更正和更多的内容可以且应当被直接标记在空间规划上，这些之后被作为文件和会议记录的基础。草稿纸可以撕下和粘贴以便记录空间规划中拟定的新点子。规划所选定空间的尺寸或平方英尺数可以被按比例缩放、测量、计算然后通过参考项目报告来验证。

说话上下颠倒

在讨论修改时，设计师上下颠倒地记笔记（至少是简洁的笔记）和绘制草图。这不是噱头。这是出于某些原因，有经验的设计师惯用的有用的天赋。从展示开始到展示结束，客户将持续地有能力阅读规划上的信息而不用扭头或要求设计师重复他们视线中上下颠倒的内容。当规划被带回设计办公室进行更正，CAD操作员能够轻易地阅读规划和评价而不用将它来回转动以阅读上下颠倒所写的信息。上下颠倒和从右向左书写的确是需要练习的，一旦学会它将成为非常有用的工具。

展示内容

非正式展示一般面向直接决策者和日常客户代表。这是一组负责确保定位成功，确保所有成员对新的场所满意，以及确保方方面面达到预期的人员。现在是时候处理规划的每个方面：设计师可以重申每个文件和橱柜已经清点过，工作间和午餐间的细节已被确认过，现有的需要继续使用的家具已经规划到位。设计师和客户可以一起清点办公室和工作站数目。法规问题和灵活性在规划中被指出。日常客户代表需要像设计师一样对空间规划熟稔。

正式展示

随着项目的规模、复杂性和经济价值等方面的逐渐增长，向客户及其观众进行一次正式展示通常会是谨慎的做法。除了日常客户代表和设计团队，广泛的让负责人、CEO、CFO、客户公关或律师、挑选出的客户成员、外来供应商、公众和建筑经营者参与进来。

这群观众在寻找项目和空间规划的概况。由于他们并非每天都提出要求和决定的参与者，他们可能没有必要或愿望去了解围绕规划有着多少文件，或一个公共走廊因为无论什么原因被缩短了。这些内容能够且应该在独立会议中向日常客户代表指出，但是对于正式展示而言，设计师应当专注于大图信息。

对于这些参与者，他们想知道的是最终空间规划中的总平方英尺数是如何与项目报告中的平方英尺数相吻合的。他们想知道代表团的陈述和想象力是如何在空间规划中得到表达的，还有接待区，进入后的第一个要点是如何反映他们对公众形象的要求的。的确，CEO想要知道他的办公室和行政助理被安排在哪里，但是他也想知道新的公司哲理即更多更加开放的工作区域和少数附带的私人办公区是如何被合并到规划中的。然而，放下这些国际化的概念和兴趣，这群观众还不至于有渴望去学习影印室或午餐室的细节。只要听到了有这些房间的存在就足够了。

地点和安排

根据观众数量和项目类型，展示可以在客户所在地、设计师公司办公室或当地会议所举办。无论在客户还是设计师的公司举办，许多参与者很可能围绕于会议桌旁，面朝前方，坐在为额外的参与者而搬进房间沿墙壁摆放的座椅上。在会议所，通常都是成排的座位，全都面朝前方。

做展示的设计师一般愿意站在房间前部，使用展示板、幻灯片或二者结合来进行展示。为了便于指出规划中的各方面，一些设计师用手还有一些设计师使用棒或红外线指示器。

展示板

所有的项目展示板应该在尺寸和定位上保持一致，在颜色、标题条目、字体或刻字还有排版上保持一贯性，通常，24" × 36"或30" × 42"，展板可以水平或垂直展示。对于一个正式展示来说，设计师可以通过概念阶段改进从而使一些颜色和完成稿也可以在展示板上呈现。

坐在距离房间前部正在演示的展板10~15英尺的人们没有能力读到房间标签和规划中的其他细微特征。因此，设计师一定要在解释设计概念时清晰地定义规划的每个区域。在开始展示之前邀请参与者围着展板来回走动以使他们在讨论前熟悉规划将会是明智的。

空中或幻灯展示

对于一些观众来说，将展示作为空中幻灯片展示可能较为有益。规划也可以被打印在（8-0.5）×11图纸上以便在展示时分配和参考。然而，准备可缩放的规划，无论是作为普通印刷图纸还是展示性规划都将是明智的。

观众参与

虽然在非正式展示中客户插入评论和提问是很自然的，他们在正式展示中不太倾向于这么做。观众会一直听设计师讲。因此，设计师有必要在展示中适当地停顿并且明确地询问：“有疑问吗？”

一旦设计师结束口头部分的展示，他应该再次询问是否有评论或疑问。讨论通常可以从有意号召参与者中最高水平的客户开始。当这位提出一些备注或问题后，其他参与者会更加自然地做出评论或追加问题。

口头展示

“大家下午好/晚上好(或其他问候)”

“我的名字是×××”

毫无疑问，总是在展示开始时交代你的姓名。即使当其他人提供了一份出席人员名单，你作为讲解员仍然应当交代你的姓名作为展示的开始。另外，交代设计公司和客户公司的名称将是十分明智的，例如“我们‘设计布局’公司十分愉快能够有这次机会向我们的客户‘XYZ公司’展示这项空间规划”。

口头展示时详述空间规划理念的机会：解释椭圆形的会议室是如何暗示着广告公司是艺术家的摇篮，转角的接待室是如何消除对高傲律师的恐惧的。是时候解释一些绿色建筑实践的实施，通过将办公室安排在内部而非靠窗，这使得所有员工都能全天候享受自然光。一个替代方案可以将行政助理工作站、午餐室和其他开敞支撑空间间歇地安排在连续的带窗办公室之间，使员工在一天结束时能够瞥一眼自然光，或者最后一种将自然光引入内部空间的方法是在靠边的办公室前部墙面上安装侧灯或其他玻璃。

作为设计师，你应当解释空间规划是为什么和如何展开的；实现客户需求、愿望和期望所采用的方法；还有规划将如何执行客户的设想并改进他们的财务平衡清单。在深究这些充足的解释之前，首先使客户适应空间规划，因为许多参与者可能是第一次看到它。

规划定位

带领观众浏览一下总体规划。从指示指南针和建筑朝向开始。无论他们是在观看一个总体建筑平面还是部分建筑平面都要进行讲解。指明地面层或楼上电梯层的主要入口。从那里开始，接着介绍客户的接待区，随后是空间规划中的各类区域。一旦确信客户对规划的总体概念满意，你就可以深究细节了。

肢体语言

肢体语言很重要。自信地直立在展示板或屏幕的一侧以避免遮挡规划。说话时看着观众而不是背对观众。

眼神交流

不仅要看着观众而且要直视观众的眼睛以捕捉他们的注意力和兴趣。当讲话者看着立面或平面，他的发音听上去会低沉，观众会顺着讲话者的视线看过去，好奇那里有什么东西如此重要。

直视观众的眼睛有时是令人头疼的，尤其是当讲话者与观众还不熟悉时。为了克服这种感觉，看着观众的前额或嘴将是有益的，因为这会给人留下一种讲话者正看着观众并与观众对话的印象和感觉。确保环顾整个房间，左边、右边、中间，这样每个人都感到被包括在内。通过练习，你会逐渐足够自然地直视每个人。

手和指甲

设计师用手说话。设计师用这只手或那只手指出规划中的每个房间和区域。他们在客户面前速写、交出规划。在你做展示的前一天看看你的手。你看到了什么？客户看到了什么？

一位女士有选择是否涂指甲油的自由。必须多加呵护以确保手得到良好的修饰，没有破损的指甲油，没有不均匀的指甲。男士也可以用浅色指甲油修饰他们的指甲，或不做修饰，但不管怎样，指甲需要保持清洁和均匀地修剪。每个人在向客户展示规划前都需要花时间打理个人形象。

着装

专业的水平应该通过所穿衣着在展示中反映出来。考虑客户。他们将如何着装？在商业办公环境，许多男士必然着正装。女士着裙装或宽松的服装，尽管女士在做决定阶段倾向于着某种正装。为了留下最好的印象，考虑穿着传统商业服装和鞋子的将是明智的。

声音调节和术语

通过引进一些小诀窍，你可以呈现一次更加强大的展示并捕捉观众的全部注意力。

第一，因为设计项目正常情况下是团队努力的成果，全面系统地运用“我们”“我们的”而非“我”“我的”。

第二，考虑你的音调。如果你的音调天生温和，强迫你自己在非正式展示时说话大声或者在正式展示中安排一个微型话筒。当你的声音天生很大时，对于正式展示来说将是很好的，因为每个人都能在房间后部听到你的声音。然而，对于非正式或更小型的桌边展示，虽然有些困难，但是学着将音量降低。对于许多人来说被迫听别人很大声说话可能会不太舒服。

第三，在你的声音中使用变调：兴奋起来，表现出一些焦虑，大声或小声以强调某处重点。单调的展示可能会无聊。

最后，提前准备好你的口头展示以腾出时间练习发言。对着镜子练习：向同事做展示让他们帮助你发掘一种流畅的放松的你感觉舒服的方式。明确地要求听众在你每回说“嗯，你知道，还有”时提醒你。太多的这类紧张的停顿和笨拙的表达，例如“我坚持这种颜色……”有损在其他方面很好的一份空间规划。

演讲准备

在你开始演讲前知道你打算说什么；不要试图“临场发挥”。在没有准备的情况下，很容易忘记一些关键点，混淆一些事实，或者难以按顺序展示各项。

写下整篇展示讲演稿并且背下来是一个选择。然而，这一选择通常导致单调。当演讲者忘记了一句，他们习惯性地在措辞上犯错，出现笨拙的中断。这也可能使观众感觉倾向于更少发问。

通过写一份罗列所有相关要点的提纲，你有更多的自由游走于严格安排的展示流程之外。你可以停顿一下看看笔记，总结一下讨论过的要点，在客户突然插入一个就清单所列内容的深入提问时返回前面的内容，然

图15.7 客户对空间规划的签署

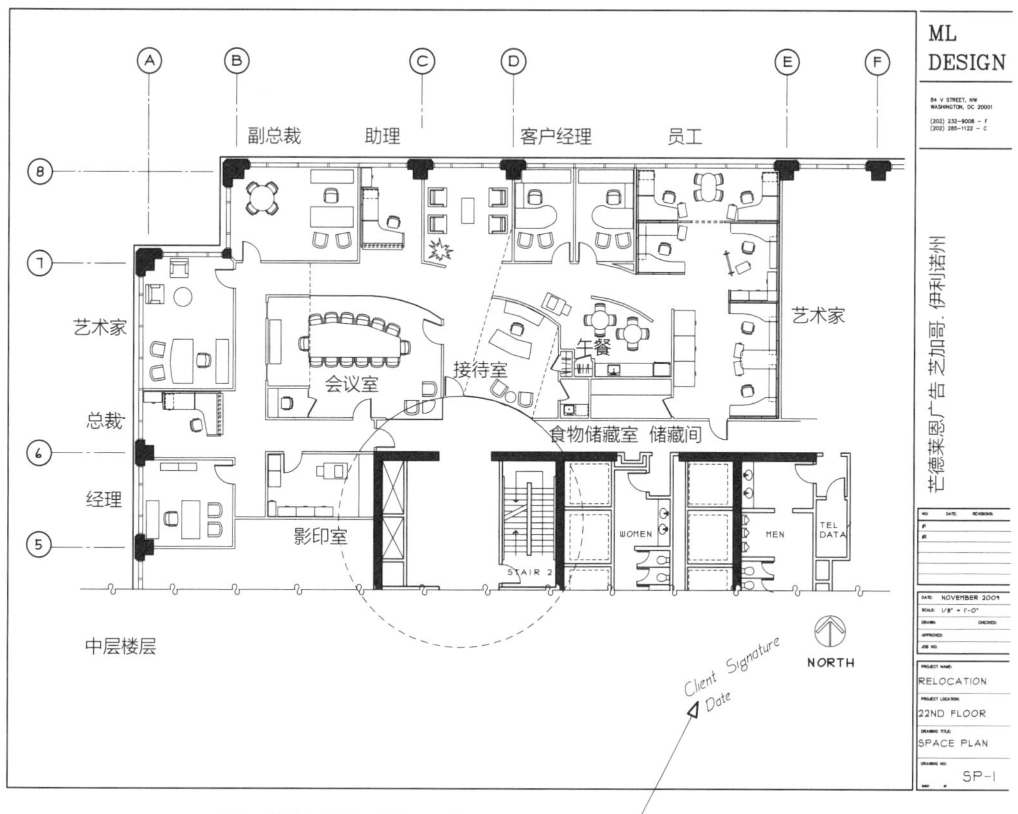

客户通过空间规划所做签署的签名和日期

后回到你讲到的内容。一份提纲使你能够照顾到所有必需点，同时能呈现比背诵的演讲更加放松的状态。

结尾

客户已经听完了空间规划介绍。你已经讨论过办公室和工作站是如何遵从两到三种在程序开始前敲定的典型布局，公司考虑员工价值的理念已经包含在内，问题已经得到解答。口头展示已经告一段落。

与开场白相似，结束语需要有力，不要用“以上是所有我能想到的”之类的话来结束展示。你不仅想要观众印象深刻，而且想要他们认同展示的总体空间规划和设计方向。一个有力的结束语可以是“我相信项目报告上列出的所有相关点都已经在空间规划中体现。我们‘设计布局’公司的团队非常高兴拥有这个和贵公司就贵公司的新办公场所的规划中合作的机会。在你们的支持下，我们将在设计上不断取得突破。感谢各位的认真倾听。还有什么补充问题吗”？

签署批准空间规划

批准空间规划是计划和空间规划阶段的最后一步。不论设计师多么有创造力，建筑赋予布局怎样的灵感，空间规划多具独特性，多具原创性，多么伟大，我们作为设计师是为他们做设计的。我们诠释设计、需求和付钱给我们的客户的愿景。当所有这些加在一起，空间规划到了得到客户正式认可的时候了。

同意签字

与项目报告类似，一份被认可的空间规划成为法律文件。当日常客户代表有权威时，他可以签署空间规划。不过，由客户公司的总裁或CEO来签署空间规划将是谨慎的做法。CEO的签名，还有日期，可以粘贴于空间规划的上方、下方或在标题栏（图15.7）。

空间规划就是解释！

项目

学生需要计划为他们的第二个项目做口头展示，包括空间规划，立面、剖面图，材料和最终涂料板。应该留出10分钟让其他学生围绕展示提问。

1. 规划和最终涂料应该被装在18" × 24"（或者由教员提供的尺寸)的泡沫板上。
2. 同一个项目中的展板应该保持统一的水平或垂直排版。
3. 学生应当穿着适当的职业装。
4. 展示应该维持在十分钟以上。
5. 讨论的话题应该包括与客户相关的一些话题，为什么客户挑选某幢建筑以及客户的项目要求如何在空间规划中实现。
6. 学生应该做好准备来回答和回应有关他们的空间规划和项目的一些问题和评价。